建筑工程施工组织

主　编　项　林

参　编　（以拼音为序）

葛富文　郭日飞　贺凯旋

王中琴　吴冰琪　余静静

东 南 大 学 出 版 社

·南京·

内 容 提 要

本书是土建类规划教材，是编者多年改革成功经验的成果。全书共7章，主要介绍了建筑施工组织概论、施工准备工作、流水施工、网络计划技术、施工组织总设计、单位工程施工组织设计、专项施工方案实例。本书以实例来讲解知识点，以够用为主，简单易懂。

本书内容参照了《建筑施工组织设计规范》(GB/T 50502—2009)的要求进行编写，重基础、重实用，每章均配有思考题。

本书可作为成人高校及民办高校土建类专业教材，也可供相关的工程技术人员参考。

图书在版编目(CIP)数据

建筑工程施工组织 / 项林主编. —南京：东南大学出版社，2012.2(2016.8重印)
土建类规划教材
ISBN 978-7-5641-3351-1

Ⅰ.①建… Ⅱ.①项… Ⅲ.①建筑工程—施工组织—高等教育—教材 Ⅳ.①TU721

中国版本图书馆CIP数据核字(2012)第026979号

建筑工程施工组织

出版发行：东南大学出版社
社　　址：南京市四牌楼2号　邮编：210096
出 版 人：江建中
责任编辑：史建农　戴坚敏
网　　址：http://www.seupress.com
电子邮箱：press@seupress.com
经　　销：全国各地新华书店
印　　刷：常州市武进第三印刷有限公司
开　　本：787mm×1 092mm　1/16
印　　张：18.5
字　　数：486千字
版　　次：2012年3月第1版
印　　次：2016年8月第7次印刷
书　　号：ISBN 978-7-5641-3351-1
印　　数：17001～18000册
定　　价：37.00元

本社图书若有印装质量问题，请直接与读者服务部联系。电话(传真)：025-83792328

前　言

本书是土建类规划教材，教材的编写注重培养学生的实践能力，对基础理论贯彻“实用为主，必需和够用为度”的原则。全书共7章，主要介绍了施工组织设计的概念、施工准备工作、流水施工原理、网络计划技术、施工组织总设计、单位工程施工组织设计、专项方案等，本书主要通过举例来讲解知识点，简单易懂。针对本课程实践性强、涉及面广，同时结合培养应用型人才的特点，在重点章节编入应用性较强的完整的施工组织设计实例，了解生产一线的第一手资料，使学生零距离与企业接轨。

本书内容参照了《建筑施工组织设计规范》(GB/T 50502—2009)的要求进行编写，重基础，重实用，简理论，力求满足学生自学和参考的需要，每章正文后均配有思考题。

本书可作为成人高校及民办高校土建类专业教材，也可供相关的工程技术人员参考。

全书由项林担任主编。参加本书编写工作的有葛富文(第1章)，王中琴(第2章)，余静静(第3章)，郭日飞、贺凯旋(第4章)，项林(第5、7章及附录)，吴冰琪(第6章)。

在编写过程中，编者参阅了大量参考文献，在此对原作者表示感谢。由于时间仓促，编者水平有限，书中难免有不妥之处，恳请读者批评指正。

编　者

2011年11月

目　　录

1 建筑施工组织概论

本章提要：本章对建筑施工组织进行概括性的介绍，包括建设项目的建设程序以及相关的基本概念，施工组织设计概论及组织施工的基本原则。

建筑施工组织是以一定的生产关系为前提，以施工技术为基础，着重研究一个或几个建筑产品（建设项目或单位工程）生产过程中各生产要素之间合理的组织问题。

进行建筑生产，要有建筑材料、施工机具和具有一定生产经验和劳动技能的劳动者；要遵照建筑生产规律，遵守生产的技术规范以及设计文件的规定，在空间上按照一定的位置，时间上按照一定的先后顺序，数量上按照一定的比例，将这些材料、机具和劳动者合理地组织起来，使生产者在统一的指挥下行动。施工组织是指在施工前计划安排生产诸要素、选择施工方案；在施工过程中指挥和协调劳动资源等。

1.1 建设项目的建设程序

1.1.1 建设项目及其组成

1）项目

项目是指在一定的约束条件（如限定时间、限定费用及限定质量标准等）下，具有特定的明确目标和完整的组织结构的一次性任务或管理对象。根据这一定义，可以归纳出项目所具有的3个主要特征，即项目的一次性（单件性）、目标的明确性和项目的整体性。只有同时具备这3个特征的任务才能称之为项目。而那些大批量的、重复进行的、目标不明确的、局部性的任务，不能称作项目。

项目的种类应当按其最终成果或专业特征为标志进行划分。按专业特征划分，项目主要包括科学研究项目、工程项目、航天项目、维修项目、咨询项目等，还可以根据需要对每一类项目进一步进行分类。对项目进行分类的目的是为了有针对性地进行管理，以提高完成任务的效果、水平。

工程项目是项目中数量最大的一类，既可以按照专业将其分为建筑工程、公路工程、水电工程、港口工程、铁路工程等项目，也可以按管理的差别将其划分为建设项目、设计项目、工程咨询项目和施工项目。

2）建设项目

建设项目是指具有独立的行政组织机构并实行独立的经济核算，具有设计任务书，并按一个总体设计组织施工的一个或几个单项工程所组成的建设工程，建成后具有完整的系统，可以独立地形成生产能力或使用价值的建设工程。在我国，通常把建设一个企业、事业单位或一个独立工程项目作为一个建设项目。例如:一个工厂、一所学校、一所医院等。凡属于一个总体设计中分期分批建设的主体工程、水电气供应工程、配套或综合利用工程都应合并作为一个建设项目。分期建设的工程,如果分为几个总体设计,则就有几个建设项目。

建设项目的管理主体是建设单位,项目是建设单位实现目标的一种手段。在国外,投资主体、业主和建设单位一般是三位一体的,建设单位的目标就是投资者的目标;而在我国,投资主体、业主和建设单位三者有时是分离的,给建设项目的管理带来一定的困难。

3) 建设项目的组成

按照建设项目分解管理的需要,可将建设项目分解为单项工程(工程项目)、单位工程(子单位工程)、分部工程(子分部工程)、分项工程和检验批,如图 1-1 所示。

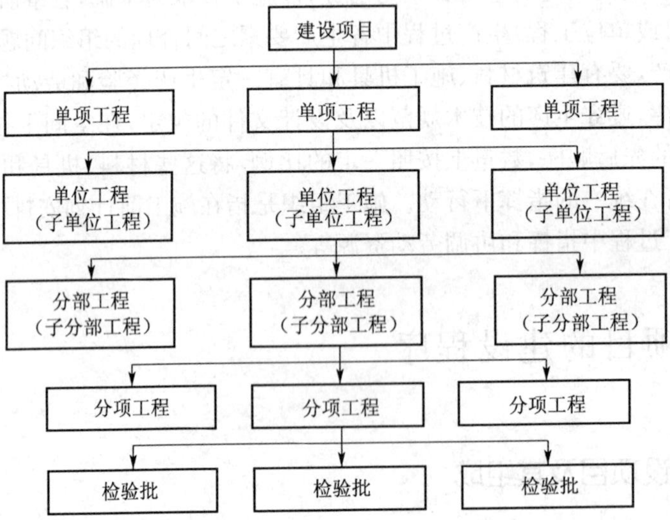

图 1-1　建设项目的分解

(1) 单项工程(也称工程项目)

单项工程是指具有独立的设计文件,竣工后能独立发挥生产能力和效益的工程。一个建设项目可由一个单项工程组成,也可以由若干个单项工程组成。单项工程中一般包括建筑工程和安装工程,例如:工业建设中的一个车间或住宅区建设,是构成该建设项目的单项工程。

(2) 单位(子单位)工程

单位工程是单项工程的组成部分。单位工程是单项工程中具有独立的设计图纸和施工条件,可以独立组织施工,但完工后不能独立发挥生产能力和效益的工程。任何一项单项工程都是由若干个不同专业的单位工程组成的,这些单位工程可以归纳为建筑工程和安装工程两大类。例如:车间的土建工程、电气工程、给排水工程、机械安装工程等。

(3) 分部(子分部)工程

组成单位工程的若干个分部称为分部工程。分部工程的划分应按专业性质、建筑部位确定。例如:一幢房屋的建筑工程,可以划分为土建工程分部和安装工程分部,而土建工程分部又可划分为地基与基础、主体结构、建筑装饰装修和建筑屋面 4 个分部工程。

当分部工程较大或较复杂时,可按材料种类、施工特点、施工程序、专业系统及类别等划分为若干子分部工程。如主体结构分部工程可划分为混凝土结构、劲钢(管)混凝土结构、砌体结构、钢结构、木结构及网架和索膜结构等子分部工程。

(4) 分项工程

分项工程是指通过较为简单的施工过程就能产生出来,并可以利用某种计量单位计算的最基本的中间产品。土建工程的分项工程是按建筑工程的主要工程划分的,如土石方工程、混凝土工程、抹灰工程等,安装工程的分项工程是按用途或输送不同介质、物料以及材料、设备的组别划分的,如安装管、安装线、安装设备、刷油漆面积等。

(5) 检验批

按现行《建筑工程施工质量验收统一标准》(GB 50300—2002)规定,建筑工程质量验收时,可将分项工程进一步划分为检验批。检验批是指按同一的生产条件或按规定的方式汇总起来供检验用的,由一定数量样本组成的检验体。一个分项工程可由一个或若干个检验批组成,检验批可根据施工及质量控制和专业验收需要按楼层、施工段、变形缝等进行划分。

1.1.2 建设程序

把投资转化为固定资产的经济活动,是一种多行业、多部门密切配合的综合性比较强的经济活动,它涉及面广、环节多。因此,建设活动必须有组织、有计划,按顺序进行,这个顺序就是建设程序。

建设程序是指建设项目从设想、选择、评估、决策、设计、施工、竣工验收到投入生产整个建设过程中的各项工作过程及其先后次序。这个先后次序是人们在认识客观规律的基础上制定出来的,是建设项目科学决策和顺利进行的重要保证。按照建设项目发展的内在联系和发展过程,我国项目建设程序划分为以下几个阶段:

1) 项目建议书阶段

项目建议书是项目建设程序中最初阶段的工作,根据各部门的规划要求,结合自然资源、生产力布局状况和市场预测,向国家提出要求建设某一具体项目的建议文件。项目建议书应论证拟建项目的必要性、条件的可行性和获利的可能性,供建设管理部门选择并确定是否进行下一步的工作。

项目建议书一般包括以下几个方面的内容:

(1) 提出项目建设的必要性、可行性及建设依据。

(2) 建设项目的用途、产品方案、拟建规模和建设地点的初步设想。

(3) 项目所需资源情况、建设条件、协作关系的初步分析。

(4) 投资估算和资金筹措。

(5) 项目的进度安排并对建设期限进行估测。

(6) 经济效益、社会效益、环境效益的初步估算。

根据国家有关文件规定,所有建设项目都要提出和审批项目建议,这一道程序大中型项目或限额以上项目由行业归口主管部门初审后由国家计委审批,小型和限额以下项目按投资隶属关系由部门或地方计委审批。

2) 可行性研究报告阶段

建设项目的可行性研究就是在投资决策前对新建、改建、扩建项目进行调查、预测、分析、研究、评价等一系列工作,论证建设项目目的的必要性和技术上的先进性、经济上的合理性。可行性研究报告阶段大体上可以分为可行性研究、可行性研究报告编制、可行性研究报告审批3个方面。

(1) 可行性研究

项目建议书一经批准,即可进行可行性研究。我国从20世纪80年代初就将可行性研究正式纳入基本建设程序和前期工作计划,规定大中型项目、利用外资项目、引进进口技术和设备项目都要进行可行性研究,其他项目有条件的也要进行可行性研究。凡未经可行性研究确认的项目,不得编制向上报送的可行性研究报告和进行下一步工作。

(2) 可行性研究报告编制

可行性研究报告是确定建设项目、编制设计文件的重要依据,是项目最终决策和进行初步设计的重要文件,因此必须有相当的深度和准确性。所有基本建设都要在可行性研究通过的基础上,选择经济效益最好的方案编制可行性研究报告。可行性研究包括很多内容,其中项目的财务评价和国民经济评价方法是可行性研究报告的核心。

(3) 可行性研究报告审批

1988年我国对可行性研究报告的审批权限做了新的调整,属中央投资、中央和地方合资的大中型和限额以上(总投资2亿元人民币以上)项目的可行性研究报告要送国家计委审批,中央各部门所属小型和限额以下项目由各部门审批。可行性研究报告批准后,不得随意修改和变更。如果在建设规模、产品方案、建设地区、主要协作关系等方面有变动以及突破投资限度时,应经原批准机关同意。经批准的可行性研究报告,是确定建设项目、编制设计文件的依据。

3) 编制计划任务书和选择建设地点

(1) 编制计划任务书

建设单位根据可行性研究报告的结论和报告中提出的内容来编制计划任务书。计划任务书是确定建设项目和建设方案的基本文件,是对可行性研究所得到的最佳方案的确认,是编制设计文件的依据,是可行性研究报告的深化和细化,必须报上级主管部门审核。

(2) 选择建设地点

建设地点选择前应征得有关部门的同意,选址时应考虑以下几个方面:

① 工程地质、水文地质等自然条件是否可靠。

② 建设所需水、电、运输条件是否落实。

③ 投产后原材料、燃料等是否具备。

④ 是否满足环保要求。

⑤ 项目生产人员的生活条件、生产环境是否安全。

4) 设计工作阶段

设计是对拟建项目的实施在技术上和经济上所进行的全面而详尽的安排,是建设计划的具体化,是整个工程的决定性环节,是组织施工的依据,直接关系着工程质量和将来的使用效果。可行性研究报告被批准后的建设项目可通过招投标选择设计单位,按照已批准的内容和要求进行设计,编制设计文件。设计文件包括文字规划和整个工程的图纸设计,一般建设项目分初步设计和施工图设计两个阶段,大型的或技术上复杂的项目分为初步设计、技术设计、施工图设计3个阶段。如果初步设计提出的总概算超过可行性研究报告确定的总投资估算10%以上或其他主要指标需要变更时,要重新报批可行性研究报告。

(1) 初步设计

初步设计是对批准的可行性研究报告所提出的内容进行概略的设计，作出初步的实施方案(大型、复杂的项目，还需绘制建筑透视图或制作建筑模型)，进一步论证该建设项目在技术上的可行性和经济上的合理性，解决工程建设中重要的技术和经济问题，并通过对工程项目所作出的基本技术经济规定编制项目总概算。

初步设计由建设单位组织审批，初步设计经批准后，不得随意改变建设规模、建设地址、主要工艺过程、主要设备和总投资等控制指标。

(2) 技术设计

技术设计是在初步设计的基础上，根据更详细的调查研究资料，进一步确定建筑、结构、工艺、设备等的技术要求，以使建设项目的设计更具体、更完善，技术经济指标达到最优。

(3) 施工图设计

施工图设计是在前一阶段的设计基础上进一步形象化、具体化，完成建筑、结构、水、电、气、工业管道以及场内道路等全部施工图纸、工程说明书、结构计算书以及施工图预算等。在工艺方面，应具体确定各种设备的型号、规格及各种非标准设备的制作、加工和安装图。

5) 建设准备阶段

项目在开工建设之前要切实做好各项准备工作，主要内容有：

(1) 组织图纸会审，协调解决图纸和技术资料的有关问题。

(2) 征地、拆迁和施工现场的场地平整，领取“建设施工许可证”。

(3) 完成施工用水、用电、用路等工程。

(4) 组织设备、材料订货。

(5)组织招投标，择优选定施工单位。

(6)编制项目建设计划和年度建设投资计划。

项目在报批开工之前，应由审计机关对项目的有关内容进行审计证明。审计机关主要是对项目资金来源是否正当、能否落实，项目开工前的各项支出是否符合国家的有关规定，资金是否存入规定的银行等方面进行审计。

6) 建设施工阶段

建设项目经批准开工建设，项目即进入了施工阶段。项目开工是指建设项目设计文件中规定的任何一项永久性工程第一次破土、正式打桩，建设工期则是从开工时算起。施工阶段一般包括土建、装饰、给排水、采暖通风、电气照明、工业管道以及设备安装等工程项目。

7) 竣工验收阶段

当建设项目按设计文件规定内容全部施工完成后，按照规定的竣工验收标准、工作内容、程序和组织的规定，经过各单项工程的验收，符合设计要求，并具备竣工图表、竣工决算、工程总结等必要文件资料，由项目主管部门或建设单位向可行性研究报告的审批单位提出竣工验收申请报告。竣工验收是全面考核建设成果、检验设计和工程质量的重要步骤，也是项目建设转入生产或使用的标志。

负责竣工验收的单位，根据工程规模和技术复杂程度，组成验收委员会或验收组。验收委员会或验收组应由银行、物资、环保、劳动、统计及其他有关部门的专家组成。政府相关部门、建设、勘察设计、监理、施工单位参加验收工作。

验收委员会或验收组负责审查工程建设的各个环节，审阅工程档案并实地查验建筑工程和设备安装工程质量，并对工程作出全面评价，不合格的工程不予验收。对遗留问题提出具体意见，限期落实完成。

竣工和投产或交付使用的日期是指经验收合格、达到竣工验收标准、正式移交生产或使用的时间。在正常情况下，建设项目投入使用的日期与竣工日期是一致的，但是实际上，有些项目的竣工日期往往迟于投产日期。这是因为建设项目的生产性工程全部建成，经试运转、验收鉴定合格、移交生产部门后，便可算为全部投产，而竣工则要求该项目的生产性、非生产性工程全部建成完工。

8）建设项目后评价阶段

建设项目后评价是指项目竣工投产运营一段时间后，再对项目的立项决策、设计、施工、竣工投产、生产运营等全过程进行系统评价的一种技术经济活动，是固定资产投资管理的一项重要内容，也是固定资产投资管理的最后一个环节。通过建设项目后评价，可以达到肯定成绩、总结经验、研究问题、提出建议、改进工作、不断提高项目决策水平和达到投资效果的目的。

1.2 建筑产品及其施工特点

1.2.1 建筑产品的特点

1）建筑产品的固定性

建筑产品都是在选定的地点上建造和使用的，与选定地点的土地不可分割，从建造开始直至拆除一般均不能移动。所以，建筑产品的建造和使用地点在空间上是固定的。

2）建筑产品的多样性

建筑产品不但要满足各种使用功能的要求，而且还要体现出各地区的民族风格、物质文明和精神文明，同时也受到各地区的自然条件等诸因素的限制，使建筑产品在建设规模、结构类型、构造型式、基础设计和装饰风格等诸方面变化纷繁，各不相同。即使是同一类型的建筑产品，也会因所在地点、环境条件等的不同而彼此有所区别。

3）建筑产品体形庞大

无论是复杂的建筑产品，还是简单的建筑产品，为了满足其使用功能的需要，都需要使用大量的物质资源，占据广阔的平面与空间。

4）建筑产品的综合性

建筑产品是一个完整的实物体系，它不仅综合了土建工程的艺术风格、建筑功能、结构构造、装饰做法等多方面的技术成就，而且也综合了工艺设备、采暖通风、供水供电、通信网络、安全监控、卫生设备等各类设施的当代水平，从而使建筑产品变得更加错综复杂。

1.2.2 建筑施工的特点

建筑产品是建筑施工的最终成果，它在竣工验收、交付使用以后形成新的固定资产，具有使用价值。

建筑产品多种多样，但归纳起来，建筑产品具有体形庞大、复杂多变、整体难分、不能移动(即固定性)等特点。这些特点决定了建筑生产要比一般工业产品的生产更复杂、更困难。最基本的特点是生产的流动性、生产的单件性、生产周期长、生产的地区性、生产的露天作业多、生产的高空作业多、生产组织协作的综合复杂性等。

1) 生产的流动性

建筑生产的流动性是由建筑产品的固定性和整体难分的特点所决定的。它主要表现在两个方面:一是生产机构随着生产地点的变动而整体流动;二是在一个建筑产品的生产过程中,劳动资源(劳动力、建筑材料和机具)要随着劳动工作面的形成而不断转移生产地点。

在生产过程中,机械设备的选择和运用必须考虑场地条件的影响;材料的供应需根据当地环境和交通条件分别组织;现场布置也因施工条件的变化而重新安排。劳动力和施工机械的流动,操作条件和工作环境的经常变化,都会直接影响生产的效率和生产的组织。此外,由于建筑产品的整体性要求,生产的流动性又必须与生产的顺序性密切配合,即劳动资源的流动必须结合施工顺序的要求进行,这必然会增加流动施工的密度和难度。所以建筑生产的流动性对生产的组织有极大的影响,也是施工组织中首先应解决的问题之一。

2) 生产的单件性

建筑生产的单件性与建筑产品的固定性和多样性有关。由于每个建筑产品的用途、功能要求以及所处地区自然条件和技术经济条件不同,几乎每个建筑产品都有它独特的形式和结构,设计上各有特色。由于建筑产品的多样性,建筑产品生产就具有突出的单件性。因此,每一个工程的生产都应根据不同的特点,采用不同的施工方法,选择不同的施工机械,安排不同的施工顺序和劳动资源来进行生产。不可能用一个统一的模式去组织所有的工程施工,必须对每一个工程分别编制施工组织设计来指导施工。

3) 生产周期长

建筑产品的生产周期长是由建筑产品体形庞大、复杂多样和整体难分的特点所决定的。建筑生产所需的人员和工种众多,所用物资和机械设备种类繁杂,所需的准备工作时间长。另外,因建筑产品的整体性和工艺顺序的要求,也限制了工作面的全面展开。为了克服这些缺点,在组织施工的过程中,应充分利用建筑产品体形庞大所提供的工作面,组织流水施工。流水施工对空间和时间上的配合关系有特别严格的要求,同时也要求采取有效的措施以保证施工质量和施工安全。

4) 生产的地区性

建筑产品的固定性决定了同一使用功能的建筑产品因其建造地点的不同必然受到建设地区的自然、技术、经济和社会条件的约束,使其结构、构造、艺术形式、室内设施、材料、施工方案等方面均各异。因此,建筑产品的生产具有地区性。

5) 生产的露天作业多

建筑产品生产地点的固定性和体形庞大的特点,决定了建筑产品生产露天作业多。因为体形庞大的建筑产品不可能在工厂、车间内直接进行施工,即使建筑产品生产达到了高度的工业化水平的时候,也只能在工厂内生产其各部分的构件或配件,仍然需要在施工现场进行总装配后才能形成最终建筑产品。因此,建筑产品的生产具有露天作业多的特点。

6) 生产的高空作业多

由于建筑产品体形庞大的特点,决定了建筑产品生产高空作业多。特别是随着国民经济的不断发展和建筑技术的日益进步,高层和超高层建筑不断涌现,使得建筑产品生产高空作业多的特点越来越明显，同时也增加了作业环境的不安全因素。

7）生产组织协作的综合复杂性

由建筑产品生产的诸特点可以看出，建筑产品生产的涉及面广。它涉及工程力学、建筑结构、建筑构造、地基基础、水暖电、机械设备、建筑材料和施工技术等学科的专业知识，要在不同时期、不同地点和不同产品上组织多专业、多工种的综合作业。在建筑企业的外部，它涉及各专业施工企业，以及城市规划，征用土地，勘察设计，消防，“七通一平”，公用事业，环境保护，质量监督，科研试验，交通运输，银行财政，机具设备，物质材料，电、水、热、气的供应，劳务等社会各部门和各领域的协作配合，从而使建筑产品生产的组织协作综合复杂。

1.3 施工组织设计概论

施工组织设计是指根据拟建工程的特点，对人力、材料、机械、资金、施工方法等方面的因素作全面的、科学的、合理的安排，并形成指导拟建工程施工全过程中各项活动的技术、经济和组织的综合性文件。

1.3.1 施工组织设计的必要性与作用

1）施工组织设计的必要性

编制施工组织设计，有利于反映客观实际，符合建筑产品及施工特点要求，也是建筑施工在工程建设中的地位决定的，更是建筑施工企业经营管理程序的需要。因此，编好并贯彻好施工组织设计，就可以保证拟建工程施工的顺利进行，取得好、快、省和安全的施工效果。

2）施工组织设计的作用

施工组织设计是施工准备工作的重要组成部分，又是做好施工准备工作的主要依据和重要保证。

施工组织设计是对拟建工程施工全过程实行科学管理的重要手段，是编制施工预算和施工计划的主要依据，是建筑企业合理组织施工和加强项目管理的重要措施。

施工组织设计是检查工程施工进度、质量、成本三大目标的依据，是建设单位与施工单位之间履行合同、处理关系的主要依据。

1.3.2 施工组织设计的分类

1）按设计阶段的不同分类

施工组织设计的编制一般是同设计阶段相配合。

(1) 设计按 2 个阶段进行时

施工组织设计分为施工组织总设计（扩大初步施工组织设计）和单位工程施工组织设计两种。

(2) 设计按 3 个阶段进行时

施工组织设计分为施工组织设计大纲（初步施工组织条件设计）、施工组织总设计和单位工程施工组织设计 3 种。

2）按编制时间不同分类

施工组织设计按编制时间的不同可分为投标前编制的施工组织设计（简称标前设计）和签订工程承包合同后编制的施工组织设计（简称标后设计）两种。两类施工组织设计的区别见表 1-1。

表 1-1 标前和标后施工组织设计的区别

种 类	服务范围	编制时间	编制者	主要特性	追求的主要目标
标前施工组织设计	投标与签约	投标前	经营管理层	规划性	中标和经济效益
标后施工组织设计	施工准备至验收	签约后开工前	项目管理层	作业性	施工效率和效益

3）按编制对象范围的不同分类

施工组织设计按编制对象范围的不同可分为施工组织总设计、单位工程施工组织设计、分部分项工程施工组织设计 3 种。

（1）施工组织总设计

施工组织总设计是以一个建筑群或一个建设项目为编制对象，用以指导整个建筑群或建设项目施工全过程的各项施工活动的技术、经济和组织的综合性文件。施工组织总设计一般在初步设计或扩大初步设计被批准之后，在总承包企业的总工程师领导下进行编制。

（2）单位工程施工组织设计

单位工程施工组织设计是以一个单位工程（一个建筑物或构筑物，一个交工系统）为编制对象，用以指导其施工全过程的各项施工活动的技术、经济和组织的综合性文件。单位工程施工组织设计一般在施工图设计完成后，在施工项目开工之前，由项目经理组织，在技术负责人领导下进行编制。

（3）分部分项工程施工组织设计

分部分项工程施工组织设计是以分部分项工程为编制对象，用以具体实施其施工全过程的各项施工活动的技术、经济和组织的综合性文件。分部分项工程施工组织设计一般是同单位工程施工组织设计的编制同时进行，并由单位工程的技术人员负责编制。

施工组织总设计、单位工程施工组织设计和分部分项工程施工组织设计之间有以下关系：施工组织总设计是对整个建设项目的全局性战略部署，其内容和范围比较概括；单位工程施工组织设计是在施工组织总设计的控制下，以施工组织总设计和企业施工计划为依据编制的，针对具体的单位工程，把施工组织总设计的内容具体化；分部分项工程施工组织设计是以施工组织总设计、单位工程施工组织设计和企业施工计划为依据编制的，针对具体的分部分项工程，把单位工程施工组织设计进一步具体化，它是专业工程具体的组织施工的设计。

4）按编制内容的繁简程度不同分类

施工组织设计按编制内容的繁简程度可分为完整的施工组织设计和简单的施工组织设计两种。

（1）完整的施工组织设计

对于工程规模大、结构复杂、技术要求高，采用新结构、新技术、新材料和新工艺的施工项目，必须编制内容详尽的完整的施工组织设计。

（2）简单的施工组织设计

对于工程规模小、结构简单、技术要求和工艺方法不复杂的施工项目，可以编制一个仅包括施工方案、施工进度计划和施工平面布置图等内容粗略的简单的施工组织设计。

5）按使用时间长短不同分类

施工组织设计按使用时间长短不同分为长期施工组织设计、年度施工组织设计和季度施工组织设计3种。

1.3.3 施工组织设计的内容

1）标前施工组织设计的内容

由于标前设计的作用是为投标书和进行签约谈判提供依据，因此应包括以下内容：

（1）施工方案。

（2）施工进度计划。

（3）主要技术组织措施。

（4）施工平面布置图。

（5）其他有关投标和签约谈判需要的设计。

2）施工组织总设计的内容

（1）建设项目的工程概况。

（2）施工部署及主要建筑物或构筑物的施工方案。

（3）全场性施工准备工作计划。

（4）施工总进度计划。

（5）各项资源需要量计划。

（6）全场性施工总平面图设计。

（7）各项技术经济指标。

3）单位工程施工组织设计的内容

（1）工程概况及其施工特点的分析。

（2）施工方案的选择。

（3）单位工程施工准备工作计划。

（4）单位工程施工进度计划。

（5）各项资源需要量计划。

（6）单位工程施工平面图设计。

（7）质量、安全、节约、冬雨期施工及防治污染等的技术组织措施。

（8）主要技术经济指标。

4）分部分项工程施工组织设计的内容

（1）分部分项工程概况及其施工特点的分析。

（2）施工方法及施工机械的选择。

（3）分部分项工程施工准备工作计划。

（4）分部分项工程施工进度计划。

（5）劳动力、材料和机具等需要量计划。

（6）质量、安全、节约及防治污染等技术组织措施。

（7）作业区施工平面布置图设计。

1.3.4 施工组织设计的编制

1）施工组织设计的编制

（1）当拟建工程中标后，施工单位必须编制建设工程施工组织设计。建设工程实行总包和分包的，由总包单位负责编制施工组织设计或者分阶段施工组织设计。分包单位在总包单位的部署下，负责编制分包工程的施工组织设计。施工组织设计应根据合同工期及有关规定进行编制，并且要广泛征求各协作施工单位的意见。

（2）对结构复杂、施工难度大以及采用新工艺和新技术的工程项目，要进行专业性的研究，必要时组织专门会议，邀请有经验的专业工程技术人员参加，集中群众智慧，为施工组织设计的编制和实施打下坚实的群众基础。

（3）在施工组织设计编制过程中，要充分发挥各职能部门的作用，吸收他们参加编制和审定；充分利用施工企业的技术素质和管理素质，统筹安排，扬长避短，发挥施工企业的优势，合理地进行工序交叉配合的程序设计。

（4）当比较完整的施工组织设计方案提出之后，要组织参加编制人员及单位进行讨论，逐项逐条地研究，修改后确定，最终形成正式文件，送主管部门审批。

2）编制施工组织设计的程序

（1）施工组织总设计的编制程序如图 1-2 所示。

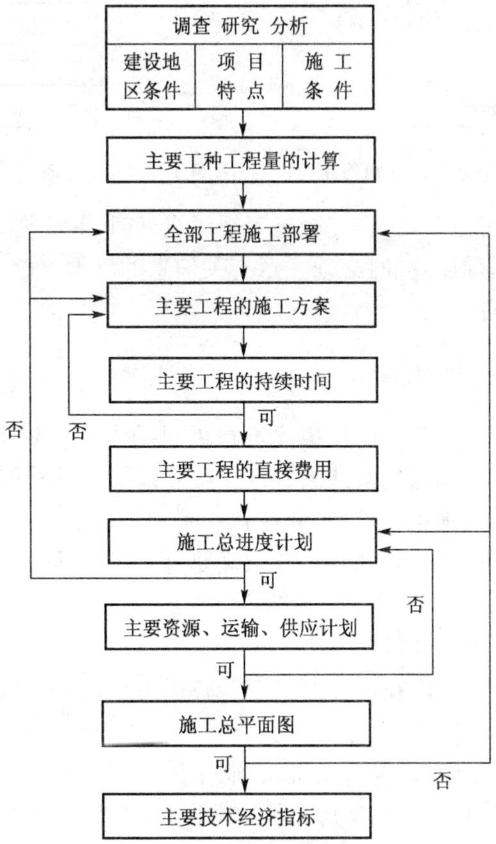

图 1-2 施工组织总设计的编制程序

(2) 单位工程施工组织设计的编制程序如图 1-3 所示。

(3) 分部(项)工程施工组织设计的编制程序如图 1-4 所示。

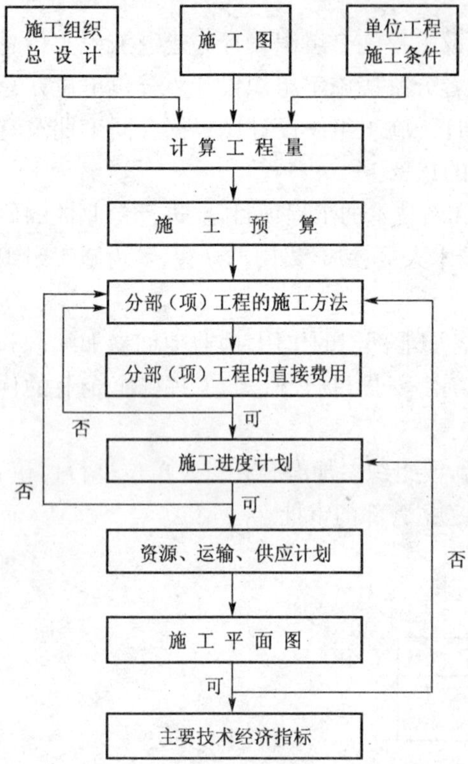

图 1-3 单位工程施工组织设计的编制程序

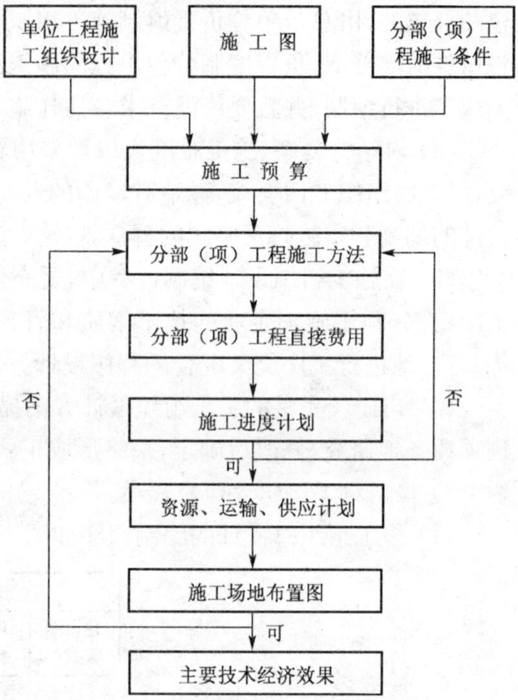

图 1-4 分部(项)工程施工组织设计的编制程序

由图 1-2~图 1-4 可以看出,在编制施工组织设计时,除了要采用正确合理的编制方法外,还要采用科学的编制程序,同时必须注意有关信息的反馈。施工组织设计的编制过程是由粗到细、反复协调进行的,最终达到优化施工组织设计的目的。

1.3.5 施工组织设计的执行

施工组织设计的编制,只是为实施拟建工程项目的生产过程提供了一个可行方案。这个方案的经济效果如何,必须通过实践去验证。施工组织设计贯彻的实质,就是把一个静态平衡方案,放到不断变化的施工过程中,考核其效果和检查其优劣的过程,以达到预定的目标。所以施工组织设计贯彻的情况如何,其意义是深远的。为了保证施工组织设计的顺利实施,应做好以下几个方面的工作:

1) 传达施工组织设计的内容和要求

经过审批的施工组织设计,在开工前要召开各级生产、技术会议,逐级进行交底,详细地讲解其内容、要求和施工的关键与保证措施,组织群众广泛讨论,拟定完成任务的技术组织措施,做出相应的决策。同时,责成计划部门,制定出切实可行的严密的施工计划;责成技术部门,拟定科学合理的、具体的技术实施细则;保证施工组织设计的贯彻执行。

2）制定各项管理制度

施工组织设计贯彻的顺利与否，主要取决于建筑业企业的管理素质和技术素质及经营管理水平。而体现企业素质和水平的标志，在于企业各项管理制度的健全与否。实践经验证明，只有建筑业企业有了科学的、健全的管理制度，企业的正常生产秩序才能维持，才能保证工程质量，提高劳动生产率，防止可能出现的漏洞或事故。为此，必须建立健全各项管理制度，保证施工组织设计的顺利实施。

3）推行技术经济责任制

技术经济责任制是用经济的手段和方法，明确施工单位的责任。它便于加强监督和相互促进，是保证责任目标实现的重要手段。为了更好地贯彻施工组织设计，应该推行技术经济责任制度，开展劳动竞赛，把施工过程中的技术经济责任同职工的物质利益结合起来。

4）统筹安排及综合平衡

在施工项目的施工过程中，搞好人力、物力、财力的统筹安排，保持合理的施工规模，既能满足施工项目施工的需要，又能带来较好的经济效果。施工过程中的任何平衡都是暂时的和相对的，平衡中必然存在不平衡的因素，要及时分析和研究这些不平衡因素，不断地进行施工条件的反复综合和各专业工种的综合平衡。进一步完善施工组织设计，保证施工的节奏性、均衡性和连续性。

5）切实做好施工准备工作

施工准备工作是保证均衡和连续施工的重要前提，也是顺利地贯彻施工组织设计的重要保证。施工项目不仅在开工之前要做好一切人力、物力和财力的准备，而且在施工过程中的不同阶段也要做好相应的施工准备工作，这对于施工组织设计的贯彻执行是非常重要的。

1.3.6 施工组织设计的检查和调整

1）施工组织设计的检查

（1）主要指标完成情况的检查

施工组织设计主要指标的检查，一般采用比较法，就是把各项指标的完成情况同计划规定的指标相对比。检查的内容应该包括进度、质量、材料消耗、机械使用和成本费用等，把主要指标数额检查同其相应的施工内容、施工方法和施工进度的检查结合起来，发现其问题，为进一步分析原因提供依据。

（2）施工总平面图合理性的检查

施工总平面图必须按规定建造临时设施，敷设管网和运输道路，合理地存放机具，堆放材料；施工现场要符合文明施工的要求；施工现场的局部断电、断水、断路等，必须事先得到有关部门批准；施工的每个阶段都要有相应的施工总平面图；施工总平面图的任何改变都必须得到有关部门批准。如果发现施工总平面图存在不合理性，要及时制定改进方案，报请有关部门批准，不断地满足施工进展的需要。

2）施工组织设计的调整

根据施工组织设计执行情况的检查，发现的问题及其产生的原因，拟定其改进措施或方案；对施工组织设计的有关部分或指标逐项进行调整；对施工总平面图进行修改；使施工组织设计在新的基础上实现新的平衡。

实际上，施工组织设计的贯彻、检查和调整是一项经常性的工作，必须随着施工的进展情况，加强反馈和及时地进行，要贯穿建设项目施工过程的始终。施工组织设计的贯彻、检查、调整的程序如图 1-5 所示。

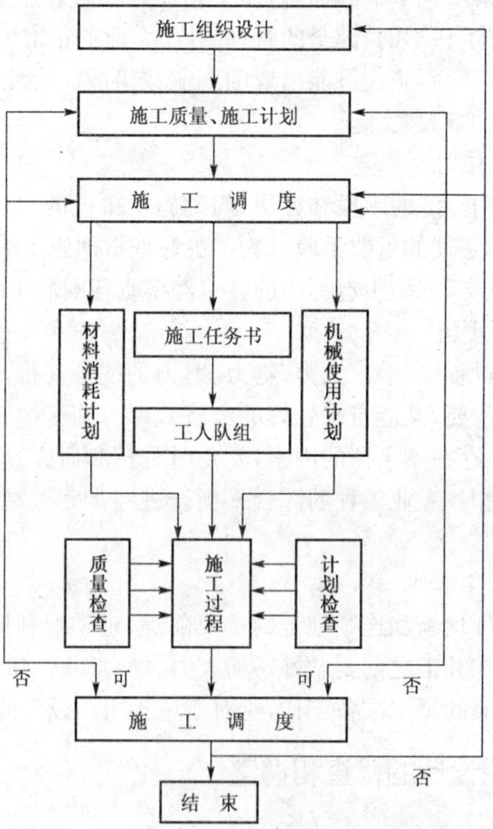

图 1-5　施工组织设计的贯彻、检查、调整程序

1.4　组织施工的基本原则

施工组织设计是建筑业企业和施工项目经理部施工管理活动的重要技术经济文件，也是完成国家和地区工程建设计划的重要手段。而组织项目施工则是为了更好地落实、控制和协调其施工组织设计的实施过程。所以组织项目施工就是一项非常重要的工作。根据新中国成立以来的实践经验，结合施工项目产品及其生产特点，在组织项目施工过程中应遵守以下几项基本原则：

1）集中力量加快施工速度

建筑生产需要消耗大量的人力、物力，而任何一个施工单位在一定时间内的资源拥有量总是有限的。把有限的施工力量集中起来，优先投入最急需完成的工程中去，加快其施工速度，使工程尽快完成，投入生产，这是组织施工最基本的原则之一，也是提高经济效益最有效的措施。特别是对于那些投产后年创税利很大的大型工矿企业，即使提前完成几天，所得效益也是很可观的。

对于施工企业而言，加快施工速度也是减少施工间接费、降低施工成本和提高施工企业信誉、提高企业竞争能力的有效途径。因此，施工企业在组织施工时，应根据生产能力和工程施工条件的落实情况以及工程的重要程度，分期分批地安排施工任务，以避免资源分散、战线拉长而延长工期。

由于建筑产品的特点决定了建筑生产的工作面是随生产的进展而逐步形成的，不可能安排很多的劳动力同时进行工作。因此，在安排施工力量时既要考虑集中，同时又要合理地安排各施工过程之间的施工顺序，考虑各专业工种之间的相互协调，合理地处理好劳动力、时间和空间布置之间的关系。在同一生产地点(同一工地)，应使主要工程项目与相应的辅助工程项目之间相互配套施工，以起到调节施工力量的作用。否则，同一时间在同一工作范围内劳动力安排得过多，既会降低劳动生产率，易发生安全事故，又影响工期。再者，应重视工程收尾时的施工组织工作。

必须指出：加快施工速度与保证工程质量、保证施工安全、降低施工成本应是密切联系、相辅相成的，否则再短的工期也毫无意义。

2）采用先进的施工技术，发展建筑工业化

在组织施工时采用先进的施工技术是提高劳动生产率、加快施工速度、提高工程质量和降低工程成本的重要手段。近年来，我国对施工技术的科研、应用和推广有了较好的发展，新技术不断涌现。在组织施工时必须结合当时、当地的技术经济条件以及施工机械装备力量，加以应用和推广。

建筑工业化不仅应使施工技术逐步适应大生产的需要，而且对施工全过程的各项管理工作也必须逐步采用现代化的方法和手段。

3）用科学的方法组织施工

施工计划的科学性、合理性是工程施工能否顺利进行的关键。施工计划的科学性在于对工程施工的总体作出综合判断。采用现代化的分析手段、计算方法，使生产的一系列活动在时间和空间方面、生产能力和劳动资源方面得到最优的统筹安排，从而保证生产过程的连续性和均衡性。现代的科学管理方法和管理技术正在逐步渗透到建筑施工管理中去，如常用的流水法施工、网络计划技术、运筹学等，以及计算机技术在施工管理中的应用，为建筑施工管理现代化开创了广阔的前景，同时也要求广大施工技术人员既要有丰富的施工实践经验，而且还必须掌握和应用现代化科学管理的方法和基本技能，以提高管理水平。

安排施工计划，必须合理地组织各施工过程、各专业班组之间的平行流水和立体交叉作业，从而使劳动力、施工机械能够不间断地、有节奏地施工，尽快地从一个工作面转移到另一个工作面上去工作，以实现施工全过程的连续性和均衡性。否则，一方面会使施工断断续续，导致劳动力和施工机械的利用率降低；另一方面又会出现突击赶工、增加资源供应负荷，造成劳动力、材料供应过分紧张，从而导致工程质量下降、安全事故增多、材料浪费和施工成本增大等不良后果。

4）确保工程质量和施工安全

建筑产品质量的好坏，直接影响到建筑物的使用安全和人民生命财产的安全。每一个施工人员应以对建设事业极端负责的态度，严肃认真地按设计要求、规范要求组织施工。确保工程安全施工，不仅是顺利施工的保障，而且也体现了社会主义制度对每一个劳动者的关怀。一旦施工中产生质量或安全事故，不仅直接影响了工期，而且造成巨大浪费，有时会造成无法弥补的损失。

5）实行经济核算，降低工程成本

施工企业应健全经济核算制度，制定各种消耗和费用定额，编制成本计划，拟定和执行有关降低成本的各项措施，进行成本测算和控制，提高企业的经营管理水平，力求以最小的劳动投入取得最佳的经济效果。

在编制每一项工程施工方案时，都应有降低工程成本的技术组织措施（或办法），作为计划方案择优选取的主要依据之一；对于工程所需的临时设施应尽量利用原有建筑和拟建建筑物以及当地的服务能力，以紧缩临时设施数量和施工用地；材料、构配件应合理规划进场时间和堆放位置，尽量减少二次搬运，以减少一切非生产性支出。

上述组织施工的基本原则，既是经济规律的客观反映，又是实践经验的总结，应坚定不移地予以执行。

思考题

1. 简述建设项目的含义及其构成。
2. 我国项目建设程序是如何划分的？
3. 简述施工组织设计的分类。
4. 简述建筑产品及其施工的特点。
5. 施工准备工作的内容可以归纳为哪几方面？
6. 施工组织设计的顺利实施，应做好哪些方面的工作？
7. 简述组织施工的基本原则。

2 施工准备工作

本章提要：本章主要阐述施工准备工作的重要性，并了解准备工作的分类及要求，掌握准备工作的内容，会编制施工准备工作计划。

2.1 施工准备工作的重要性

施工准备工作是指为了保证工程顺利开工和施工活动正常进行而事先做好组织、技术、经济、劳动力、物资、生活等方面的各项准备工作。它从签订施工合同开始，至工程施工竣工验收合格结束，不仅存在于工程开工之前，而且贯穿于整个工程施工的全过程。其意义主要有以下几点：

1）遵循建筑施工程序

"施工准备"是建筑施工程序、施工项目管理程序中的一个重要阶段。现代工程施工是十分复杂的生产活动，其技术规律和社会主义市场经济规律要求工程施工必须严格按建筑施工程序和施工项目管理程序进行。施工准备工作是保证整个工程施工和安装顺利进行的重要环节，只有认真做好施工准备工作，才能取得良好的建设效果。

2）降低施工风险

就工程项目施工的特点而言，其生产受外界干扰及自然因素的影响较大，因而施工中可能遇到的风险就多。只有根据周密的分析和多年积累的施工经验，充分做好施工准备工作，采取预防措施，加强应变能力，才能有效地降低风险损失。

3）创造工程开工和顺利施工条件

工程项目施工中不仅需要耗用大量材料，使用许多机械设备，组织安排各工种人力，涉及广泛的社会关系，而且还要处理各种复杂的技术问题，协调各种配合关系，因而需要通过统筹安排和周密准备，才能使工程顺利开工，开工后能连续顺利地施工且能得到各方面条件的保证。

4）提高企业经济效益

认真做好工程项目施工准备工作，能调动各方面的积极因素，合理组织资源进度，提高工程质量，降低工程成本，从而提高企业经济效益和社会效益。

实践证明，施工准备工作的好坏，将直接影响建筑产品生产的全过程。若是重视和做好施工准备工作，积极为工程项目创造一切有利的施工条件，那么该工程能顺利开工，取得施工的主动权；反之，如果违背施工程序，忽视施工准备工作或工程仓促开工，必然在工程施工中受到各种矛盾掣肘、处处被动，以致造成重大的经济损失。

2.2 施工准备工作的分类

1）按工程项目施工准备工作的范围不同分类

按工程项目施工准备工作的范围不同，一般可分为全场性施工准备（施工总准备）、单项（单位）工程施工条件准备和分部（分项）工程作业条件准备3种。

（1）全场性施工准备（施工总准备）

它是以整个建设项目为对象而进行的各项施工准备。其目的是施工准备工作的目的、内容都是为全场性施工服务的，它不仅要为全场性的施工活动创造有利条件，而且要兼顾单位工程施工条件的准备。

（2）单项（单位）工程施工条件准备

它是以一个建筑物或构筑物为对象而进行的施工条件准备工作。其特点是准备工作的目的、内容都是为单位工程施工服务的，它不仅要为该单位工程在开工前做好一切准备，而且要为分部（分项）工程做好施工准备工作。

（3）分部（分项）工程作业条件准备

它是以一个分部（分项）工程或冬雨季施工为对象而进行的作业条件准备。

2）按拟建工程所处的施工阶段的不同分类

按拟建工程所处的施工阶段不同，一般可分为开工前的施工准备和各施工阶段前的施工准备两种。

（1）开工前的施工准备

它是在拟建工程正式开工之前所进行的一切施工准备工作。其目的是为拟建工程正式开工创造必要的施工条件。它既可能是全场性的施工准备，又可能是单位工程施工条件的准备，具有全局性和总体性。

（2）各施工阶段前的施工准备

它是在拟建工程开工之后，每个施工阶段正式开工之前所进行的一切施工准备工作。其目的是为施工阶段正式开工创造必要的施工条件。如混合结构的民用住宅的施工，一般可分为地下工程、主体工程、装饰工程和屋面工程等施工阶段，每个施工阶段的施工内容不同，所需要的技术条件、物资条件、组织要求和现场布置等方面也不同，因此在每个施工阶段开工之前，都必须做好相应的施工准备工作。

综上所述，可以看出：不仅在拟建工程开工之前要做好施工准备工作，而且随着工程施工的进展，在各施工阶段开工之前也要做好施工准备工作。施工准备工作既要有阶段性，又要有连贯性，因此施工准备工作必须有计划、有步骤、分期地和分阶段地进行，要贯穿拟建工程整个生产过程的始终。

2.3 施工准备工作的要求

1）应分阶段、有组织、有计划、有步骤地进行

施工准备工作不仅要在开工前集中进行，而且要贯穿在整个施工过程中。随着工程施工的不断开展，在各分部分项工程开始施工前都要做好准备工作，为分部分项工程施工的顺利进行创造条件。

为了保证施工准备工作能够按时完成，应编制施工准备工作计划，并列出施工准备工作的内容、要求完成的时间以及负责人(单位)等。由于各项准备工作之间有相互依存的关系，还可以编制施工准备工作网络计划，以明确搭接关系，找出关键工作，在网络图中进行施工准备期的调整，从而尽量缩短时间，确保各项施工准备工作有组织、有计划、分期分批地进行。施工准备工作计划应纳入施工单位的施工组织设计和年度、季度及月度施工计划中，并认真贯彻执行。

2）建立施工准备工作责任制

由于施工准备工作项目多、范围广，因此必须建立严格的责任制。按施工准备工作计划将各项准备工作落实到有关部门和个人，明确各级技术负责人在施工准备工作中应负的责任，以便确保按计划要求的内容与时间进行。现场施工准备工作应由项目经理部全权负责。

3）建立施工准备工作的检查制度

施工准备工作不仅要有计划、有分工，而且在施工准备工作实施过程中，应定期检查施工准备工作计划的执行情况，以便及时发现问题，分析原因，排除障碍，协调施工准备工作进度或调整施工准备工作计划。

4）坚持按基本建设程序办事，严格执行开工报告制度

工程开工前施工准备工作完成后，施工项目经理部应申请开工报告，报由上级领导审批同意后方可开工。实行建设监理的工程，企业还应将开工报告送监理工程师审批，由监理工程师签发开工通知书，在限定的时间内开工，不得拖延。

5）施工准备工作应做好几个"结合"

(1) 施工与设计的结合

施工合同签订后，施工单位应尽快与设计单位联系，在总体规划、平面布局、结构选型、构件选择、新材料、新技术的采用以及出图顺序等方面取得一致意见，便于日后施工。

(2) 室内和室外准备工作的结合

室内准备工作主要是指各种技术经济资料的编制和汇集(如熟悉图纸、编制施工组织设计等)；室外准备工作主要是指施工现场准备和物资准备。室内准备工作对室外准备工作起指导作用，室外准备工作是室内准备工作的具体要求。

(3) 土建工程与专业工程的结合

工程总承包单位(一般为土建施工单位)，在明确施工任务，拟定施工准备工作的初步计划后，应及时通知各相关协作专业单位，使各专业单位及时完成施工准备工作，做好与土建单位的协作配合。

(4) 前期准备与后期准备的结合

施工准备工作不仅开工前要做,工程开工后也要做,因此,要统筹安排前、后期的施工准备工作,既立足于前期准备,又着眼于后期准备,把握时机,及时完成施工准备工作。

6) 取得协作单位的支持和配合

施工准备工作涉及面广,不仅施工单位要努力完成,还要取得建设单位、监理单位、设计单位、供应单位、银行及其他协作单位的大力支持,分工负责,统一协调,共同做好施工准备工作。

2.4 施工准备工作的内容

建设项目施工准备工作按其性质及内容,通常包括技术准备、物资准备、劳动组织准备、施工现场准备和施工场外准备 5 个方面。

每项工程施工准备工作的内容,视该工程本身及其具备的条件而异,有的比较简单,有的却十分复杂。如只有一个单项工程的施工项目和包含多个单项工程的群体项目,一般小型项目和规模庞大的大中型项目,新建项目和改扩建项目,在未开发地区兴建的项目和在已开发具备所需各种条件的地区兴建的项目等,都因工程的特殊需要和特殊条件而对施工准备工作提出各不相同的具体要求。只有按照施工项目的规划来确定准备工作的内容,并拟定具体的、分阶段的施工准备工作实施计划,才能充分地为施工创造一切必要的条件。

2.4.1 技术准备

施工技术资料的准备工作即通常所说的内业准备工作,它是现场准备工作的基础,也是施工准备的核心,指导着现场施工准备工作,对于保证建筑产品质量,实现安全生产,加快工程进度,提高工程经济效益都具有十分重要的意义。由于任何技术的差错或隐患都可能引起人身安全和质量事故,造成生命、财产和经济的巨大损失,因此必须认真地做好技术准备工作。具体有如下内容:

1) 熟悉、审查施工图纸的依据

(1) 建设单位和设计单位提供的初步设计或扩大初步设计(技术设计)、施工图设计、建筑总平面图、土方竖向设计和城市规划等资料文件。

(2) 调查、收集的原始资料。

(3) 设计、施工验收规范和有关技术规定。

2) 熟悉、审查设计图纸的目的

(1) 充分了解设计意图、结构构造特点、技术要求和质量标准,以免施工中发生指导性错误。

(2) 按照设计图纸的要求顺利地进行施工,生产出符合设计要求的最终建筑产品(建筑物或构筑物)。

(3) 为了能够在拟建工程开工之前,使从事建筑施工技术和经营管理的工程技术人员充分地了解和掌握设计图纸的设计意图、结构与构造特点和技术要求。

(4) 通过审查发现设计图纸中存在的问题和错误,使其改正在施工开始之前,为拟建工程的施工提供一份准确、齐全的设计图纸。

(5) 提出合理化建议和协商有关配合施工等事宜,以便确保工程质量和安全,降低工程成本和缩短工期。

3) 熟悉、审查设计图纸的内容

(1) 审查拟建工程的地点、建筑总平面图同国家、城市或地区规划是否一致,以及建筑物或构筑物的设计功能和使用要求是否符合卫生、防火及美化城市方面的要求。

(2) 审查设计图纸是否完整、齐全,以及设计图纸和资料是否符合国家有关工程建设的设计、施工方面的方针和政策。

(3) 审查设计图纸与说明书在内容上是否一致,以及设计图纸与其各组成部分之间有无矛盾和错误。

(4) 审查建筑总平面图与其他结构图在几何尺寸、坐标、标高、说明等方面是否一致,技术要求是否正确。

(5) 审查工业项目的生产工艺流程和技术要求,掌握配套投产的先后次序和相互关系,以及设备安装图纸与其相配合的土建施工图纸在坐标、标高上是否一致,掌握土建施工质量是否满足设备安装的要求。

(6) 审查地基处理与基础设计同拟建工程地点的工程水文、地质等条件是否一致,以及建筑物或构筑物与地下建筑物或构筑物、管线之间的关系。

(7) 明确拟建工程的结构形式和特点,复核主要承重结构的强度、刚度和稳定性是否满足要求,审查设计图纸中工程复杂、施工难度大和技术要求高的分部分项工程或新结构、新材料、新工艺,检查现有施工技术水平和管理水平能否满足工期和质量要求并采取可行的技术措施加以保证。

(8) 明确建设期限、分期分批投产或交付使用的顺序和时间,以及工程所用的主要材料、设备的数量、规格、来源和供货日期。

(9) 明确建设、设计和施工等单位之间的协作、配合关系,以及建设单位可以提供的施工条件。

4) 熟悉、审查设计图纸的程序

熟悉、审查设计图纸的程序通常分为熟悉图纸阶段、自审阶段、会审阶段和现场签证 4 个阶段。

(1) 熟悉图纸阶段

由施工项目经理部组织有关工程技术人员认真熟悉图纸,了解设计总图与建设单位要求以及施工应达到的技术标准,明确工程流程。熟悉图纸时应按以下要求进行:

① 先精后细。先看平、立、剖面图,了解整个工程概貌,对总的长、宽、轴线尺寸、标高、层高、总高有大体印象,再看细部做法,核对总尺寸和细部尺寸、位置、标高是否相符,门窗表中的型号、规格、形状、数量是否与结构相符等。

② 先小后大。先看小样图后看大样图。核对平、立、剖面图中标注的细部做法,与大样图做法是否相符;所采用的标准构件图集编号、类型、型号,与设计图纸有无矛盾,索引符号有无漏标,大样图是否齐全等。

③ 先建筑后结构。先看建筑图,后看结构图。把建筑图与结构图互相对照,核对轴线尺寸、标高是否相符,查对有无遗漏尺寸,有无构造不合理处。

④ 先一般后特殊。先看一般部位和要求，后看特殊部位和要求。特殊部位一般包括地基处理方法、变形缝设置、防水处理要求和抗震、防火、保温、隔热、防尘、特殊装修等技术要求。

⑤ 图纸与说明结合。在看图时应对照设计总说明和图中的细部说明，核对图纸和说明有无矛盾，规定是否明确，要求是否可行，做法是否合理等。

⑥ 土建与安装结合。看土建图时，应有针对性地看安装图，核对与土建图有关的安装图有无矛盾，预埋件、预留洞（槽）的位置、尺寸是否一致，了解安装对土建的要求，以便考虑在施工中的协作配合。

⑦ 图纸要求与实际情况结合。核对图纸有无不符合施工实际处，如建筑物相对位置、场地标高、地质情况等是否与设计图纸相符，对一些特殊施工工艺，施工单位能否做到等。

（2）设计图纸的自审阶段

施工单位收到拟建工程的设计图纸和有关技术文件后，施工项目经理部应尽快地组织有关的工程技术人员熟悉和自审图纸，掌握和了解图纸细节，在此基础上，由总包单位内部的土建与水、电、暖等专业共同核对图纸，消除差错，协商施工配合事项，然后总包单位和分包单位在各自审查图纸的基础上，共同核对图纸，消除差错，协商施工配合事项，并要写出自审图纸的记录。自审图纸的记录应包括对设计图纸的疑问和对设计图纸的有关建议。

（3）设计图纸的会审阶段

一般由工程建设单位组织并主持会议，由设计单位和施工单位参加，三方进行设计图纸的会审。重点工程或规模较大及结构、装修较复杂的工程，如有必要可邀请各主管部门、消防、防疫与协作单位参加。图纸会审时，首先由设计单位的工程主设计人向与会者说明拟建工程的设计依据、意图和功能要求，并对特殊结构、新材料、新工艺和新技术提出设计要求；然后施工单位根据自审记录以及对设计意图的了解，提出对设计图纸的疑问和建议；最后在统一认识的基础上，对所探讨的问题逐一做好记录，形成“图纸会审纪要”，由建设单位正式行文，参加单位共同会签、盖章，作为与设计文件同时使用的技术文件和指导施工的依据，以及建设单位与施工单位进行工程结算的依据。图纸会审应注意以下问题：

① 设计是否符合国家有关方针、政策和规定。

② 设计规模、内容是否符合国家有关的技术规范要求，尤其是强制性标准的要求，是否符合环境保护和消防安全的要求。

③ 建筑平面布置是否符合核准的按建筑红线划定的详图和现实实际情况；是否提供符合要求的永久水准点或临时水准点位置。

④ 图纸及说明是否齐全、清楚、明确。

⑤ 结构、建筑、设备等图纸本身及相互间有否错误和矛盾，图纸与说明之间有无矛盾。

⑥ 有无特殊材料（包括新材料）要求，其品种、规格、数量能否满足需要。

⑦ 设计是否符合施工技术装备条件，如需采取特殊技术措施时，技术上有无困难，能否保证安全施工。

⑧ 地基处理及基础设计有无问题，建筑物与地下构筑物、管线之间有无矛盾。

⑨ 建筑物或构筑物及设备的各部位尺寸、轴线位置、标高、预留孔洞及预埋件、大样图

和做法说明有无错误和矛盾。

(4) 设计图纸的现场签证阶段

在拟建工程施工的过程中，如果发现施工的条件与设计图纸的条件不符，或者发现图纸中仍然有错误，或者因为材料的规格、质量不能满足设计要求，或者因为施工单位提出了合理化建议，需要对设计图纸进行及时修订时，应遵循技术核定和设计变更的签证制度，进行图纸的施工现场签证。如果设计变更的内容对拟建工程的规模、投资影响较大时，要报请项目的原批准单位批准。在施工现场的图纸修改、技术核定和设计变更资料，都要有正式的文字记录，归入拟建工程施工档案，作为指导施工、竣工验收和工程结算的依据。

5) 原始资料的调查分析

原始资料的调查研究是施工准备工作的一项重要内容，也是编制施工组织设计的重要依据。原始资料的调查应有计划、有目的地进行，事先应拟定详细的调查提纲、调查范围、调查内容等，应根据拟建工程规模、性质、复杂程度、工期及对当地了解程度确定。对调查收集的资料应注意整理归纳、分析研究，对其中特别重要的资料，必须复查数据的真实性和可靠性，因此应该做好以下几个方面的调查分析：

(1) 项目特征与要求的调查

施工单位应按所拟定的调查提纲，首先向建设单位、勘察设计单位收集有关项目的计划任务书、工程选址报告、初步设计、施工图以及工程概预算等资料；向当地有关行政管理部门收集现行的项目施工相关规定、标准以及与该项目建设有关的文件等资料；向建筑施工企业与主管部门了解参加项目施工的各家单位的施工能力与管理状况等。如表 2-1 所示。

表 2-1　施工准备工作调查

序号	调查单位	调查内容	调查目的
1	建设单位	1. 建设项目设计任务书、有关文件 2. 建设项目性质、规模、生产能力 3. 生产工艺流程、主要工艺设备名称及来源、供应时间、分批和全部到货时间 4. 建设期限、开工时间、交工先后顺序、竣工投产时间 5. 总概算投资、年度建设计划 6. 施工准备工作计划的内容、安排、工作进度表	1. 施工依据 2. 项目建设部署 3. 制定主要工程施工方案 4. 规划施工总进度计划 5. 安排年度施工进度计划 6. 规划施工总平面 7. 确定占地范围
2	设计单位	1. 建设项目总平面图规划 2. 工程地质勘察资料 3. 水文勘察资料 4. 项目建筑规模、建筑、结构装修概况，总建筑面积、占地面积 5. 单项(单位)工程个数 6. 设计进度安排 7. 生产工艺设计、特点 8. 地形测量图	1. 规划施工总平面图 2. 规划生产施工区、生活区 3. 安排大型临建工程 4. 概算施工总进度 5. 规划施工总进度 6. 计算平整场地土石方工程量 7. 确定地基基础施工方案

(2) 自然条件的调查分析

建设地区自然条件的调查分析的主要内容包括建设地区水准点和绝对标高等情况；地

质构造、土的性质和类别、地基土的承载力、地震级别和烈度等情况；河流流量和水质、最高洪水和枯水期的水位等情况；地下水位的高低变化情况，含水层的厚度、流向、流量和水质等情况；气温、雨、雪、风和雷电等情况；土的冻结深度和冬雨季的期限等情况的调查。为编制施工现场的"三通一平"计划提供依据，如地上建筑物的拆除、高压输电线路的搬迁、地下构筑物的拆除和各种管线的搬迁等工作；为减少施工公害，如打桩工程应在打桩前，对居民的危房和居民中的心脏病患者采取保护性措施。自然条件调查用表，如表 2-2 所示。

表 2-2　建设地区自然条件调查的项目

序号	调查项目	调查内容	调查目的
		气　象	
1	气温	1. 年平均、最高、最低、最冷、最热月份月平均温度 2. 冬季、夏季室外计算温度 3. ≤ −3℃、0℃、5℃的天数、起止时间	1. 确定防暑降温措施 2. 确定冬期施工措施 3. 估计混凝土、砂浆的强度
2	雨(雪)	1. 雨季起止时间 2. 月平均降水量、最大降水量、一昼夜最大降水量 3. 全年雷暴日数	1. 确定雨期施工措施 2. 确定工地排洪、防洪方案 3. 确定防雷设施
3	风	1. 主导风向及频率 2. ≥ 8 级风的全年天数、时间	1. 确定临时设施布置方案 2. 确定高空作业及吊装技术安全措施
		工程地形、地质	
1	地形	1. 区域地形图 2. 工程位置地形图 3. 该地区城市规划图 4. 经纬坐标桩、水准基桩位置	1. 选择施工用地 2. 布置施工总平面图 3. 场地平整及土方量计算 4. 了解障碍物及数量
2	工程地质	1. 钻孔布置图 2. 地址剖面图：土层类别、厚度 3. 物理力学指标：天然含水率、孔隙比、塑性指数、渗透系数、压缩试验及地基土强度 4. 地层稳定性：断层滑块、流沙 5. 最大冻结深度 6. 枯井、古墓、防空洞及地下构筑物等情况	1. 选择土方施工方法 2. 确定地基土处理方法 3. 选择基础施工方法 4. 复核地基基础设计 5. 拟定障碍物拆除计划
3	地震	地震等级、烈度大小	对基础的影响、注意事项
		工程水文地质	
1	地下水	1. 最高、最低水位及时间 2. 水的流向、流速及流量 3. 水质分析：地下水的化学成分 4. 抽水实验	1. 选择基础施工方案 2. 确定降低地下水方法 3. 拟定防止侵蚀性介质的措施

续表 2-2

序号	调查项目	调查内容	调查目的
2	地表水	1. 临近江河湖泊到工地的距离 2. 洪水、平水、枯水期的水位、流量及航道深度 3. 水质分析 4. 最大、最小冻结深度及冻结时间	1. 拟定临时给水方案 2. 确定运输方式 3. 选择水工工程施工方案 4. 确定防洪方案

(3) 给水、供电资料的调查

给水、供电等能源资料可向当地城建、电力、电讯和建设单位等进行调查，主要为选择施工临时供水、供电、供气方式提供技术经济比较分析的依据，如表 2-3 所示。

表 2-3 水、电、气供应条件调查的项目

序号	项目	调查内容	调查目的
1	给排水	1. 工地用水与当地现有水源连接的可能性，可供水量、管线敷设地点、管径、材料、埋深、水压、水质及水费；水源至工地距离，沿途地形地物状况 2. 自选临时江河水源的水质、水量、取水方式水源至工地距离，沿途地形地物状况；自选临时水井的位置、深度、管径、出水量和水质 3. 利用永久性排水设施的可能性，施工排水的去向、距离和坡度；有无洪水影响，防洪设施状况	1. 确定生活、生产供水方案 2. 确定工地排水方案和防洪设施 3. 拟定供排水设施的施工进度计划
2	供电	1. 当地电源位置，引入的可能性，可供电的容量、电压、导线截面和电费；引入方向，接线地点及其至工地距离，沿途地形地物状况 2. 建设单位和施工单位自有的发电、变电设备的型号、台数和容量 3. 利用邻近电讯设施的可能性，电话、电报局等至工地的距离，可能增设电讯设备、线路的情况	1. 确定供电方案 2. 确定通讯方案 3. 拟定供电、通讯设施的施工进度计划
3	蒸汽等	1. 蒸汽来源，可供蒸汽量，接管地点、管径、埋深，至工地距离，沿途地形地物状况，蒸汽价格 2. 建设、施工单位自有锅炉的型号、台数和能力，所需燃料及水质标准 3. 当地或建设单位可能提供的压缩空气、氧气的能力，至工地距离	1. 确定生产、生活用气的方案 2. 确定压缩空气、氧气的供应计划

(4) 机械设备与建筑材料的调查

机械设备指项目施工的主要生产设备；建筑材料指水泥、钢材、木材、砂、石、砖、预制构件、半成品及成品等。这些资料可以向当地的计划、经济、物资管理等部门调查，主要作为确定材料和设备采购(租赁)供应计划、加工方式、储存和堆放场地以及搭设临时设施的依据，如表 2-4 所示。

表 2-4　机械设备与建筑材料条件调查的项目

序号	项目	调查内容	调查目的
1	三材	1. 本省或本地区钢材生产情况、质量、规格、钢号、供应能力等 2. 本省或本地区木材供应情况、规格、等级、数量等 3. 本省或本地区水泥厂有多少家，质量、品种、标号、供应能力等	1. 确定临时设施和堆放专场 2. 确定木材加工计划 3. 确定水泥储存方式
2	特殊材料	1. 需要的品种、规格、数量 2. 试制、加工和供应情况	1. 制定供应计划 2. 确定储存方式
3	主要设备	1. 主要工艺设备名称、规格、数量和供货单位 2. 供应时间：分批和全部到货时间	1. 确定临时设施和堆放场地 2. 拟定防雨措施
4	地材	1. 本省或本地区砂子供应情况、规格、等级、数量等 2. 本省或本地区石子供应情况、规格、等级、数量等 3. 本省或本地区砌筑材料供应情况、规格、等级、数量等	1. 制定供应计划 2. 确定堆放场地

(5) 交通运输资料调查

交通运输方式一般常见的有铁路、水路、公路、航空等。交通运输资料可向当地铁路、公路运输和航运、航空管理部门调查，主要为组织施工运输业务、选择运输方式提供技术经济分析比较的依据。如表 2-5 所示。

表 2-5　交通运输条件调查的项目

序号	调查项目	调查内容	调查目的
1	铁路	1. 邻近铁路专用线、车站到工地的距离及沿途运输条件 2. 站场卸货线长度、起重能力和储存能力 3. 装载单个货物的最大尺寸、重量的限制	1. 选择运输方式 2. 拟定运输计划
2	公路	1. 主要材料产地到工地的公路登记、路面构造、路宽及完成情况，允许最大载重量，途经桥涵等级、允许最大尺寸、最大载重量 2. 当地专业运输机构及附近村镇提供的装卸、运输能力，汽车、畜力、人力车数量及运输效率、运费、装卸费 3. 当地有无汽车修配厂，修配能力及至工地的距离	
3	航运	1. 货源、工地到邻近河流、码头、渡口的距离，道路情况 2. 洪水、平水、枯水期通航的最大船只及吨位，取得船只的可能性 3. 码头装卸能力、最大起重重量，增设码头的可能性 4. 渡口的渡船能力，同时可载汽车、马车数，每日次数，为施工提供的运载能力 5. 运费、渡口费、装卸费	

(6) 劳动力与生活条件的调查

这些资料可以向当地劳动、商业、卫生、教育、邮电、交通等主管部门调查，作为拟定劳动力调配计划，建立施工生活基地，确定临时设施面积的依据。如表 2-6 所示。

表 2-6　劳动力与生活条件调查的项目

序号	调查项目	调查内容	调查目的
1	社会劳动力	1. 少数民族地区风俗习惯 2. 当地能提供的劳动力人数、技术水平及来源 3. 上述人员的生活安排	1. 拟定劳动力计划 2. 安排临时设施
2	房屋设施	1. 必须在工地居住的单身人数和户数 2. 能作为施工用的现有房屋数量、面积、结构、位置及水、暖、电、卫设备情况 3. 上述建筑物适宜用途	1. 确定原有房屋为施工服务的可能性 2. 安排临时设施
3	生活服务	1. 文化教育、消防治安等机构能为施工提供的支援 2. 邻近医疗单位到工地距离，可能就医情况 3. 周围是否有有害气体、污染情况，有无地方病	安排职工生活基地，解除后顾之忧

6）编制施工图预算和施工预算

（1）编制施工图预算

施工图预算是技术准备工作的主要组成部分之一，施工图预算即单位工程预算书，是在施工图设计完成后，工程开工前，根据已批准的施工图纸，在施工方案或施工组织设计已确定的前提下，按照国家或省市颁发的现行预算定额、费用标准、材料预算价格等有关规定，进行逐项计算工程量、套用相应定额、进行工料分析、计算直接费并计取间接费、计划利润、税金等费用，确定单位工程造价的技术经济文件。建筑安装工程预算包括建筑工程预算和设备及安装工程预算。其作用如下：

① 是确定工程造价的依据。施工图预算可以作为建设单位招标的“标底”，也可以作为建筑施工企业投标时“报价”的参考。

② 是实行建筑工程预算包干的依据和签订施工合同的主要内容。通过建设单位与施工单位协商，征得建设银行认可，可在施工图预算的基础上，考虑设计或施工变更后可能发生的费用增加一定系数作为工程造价一次包死。同样，施工单位与建设单位签订施工合同，也必须以施工图预算为依据。否则，施工合同就失去约束力。

③ 是建设银行办理拨款结算的依据。根据现行规定，经建设银行审查认定后的工程预算，是监督建设单位和施工企业根据工程进度办理拨款和结算的依据。

④ 是施工企业安排调配施工力量，组织材料供应的依据。施工单位各职能部门可依此编制劳动力计划和材料供应计划，做好施工前的准备。

⑤ 是建筑安装企业实行经济核算和进行成本管理的依据。正确编制施工图预算和确定工程造价，有利于巩固与加强建筑安装企业的经济核算，有利于发挥价值规律的作用。

⑥ 是进行“两算”对比的依据。通过“两算”对比，可以发现差异，及时找出原因，防止多算或漏算；可以在施工准备工作中，对人工、材料和机械台班消耗数量等做到心中有数，防止人工、材料和机械费等超支，避免引起计划成本亏损；还可以使企业决策者和管理人员对收支情况心中有底，及时采取有效的措施，确保施工作业顺利进行，达到提高企业经济效益的目的。

（2）编制施工预算

施工预算是施工单位根据施工图纸、施工定额、施工及验收规范、标准图集、施工组织设计（或施工方案）编制的单位工程（或分部分项工程）施工所需的人工、材料和施工机械台班数量，是施工企业内部文件，是单位工程（或分部分项工程）施工所需的人工、材料和施工机械台班消耗数量的标准。编制施工预算的目的是按计划控制企业劳动和物资消耗量。它依据施工图、施工组织设计和施工定额，采用实物法编制。施工预算和建筑安装工程预算之间的差额，反映企业个别劳动量与社会平均劳动量之间的差别，体现降低工程成本计划的要求。是施工企业内部控制各项成本支出、考核用工、“两算”对比、签发施工任务单、限额领料、基层进行经济核算、进行经济活动分析的依据。

7）编制施工组织设计

施工组织设计是用来指导施工项目全过程各项活动的技术、经济和组织的综合性文件，是施工技术与施工项目管理有机结合的产物，它是工程开工后施工活动能有序、高效、科学合理地进行的保证。是施工单位在施工准备阶段编制的指导拟建工程从施工准备到竣工验收乃至保修回访的技术经济的综合性文件，也是编制施工预算、实行项目管理的依据；是施工准备工作的重要组成部分，也是指导施工现场全部生产活动的技术经济文件。它是在投标书的施工组织设计的基础上，集合了所收集的原始资料等。

建筑施工生产活动的全过程是非常复杂的物质财富再创造的过程，为了正确处理人与物、主体与辅助、工艺与设备、专业与协作、供应与消耗、生产与储存、使用与维修以及它们在空间布置、时间排列之间的关系，必须根据拟建工程的规模、结构特点和建设单位的要求，在原始资料调查分析的基础上，编制出一份能切实指导该工程全部施工活动的科学方案（施工组织设计）。

2.4.2 物资准备

施工物资准备是指施工中必须有的材料、构（配）件、制品、机具和设备等的准备，是保证施工顺利进行的物质基础。

工程所需的材料、构（配）件、制品、机具和设备品种多且数量大，能否保证按计划供应，对整个施工过程的工期、质量、成本有着举足轻重的作用。各种施工物资只有运到现场并有必要的储备后，才具备必要的开工条件。因此，要将这项工作作为施工准备工作的一个重要方面来抓。

施工人员应尽早地计算出各阶段对材料、施工机械、设备、工具等的需用量，并说明供应单位、交货地点、运输方式等，特别是预制构件，必须尽早地从施工图中摘录出规格、质量、品种和数量，制表造册，向预制加工厂订货并确定分批交货清单、交货地点及时间，对大型施工机械、辅助机械及设备要精确计算工作日，并确定进场时间，做到进场后立即使用，用毕后立即退场，提高机械利用率，节省机械台班费及停留费。

1）物资准备工作的内容

物资准备工作主要包括建筑材料的准备、构（配）件和制品的加工准备、建筑安装机具的准备和生产工艺设备的准备等。

（1）建筑材料的准备

① 根据施工方案、施工进度计划和施工图预算中的工料分析，编制出材料需要量计划，为组织备料、确定仓库、场地堆放所需的面积和组织运输等提供依据。

② 根据材料需用量计划，做好材料的申请、订货和采购工作，使计划得到落实。

③ 组织材料按计划进场，按施工平面图和相应位置堆放，并做好合理储备、保管工作。

④ 严格进场验收制度，加强检查、核对材料的数量和规格，做好材料试验和检验工作，保证施工质量。

(2) 构(配)件和制品的加工准备

① 根据施工进度计划及施工预算所提供的各种构(配)件、制品的名称、规格、质量和消耗量，做好加工翻样工作，并编制出其需要量计划。

② 根据各种构(配)件及设备的需用量计划，向有关厂家提出加工订货计划要求，并签订订货合同。

③ 确定加工方案进场后的储存地点和方式，为组织运输、确定堆场面积等提供依据。

(3) 建筑安装机具的准备

① 各种土方机械，混凝土、砂浆搅拌设备，垂直及水平运输机械，钢筋加工设备、木工设备、焊接设备、打夯机、排水设备等应根据采用的施工方案，明确施工机具的配合要求、数量以及施工进度安排，编制建筑安装机具的需要量计划，为组织运输、确定堆场面积等提供依据。

② 拟由本施工单位内部负责解决的施工机具，应根据需用量计划组织落实，确保按期供应进场。

③ 对施工单位缺少且施工单位又必需的施工机具，应与有关单位签订订购或租赁合同，以满足施工需要。

④ 对于大型施工机械(如塔式起重机、挖土机、桩基设备等)的需用量和时间应加强与有关方面(如专业分包单位)的联系，以便及时提出要求，落实后签订有关分包合同，并为大型机械按期进场做好现场有关准备工作。

⑤ 安装、调试施工机具。按照施工机具需用量计划，组织施工机具进场，根据施工总平面图将施工机具安置在规定的地方或仓库。对于施工机具要进行就位、搭棚、接电源、保养、调试工作，对所有施工机具都必须在使用前进行检查和试运转。

(4) 生产工艺设备的准备

按照拟建工程生产工艺流程及工艺设备的布置图，提出工艺设备的名称、型号、生产能力和需要量，确定分期分批进场时间和保管方式，编制工艺设备需要量计划，为组织运输、确定堆场面积提供依据。

订购生产用的生产工艺设备，要注意交货时间与土建进度密切配合。因为某些庞大设备的安装往往要与土建施工穿插进行，如果土建全部完成或封顶后，设备安装将面临极大困难，故各种设备的交货时间要与安装时间密切配合，它将直接影响建设工期。

2) 物资准备工作的程序

物资准备工作的程序是搞好物资准备的重要手段。通常按如下程序进行：

(1) 根据施工预算、分部(项)工程施工方法和施工进度的安排，拟定国拨材料、统配材料、地方材料、构(配)件及制品、施工机具和工艺设备等物资的需要量计划。

(2) 根据各种物资需要量计划，组织货源，确定加工、供应地点和供应方式，签订物资供应合同。

(3) 根据各种物资的需要量计划和合同，拟定运输计划和运输方案。

(4) 按照施工总平面图的要求，组织物资按计划时间进场，在指定地点，按规定方式进行储存或堆放。

物资准备工作程序如图 2-1 所示。

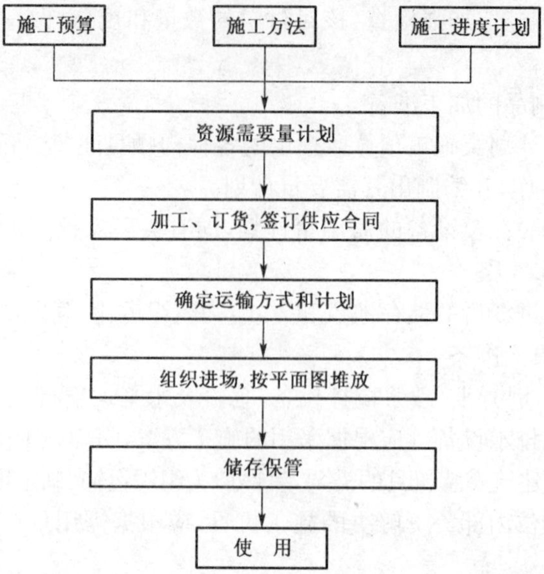

图 2-1　物资准备工作程序图

2.4.3　劳动组织准备

劳动组织准备的范围既有整个建筑施工企业的劳动组织准备,又有大型综合的拟建建设项目的劳动组织准备,也有小型简单的拟建单位工程的劳动组织准备。其准备工作的内容如下:

1) 建立拟建工程项目的组织机构

实行项目管理的工程,建立项目组织机构就是建立项目经理部。高效率的项目组织机构是为建设单位服务的,是为项目管理目标服务的。这项工作实施得合理与否关系着工程能否顺利进行。施工单位建立项目经理部,应针对工程特点和建设单位要求,根据有关规定进行。

(1) 组织机构建立应遵循的原则

① 用户满意原则。施工单位应根据建设单位的要求和合同约定组建项目组织机构,让建设单位满意、放心。

② 全能配套原则。项目经理应会管理、善经营、懂技术,具有较强的适应能力、应变能力和开拓进取精神。项目组织机构的成员要有施工经验、创造精神、工作效率高,做到既合理分工又密切协作。人员配置应满足施工项目管理的需要,如大型项目,管理人员必须具备一级项目经理资质,管理人员中的高级职称人员不应低于10%。

③ 精干高效原则。项目组织机构应尽量压缩管理层次,因事设职,因职选人,做到管理人员精干、一职多能、人尽其才、恪尽职守,以适应市场变化的要求。

④ 合理跨度原则。管理跨度过大,会造成鞭长莫及及心有余而力不足;管理跨度过小,人员增多,则造成资源浪费。因此,项目组织机构各层面的设置是否合理,要看确定的管理跨度是否科学,也就是应使每一个管理层面都保持适当的工作幅度,以使其各层面管理人员在职责范围内实施有效的控制。

⑤ 系统化管理原则。建设项目是由许多子系统组成的有机整体,系统内部存在大量的结合部,项目组织机构各层次管理职能的设计应形成一个相互制约、相互联系的完整体系。

(2) 项目组织机构建立的步骤

① 根据施工单位批准的施工项目管理计划大纲，确定项目组织机构的管理任务和组织形式。

② 确定项目组织机构的层次，设立职能部门与工作岗位。

③ 确定项目组织机构的人员，拟定工作职责、权限。

④ 由项目经理根据项目管理目标责任书进行目标分解。

⑤ 组织有关人员制定规章制度和目标责任考核、奖惩制度。

2) 建立精干的施工队组

施工队组的建立要认真考虑专业、工种的合理配合，技工、普工的比例要满足合理的劳动组织要求，要符合流水施工组织方式的要求，确定建立施工队组(是专业施工队组，或是混合施工队组)，要坚持合理、精干的原则；同时，制定出该工程的劳动力需要量计划。

3) 集结施工力量，组织劳动力进场

工地的领导机构确定之后，按照开工日期和劳动力需要量计划组织劳动力进场。同时，要进行安全、防火和文明施工等方面的教育，并安排好职工的生活。

4) 向施工队组、工人进行施工组织设计、计划和技术交底

施工组织设计、计划和技术交底的目的是把拟建工程的设计内容、施工计划和施工技术等要求，详尽地向施工队组和工人讲解交代。这是落实计划和技术责任制的好办法。

施工组织设计、计划和技术交底的时间在单位工程或分部分项工程开工前及时进行，以保证工程严格地按照设计图纸及施工组织设计、安全操作规程和施工验收规范等要求进行施工。

施工组织设计、计划和技术交底的内容有工程的施工进度计划、月(旬)作业计划；施工组织设计，尤其是施工工艺；质量标准、安全技术措施、降低成本措施和施工验收规范的要求；新结构、新材料、新技术和新工艺的实施方案和保证措施；图纸会审中所确定的有关部位的设计变更和技术核定等事项。交底工作应该按照管理系统逐级进行，由上而下直到工人队组。交底的方式有书面形式、口头形式和现场示范形式等。

队组、工人接受施工组织设计、计划和技术交底后，要组织其成员进行认真的分析研究，弄清关键部位、质量标准、安全措施和操作要领。必要时应该进行示范，并明确任务及做好分工协作，同时建立健全岗位责任制和保证措施。

5) 建立健全各项管理制度

施工现场的各项管理制度是否建立、健全，直接影响其各项施工活动的顺利进行。有章不循其后果是严重的，而无章可循更是危险的。为此，必须建立、健全工地的各项管理制度。通常内容如下：项目管理人员岗位责任制度；工程质量检查与验收制度；工程技术档案管理制度；建筑材料(构件、配件、制品)的检查验收制度；技术责任制度；施工图纸学习与会审制度；技术交底制度；职工考勤、考核制度；工地及班组经济核算制度；材料出入库制度；安全操作制度；机具使用保养制度。

项目组织机构自行制定的规章制度与施工单位现行的有关规定不一致时，应报送施工单位或其授权的职能部门批准。

2.4.4 施工现场准备

施工现场是施工的全体参加者为夺取优质、高速、低消耗的目标，而有节奏、均衡连续地进行战术决战的活动空间。施工现场的准备工作即通常所说的室外准备(外业准备)，主要

是为了给拟建工程的施工创造有利的施工条件和物资保证，是确保工程按计划开工和顺利进行的重要环节。施工现场准备工作应按合同约定与施工组织设计的要求决定。

1）施工现场准备工作的范围

施工现场准备工作由两个方面组成，一是建设单位应完成的施工现场准备工作；二是施工单位应完成的施工现场准备工作。建设单位和施工单位准备工作均就绪时，施工现场就具备了施工条件。

建设单位应按合同条款中约定的内容和时间完成相应的现场准备工作，也可以委托施工单位完成，但双方应在合同专用条款内进行约定，其费用由建设单位承担。

施工单位应按合同条款中约定的内容和施工组织设计的要求完成施工现场准备工作。

2）现场准备工作的内容

（1）拆除障碍物

施工现场内的一切地上、地下障碍物都应在开工前拆除。这项工作一般由建设单位完成，但也可委托施工单位完成。如果由施工单位完成这项工作，应事先摸清现场情况，防止发生事故。

① 拆除房屋建筑时，一般应先切断电源、水源，再进行拆除。若采用爆破拆除时，必须经有关部门批准，由专业爆破单位与有资格的专业人员承担。

② 拆除架空电线（电力、通信）、地下电缆（包括电力、通信）时，应先与电力、通信、部门联系并办理有关手续后方可进行。

③ 拆除自来水、污水、燃气、热力等管线时，应先与有关部门取得联系，办好手续后由专业公司完成。

④ 场地内若有树木，报园林部门批准后方可砍伐。

⑤ 拆除障碍物留下的渣土等杂物应清除出场。运输时应遵守交通、环保部门的有关规定，运土车辆应按指定路线和时间行驶，并采取封闭运输车或在渣土上直接洒水等措施，以免渣土飞扬而污染环境。

（2）做好施工场地的控制网测量

由于施工工期长，现场情况变化大，为了使建筑物或构筑物的平面位置和高程符合设计要求，按照设计单位提供的建筑总平面图及给定的永久性经纬坐标控制网和水准控制基桩，进行场地施工测量，设置场地的永久性经纬坐标桩，水准基桩和建立场地工程测量控制网，以便建筑物在施工前定位放线。

控制网一般采用方格网，网点的位置应视工程范围大小和控制精度而定。建筑方格网多由 100～200 cm 的正方形或矩形组成，如果土方工程需要，还应测绘地形图。通常这项工作由专业测量队完成，但施工单位还需根据施工，具体做一些加密网点等补充工作。

测量放线时，应校验和矫正经纬仪、水准仪、钢尺等测量仪器；校核接线桩与水准点，指定切实可行的测量方案，包括平面控制、标高控制、沉降观测和竣工测量等工作。

建筑物定位、放线，一般通过设计定位图中平面控制轴线来确定建筑物四周的轮廓位置。测定并经自检合格后提交有关部门和建设单位或监理人员验线，以保证定位的正确性。沿红线建的建筑物放线后，还要由城市规划部门验线，以防止建筑物压红线或超红线，为正常顺利地施工创造条件。

（3）搞好“三通一平”

“三通一平”是指在施工现场范围内，接通施工用水、用电、道路和平整场地的工作。实际上，施工现场往往不止需要水通、电通、路通，如需蒸汽供应，架设热力管线，称“热通”；通电话作为通信联络工具，称“话通”；通燃气称“气通”等。但最基本的还是“三通”。

① 路通：施工现场的道路是组织物资运输的动脉。为了使建筑材料、构件、建筑机械、设备等顺利进场，拟建工程开工前，必须按照施工总平面图的要求，修好施工现场的永久性道路以及必要的临时性道路，形成完整畅通的运输网络，为建筑材料进场、堆放创造有利条件，使各种物资和设备直接运到施工地点，尽量减少二次转运。为了节约临时工程费用，缩短施工准备工作时间，施工用的道路应尽可能利用原有道路设施或拟建永久性道路，形成畅通的运输网络，使施工现场道路的布置确保运输和消防用车等的行驶畅通。实践证明，交通道路对工程施工至关重要。有些大型工程由于没有提前把道路修通修好，一到雨季，交通阻塞工程中断，从而造成严重的停工待料和机械损耗。因此，工程开工前应提前做好交通路网，并在施工过程中加强道路的维护管理。

② 水通：水是施工现场的生产和生活不可缺少的。施工现场的水通，包括给水和排水两方面。施工用水包括生产性用水和生活、消防用水。拟建工程开工之前，必须按照施工总平面图的规划要求进行安排，接通施工用水和生活用水的管线，使其尽可能与永久性的给水系统结合起来，做好地面排水系统，为施工创造良好的环境。临时管线的铺设，既要满足施工用水的需要，又要施工方便，并且尽量缩短管线的长度，以降低铺设的成本。

③ 电通：电是施工现场的主要动力来源。施工现场用电包括施工用电和照明用电。由于施工用电面积大、启动电流大、负荷变化多和手持式用电机具多，因此施工现场临时用电要考虑安全和节能要求。开工前应该按照施工组织设计的要求，接通电力和电信设施，做好其他能源（如蒸汽、压缩空气）的供应，确保施工现场动力设备和通讯设备的正常运行。施工临时供电，首先考虑从国家供电系统获得或从建设单位已有的电源上获得。前者要征求当地供电局同意，如果电压较低，则应设置合适的变压设备；后者应与建设单位协商并签证；如果供电系统电量不能满足施工用电量的需要，则应考虑自行发电系统。

④ 平整场地：首先拆除场地上妨碍施工的建筑物或构筑物，然后按照建筑总平面图、施工总平面图、勘测地形图和平整场地施工方案等技术文件的要求，通过测量，进行挖（填）土方的工程量计算，设计土方调配方案，确定平整场地的施工方案，组织人力和机械进行平整场地的工作。应尽量做到挖填方量趋于平衡，总运输量最小，便于机械施工和充分利用建筑物挖方填土，并防止利用地表土、软弱土层、草皮、建筑垃圾等做填方。

(4) 做好施工现场的补充勘探

对施工现场做补充勘探是为了进一步寻找枯井、防空洞、古墓、地下管道、暗沟和枯树根等隐蔽物，以便及时拟定处理隐蔽物的方案并实施，为基础工程施工创造有利条件。

(5) 建造临时设施

现场生活和生产用的临时设施应按照施工总平面布置图的要求进行，为正式开工准备好生产、办公、生活、居住和储存等临时用房。临时建筑平面图及主要房屋结构图都应报请城市规划、市政、消防、交通、环境保护等有关部门审查批准。

为了保证行人安全和文明施工，同时便于施工，应用围墙或围挡将施工用地维护起来，围墙或围挡的形式、材料和高度应符合市容管理的有关规定和要求，并在主要出入口设置标牌挂图，标明工程项目名称、施工单位、项目负责人等内容。

所用生产和生活临时设施，包括各种仓库、搅拌站、加工作业棚、宿舍、办公用房、食堂、文化生活设施等，均应按批准的施工组织设计搭设，并尽量利用施工现场或附近原有设施包括要拆迁但可暂时利用的建筑物和在建工程本身供施工使用的部分用房，尽可能减少临时设施的数量，以节约用地、节省开支。

(6) 安装、调试施工机具

按照施工机具需要量计划组织施工机具进场，根据施工总平面图将施工机具安置在规定的地点或仓库。对于固定的机具要进行就位、搭棚、接电源、保养和调试等工作。对所有施工机具都必须在开工之前进行检查和试运转。

(7) 做好建筑构(配)件、制品和材料的储存和堆放

按照建筑材料、构(配)件和制品的需要量计划组织进场，根据施工总平面图规定的地点和指定的方式进行储存和堆放。

(8) 及时提供建筑材料的试验申请计划

按照建筑材料的需要量计划，及时提供建筑材料的试验申请计划。如钢材的机械性能和化学成分等试验；混凝土或砂浆的配合比和强度等试验。

(9) 做好冬雨季施工安排

按照施工组织设计的要求，落实冬雨季施工的临时设施和技术措施。

(10) 进行新技术项目的试制和试验

按照设计图纸和施工组织设计的要求，认真进行新技术项目的试制和试验。

(11) 设置消防、保安设施

按照施工组织设计的要求，根据施工总平面图的布置，建立消防、保安等组织机构和有关的规章制度，布置安排好消防、保安等措施。

2.4.5 施工场外准备

施工准备工作除了施工现场内部的准备工作外，还有施工现场外部的准备工作，其具体内容如下所述。

1) 材料的加工和订货

建筑材料、构(配)件和建筑制品大部分必须外购，工艺设备更是如此。如何与加工部、生产单位联系，签订供货合同，搞好及时供应，对于施工企业的正常生产非常重要。对于协作项目也是如此，除了要签订议定书之外，还必须做大量的有关方面的工作。

2) 做好分包工作和签订分包合同

由于施工单位本身的力量所限，有些专业工程的施工、安装和运输等均需要委托其他单位。根据工程量、完成日期、工程质量和工程造价等内容，选择外包施工单位，与其他单位签订分包合同，保证施工按时实施。

3) 向上级提交开工申请报告

当解决了材料的加工和订货并做好分包工作和签订分包合同等施工场外的准备工作后，应该及时地填写开工申请报告，并上报上级批准。

2.5 季节性施工准备

1) 季节性施工准备的必要性

由于建筑产品和建筑施工的特点，建筑工程施工绝大部分工作是露天作业，受气候影响

比较大，因此，在冬季、雨期及夏季施工中，必须从具体条件出发，正确选择施工方法，合理安排施工项目，采取必要的防护措施，做好季节性施工准备工作，以保证按期、保质、安全地完成施工任务，取得较好的技术经济效果。

2）冬季施工的准备工作

（1）合理安排冬季施工的项目

冬季施工条件差、技术要求高、费用增加。为此，要考虑将那些既能保证施工质量，而费用又增加较少的项目安排在冬季施工，如吊装、打桩、室内粉刷、装修、室内管道、电线铺设等工程。费用增加很多又不易确保质量的土方、基础、外粉刷、屋面防水、道路等工程，均不宜冬季安排施工。因此，从施工组织安排上要综合研究，明确冬季施工项目的安排，做到冬季不停工，而冬季措施费用增加较少。

（2）做好冬季测温组织工作

测温要按规定的部位、时间要求进行，并要如实填写测温记录。

（3）落实各种热源的供应和管理

冬季昼夜温差大，为保证工程施工质量，准备好冬季施工用的各种保温材料和热源设备的储存和供应、司炉工培训等工作。

（4）做好室外各种临时设施的保温、防冻工作

冬季来临前，安排做好室内的保温施工项目，如先完成供热系统并安装好门窗玻璃，以保证室内其他项目能顺利施工。室外各种临时设施也要做好保温防冻，如做好给排水管道的保温工作，防止水管冻裂。要防止道路上积水成冰，及时清理道路上的积雪，以保证运输畅通。

（5）做好停止施工部位的安排和检查

例如基础完成后，及时回填土至基础同一高度；沟管要盖板；砌完一层砖后，将楼板及时安装完成；室内装修抹灰要一层一室一次完成，避免分块留尾，室内装饰力求一次完成，如必须停工，应停在分层分格的整齐部位；楼地面要保温防冻等。

（6）加强安全教育，严防火灾发生

落实防火安全技术措施，经常检查落实情况，保证各热源设备的完好使用，做好职工培训及冬季施工的技术操作和安全施工的教育，确保工程施工质量，避免安全事故发生。

3）雨期施工的准备工作

（1）合理安排雨期施工项目

为避免雨期窝工造成的工期损失，一般情况下，在雨期到来之前，应多安排完成基础、地下工程、土方工程、室外及屋面工程等不宜在雨期施工的项目；多安排室内工作在雨期施工。

（2）防洪排涝，做好现场排水工作

工程地点若在河流附近，上游有大面积山地丘陵，应有防洪排涝准备。施工现场雨期来临之前，应做好排水沟渠的开挖，准备好抽水设备，防止场地积水和地沟、基槽、地下室等泡水而造成损失。

（3）做好道路维护，保证运输畅通

雨期前检查道路边坡排水是否畅通，适当提高路面，防止路面凹陷，从而保证运输畅通。

（4）加强施工管理，做好雨期施工的安全教育

要认真编制雨期施工技术措施，如雨期前后的沉降观测措施，保证防水层雨期施工质量的措施，保证混凝土配合比、浇筑质量的措施，钢筋除锈的措施等，并认真组织贯彻实施。加强对职工的安全教育，防止各种事故的发生。

(5) 做好机具设备等防护

雨期施工时,对现场的各种设施、机具要加强检查,特别是脚手架、垂直运输设备等,要采取防倒塌、防雷击、防漏电等一系列技术措施。

(6) 做好物资的储存

雨期到来前,材料、物资应多储存,减少雨期运输量,以节约费用。要准备必要的防雨器材,库房四周要有排水沟渠,以防物体淋雨浸水而变质。仓库要做好地面防潮和屋面防漏工作。

4) 夏季施工准备

(1) 编制夏季施工项目的施工方案

夏季施工条件差、气温高、干燥,针对夏季施工这一特点,对于安排在夏季施工的项目应编制夏季施工方案及采取的技术措施。如对于大体积混凝土在夏季施工,必须合理选择浇筑时间,做好测温和养护工作,以保证大体积混凝土的施工质量。

(2) 现场防雷装置的准备

夏季经常有雷雨,工地现场应有防雷装置,特别是高层建筑和脚手架等要按规定设临时避雷装置,并确保工地现场用电设备的安全运行。

(3) 施工人员防暑降温工作的准备

夏季施工,必须做好施工人员的防暑降温工作,调整作息时间,高温工作场所及通风不良的地方应加强通风和降温措施,做到安全施工。

2.6 施工准备工作计划的编制

为了落实各项施工准备工作,加强对其检查和监督,必须根据各项施工准备工作的内容、时间和人员编制出施工准备工作计划。如表 2-7 所示。

表 2-7 施工准备工作计划表

序号	施工准备工作名称	简要内容	负责单位	负责人	起止时间		备注
					×月×日	×月×日	

综上所述,各项施工准备工作不是分离的、孤立的,而是互为补充、相互配合的。为了提高施工准备工作的质量,加快施工准备工作的速度,必须加强建设单位、设计单位和施工单位之间的协调工作,建立健全施工准备工作的责任制度和检查制度,使施工准备工作有领导、有组织、有计划和分期分批地进行,贯穿施工全过程的始终。

思考题

1. 简述施工准备工作的主要内容。
2. 施工准备工作的要求有哪些?
3. 施工技术准备工作主要包括哪些内容?
4. 审查设计图纸有哪些程序?
5. 施工现场储备包括哪些内容?
6. 如何做好冬季、雨期及夏季施工准备工作?

3 流水施工

本章提要：本章通过例题引出流水施工的基本概念，并详细介绍流水施工参数的计算及各种流水施工的方式，附实例讲解。

某建筑群共有 6 幢同样的住宅楼基础工程，其施工过程和流水节拍为基槽挖土 $t_A = 2$ 天，混凝土垫层 $t_B = 2$ 天，砖砌基础 $t_C = 4$ 天，基槽回填土 $t_D = 2$ 天，混凝土完成后，技术间歇 1 天。试计算成倍节拍流水施工的总工期并绘制施工进度计划横道图。

3.1 流水施工的基本概念

3.1.1 基本概念

流水施工是指所有的施工过程按一定的时间间隔依次投入施工，各个施工过程陆续开工，陆续竣工，使同一施工过程的施工班组保持连续、均衡，不同施工过程尽可能平行搭接施工的组织方式。

流水施工是一种诞生较早，在建筑施工中广泛使用、行之有效的科学组织施工的计划方法。它建立在分工协作和大批量生产的基础上，其实质就是连续作业，组织均衡施工。它是工程施工进度控制的有效方法。

在工程施工中主要用横道图和网络图表达流水施工的进度计划，本章介绍用横道图表达流水施工的进度计划，网络图表达进度计划详见第 4 章。

3.1.2 组织流水施工的条件

组织建筑施工流水作业，必须具备 5 个方面的条件：

1）划分施工过程

把建筑物的整个建造过程分解为若干个施工过程，每个施工过程分别由固定的专业队负责实施完成。

划分施工过程的目的，是为了对施工对象的建造过程进行分解，以便于逐一实现局部对象的施工，从而使施工对象整体得以实现。也只有这种合理的解剖，才能组织专业化施工和有效地协作。

2）划分施工段

把建筑物尽可能地划分为劳动量大致相等的施工段（区），也可称为流水段（区）。划分施工段（区）是为了把庞大的建筑物（建筑群）划分成“批量”的“假定产品”，从而形成流水作业的前提。没有“批量”就不可能也不必要组织任何流水作业。每一个段（区），就是一个假定“产品”。一般说来，单体建筑物施工分段，群体建筑施工分区。

3）每个施工过程组织独立的施工队组

在一个流水组中，每个施工过程均应组织独立的施工队组，负责本施工过程的施工，施工队组的形式可根据施工过程所包括工作内容的不同采用专业班组或混合班组，这样可使每个施工班组按施工顺序，依次地、连续地、均衡地从一个施工段转移到另一个施工段进行相同的操作。

4）主要施工过程必须连续、均衡地施工

主要施工过程是指工程量较大、作业时间较长的施工过程，必须安排在各施工段之间连续施工，并尽可能均衡施工。其他次要施工过程，可考虑与相邻施工过程合并或安排合理间断施工，以便缩短施工工期。

5）相邻施工过程之间最大限度地安排平行搭接施工

不同的专业队之间的关系，关键是工作时间上有搭接。搭接工作的目的是节省时间，也往往是连续施工或工艺上所要求的。要经过计算，使搭接适当，且在工艺技术上可行。

3.1.3 流水施工与其他施工方式的比较

在组织多幢同类型房屋或将一幢房屋分成若干个施工区段进行施工时，通常采用依次施工、平行施工和流水施工 3 种组织施工方式。为了进一步说明建筑工程中采用的流水施工的优越性，现将流水施工同其他施工方式进行比较：

例如某 4 幢相同的砖混结构房屋的基础工程有 4 个施工过程：基槽挖土（2 天）、混凝土垫层（1 天）、砖砌基础（3 天）、基槽回填土（1 天），每幢为一个施工段。现分别采用依次、平行搭接、流水施工方式组织施工，其施工特点和效果分析如下：

1）采用依次施工

依次施工是各施工段或各施工工程依次开工、依次完成的一种施工组织方式，即按次序一段段地或一个个施工过程进行施工。这种方法的优点是单位时间内投入的人力和物资资源较少，施工现场管理简单。但专业工作队的工作有间歇，工地物资资源消耗也有间断性，工期显然拉得很长。它适用于工作面有限、规模小、工期要求不紧的工程。

将上述 4 幢房屋的基础工程组织依次施工，其施工进度安排如图 3-1 和图 3-2 所示。图中横向为施工进度日程，以天为时间单位，纵向为按施工顺序的施工过程。

（1）按施工段（或幢号）依次施工

一个施工区段（或幢号）内的各施工过程按施工顺序先后完成后，再依次完成其他各施工区段（或幢号）内的各施工过程的施工组织方式。

（2）按施工过程依次施工

这种依次施工是指按施工段的先后顺序，先依次完成每个施工区段内的第一个施工过程，然后再依次完成其他施工过程的施工组织方式。

这种方法最大的优点就是单位时间内投入的劳动力和物资较少，施工现场管理简单，但专业工作队的工作有间歇性，工地物资的消耗也有间断性，工期显然拉得很长，它适用于工作面有限、规模小的工程。

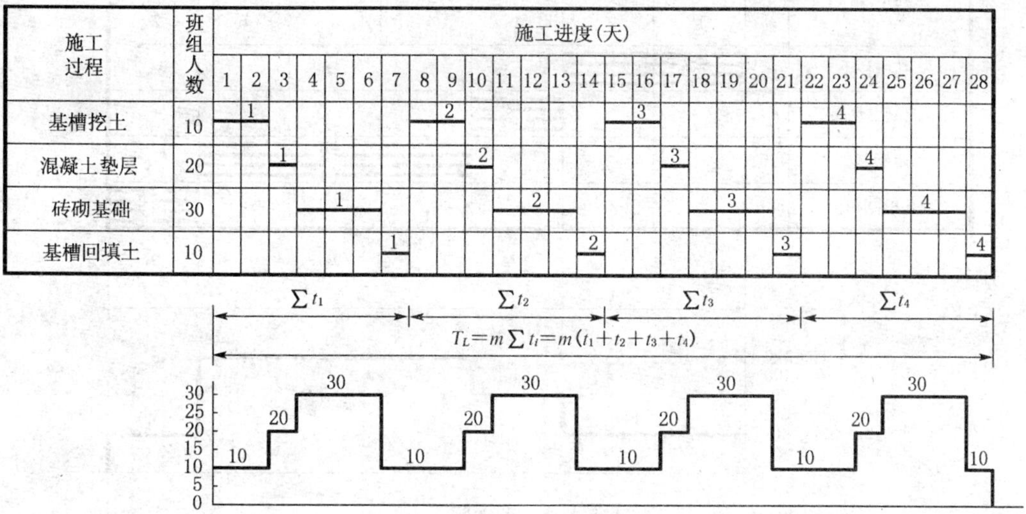

图 3-1　依次施工(按施工段)

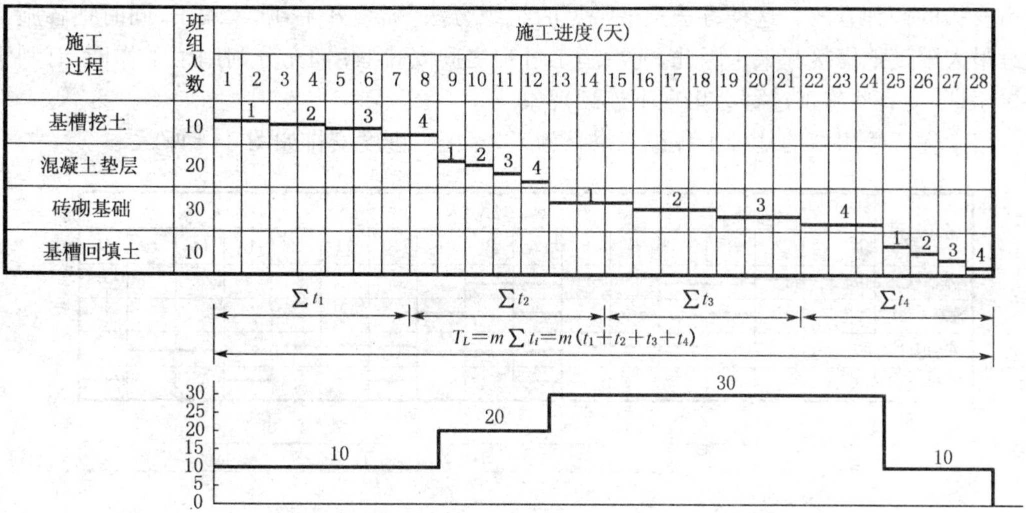

图 3-2　依次施工(按施工过程)

2) 平行施工

平行施工是全部工程的各施工段同时开工、同时完成的一种施工组织方式。这种方法的优点是工期短,充分利用工作面。但专业工作队数目成倍增加,现场临时设施增加,物资资源消耗集中,这些情况都会带来不良的经济效果。这种方法一般适用于工期要求紧、大规模的建筑群。

将上述 4 幢房屋的基础工程组织平行施工,其施工进度安排如图 3-3 所示。

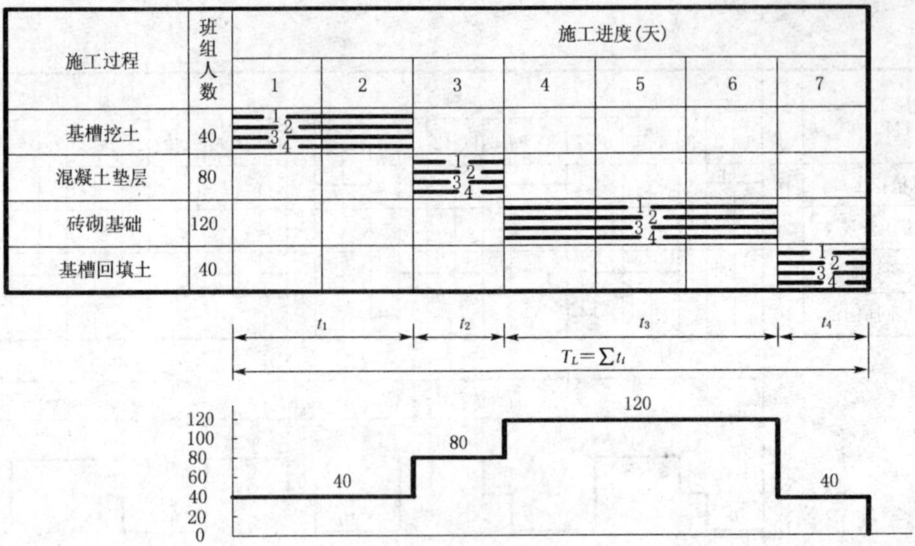

图 3-3 平行施工

3）搭接施工及特点

搭接施工是指对施工项目中各个施工过程，按照施工顺序和工艺过程的自然衔接关系进行安排的一种方法。这种方法是最常见的组织方法，陆续开工，陆续竣工，同时把各施工过程最大限度地搭接起来。因此，前后施工过程之间安排紧凑，充分利用了工作面，有利于缩短工期，但有些施工过程会出现不连续现象。

将上述 4 幢房屋的基础工程组织搭接施工，其施工进度安排如图 3-4 所示。

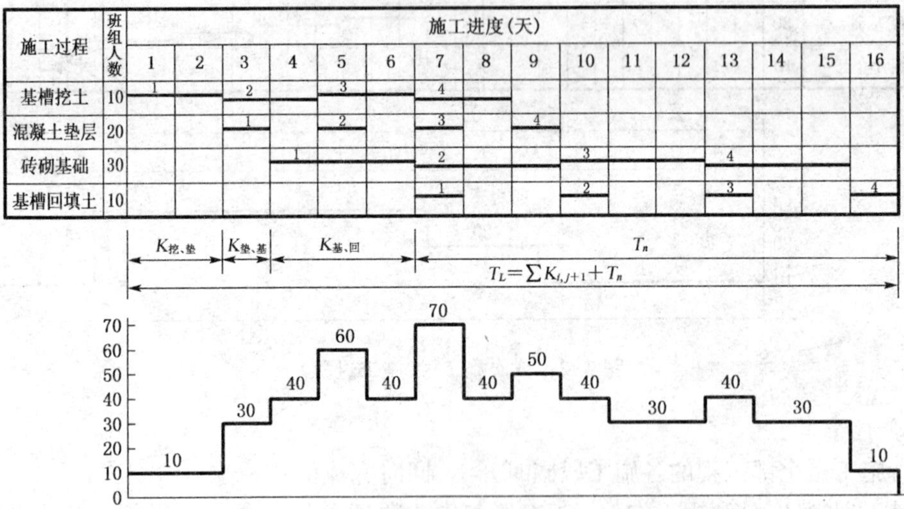

图 3-4 搭接施工

4）流水施工

流水施工方法的优点是保证了各个工作队的工作和物资的消耗具有连续性和均衡性，能消除依次施工和平行施工方法的缺点，同时保留了它们的优点。

将上述 4 幢房屋的基础工程组织流水施工，其施工进度安排如图 3-5 所示。

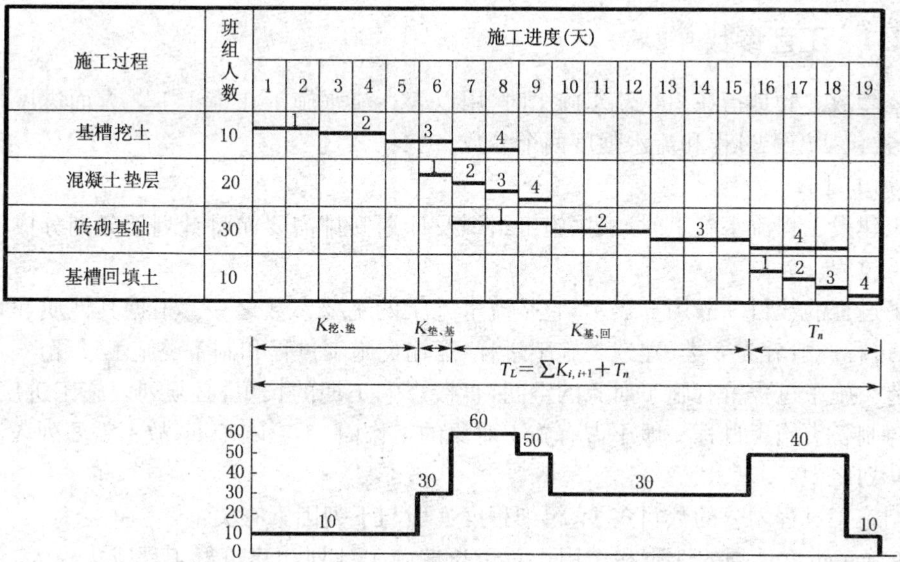

图 3-5　流水施工

注：图中 $K_{挖、垫}$、$K_{垫、基}$、$K_{基、回}$分别表示挖土与垫层、垫层与基础、基础与回填的流水步距。

T_L—总工期；$\sum K_{i,i+1}$—各流水步距之和；T_n—流水施工中最后一个施工过程的持续时间。

从图 3-5 中可以看出，流水施工方法的优点是保证了各工作队的工作和物资的消耗具有连续性和均衡性，能消除依次和平行施工方法的缺点，同时保留了它们的优点。

流水施工是搭接施工的一种特定形式，它最主要的组织特点是每个施工过程的作业均能连续施工，前后施工过程的最后一个施工段都能紧密衔接，使得整个工程的资源供应呈现一定规律的均匀性。

与依次施工、平行施工相比较，流水施工组织方式具有以下特点：

(1) 科学地利用了工作面，争取了时间，工期比较合理。

(2) 工作队及其工人实现了专业化施工，可使工人的操作技术熟练，更好地保证工程质量，提高劳动生产率。

(3) 专业工作队及其工人能够连续作业，使相邻的专业工作队之间实现了最大限度的、合理的搭接。

(4) 单位时间投入施工的资源量较为均衡，有利于资源供应的组织工作。

(5) 为文明施工和进行现场的科学管理创造了有利条件。

现代建筑施工是一项非常复杂的组织管理工作，尽管理论上的流水施工组织方法和实际情况会有差异，甚至有很大的差异，但是它所总结的一套安排生产的方法和计算分析的原理，对于施工生产活动的组织还是具有很大帮助的。

3.2　流水施工参数

流水施工参数是指组织流水施工时，为了表示各施工过程在时间上和空间上的相互依存关系，引入一些描述施工进度计划图特征和各种数量关系的参数，通过这些参数的合理选定进行流水施工的具体组织。流水施工参数包括工艺参数、空间参数和时间参数。

3.2.1 工艺参数

工艺参数主要是指在组织流水施工时，用以表达流水施工在施工工艺方面进展状态的参数，通常包括施工过程和流水强度两个参数。

1）施工过程

组织建设工程流水施工时，根据施工组织及计划安排需要而将计划任务划分成的子项称为施工过程。

施工过程的数目一般用 n 表示，它是流水施工的主要参数之一。根据其性质和特点不同，施工过程一般分为 3 类：建造类施工过程、运输类施工过程和制备类施工过程。

建造类施工过程占有施工对象的空间，直接影响工期的长短，必须列入施工进度计划。运输类与制备类施工过程一般不占有施工对象的工作面，不影响工期，故不需要列入流水施工进度计划之中。

影响施工过程划分的数目多少、粗细程度一般与下列因素有关：

(1) 施工进度计划的性质和作用。对于长期施工计划和建筑群工程或规模大、结构复杂、工期较长的其他工程的控制性施工进度计划，组织流水施工的施工过程可以划分得粗一些，施工过程可以是单位工程，也可以是分部工程，如基础工程、主体结构工程、装修工程、屋面工程等；对于中小型单位工程、工期不长的其他工程的实施性施工进度计划，施工过程可以划分得细一些，施工过程可以是分项工程，甚至是将分项工程按照专业工种不同分解而成的施工工序，如将基础工程分解为挖土、垫层、钢筋混凝土基础、回填土等。

(2) 施工方案与工程结构的特点。不同的施工方案、工程结构其施工顺序和方法也不同。如基槽回填土与室内地坪回填土的回填，如果同时施工则合并为一个施工过程，若先后施工则应划分成两个施工过程；如钢筋混凝土工程，在砖混结构工程流水施工中，一般可合为一个施工过程，但在现浇钢筋混凝土结构工程流水施工中，应划分为钢筋、模板、混凝土 3 个不同的施工过程。

(3) 与劳动组织及劳动量大小有关。施工过程的划分与施工班组及施工习惯有关。如安装玻璃、油漆施工可合也可分，因为有的是混合班组，有的是单一工种的班组。施工班组的划分还与劳动量大小有关。劳动量小的施工过程，当组织流水施工有困难时，可与其他施工过程合并。如垫层劳动量较小时可与挖土合并为一个施工过程，这样可以使各个施工过程的劳动量大致相等，便于组织流水施工。

(4) 施工内容的性质和范围。直接在工程对象上进行的施工活动及搭设施工用脚手架、运输井架、安装塔吊等均应划入流水施工过程，而钢筋加工、模板制作维修、构件预制、运输等一般不划入流水施工过程中。

2）流水强度

流水强度是指流水施工的某施工过程（专业工作队）在单位时间内所完成的工程量，也称为流水能力或生产能力。例如，浇筑混凝土施工过程的流水强度是指每工作班浇筑的混凝土立方数。

流水强度可用公式(3-1)计算求得：

$$V = \sum_{i=1}^{X} R_i \cdot S_i \tag{3-1}$$

式中：V——某施工过程(队)的流水强度；

R_i——投入该施工过程中的第 i 种资源量(施工机械台数或工人数)；

S_i——投入该施工过程中第 i 种资源的产量定额；

X——投入该施工过程中的资源种类数。

3.2.2 空间参数

空间参数是指在组织流水施工时，用以表达流水施工在空间布置上开展状态的参数。

1）工作面

工作面是指供某专业工种的工人或某种施工机械进行施工的活动空间。工作面的大小，表明能安排施工人数或机械台数的多少。

工作面确定得合理与否，直接影响专业工作队的生产效率。

对于某些施工过程，在施工一开始时就已经同时在整个长度或广度上形成了工作面，这种工作面称为完整的工作面(如挖土)。而有些施工过程的工作面是随着施工过程的进展逐步形成的，这种工作面叫做部分的工作面(如砌墙)。不论是哪种工作面，通常前一施工过程的结束就为后一个(或几个)施工过程提供了工作面。在确定一个施工过程必要的工作时，不仅要考虑前一施工过程为这个施工过程所可能提供的工作面的大小，也要遵守保证安全技术和施工技术规范的规定。参考数据例如表 3-1。

表 3-1

工作项目	每个技工的工作面	说　明
混凝土地坪及面层	40 m^2/人	机拌、机捣
外墙抹灰	16 m^2/人	
内墙抹灰	18.5 m^2/人	
卷材屋面	18.5 m^2/人	
防水水泥砂浆屋面	16 m^2/人	
门窗安装	11 m^2/人	

2）施工段

将施工对象在平面或空间上划分成若干个劳动量大致相等的施工段或流水段。施工段的数目通常用 m 表示，它是流水施工的基本参数之一。

(1) 划分施工段的目的

划分施工段的目的就是为了组织流水施工。由于建筑产品体形庞大，可以将其划分成具有若干个施工段、施工层的“批量产品”，使其满足流水施工的基本要求。在保证工程质量的前提下，为专业工作队确定合理的空间活动范围，使其按流水施工的原理，集中人力和物力，迅速地、依次地、连续地完成各段任务，为相邻专业工作队尽早地提供工作面，达到缩短工期的要求。

(2) 划分施工段的原则

① 同一专业工作队在各个施工段上的劳动量应大致相等，其相差幅度不宜超过10%～15%。

② 每个施工段内要有足够的工作面，以保证相应数量的工人、主导施工机械的生产效率，满足合理的劳动组织要求。

③ 施工段的界限应尽可能与结构界限(如沉降缝、伸缩缝等)相吻合,或设在对建筑结构整体性影响小的部位,以保证建筑结构的整体性。

④ 施工段的数目要满足合理组织流水施工的要求。施工段过多,会降低施工速度,延长工期;施工段过少,不利于充分利用工作面,可能造成窝工。

⑤ 当组织流水施工的施工对象有层间关系时,为使各专业工作队能够连续工作,每层施工段数目应满足:$m \geqslant n$。

当$m=n$时,各专业工作队能连续施工,工作面能充分利用,无停歇现象,也不会产生工人窝工现象,比较理想;

当$m>n$时,各专业工作队仍是连续施工,虽然有停歇的工作面,但不一定是不利的,有时还是必要的,如利用停歇的时间做养护、备料、弹线等工作;

当$m<n$时,各个专业工作队不能连续施工,这是组织流水作业不能允许的。

3.2.3 时间参数

时间参数是指在组织流水施工时,用以表达流水施工过程,主要包括流水节拍、流水步距和流水施工工期等。

1) 流水节拍 t

流水节拍是指在组织流水施工时,某个专业工作队在一个施工段上的施工时间,第 i 个施工段的流水节拍一般用 t_i 来表示。

(1) 流水节拍的计算

流水节拍是流水施工的主要参数之一,它表明流水施工的速度和节奏性。流水节拍小,其流水速度快,节奏感强。

同一施工过程的流水节拍的大小,主要由所采用的施工方法、施工机械以及在工作面允许的前提下投入施工的工人数、机械台数和采用的工作班次等因素确定。因此,必须进行合理的选择和计算,主要的计算方法有定额计算法和经验估算法两种。

定额计算法:其流水节拍可按下式计算:

$$t_i = \frac{P_i}{R_i b_i} = \frac{Q_i H_i}{R_i b_i} = \frac{Q_i}{S_i R_i b_i} \tag{3-2}$$

式中:t_i——某施工过程的流水节拍;

P_i——某施工过程在一个施工段上完成施工任务所需要的劳动量(工日数)或机械台班数量(台班数),$P_i = Q_i H_i = \dfrac{Q_i}{S_i}$;

R_i——某施工过程的施工队组人数或机械台数;

b_i——某施工过程每天工作班制;

Q_i——某施工过程在一个施工段上的工程量;

H_i——某施工过程采用的时间定额;

S_i——某施工过程采用的产量定额,$S_i = \dfrac{1}{H_i}$。

或

$$t_i = \frac{P}{R \times m \times b} \tag{3-3}$$

式中：t_i——某施工过程的流水节拍；

P——完成某施工过程在一个施工段上完成施工任务所需要的劳动量（工日数）或机械台班数量（台班数）；

R——某施工过程的施工队组人数或机械台数；

b——某施工过程每天工作班制；

m——组织流水施工划分的施工段数。

(2) 确定流水节拍应考虑的因素

① 施工班组人数要适宜，既要满足最小劳动组合人数要求又要满足最小工作面的要求。

所谓最小劳动组合，是指某一施工过程进行正常施工所必需的最低限度的班组人数及其合理组合。如模板安装就要按技工和普工的最少人数及合理比例组成施工班组，人数过少或比例不当都将引起劳动生产率的下降。

最小工作面是指施工班组为保证安全生产和有效地操作所必需的工作面。它决定了最大限度可安排多少工作。不能为了缩短工期而无限地增加人数，否则将造成工作面的不足而产生窝工。

② 工作班制要恰当。工作班制的确定要视工期的要求，当工期不紧迫，工艺上又无连续施工要求时，可采用一班制；当组织流水施工时为了给第二天连续施工创造条件，某些施工过程可考虑在夜班进行，即采用二班制；当工期较紧或工艺上要求连续施工，或为了提高施工机械的使用率时，某些项目可考虑三班制施工。

③ 机械的台班效率或机械台班产量的大小。

④ 节拍值一般取整数，必要时可保留 0.5 天（台班）的小数值。

2) 流水步距

流水步距是指组织流水施工时，相邻两个施工过程（或专业工作队）相继开始施工的最小间隔时间。流水步距一般用 $K_{i,i+1}$ 来表示，其中 $i(i=1,2,\cdots,n-1)$ 为专业工作队或施工过程的编号。

如果施工过程数为 n 个，则流水步距的总数为 $n-1$ 个。

确定流水步距时，一般应满足以下基本要求：

(1) 各施工过程按各自流水速度施工，始终保持工艺先后顺序。

(2) 各施工过程的专业工作队投入施工后尽可能保持连续作业。

(3) 相邻两个施工过程（或专业工作队）在满足连续施工的条件下，能最大限度地实现合理搭接。

3) 技术与组织间歇时间 t_j

在组织流水施工中，由于施工过程之间的工艺或组织上的需要，必须要留的时间间隔称间歇时间，用符号 t_j 表示。

技术间歇是指在同一个施工段的相邻两个施工过程之间必须留有的工艺技术间隔，称为工艺技术间歇时间。例如，混凝土浇筑施工过程中的养护时间、抹灰工程中的干燥停歇时间等。

组织间歇时间是由于施工组织上的需要增加的时间间隔，如对前一个施工过程的检查验收以及为后续施工过程作必要的组织准备工作等。例如，标高抄平、弹线、基坑验槽、回填土前的地下管道检查、浇筑混凝土前检查预埋件等。无论是技术间歇还是组织间歇，均与所采取的技术及组织措施有关。

4）平行搭接时间 t_d

在组织流水施工时，有时为了缩短工期，在工作面允许的条件下，如果前一个专业工作队完成部分施工任务后，能够提前为后一个专业工作队提供工作面，使后者提前进入前一个施工段，两者在同一施工段上平行搭接施工，这个搭接的时间称为平行搭接时间。

5）流水施工工期

流水施工工期是指从第一个专业工作队投入流水施工开始，到最后一个专业工作队完成流水施工为止的整个持续时间。

一项工程的施工工期用 T 表示；一个流水组的施工工期用 T_L 表示。工期一般可采用下式计算：

$$T_L = \sum K_{i,i+1} + T_N + \sum t_j - \sum t_d \tag{3-4}$$

式中：T_L——流水组工期；

$\sum K_{i,i+1}$——流水施工中，各流水步距之和；

T_N——流水施工中，最后一个施工过程的持续时间；

$\sum t_j$——所有技术与组织间歇之和；

$\sum t_d$——所有平行搭接之和。

3.3 流水施工的组织方式

流水施工方式根据流水施工节拍特征的不同，可分为全等节拍流水、成倍节拍流水、不等异节拍流水和无节奏流水。

3.3.1 流水施工分类

1）按照流水施工组织的范围划分

（1）分项工程流水施工

分项工程流水施工也称为细部流水施工，即在一个专业工种内部组织的流水施工。在项目施工进度计划表上，它是一条标有施工段或工作队编号的水平进度指示线段或斜向进度指示线段。

（2）分部工程流水施工

分部工程流水施工也称为专业流水施工，是在一个分部工程内部，各分项工程之间组织的流水施工。在项目施工进度计划表上，它用一组标有施工段或工作队编号的水平进度指示线段或斜向进度指示线段来表示。

（3）单位工程流水施工

单位工程流水施工也称为综合流水施工，是一个单位工程内部，各分部工程之间组织的流水施工，在项目施工进度计划表上，它用若干组分部工程的进度指示线段表示，并由此构成一张单位工程施工进度计划表。

（4）群体工程流水施工

群体工程流水施工也称为大流水施工。它是在若干单位工程之间组织的流水施工，反映在项目施工进度计划上，是一个项目施工总进度计划。

2）按施工过程分解的程度划分

（1）彻底分解流水

彻底分解流水是指将拟建工程的某一分部工程分解成均由单一工种完成的施工过程，并由这些分解程度不同的施工过程组织而成的流水施工方式。其优点是：各施工队组工作单一、专业性强，有利于提高工作效率、确保工程质量。其缺点是：对各施工队组的配合、协调关系要求高，分工太细，有时很难安排和编制简单明晰、直观醒目的施工进度计划，并使施工管理更加复杂、困难。因此，只有在以现浇钢筋混凝土结构为主的、特殊的分部工程施工中才采用彻底分解流水的组织方式。

（2）局部分解流水

局部分解流水是指将拟建工程的某一分部工程，根据工程的具体情况、施工队组的现状及其合理配合施工的原则，划分成有彻底分解的施工过程，也有由多个工种配合组成的混合施工队组进行施工的不彻底分解的施工过程，并由这些分解程度不同的施工过程组织而成的流水施工方式。在一般分部工程流水施工中，多采用局部分解流水的组织方式。

3）按流水施工节奏特征划分

流水施工根据各施工过程时间参数的不同特点，可以分为有节奏流水和无节奏流水两类。有节奏流水分为等节奏流水（即全等节拍流水）和异节奏流水两种；异节奏流水又分为不等节拍流水和成倍节拍流水。成倍节拍流水是异节拍流水的一种特例。流水施工方式之间的关系，如图 3-6 所示。

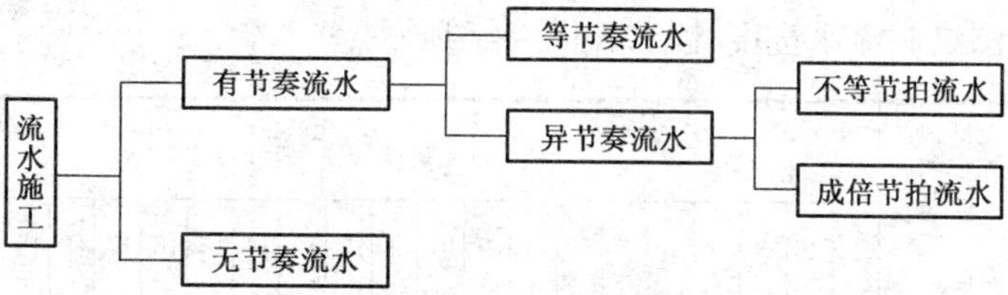

图 3-6　流水施工方式关系图

3.3.2　等节奏流水施工（全等节拍流水施工）

等节奏流水施工是指在组织流水施工时，如果所有的施工过程在各个施工段上的流水节拍彼此相等，这种流水施工组织方式称为等节拍专业流水，也称固定节拍流水或全等节拍流水。它是一种最理想的流水施工组织方式。

1）无间歇全等节拍流水施工

无间歇全等节拍流水施工是指各个施工过程之间没有技术和组织间歇时间，且流水节拍均相等的一种流水施工方式。

（1）无间歇全等节拍流水施工的特征

① 流水节拍彼此相等

如果有 n 个施工过程，流水节拍为 t_i，则

$$t_1 = t_2 = \cdots = t_i = \cdots = t_{n-1} = t_n = t（常数）$$

② 流水步距彼此相等，而且等于流水节拍，即

$$K_{i,i+1} = t$$

③ 每个专业工作队都能够连续施工，施工段没有空闲。

④ 专业工作队数等于施工过程数。

(2) 无间歇全等节拍流水步距的确定

$$K_{i,i+1} = t \tag{3-5}$$

(3) 无间歇全等节拍流水施工的工期计算

在无间歇全等节拍流水施工中，如流水组中的施工过程数为 n，施工段总数为 m，所有施工过程的流水节拍均为 t_i，流水步距的数量为 $n-1$，则

$$T_L = (m+n-1)t_i \tag{3-6}$$

式中：T_L——某工程流水施工工期。

(4) 全等节拍流水施工的组织方法

首先将拟建工程按通常方法划分施工过程，并将劳动量较小的施工过程合并到相邻施工过程中去，以使各施工过程的流水节拍相等；然后确定主导施工过程的施工队组人数，并计算其流水节拍；最后根据已定流水节拍，确定流水施工过程的施工队组人数及其工种组成。

【例 3-1】 某分部工程由 4 个分项工程组成，每个施工过程分为 4 个施工段，流水节拍均为 3 天，无技术、组织间歇时间。试确定流水步距，计算工期并绘制流水施工进度表。

【解】 (1) 计算工期

$$T_L = (m+n-1)t_i = (4+4-1)\times 3 = 21(\text{天})$$

(2) 用横道图绘制流水进度计划，如图 3-7 所示。

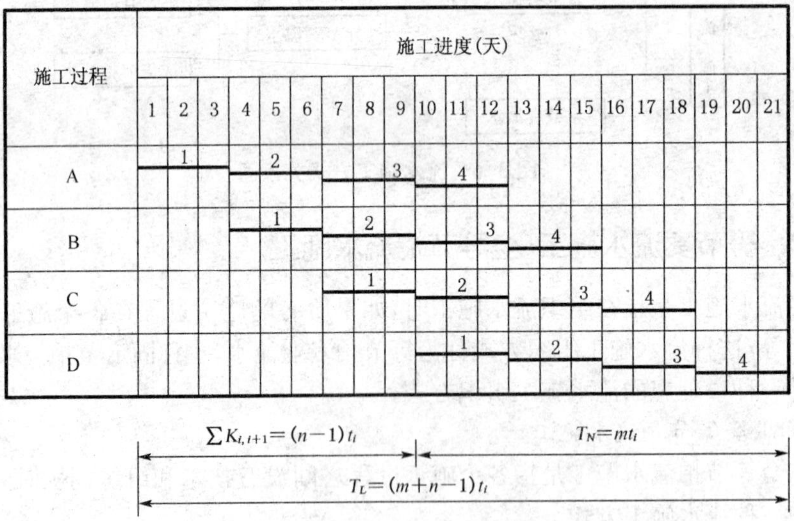

图 3-7 某分部工程无间歇流水施工进度计划

2) 有间歇全等节拍流水施工

有间歇全等节拍流水施工是指各个施工过程之间有的需要技术或组织间歇时间，有的可搭接施工，其流水节拍均相等的一种流水施工方式。

(1) 有间歇全等节拍流水施工的特征

① 同一施工过程流水节拍相等,不同施工过程流水节拍也相等。

② 各施工过程之间的流水步距不一定相等,因为有技术间歇或组织间歇。

(2) 有间歇全等节拍流水步距的确定

$$\sum K_{i,i+1}=t_i+t_j-t_d \tag{3-7}$$

式中:t_i——第 i 个施工过程与第 $i+1$ 个施工过程之间的间歇时间;

t_d——第 i 个施工过程与第 $i+1$ 个施工过程之间的搭接时间。

(3) 有间歇全等节拍流水施工的工期计算

$$T_L=(m+n-1)t_i+\sum t_j-\sum t_d \tag{3-8}$$

式中:T_L——某工程流水施工工期;

$\sum t_j$ ——所有间歇时间总和;

$\sum t_d$ ——所有搭接时间总和。

【例 3-2】 某 7 层框架结构四单元的住宅的基础工程,分为 2 个施工段,各个施工过程的流水节拍及人数见表 3-2,混凝土浇捣后,应养护 2 天才能进行墙体砌筑,请组织流水施工。

表 3-2

施工过程	劳动量	工作班制	人数	流水节拍
挖土及垫层	40	1	20	2
钢筋混凝土基础	26	1	13	2
基础墙	42	1	21	2
回填	20	1	10	2

【解】 (1) 计算工期

$$T_L=(m+n-1)t_i+\sum t_j-\sum t_d=(2+4-1)\times 2+2=12(\text{天})$$

(2) 用横道图绘制流水进度计划,如图 3-8 所示。

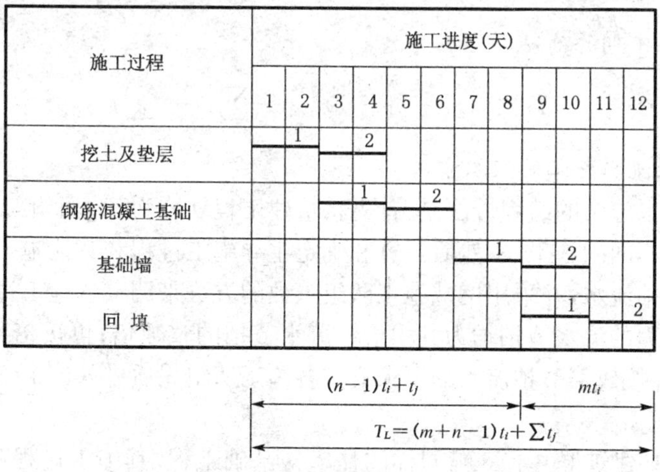

图 3-8 某分部工程有间歇流水施工进度计划

3）全等节拍流水施工方式的适用范围

全等节拍流水施工比较适用于部分工程流水（专业流水），不适用于单位工程，特别是大型的建筑群。因为全等节拍流水施工虽然是一种比较理想的流水施工方式，它能保证专业班组的工作连续，工作面充分利用，实现均衡施工，但由于它要求所划分的各分部、分项工程都采用相同的流水节拍，这对一个单位工程或建筑群来说往往十分困难，不容易达到。因此，实际应用范围不是很广泛。

3.3.3 成倍节拍流水施工

成倍节拍流水施工是指同一施工过程在各个施工段的流水节拍相等，不同施工过程之间的流水节拍不完全相等，但各处施工过程的流水节拍均为其中最小流水节拍的整数倍的流水施工方式。

1）成倍节拍流水施工的特征

（1）同一施工过程的流水节拍相等，不同施工过程的流水节拍是其中最小流水节拍的整数倍。

（2）流水步距彼此相等，且等于最小的流水节拍。

（3）各专业队组能够保证连续施工，施工段没有空闲。

（4）施工队组数（n_1）大于施工过程数（n）。

$$n_1 = \sum b_i \tag{3-9}$$

$$b_i = \frac{t_i}{t_{\min}} \tag{3-10}$$

式中：$t_{\min}$——所有流水节拍中最小流水节拍；

n_1——施工队组数总和；

b_i——第 i 个施工过程的施工队组数。

2）成倍节拍流水步距的确定

$$\sum K_{i,i+1} = t_{\min} \tag{3-11}$$

3）成倍节拍工期的确定

$$T_L = (m + n_1 - 1)t_{\min} + \sum t_j - \sum t_d \tag{3-12}$$

4）成倍节拍流水施工的组织方法

成倍节拍流水施工的组织方法是：首先将拟建工程划分为若干个施工过程，并将其在平面和空间划分成不同的施工段；然后计算和确定主导施工过程和其他施工过程的流水节拍，使之成为不等节拍流水，并采用增减施工队组人数的方法来调整各施工过程的流水节拍，以确保每个施工过程的流水节拍均为其中最小流水节拍的整数倍；再按倍数关系组织相应的施工队组数目，并按成倍节拍流水的要求安排各施工队组先后进入流水施工；最后绘制施工进度计划横道图。

【例 3-3】 某建筑群共有 6 幢同样的住宅楼基础工程，其施工过程和流水节拍为基槽挖土 $t_A = 2$ 天，混凝土垫层 $t_B = 2$ 天，砖砌基础 $t_C = 4$ 天，基槽回填土 $t_D = 2$ 天，混凝土完成后，技术间歇1天。试计算成倍节拍流水施工的总工期并绘制施工进度计划横道图。

【解】 (1)计算每个施工过程的施工队组数 b_i：

根据公式 $b_i = \frac{t_i}{t_{\min}}$，取 $t_{\min} = t_B = 2$ 天，则

$$b_A = \frac{t_A}{t_{\min}} = \frac{2}{2} = 1, b_B = \frac{t_B}{t_{\min}} = \frac{2}{2} = 1, b_C = \frac{t_C}{t_{\min}} = \frac{4}{2} = 2, b_D = \frac{t_D}{t_{\min}} = \frac{2}{2} = 1$$

(2) 计算施工队组总数 n_1

$$n_1 = \sum b_i = b_A + b_B + b_C + b_D = 1 + 1 + 2 + 1 = 5$$

(3) 计算工期 T_L

$$T_L = (m + n_1 - 1)t_{\min} + \sum t_j - \sum t_d = (6 + 5 - 1) \times 2 + 1 - 0 = 21(\text{天})$$

(4) 绘制施工进度计划横道图，如图 3-9 所示。

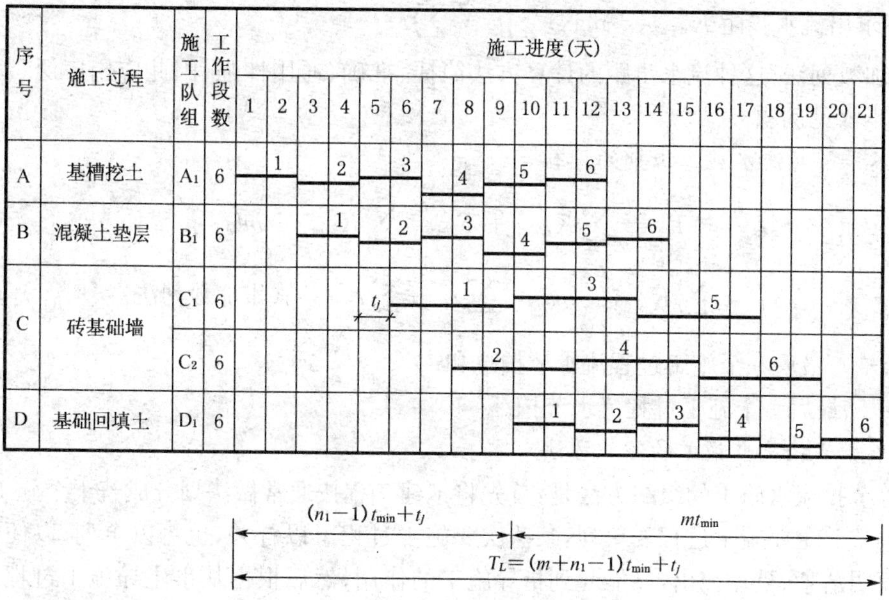

图 3-9 成倍节拍流水施工进度计划

5）成倍节拍流水施工方式的适用范围

成倍节拍流水施工方式比较适用于线型工程(如道路、管道等)的施工。

3.3.4 不等节拍流水施工

不等节拍流水施工也称为异节拍流水施工，是指同一施工过程在各处施工段的流水节拍相等，不同施工过程之间的流水节拍不一定相等的流水施工方式。

1）不等节拍流水施工的特征

(1) 同一施工过程在各施工段上的流水节拍均相等，不同施工过程之间的流水节拍不完全相等。

(2) 各施工过程之间的流水步距不一定相等。

(3) 各专业工作队能够保证连续施工,但有的施工段在这期间可能有空闲。

(4) 专业工作队数大于施工过程数。

2) 不等节拍流水步距的确定

$$K_{i,i+1} = t_i + (t_j - t_d)(\text{当 } t_i \leqslant t_{i+1} \text{ 时}) \tag{3-13}$$

$$K_{i,i+1} = mt_i - (m-1)t_{i+1} + (t_j - t_d)(\text{当 } t_i > t_{i+1} \text{ 时}) \tag{3-14}$$

或采用"累加数列法",其计算过程可表述为:

(1) 将每个施工过程的流水节拍逐段累加,求出累加数列 $\sum^{m} t_i$。

(2) 根据施工顺序,对求出的前后相邻的两累加数列错位相减 $\sum^{m} t_i - \sum^{m-1} t_{i+1}$。

(3) 取其最大差值 $\max\left\{\sum^{m} t_i - \sum^{m-1} t_{i+1}\right\}$。

(4) 求出流水步距 $K_{i,i+1} = \max\left\{\sum^{m} t_i - \sum^{m-1} t_{i+1}\right\}$。

"累加数列法"这种流水步距的计算方法简捷、准确、通用性强,因此应用广泛。具体计算方法、步骤见例题。

3) 不等节拍流水施工工期的计算

$$T_L = \sum K_{i,i+1} + T_N = \sum K_{i,i+1} + mt_n \tag{3-15}$$

或

$$T_L = \sum K_{i,i+1} + mt_n + \sum t_j - \sum t_d \quad (\text{累加数列法}) \tag{3-16}$$

式中:T_N——最后一个施工过程流水节拍总和;

t_n——最后一个施工过程流水节拍。

4) 不等节拍流水施工的组织方法

不等节拍流水施工的组织方法是:首先将拟建工程按通常做法划分成若干个施工过程,并进行调整。主要施工过程要单列,某些次要施工过程可以合并,也可以单列,以便使进度计划既简明清晰、重点突出,又能起到指导施工的作用;然后根据从事主导施工过程施工队组人数计算其流水节拍,或根据合同规定工期,采用工期推算法确定主导施工过程的流水节拍,再以主导施工过程的流水节拍为最大流水节拍,确定其他施工过程的流水节拍和施工队组人数。

【例 3-4】 某工程划分为 A、B、C、D 4 个施工过程,分 3 个施工段组织流水施工,各施工过程的流水节拍分别为 $t_A = 2$ 天,$t_B = 3$ 天,$t_C = 4$ 天,$t_D = 2$ 天,施工过程 B 完成后需有 1 天的技术间歇时间。试求各施工过程之间的流水步距及该工程的工期。

【解法一】 (1) 计算流水步距

因为 $t_A < t_B, t_j = 0, t_d = 0$

所以 $K_{A,B} = t_A + (t_j - t_d) = 2 + 0 - 0 = 2$(天)

因为 $t_B < t_C, t_j = 1, t_d = 0$

所以　$K_{B,C} = t_B + (t_j - t_d) = 3 + 1 - 0 = 4$(天)

因为　$t_C > t_D, t_j = 0, t_d = 0$

所以　$K_{C,D} = mt_C - (m-1)t_D + (t_j - t_d) = 3 \times 4 - (3-1) \times 2 + 0 - 0 = 8$(天)

(2) 计算流水工期

$$T_L = \sum K_{i,i+1} + T_N = 2 + 4 + 8 + 2 \times 3 = 20(\text{天})$$

(3) 根据计算的流水参数绘制施工进度计划表,如图 3-10 所示。

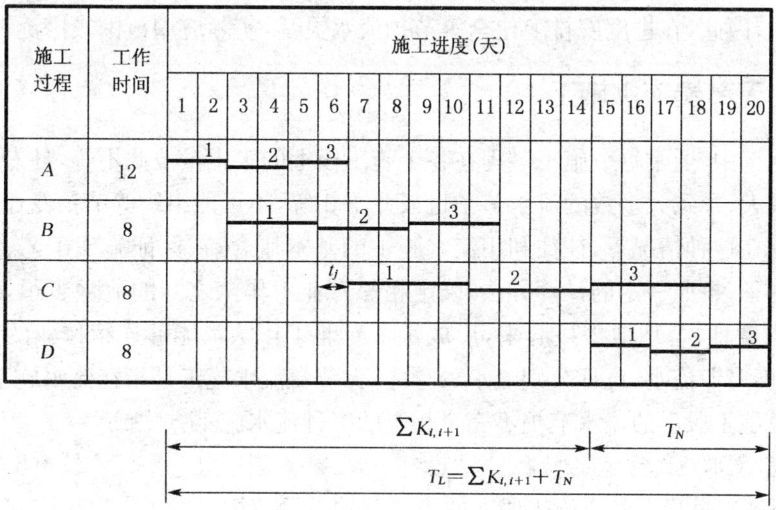

图 3-10　不等节拍流水施工进度计划

【解法二】 (1) 确定流水步距

根据已知条件,可知此工程可组织成不等节拍流水施工,其流水步距用“累加数列法”。

① 求各施工过程流水节拍的累加数列

$\sum t_A$:	2	4	6
$\sum t_B$:	3	6	9
$\sum t_C$:	4	8	12
$\sum t_D$:	2	4	6

② 错位相减得差值

$\sum t_A - \sum t_B$:	2	4	6	0
−)	0	3	6	9
	2	1	0	−9

③ 计算流水步距

$$K_{A,B} = \max\{2, 1, 0, -9\} = 2(\text{天})$$

$$K_{B,C} = \max\{3,2,1,-12\} = 3(\text{天})$$
$$K_{C,D} = \max\{4,6,8,-6\} = 8(\text{天})$$

(2) 计算流水组工期

$$T_L = \sum K_{i,i+1} + mt_n + \sum t_j - \sum t_d = (2+3+8) + 3\times 2 + 1 = 20(\text{天})$$

(3) 绘制进度计划如图 3-10 所示。

5) 不等节拍流水施工方式的适用范围

不等节拍流水施工方式适用于分部和单位工程流水施工,它允许不同施工过程采用不同的流水节拍,因此,在进度安排上比全等节拍流水灵活,实际应用范围较广泛。

3.3.5 无节奏流水施工

在实际施工中,通常每个施工过程在各个施工段上的工程量彼此不等,各专业工作的生产效率相差较大,导致大多数的流水节拍也彼此不相等,不可能组织等节拍专业流水或异节拍专业流水。在这种情况下,往往利用流水施工的基本概念,在保证施工工艺、满足施工顺序要求的前提下,按照一定的计算方法,确定相邻专业工作队之间的流水步距,使其在开工时间上最大限度地、合理地搭接起来,形成每个专业工作队都能够连续作业的流水施工方式,称为无节奏专业流水,也称分别流水。总之,无节奏流水施工是指在流水施工中,同一施工过程在各个施工段上的流水节拍不完全相等的一种流水施工方式。

1) 无节奏流水施工方式的特征

(1) 每个施工过程在各个施工段上的流水节拍不尽相等。

(2) 在多数情况下,流水步距彼此不相等,而且流水步距与流水节拍二者之间存在着某种函数关系。

(3) 各专业工作队都能够连续施工,个别施工段可能有空闲。

(4) 专业工作队数等于施工过程数。

2) 无节奏流水施工流水步距的确定

各施工过程均连续流水施工时,无节奏流水施工步距的计算方法是通用计算方法——累加数列法,且仅有此种流水步距的计算方法。

3) 无节奏流水施工的工期计算

$$T_L = \sum K_{i,i+1} + T_N + \sum t_j - \sum t_d$$

4) 无节奏流水施工的组织

组织无节奏流水施工的基本要求与不等节拍流水相同,即要保证各施工过程工艺顺序合理,各施工队组在各施工段之间尽可能连续施工,在不得有两个或多个施工队组在同一施工段上交叉作业的条件下,最大限度地组织平行搭接施工,以缩短工期。

【例 3-5】 某分部工程流水节拍如表 3-3,施工技术要求,第二个施工过程完成后,要间歇 2 天方可进行后面施工过程的施工。试计算流水步距和工期并绘制出施工进度计划。

表 3-3 某分部工程的流水节拍值

施工过程	施工段			
	1	2	3	4
A	3	2	1	4
B	2	3	2	3
C	1	4	2	3
D	3	2	4	2

【解】 (1) 确定流水步距

① 求各施工过程流水节拍的累加数列

$\sum t_A$:	3	5	6	10
$\sum t_B$:	2	5	7	10
$\sum t_C$:	1	5	7	10
$\sum t_D$:	3	5	9	11

② 错位相减得差值

$\sum t_A - \sum t_B$:	3	5	6	10	0
−)	0	2	5	7	10
	3	3	1	3	−10

$\sum t_B - \sum t_C$:	2	5	7	10	0
−)	0	1	5	7	10
	2	4	2	3	−10

$\sum t_C - \sum t_D$:	1	5	7	10	0
−)	0	3	5	9	11
	1	2	2	1	−11

③ 计算流水步距

$$K_{A,B} = \max\{3,3,1,3,-10\} = 3(\text{天})$$

$$K_{B,C} = \max\{2,4,2,3,-10\} = 4(\text{天})$$

$$K_{C,D} = \max\{1,2,2,1,-11\} = 2(\text{天})$$

(2) 计算流水组工期

$$T_L = \sum K_{i,i+1} + T_N + \sum t_j - \sum t_d = (3+4+2)+11+2 = 22(\text{天})$$

(3) 绘制进度计划如图 3-11 所示

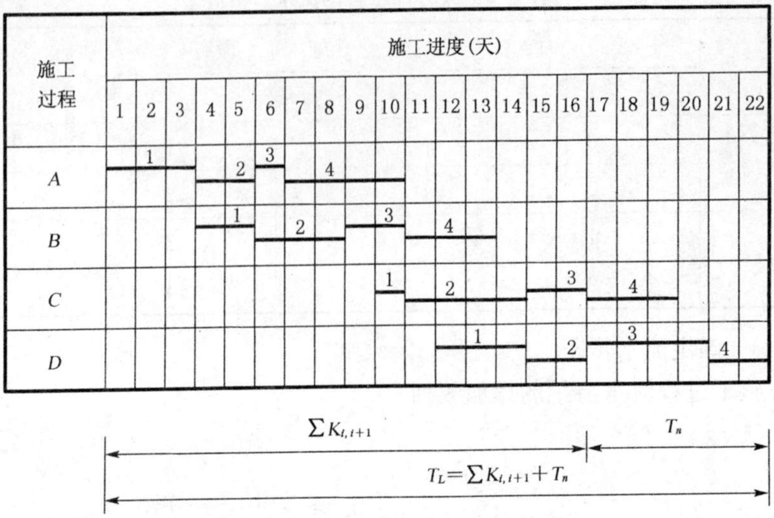

图 3-11　无节奏流水施工进度计划

5) 无节奏流水施工方式的适用范围

无节奏流水施工适用于各种不同结构性质和规模的工程施工组织。由于它不像有节奏流水施工那样有一定的时间规律约束，因此在进度安排上比较灵活、自由，适用于分部工程和单位工程及大型建筑群的流水施工，是流水施工中应用最多的一种方式。

3.4　流水施工的应用

在建筑施工过程中，需要组织许多施工过程的活动。在组织这些活动的过程中，流水施工是一种行之有效的科学组织施工的计划方法。编制施工进度计划时应根据施工对象的特点，选择适当的流水施工方式组织施工，以保证施工的节奏性、均衡性、连续性和灵活性等。

3.4.1　选择流水方式的思路

上节中已经阐述全等节拍、成倍节拍、不等节拍、无节奏 4 种流水施工方式，如何正确选择合理的流水施工方式，要根据工程具体情况而定。

通常将单位工程流水分解为分部工程流水，然后根据分部工程各施工过程劳动量的大小、施工班组人数来选择恰当的流水施工方式。若分部工程的施工过程数目不多(3～5个)，可以通过调整班组人数使得各施工过程的流水节拍相等，从而采用全等节拍流水施工方式，这是一种较理想和合理的流水方式。若分部工程的施工过程数目较多，要使其流水节拍相等较困难，因此可考虑流水节拍的规律，分别选择成倍节拍、不等节拍或无节奏流水施工方式。

3.4.2　流水施工应用实例

用两个较常见的工程施工实例来阐述流水施工的应用。

1）某砖混结构房屋流水施工

某工程为一栋三单元七层砖混结构房屋，建筑面积 3 826.76 m^2，基础为钢筋混凝土条形基础，上做砖砌条形基础；为 1 m 厚换土垫层，30 mm 厚混凝土垫层；主体工程为砖墙承重；大客厅楼板、厨房、卫生间、楼梯为现浇混凝土；其余楼板为预制空心楼板；层层有圈梁、构造柱。本工程室内采用一般抹灰，普通涂料刷白；楼地面为水泥砂浆地面；铝合金窗、胶合板门；外墙贴白色面砖。屋面保温材料选用保温蛭石板，防水层选用 4 mm 厚 SBS 改性沥青防水卷材。其劳动量一览表见表 3-4。

表 3-4　某幢三单元七层砖混结构房屋劳动量一览表

序号	分项工程名称	劳动量（工日或台班）	序号	分项工程名称	劳动量（工日或台班）
	基础工程		15	预制楼板安装灌缝	146
1	开挖基础土方	236		屋面工程	
2	混凝土垫层	27	16	屋面保温隔热层	162
3	绑扎基础钢筋（含构造柱）	32	17	屋面找平层	36
4	基础模板	53	18	屋面防水层	45
5	浇混凝土基础	86		装修工程	
6	砖砌基础	196	19	地面垫层	86
7	基础回填土	79	20	门窗框安装	32
8	室内回填土	67	21	外墙面砖	1 320
	主体工程		22	顶棚抹灰	464
9	脚手架（含安全网）	265	23	内墙抹灰	1 002
10	构造柱筋	144	24	楼地面及楼梯抹灰	587
11	砖砌墙	1 805	25	门窗扇安装	360
12	圈梁、楼板、构造柱、楼梯模板	332	26	油漆、涂料	268
13	圈梁、楼板、楼梯钢筋	412	27	散水、勒脚、台阶及其他	58
14	梁、板、柱、楼梯混凝土	598		水、暖、电	

本工程是由基础分部、主体分部、屋面分部、装修分部、水电分部组成，因其各分部之间劳动量差异较大，先考虑分部工程的流水，然后再考虑各分部之间的相互搭接施工。具体组织方法如下：

（1）基础工程

① 划分施工项目和施工段

基础工程包括开挖基础土方、混凝土垫层、绑扎钢筋、基础模板、浇混凝土基础、砖砌基础、回填土等施工过程，将这 8 个工序合并成基础挖土和垫层（由于混凝土垫层的劳动量较小，可与挖土合并为一个施工过程）、浇筑钢筋混凝土条形基础、砌砖基础和基槽室内地坪回填土 5 个分项工程。其中基础挖土的劳动量最大，为主导施工过程。

本分部拟定采用一班制，划分 3 个施工段（$m=3$）组织全等节拍流水施工。

② 流水节拍的确定

挖土及垫层的劳动量为 236 + 27 = 263 个工日，施工班组人数为 30 人，采用一班制施工，其流水节拍计算如下：

$$t_{挖,垫}=\frac{P}{R\times m\times b}=\frac{263}{30\times 3\times 1}=2.92\approx 3(天)$$

钢筋混凝土条形基础绑扎钢筋、支模板和浇筑混凝土合并为一个施工过程，其劳动量为 32+53+86=171 个工日，施工班组人数为 20 人，一班制施工，基础混凝土完成后需要养护 1 天，其流水节拍为

$$t_{钢筋混凝土基础}=\frac{P}{R\times m\times b}=\frac{171}{20\times 3\times 1}=3(天)$$

砖砌基础，劳动量为 196 个工日，施工班组人数为 22 人，一班制施工，其流水节拍为

$$t_{砖砌基础}=\frac{P}{R\times m\times b}=\frac{196}{22\times 3\times 1}=3(天)$$

基础、室内地坪回填土合为一个施工工程，劳动量为 79 + 67 = 146 个工日，施工班组人数为 18 人，一班制施工，混凝土墙基完成后间歇 1 天回填，其流水节拍为

$$t_{回填}=\frac{P}{R\times m\times b}=\frac{146}{18\times 3\times 1}=3(天)$$

③ 工期计算

$$T_{L1}=(m+n-1)t+\sum t_j-\sum t_d=(3+4-1)\times 3+1+1=20(天)$$

（2）主体工程

① 划分施工项目和施工段

主体工程包括搭设外脚手架、立构造柱筋、砌砖墙、现浇钢筋混凝土圈梁、构造柱、楼板、楼梯的模板，绑扎圈梁、楼板、楼梯钢筋、浇筑混凝土、预制楼板安装灌缝等施工过程。其中砌砖墙为主导施工过程，而安装外脚手架是砌砖墙的配属工程，因其劳动量较小，不是主导施工过程，通常不列入流水施工，按非流水施工过程处理。

本分部工程每层划分为 3 个施工段组织流水施工。

为了保证主导施工过程砌墙能连续施工，不发生层间间断，将现浇梁、板、柱及预制楼板安装灌缝安排为间断流水施工。

② 确定各施工过程的流水节拍

立构造柱钢筋的劳动量为 144 个工日，施工班组人数为 7 人，一班制施工，其流水节拍为

$$t_{柱筋}=\frac{P}{R\times m\times b}=\frac{144}{7\times 3\times 7\times 1}=1(天)$$

砌砖墙主导施工过程，劳动量为 1 805 个工日，施工班组人数为 30 人，一班制施工，其流水节拍为

$$t_{砖墙}=\frac{P}{R\times m\times b}=\frac{1\,805}{30\times3\times7\times1}=3(天)$$

支模板劳动量为 332 个工日，一班制施工，施工班组人数为 16 人，流水节拍为

$$t_{模板}=\frac{P}{R\times m\times b}=\frac{332}{16\times3\times7\times1}=1(天)$$

绑扎钢筋劳动量为 412 个工日，一班制施工，施工班组人数为 20 人，流水节拍为

$$t_{梁板筋}=\frac{P}{R\times m\times b}=\frac{412}{20\times3\times7\times1}=1(天)$$

混凝土浇筑劳动量为 598 个工日，三班制施工，施工班组人数为 10 人，流水节拍为

$$t_{混凝土}=\frac{P}{R\times m\times b}=\frac{598}{10\times3\times7\times3}=1(天)$$

预制楼板安装灌缝劳动量为 146 个工日，施工班组人数为 7 人，一班制施工，流水节拍为

$$t_{安装}=\frac{P}{R\times m\times b}=\frac{146}{7\times3\times7\times1}=1(天)$$

③ 工期计算

由于主体只有砌砖墙采用连续施工，其他采用间断施工，无法利用公式计算主体工程的工期，现采用分析计算法，即 7 层共 21 段砌砖墙的持续时间之和加上其他施工过程的流水节拍(有技术间歇时，再加上间歇时间)，即可求得主体施工阶段的施工工期。

$$T_{L2}=t_{柱筋}+18\times t_{砖墙}+t_{模板}+t_{梁板筋}+t_{混凝土}+t_{安装}=1+18\times3+1+1+1+1=59(天)$$

(3) 屋面工程

① 划分施工项目和施工段

屋面工程包括屋面保温隔热层、找平层、防水层等施工过程。考虑到屋面防水要求高，所以不分段，采用依次施工的方式。其中屋面找平层完成后需要有一段养护和干燥的时间，方可进行防水层施工。

② 确定各施工过程的流水节拍

屋面保温隔热层劳动量为 162 个工日，施工班组人数为 30 人，一班制施工，其施工持续时间为

$$t_{保温}=\frac{162}{30\times1}=6(天)$$

屋面找平层劳动量为 36 个工日，18 人一班制施工，其施工持续时间为

$$t_{找平}=\frac{36}{18\times1}=2(天)$$

屋面找平层完成后，安排 7 天的养护和干燥时间，方可进行屋面防水层的施工。SBS 改性沥青防水层劳动量为 45 个工日，9 人一班制施工，其施工持续时间为

$$t_{防水} = \frac{45}{9 \times 1} = 5(天)$$

③ 工期计算

$$T_{L3} = t_{保温} + t_{找平} + t_{防水} + t_{养护} = 5 + 2 + 5 + 7 = 19(天)$$

(4) 装修工程

① 划分施工项目和施工段

装修工程包括地面垫层、门窗框安装、外墙面砖、内墙及顶棚抹灰、楼地面及楼梯抹灰、铝合金窗扇及木门安装、油漆、涂料、散水、勒脚、台阶等施工过程。每层划分为一个施工段($m = 6$),采用自上而下的顺序施工。考虑到屋面防水层完成与否对顶层顶棚内墙抹灰的影响,顶棚内墙抹灰采用六层→五层→四层→三层→二层→一层→七层的起点流向。地面垫层属穿插施工过程,不必组织入流水。本分部中抹灰工程是主导施工过程,考虑装修工程内部各施工过程之间劳动力的调配,安排适当的组织间歇时间组织流水施工。

② 确定各施工过程的流水节拍

地面垫层劳动量为 86 个工日,安排在主体工程结束,楼地面抹灰前完成,施工班组人数为 18 人,一班制施工,施工持续时间为

$$t_{垫层} = \frac{86}{18 \times 1} = 5(天)$$

顶棚、墙面抹灰劳动量为 1 466 个工日,是本分部的主导施工过程,施工班组人数为 30 人,一班制施工,其流水节拍为

$$t_{抹灰} = \frac{1\,466}{30 \times 7 \times 1} = 7(天)$$

外墙面砖劳动量为 1 320 个工日,施工班组人数为 40 人,一班制施工,其流水节拍为

$$t_{外墙} = \frac{1\,320}{40 \times 1} = 33(天)$$

楼地面及楼梯抹灰劳动量为 587 个工日,施工班组人数为 28 人,一班制施工,其流水节拍为

$$t_{地面} = \frac{587}{28 \times 7 \times 1} = 3(天)$$

门窗框扇安装合并为一个施工过程,劳动量为 392 个工日,施工班组人数为 14 人,一班制施工,其流水节拍为

$$t_{安装} = \frac{392}{14 \times 7 \times 1} = 4(天)$$

内墙油漆、涂料劳动量为 268 个工日,施工班组人数为 13 人,一班制施工,流水节拍为

$$t_{油漆} = \frac{268}{13 \times 7 \times 1} = 3(天)$$

室外散水、台阶等劳动量为 58 个工日,施工班组人数为 10 人,一班制施工,施工持续时

间为

$$t_{散水} = \frac{58}{10 \times 1} = 6(天)$$

③ 工期计算

外墙面砖与室内抹灰平行施工，不占工期。其他施工过程的节拍值都小于主导施工过程的节拍值，工期的计算可采用分析计算法：

$$T_{L4} = 7 \times t_{抹灰} + t_{地面} + t_{安装} + t_{油漆} + t_{散水} = 7 \times 7 + 3 + 4 + 3 + 6 = 65(天)$$

本工程流水施工进度计划安排见附图 1 所示。

2）某框架结构房屋流水施工

某 4 层教学楼，建筑面积为 1 660 m^2。基础为钢筋混凝土条形基础，主体工程为现浇框架结构。装修工程为铝合金窗、胶合板门，外墙用白色外墙砖贴面，内墙为中级抹灰，外加 106 涂料。屋面工程为现浇细石钢筋混凝土屋面板，防水层贴一毡二油，外加架空隔热层。其劳动量一览表见表 3-5 所示。

表 3-5　某 4 层框架结构房屋劳动量一览表

序号	分项工程名称	劳动量(工日或台班)	序号	分项工程名称	劳动量(工日或台班)
	基础工程		14	砌墙(含门窗框)	720
1	基槽挖土	220		屋面工程	
2	混凝土垫层	18	15	屋面防水层	56
3	基础扎筋	48	16	屋面保温隔热层	38
4	基础混凝土	110		装修工程	
5	素混凝土墙基础	60	17	楼地面及楼梯水泥砂	488
6	回填土	64	18	天棚和墙面中级抹灰	640
	主体工程		19	天棚墙面 106 涂料	48
7	脚手架(含安全网)	124	20	铝合金窗	80
8	柱筋	80	21	胶合板门	46
9	柱梁梯模板	960	22	外墙面砖	450
10	柱混凝土	320	23	油漆	45
11	梁、板、楼梯钢筋	320	24	室外工程	
12	梁板梯混凝土	720	25	卫生设备安装	
13	拆模	160	26	电气设备安装	

本工程由基础分部、主体分部、屋面分部、装修分部、水电分部组成，因其各分部的劳动量差异较大，应采用无节奏流水法，先分别组织各分部的流水施工，然后再考虑各分部之间的相互搭接施工。具体组织方法如下：

（1）基础工程

① 划分施工项目和施工段

基础工程包括基槽挖土、浇筑混凝土垫层、绑扎基础钢筋(含侧模安装)、浇筑基础混凝土、浇素混凝土墙基础、回填土等施工过程。考虑到基础混凝土垫层劳动量比较小,可与挖土合并为一个施工过程。又考虑到基础混凝土与素混凝土墙基是同一工种,班组施工可合并为一个施工过程。

基础工程经过合并共为 4 个施工过程 ($n=4$),组织全等节拍流水,由于占地 400 m^2 左右,考虑到工作面的因素,将其划分为两个施工段 ($m=2$),流水节拍和流水施工工期计算如下。

② 确定各施工过程的流水节拍

基槽挖土和垫层的劳动量之和为 238 工日,施工班组人数为 30 人,采用一班制,垫层需要养护 1 天,流水节拍计算如下:

$$t_{挖,垫} = \frac{238}{30 \times 2} = 4(天)$$

基础绑扎钢筋(含侧模安装),劳动量为 48 工日,施工班组人数为 6 人,采用一班制,其流水节拍计算如下:

$$t_{扎筋} = \frac{48}{6 \times 2} = 4(天)$$

基础混凝土和素混凝土墙基础劳动量共为 170 工日,施工班组人数为 22 人,采用一班制,基础混凝土完成后需要养护 1 天,其流水节拍计算如下:

$$t_{混凝土} = \frac{170}{22 \times 2} = 4(天)$$

基础回填其劳动量为 64 工日,施工班组人数为 8 人,采用一班制,混凝土墙基完成后间歇一天回填,其流水节拍计算如下:

$$t_{回填} = \frac{64}{8 \times 2} = 4(天)$$

③ 工期计算

$$T_{L1} = (m+n-1)t_i + \sum t_j - \sum t_d = (2+4-1) \times 4 + 2 = 22(天)$$

(2) 主体工程

① 划分施工项目和施工段

主体工程包括立柱钢筋,安装柱、梁、板、楼梯模板,浇捣柱混凝土,安装梁、板、楼梯钢筋,浇捣梁、板、楼梯混凝土,搭设脚手架,拆木模板,砌空心砖墙等分项工程。

本工程要求模板工程施工班组一定要连续施工,其余的施工过程的施工班组与其他的工地统一考虑调度安排。

因主体工程施工过程数目较多,又有层间关系,因此根据上述条件,采用搭接施工与流水施工相结合的方式组织施工。其流水节拍、施工工期计算如下。

② 确定各施工过程的流水节拍

绑扎柱钢筋的劳动量为 80 工日,施工班组人数 10 人,施工段数 $m=2\times4$,采用一班制，其流水节拍计算如下：

$$t_{柱筋} = \frac{80}{10 \times 2 \times 4} = 1(天)$$

安装柱、梁、板模板（含楼梯模板）的劳动量为 960 工日，施工班组人数 20 人，施工段数 $m = 2 \times 4$，采用一班制，其流水节拍计算如下：

$$t_{安模} = \frac{960}{20 \times 2 \times 4} = 6(天)$$

浇捣柱混凝土的劳动量为 320 工日，施工班组人数 20 人，施工段数 $m = 2 \times 4$，采用两班制，其流水节拍计算如下：

$$t_{柱混凝土} = \frac{320}{20 \times 2 \times 4 \times 2} = 1(天)$$

绑梁板梯钢筋的劳动量为 320 工日，施工班组人数 20 人，施工段数 $m = 2 \times 4$，采用一班制，其流水节拍计算如下：

$$t_{梁板梯筋} = \frac{320}{20 \times 2 \times 4 \times 1} = 2(天)$$

浇捣梁、板、楼梯混凝土的劳动量为 720 工日，施工班组人数 30 人，施工段数 $m = 2 \times 4$，采用三班制，其流水节拍计算如下：

$$t_{梁板梯混凝土} = \frac{720}{30 \times 2 \times 4 \times 3} = 1(天)$$

实际中拆柱模可比拆梁模提前，但计划安排上可视为一个施工过程，即待梁板混凝土浇捣 12 天后拆模板。

拆除柱、梁、板、楼梯模板的劳动量为 160 工日，施工班组人数 10 人，施工段数 $m = 2 \times 4$，采用一班制，其流水节拍计算如下：

$$t_{拆模} = \frac{160}{10 \times 2 \times 4 \times 1} = 2(天)$$

砌空心砖墙的劳动量为 720 工日，施工班组人数 30 人，施工段数 $m = 2 \times 4$，采用一班制，其流水节拍计算如下：

$$t_{砌墙} = \frac{720}{30 \times 2 \times 4 \times 1} = 3(天)$$

③ 工期计算

由于主体只有安装柱、梁、板模板采用连续施工，其余工序均采用搭接施工，故须采用分析计算方法。即：8 段（每层 2 段）梁板模板的安装时间之和加上其他工序的流水节拍再加上养护间歇时间，即可求得主体阶段施工工期。

$$\begin{aligned} T_{L2} &= 8 \times t_{安模} + t_{柱筋} + t_{柱混凝土} + t_{梁板梯筋} + t_{梁板梯混凝土} + t_{养护} + t_{拆模} + 2 \times t_{砌墙} \\ &= 8 \times 6 + 1 + 1 + 2 + 1 + 12 + 2 + 2 \times 3 = 73(天) \end{aligned}$$

（式中 2 为最后一层工段墙连续砌筑）

（3）屋面工程

屋面工程包括屋面防水层和隔热层，考虑屋面防水要求高，所以不分段施工，即采用依次施工方式。

屋面防水层劳动量为 56 工日，施工班组人数为 8 人，采用一班制，其施工延续时间为

$$t_{防} = \frac{56}{8} = 7(天)$$

屋面隔热层劳动量为 38 工日，施工班组人数为 19 人，采用一班制，其施工延续时间为

$$t_{隔热} = \frac{38}{19} = 2(天)$$

（4）装修工程

① 划分施工项目和施工段

装修工程包括楼地面、楼梯地面、天棚、内墙抹灰、106 涂料、外墙面砖、铝合金窗、胶合板门、油漆等。

由于装修阶段施工过程多，组织固定节拍较困难，若每层视为一段，共为 4 段。由于施工过程劳动量不同，同时泥工需要量比较集中，所以采用连续式异节拍流水施工，其流水节拍、流水步距、施工工期计算如下。

② 确定各施工过程的流水节拍、流水步距

楼地面和楼梯地面抹灰合为一项，劳动量为 488 工日，施工班组人数 31 人，一层为一段，$m = 4$，采用一班制，其流水节拍计算如下。

$$t_{地面} = \frac{488}{31 \times 4} = 4(天)$$

天棚和墙面抹灰合为一项，劳动量为 640 工日，施工班组人数 40 人，一层为一段，$m = 4$，采用一班制，其流水节拍计算如下：

$$t_{抹灰} = \frac{640}{40 \times 4} = 4(天)$$

铝合金窗，劳动量为 80 工日，施工班组人数 10 人，一层为一段，$m = 4$，采用一班制，其流水节拍计算如下：

$$t_{铝窗} = \frac{80}{10 \times 4} = 2(天)$$

胶合板门，劳动量为 46 工日，施工班组人数 6 人，一层为一段，$m = 4$，采用一班制，其流水节拍计算如下：

$$t_{胶合板门} = \frac{46}{6 \times 4} = 2(天)$$

106 涂料，劳动量为 48 工日，施工班组人数 6 人，一层为一段，$m = 4$，采用一班制，其流水节拍计算如下：

$$t_{涂料} = \frac{48}{6 \times 4} = 2(天)$$

油漆，劳动量为 45 工日，施工班组人数 6 人，一层为一段，$m = 4$，采用一班制，其流水节拍计算如下：

$$t_{油漆} = \frac{45}{6 \times 4} = 2(天)$$

外墙面砖自上而下不分层不分段施工，劳动量为 450 工日，施工班组人数 30 人，采用一班制，其流水节拍计算如下：

$$t_{外墙砖} = \frac{450}{30} = 15(天)$$

脚手架不分层不分段与主体平行施工。

③ 工期计算

$\because t_{地面} = t_{抹灰}, t_j = 3, t_d = 0$

$\therefore K_{地面,抹灰} = t_{地面} + t_j - t_d = 4 + 3 - 0 = 7(天)$

$\because t_{抹灰} > t_{铝窗}, t_j = 1, t_d = 0$

$\therefore K_{抹灰,铝窗} = 4 \times 4 - 3 \times 2 + 1 = 11(天)$

$\because t_{铝窗} = t_{门}, t_j = 0, t_d = 0$

$\therefore K_{铝窗,门} = 2 + 0 - 0 = 2(天)$

$\because t_{门} = t_{涂}, t_j = 0, t_d = 0$

$\therefore K_{门,涂} = 2 + 0 - 0 = 2(天)$

$\because t_{涂} = t_{漆}, t_j = 0, t_d = 0$

$\therefore K_{涂,漆} = 2 + 0 - 0 = 2(天)$

$T_{L4} = 7 + 11 + 2 + 2 + 2 + 2 \times 4 = 32(天)$

根据上述计算的流水节拍、异节拍流水工期绘出横道进度计划，如附图 2 所示。

思考题

1. 简述流水施工的概念与特点。
2. 简述流水施工的效果。
3. 简述流水施工主要参数的种类。
4. 何谓施工段？划分施工段有哪些原则？
5. 何谓流水节拍？其数值如何确定？
6. 何谓流水步距？其数值的确定应遵循哪些原则？
7. 流水施工的基本方式有哪些？分别具有哪些基本特点？
8. 如何组织等节拍专业流水、异节拍专业流水、无节奏专业流水？

序号	分部分项工程施工	劳动量（工日）	班组人数	工作班次	持续天数
	基础工程				
1	挖土及垫层	263	30	1	9
2	钢筋混凝土基础	171	20	1	9
3	砖基础	196	22	1	9
4	回填土	146	18	1	9
	主体工程				
5	脚手架及安全网	265			
6	立构造柱筋	144	7	1	21
7	砖砌墙	1805	30	1	63
8	梁板柱梯模板	332	16	1	21
9	梁板梯扎筋	412	20	1	21
10	梁板梯混凝土	598	10	3	21
11	预制楼板安装灌缝	146	7	1	21
	屋面工程				
12	屋面保温层	162	30	1	6
13	屋面找平层	36	18	1	2
14	屋面防水层	45	9	1	5
	装饰工程				
15	地面垫层	86	18	1	5
16	天棚、内墙抹灰	1466	30	1	49
17	楼地面及楼梯抹灰	587	28	1	21
18	门窗扇安装	360	13	1	28
19	油漆、涂料	268	13	1	21
20	外墙面砖	1320	40	1	33
21	散水、台阶及其他	58	10	1	6
22	水、电、暖				

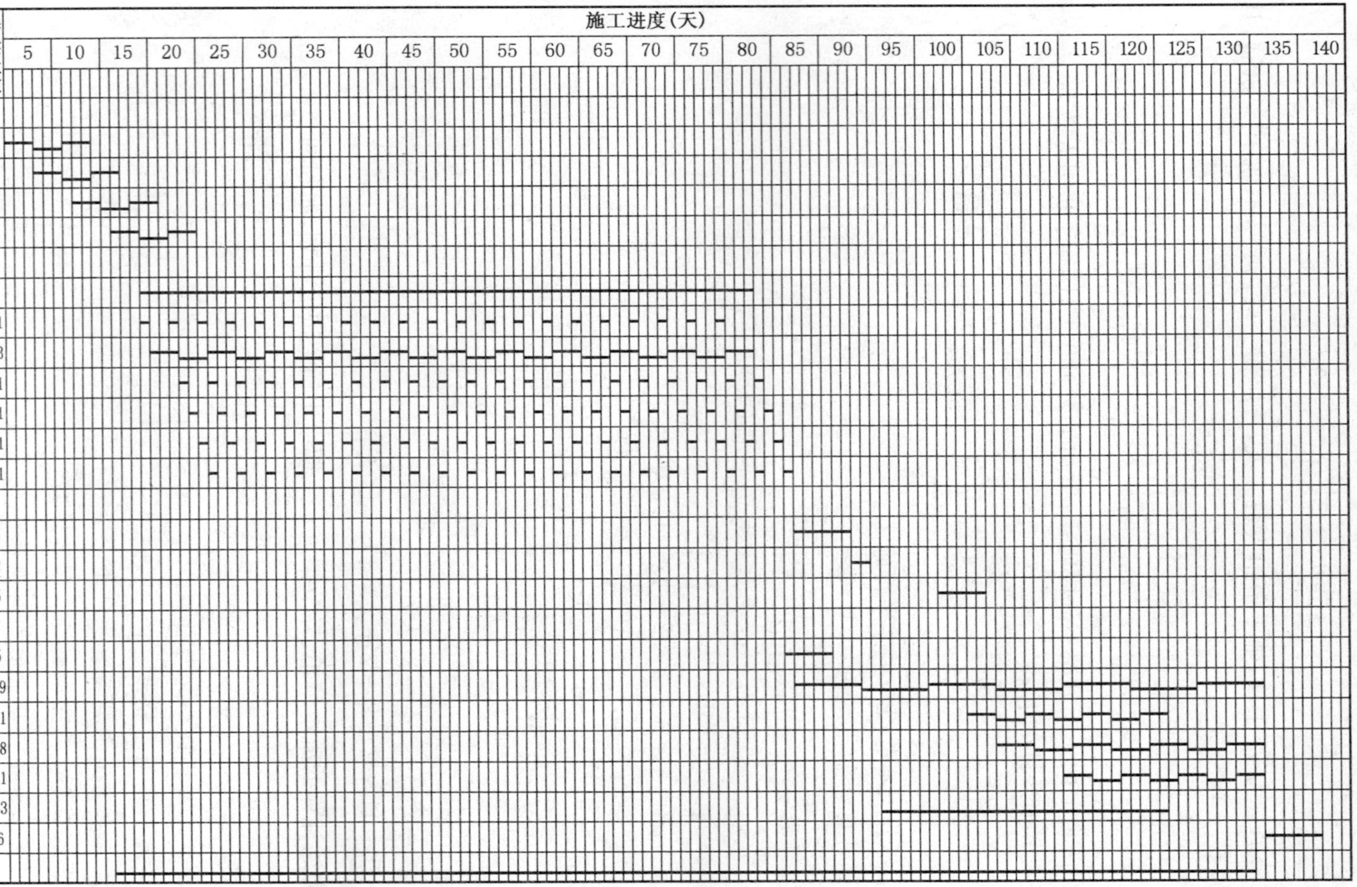

附图1 某砖混结构房屋流水施工进度表

序号	分部分项工程施工	劳动量(工日)	班组人数	工作班次	持续天数
	基础工程				
1	挖土及垫层	238	30	1	8
2	基础扎筋	48	6	1	8
3	基础混凝土(含墙基)	170	22	1	8
4	回填土	64	8	1	8
	主体工程				
5	脚手架及安全网	124			
6	柱筋	80	10	1	8
7	梁板柱梯模板	960	20	1	48
8	柱混凝土	320	20	2	8
9	梁板梯扎筋	320	20	1	16
10	梁板梯混凝土	720	30	3	8
11	拆模	160	10	1	16
12	砌墙(含门窗框)	720	30	1	24
	屋面工程				
13	屋面防水层	56	18	1	7
14	屋面隔热层	38	19	1	2
	装修工程				
15	楼地面及楼梯水泥砂	488	31	1	16
16	天棚墙面中级抹灰	640	40	1	16
17	铝合金窗扇	80	10	1	8
18	胶合板门	46	6	1	8
19	天棚墙面106涂料	48	6	1	8
20	油漆	45	6	1	8
21	外墙面砖	450	30	1	15
22	水、电				
23	室外工程				

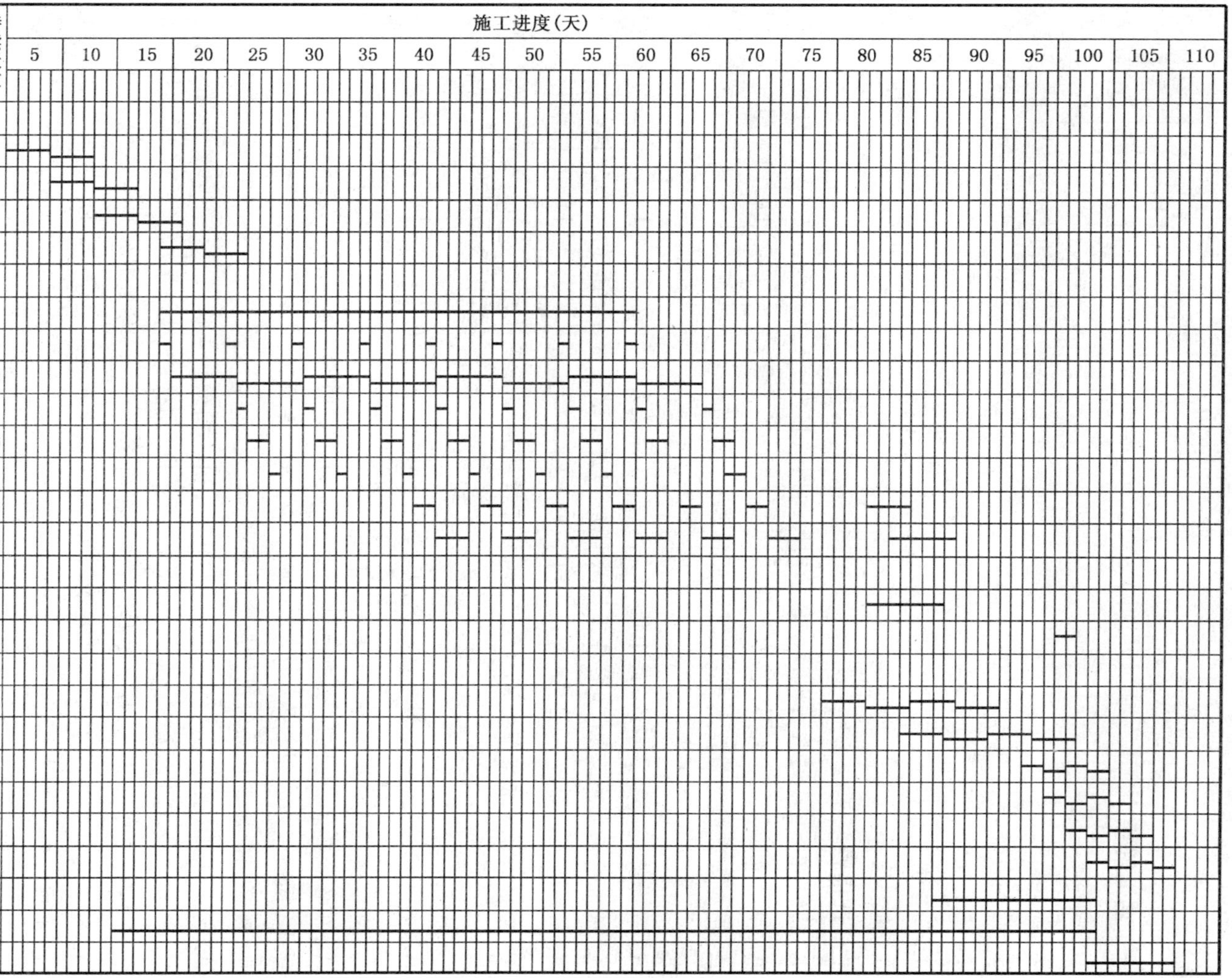

附图2　某框架结构房屋流水施工进度表

习题

一、名词解释

1. 流水施工
2. 流水参数
3. 流水节拍
4. 流水步距
5. 工作面
6. 施工段

二、选择题

1. 相邻两个施工过程进入流水施工的时间间歇称为 （　　）

A. 流水节拍　　B. 流水步距　　C. 工艺间歇　　D. 流水间歇

2. 在加快成倍节拍流水中，任何两个相邻专业工作队之间的流水步距等于所有流水节拍中的 （　　）

A. 最大值　　B. 最小值　　C. 最大公约数　　D. 最小公约数

3. 在组织流水施工时，通常施工段数目 m 与施工过程数 n 之间的关系应该是 （　　）

A. $m \geqslant n$　　B. $m \leqslant n$　　C. $m = n$　　D. 无关系

4. 在组织加快成倍节拍流水施工时，施工段数 m 与施工队总数 $\sum b_i$ 之间的关系应该是 （　　）

A. $m \geqslant \sum b_i$　　B. $m \leqslant \sum b_i$　　C. $m = \sum b_i$　　D. 无关系

5. 所谓节奏性流水施工过程，即指施工过程 （　　）

A. 在各个施工段上的持续时间相等　　B. 之间的流水节拍相等

C. 之间的流水步距相等　　D. 连续、均衡施工

6. 建筑施工流水作业组织的最大特点是 （　　）

A. 划分施工过程　　B. 划分施工段

C. 组织专业工作队施工　　D. 均衡、连续施工

7. 选择每日工作班次，每班工作人数，是在确定________参数时需要考虑的 （　　）

A. 施工过程数　　B. 施工段数　　C. 流水步距　　D. 流水节拍

8. 下列参数为工艺参数的是 （　　）

A. 施工过程数　　B. 施工段数　　C. 流水步距　　D. 流水节拍

9. 在使工人人数达到饱和的条件下，下列说法错误的是 （　　）

A. 施工段数越多，工期越长

B. 施工段数越多，所需工人越多

C. 施工段数越多，越有可能保证施工队连续施工

D. 施工段数越多，越有可能保证施工段不空闲

10. 在劳动量消耗动态曲线图上允许出现 （　　）

A. 短期高峰　　B. 长期低陷　　C. 短期低陷　　D. A 和 B

11. 某施工段的工程量为 200 m^3，施工队的人数为 25 人，日产量 0.8 m^3/人，则该队在

该施工段的流水节拍为 ( )

A. 8 天　　B. 10 天　　C. 12 天　　D. 15 天

12. 某工程划分 4 个流水段，由 2 个施工班组进行等节奏流水施工，流水节拍为 4 天，则工期为 ( )

A. 16 天　　B. 18 天　　C. 20 天　　D. 24 天

13. 工程流水施工的实质内容是 ( )

A. 分工协作　　B. 大批量生产　　C. 连续作业　　D. 搭接适当

14. 在没有技术间歇和插入时间的情况下，等节奏流水的________与流水节拍相等 ( )

A. 工期　　B. 施工段　　C. 施工过程数　　D. 流水步距

15. 某工程分 3 个施工段组织流水施工，若甲、乙施工过程在各施工段上的流水节拍分别为 5 天、4 天、1 天和 3 天、2 天、3 天，则甲、乙两个施工过程的流水步距为 ( )

A. 3 天　　B. 4 天　　C. 5 天　　D. 6 天

16. 如果施工流水作业中的流水步距相等，则该流水作业 ( )

A. 必定是等节奏流水　　B. 必定是异节奏流水

C. 必定是无节奏流水　　D. 以上都不对

17. 组织等节奏流水，首要的前提是 ( )

A. 使各施工段的工程量基本相等　　B. 确定主导施工过程的流水节拍

C. 使各施工过程的流水节拍相等　　D. 调节各施工队的人数

三、填空题

1. 组织流水施工的 3 种方式分别为(　　　　)、(　　　　)和(　　　　)。

2. 在施工对象上划分施工段，是以(　　　　)施工过程的需要划分的。

3. 确定施工项目每班工作人数，应满足(　　　　)和(　　　　)的要求。

4. 非节奏流水施工的流水步距计算采用(　　　　)方法。

5. 组织流水施工的主要参数有(　　　　)、(　　　　)和(　　　　)。

6. 根据流水施工节拍特征不同，流水施工可分为(　　　　)和(　　　　)。

7. 流水施工的空间参数包括(　　　　)和(　　　　)。

8. 一个专业工作队在一个施工段上工作的持续时间称为(　　　　)，用符号(　　)表示。

9. 常见的施工组织方式有(　　　　)、(　　　　)和(　　　　)。

四、判断题

1. 流水步距是相邻的施工队，先后进入流水施工的时间间歇，含技术间歇。 ( )

2. 成倍节拍流水即在节奏性流水中各个施工过程之间的流水节拍互成倍数关系。 ( )

3. 流水节拍是施工班组完成某分项工程的持续工作时间。 ( )

4. 流水参数一般分为工艺参数和时间参数。 ( )

5. 由节奏流水施工过程组织的流水称为节奏流水。 ( )

6. 在流水施工中，各施工队从进场到退场必须连续施工。 ( )

7. 加快成倍节拍流水又称全等步距流水。 ( )

8. 在工作班次的选择上，只要可能，尽量选择一班制 （　）

9. 流水节拍一般取整数。 （　）

10. 有 n 个施工过程，就有 n 个流水步距。 （　）

五、计算题

1. 某工程有 3 个施工过程，分 4 个段施工，节拍均为 1 天。要求乙施工后，各段均需间隔 1 天方允许丙施工。计算施工工期，并绘制施工进度计划表。

2. 拟建 3 幢相同的建筑物，它们的基础工程量都相等，且都分为挖基槽、做混凝土垫层、砌筑砖基础和回填土 4 个施工过程。每个施工过程的施工天数均为 6 天，其中，挖基槽时，工作队由 10 人组成；做混凝土垫层时，工作队由 8 人组成；砌筑砖基础时，工作队由 16 人组成；回填土时，工作队由 6 人组成。分别用依次施工、平行施工和流水施工对其进行施工进度计划并绘图分析其相应的特点。

3. 某工程项目由 A、B、C 3 个施工过程组成，分别由 3 个专业工作队完成，在平面上划分为 4 个施工段，每个专业工作队在各施工段上的流水节拍如表表 3-6 所示。试绘出流水施工进度表。

表 3-6

施工过程	施工段			
	Ⅰ	Ⅱ	Ⅲ	Ⅳ
A	2	3	1	3
B	2	3	4	4
C	3	4	2	3

4. 某分部工程由 A、B、C、D 4 个施工过程组成，划分成 4 个施工段，流水节拍如表 3-7 所示，B 分项工程完成后有 1 天的技术间歇时间，1 天组织间歇时间，计算流水步距和工期，并绘出其施工进度计划表。

表 3-7

施工过程	施工段			
	Ⅰ	Ⅱ	Ⅲ	Ⅳ
A	3	2	4	2
B	3	6	2	4
C	1	3	3	2
D	2	4	3	1

4 网络计划技术

本章提要：本章介绍了双代号网络图和单代号网络图的绘制方法和时间参数的计算，并结合例题对双代号网络计划进行优化和调整。

4.1 概述

用网络分析的方法编制的计划称为网络计划，它是 20 世纪 50 年代末发展起来的一种编制大型工程进度计划的有效方法。

1956 年，美国杜邦公司在制定企业不同业务部门的系统规划时，制定了第一套网络计划。这种计划借助于网络表示各项工作与所需要的时间，以及各项工作之间的相互关系。通过网络分析研究工程费用与工期的相互关系，并找出在编制计划时及计划执行过程中的关键路线。这种方法称为关键路线法(Critical Path Method，简称 CPM)。

1958 年，美国海军武器部在制定"北极星"导弹计划时应用了网络分析方法与网络计划。但它注重于对各项工作安排的评价和审查。这种计划称为计划评审方法(Program Evaluation and Review Technique，简称 PERT)。

两种方法的差别在于，CPM 主要应用于以往在类似工程中已取得一定经验的承包工程；PERT 更多地应用于研究与开发项目。在这两种方法得到应用推广之后，又陆续出现了类似的最低成本和估算计划法、产品分析控制法、人员分配法、物资分配和多种项目计划制定法等。虽然方法很多，各自侧重的目标有所不同，但它们都应用的是 CPM 和 PERT 的基本原理和基本方法。

20 世纪 60 年代我国开始应用 CPM 与 PERT，并根据其基本原理与计划的表达形式，称它们为网络技术或网络方法，又按照其主要特点——统筹安排，把这些方法称为统筹法。

国内外应用网络计划的实践表明，它具有一系列优点，特别适用于生产技术复杂、工作项目繁多且联系紧密的一些跨部门的工作计划。例如新产品研制开发、大型工程项目、生产技术准备、设备大修等计划。还可以应用于人力、物力、财力等资源的安排，合理组织报表、文件流程等方面。

以下主要介绍 CPM，关于 PERT 可参阅相关教材。编制网络计划包括绘制网络图、计算时间参数、确定关键路线及网络优化等环节。下面分别讨论这些内容。

4.1.1 网络计划的基本原理

(1) 利用网络图的形式表达一项工程中各项工作的先后顺序及逻辑关系。

(2) 通过对网络图时间参数的计算，找出关键工作、关键线路。

(3) 利用优化原理，改善网络计划的初始方案，以选择最优方案。

(4) 在网络计划的执行过程中进行有效的控制和监督，保证合理地利用资源，力求以最少的消耗获取最佳的经济效益和社会效益。

4.1.2 横道图与网路图的比较

建筑工程施工进度计划是通过施工进度图表来表达建筑产品的施工过程、工艺顺序和相互间搭接逻辑关系的。我国长期以来一直应用流水施工基本原理，采用横道图的形式来编制工程项目施工进度计划。这种表达方式简单明了、直观易懂、容易掌握，便于检查和计算资源需求状况。但它在表现内容上有许多不足，例如不能全面而准确地反映出各工作之间相互制约、相互依赖、相互影响的关系；不能反映出整个计划中的主次部分，即其中的关键工作；难以在有限的资源下合理组织施工、挖掘计划的潜力；不能准确评价计划经济指标；更重要的是不能应用现代计算机技术。这些不足从根本上限制了横道图进度计划的适应范围。

与横道图相比，网络图克服了许多缺点，但也有其缺点。下面我们来总结网络图的优缺点。

优点：

(1) 能全面而明确地反映出各项工作之间开展的先后顺序以及它们之间相互制约、相互依赖的关系。

(2) 可以进行各种时间参数的计算。

(3) 能在工作繁多、错综复杂的计划中找出影响工程进度的关键工作和关键线路，便于管理者抓住主要矛盾，集中精力确保工期，避免盲目施工。

(4) 能够从许多可行方案中选出最优方案。

(5) 保证自始至终对计划进行有效的控制与监督。

(6) 利用网络计划中反映出的各项工作的时间储备，可以更好地调配人力、物力，以达到降低成本的目的。

(7) 可以利用计算机进行计算、优化、调整和管理。

缺点：在计算劳动力、资源消耗量时，与横道图相比较为困难。

基于网络图有以上实用的优点，所以网络图能够得到广泛的应用。

4.1.3 网络计划技术的分类

1) 按逻辑关系及工作持续时间是否确定划分

按各项工作持续时间和各项工作之间的相互关系是否确定，网络计划可分为肯定型和非肯定型两类。肯定型网络计划的类型主要有：关键线路法(CPM)、搭接网络计划、有时限的网络计划、多级网络计划和流水网络计划。非肯定型网络计划的类型主要有：计划评审技术(PERT)、图形评审技术(GERT)、风险评审技术(VERT)、决策网络计划法(DN)、随机网络计划技术(QERT)和仿真网络计划技术等。

2) 按工作的表示方式不同划分

按工作的表示方式不同，网络计划可分为双代号网络计划(如图 4-1)、单代号网络计划(如图 4-2)、时标网络计划(如图 4-3)。

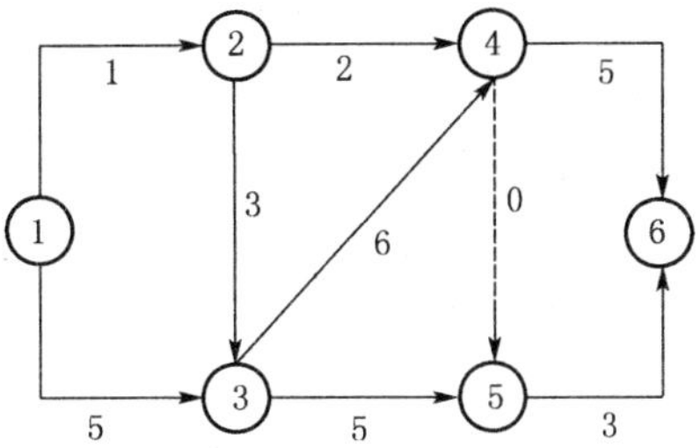

图 4-1　双代号网络计划

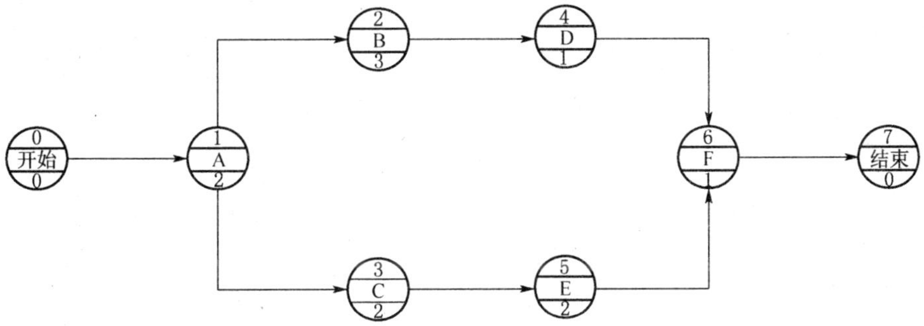

图 4-2　单代号网络计划

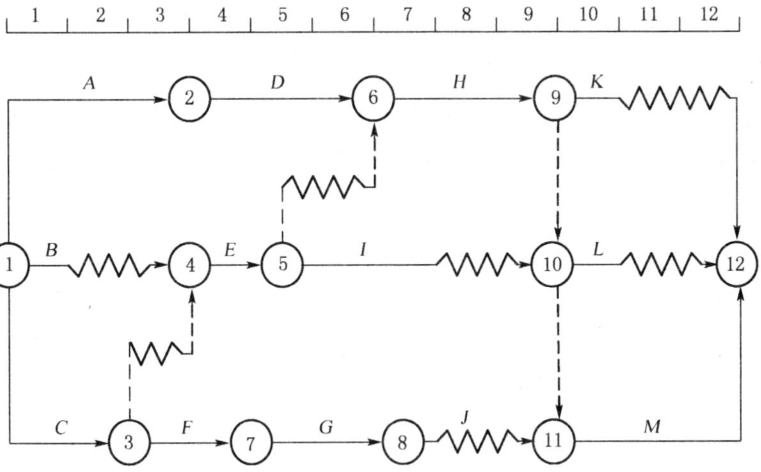

图 4-3　时标网络计划

3）按目标的多少划分

按目标的多少，网络计划可分为单目标网络计划和多目标网络计划。

4）按其发展过程划分

按其发展过程，网络计划可分为关键线路（CPM）、计划评审技术（PERT）、图示评审技术（GERT）、风险评审技术（VERT）、决策网络计划（DN）和随机网络计划技术（QERT）。

5）按其应用对象不同划分

按其应用对象的不同，分为分部工程网络计划、单位工程网络计划和群体工程网络计划。

4.2 双代号网络图

目前在我国的工程施工中，经常用以表示工程进度计划的网络图是双代号网络图。这种网络图是由若干表示工作的箭线和节点所组成的，其中每一项工作都用一根箭线和两个节点来表示，每个节点都编以号码，箭线前后两个节点的号码即代表该箭线所表示的工作，“双代号”的名称即由此而来。图 4-4 表示的就是双代号网络图。下面就图中 3 个基本符号的有关含义和特性作一介绍。

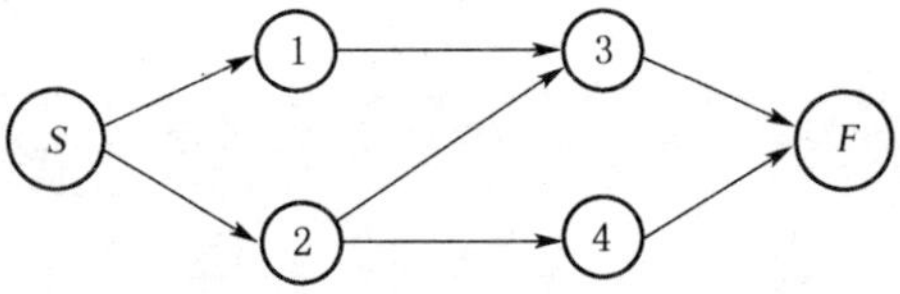

图 4-4　带虚拟节点的双代号网络图

4.2.1　基本要素

1）箭线（工作）

（1）在双代号网络图中，每一条箭线表示一项工作。箭线的箭尾节点表示该工作的开始，箭头节点表示该工作的结束。工作的名称标注在箭线的上方，完成该项工作所需要的持续时间标注在箭线的下方，如图 4-5 所示。由于一项工作需用一条箭线及其箭尾和箭头处两个圆圈中的号码来表示，因此称为双代号表示法。

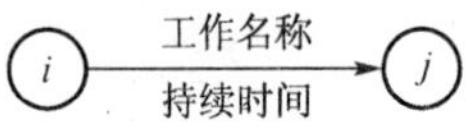

图 4-5　双代号网络图工作的表示方法

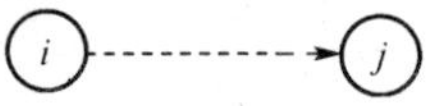

图 4-6　双代号网络图中虚箭线表示的虚拟工作

（2）在双代号网络图中，任意一条实箭线都要占用时间、消耗资源（有时只占时间，不消耗资源，如混凝土的养护）。在建筑工程中，一条箭线表示项目中的一个施工过程，它可以是一道工序、一个分项工程、一个分部工程或一个单位工程，其粗细程度、大小范围的划分根据计划任务的需要来确定。

（3）在双代号网络图中，为了正确地表达图中工作之间的逻辑关系，往往需要应用虚箭线，其表示方法如图 4-6 所示。

虚箭线是实际工作中并不存在的一项虚拟工作，故它们既不占用时间，也不消耗资源，一般起着工作之间的联系、区分和断路 3 个作用。联系作用是指应用虚箭线正确表达工作之间相互依存的关系，如图 4-7 所示，把工作 A 和 D、B 和 D 联系起来了；区分作用是指双代号网络图中每一项工作都必须用一条箭线和两个代号表示，若两项工作的代号相同，应使用虚工作加以区分，如图 4-7 所示；断路作用是用虚箭线断掉多余联系(即在网络图中把无联系的工作连接上时，应加上虚工作将其断开)，如图 4-9(a)所示是一个逻辑关系错误的网络图，其中 A 为挖槽、B 为垫层、C 为墙基、D 为回填土，利用虚箭线的断路作用把错误的网络图更正为图 4-9(b)。

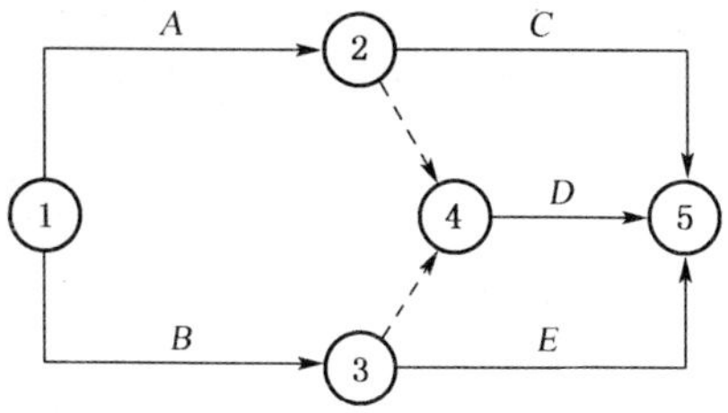

图 4-7　虚箭线的联系作用

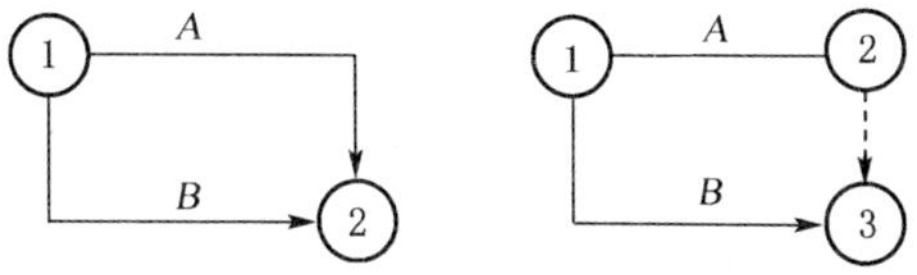

图 4-8　虚箭线的区分作用

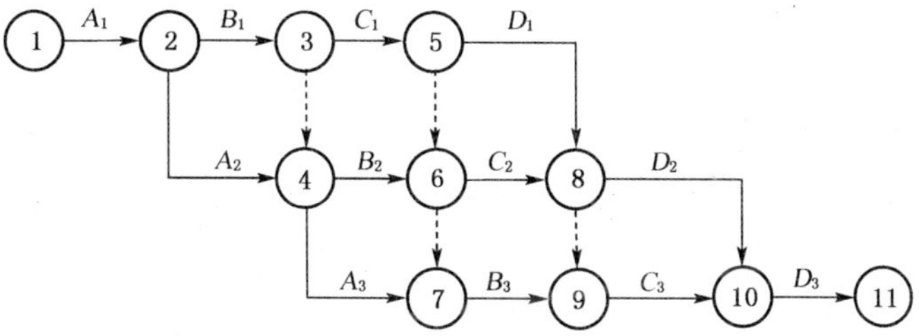

(a) 逻辑关系错误的网络图

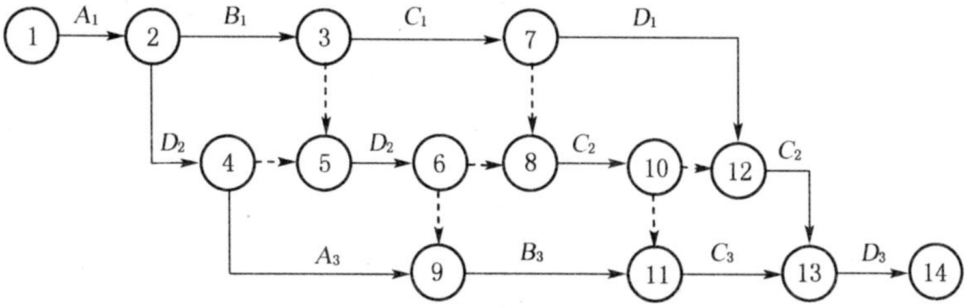

(b) 通过虚箭线的断路作用更正后的网络图

图 4-9　虚箭线的断路作用

(4) 在无时间坐标限制的网络图中，箭线的长度原则上可以任意画，其占用的时间以下方标注的时间参数为准。箭线可以为直线、折线或斜线，但其行进方向均应从左向右，如图 4-10 所示。在有时间坐标限制的网络图中，箭线的长度必须根据完成该工作所需持续时间的大小按比例绘制。

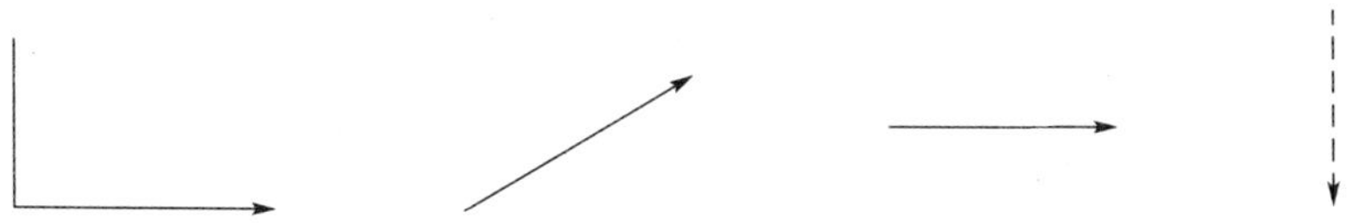

图 4-10　箭线的表达形式

(5) 在双代号网络图中，各项工作之间的关系如图 4-9 所示。通常将被研究的对象称为本工作，用 $i-j$ 工作表示，紧排在本工作之前的工作称为紧前工作，紧排在本工作之后的工作称为紧后工作，与之平行进行的工作称为平行工作。例如，D_1 是 C_2 的平行工作，C_1 是 C_2 的紧前工作，D_2 是 C_2 的紧后工作。

2）节点（又称结点、事件）

节点是网络图中箭线之间的连接点。在双代号网络图中，节点既不占用时间也不消耗资源，是个瞬时值，即它只表示工作的开始或结束的瞬间，起着承上启下的衔接作用。网络图中有 3 种类型的节点：

（1）起点节点

网络图的第一个节点叫“起点节点”，它只有外向箭线，一般表示一项任务或一个项目的开始，如图 4-11 所示。

（2）终点节点

网络图的最后一个节点叫“终点节点”，它只有内向箭线，一般表示一项任务或一个项目的完成，如图 4-12 所示。

（3）中间节点

网络图中既有内向箭线又有外向箭线的节点称为中间节点，如图 4-13 所示。

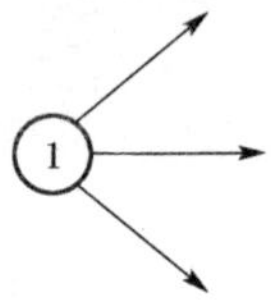

图 4-11 起点节点

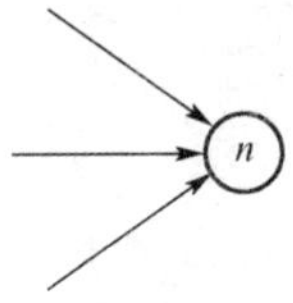

图 4-12 终点节点

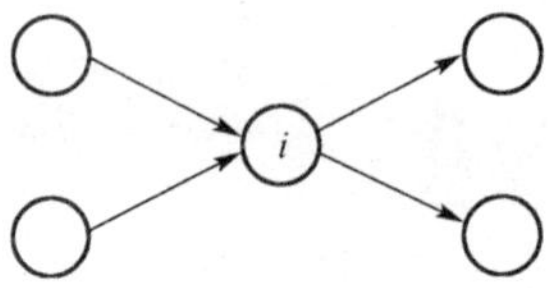

图 4-13 中间节点

（4）在双代号网络图中，节点应用圆圈表示，并在圆圈内编号。一项工作应当只有唯一的一条箭线和相应的一对节点。如图 4-14 所示。

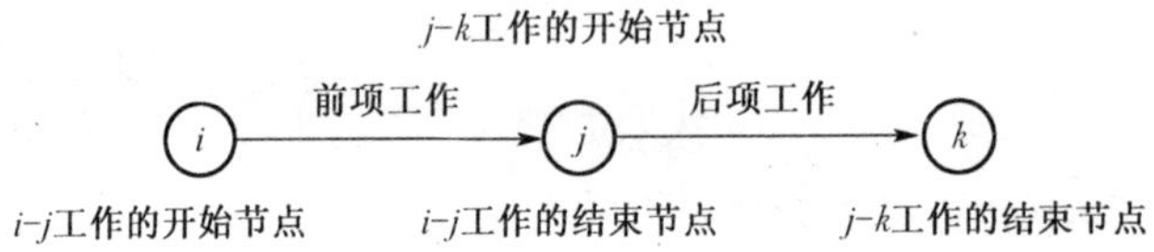

图 4-14 节点和工作

3）线路

网络图中从起点节点开始，沿箭头方向顺序通过一系列箭线与节点，最后达到终点节点的通路称为线路。线路上各项工作持续时间的总和称为该线路的计算工期。一般网络图有多条线路，可依次用该线路上的节点代号来记述。例如网络图 4-15 中的线路有：①—②—④—⑥、①—②—③—④—⑥、①—②—③—④—⑤—⑥、①—③—④—⑤—⑥、①—③—⑤—⑥、①—③—④—⑥等，其中最长的一条线路称为关键线路，位于①—③—④—⑥，关键线路上的工作称为关键工作。

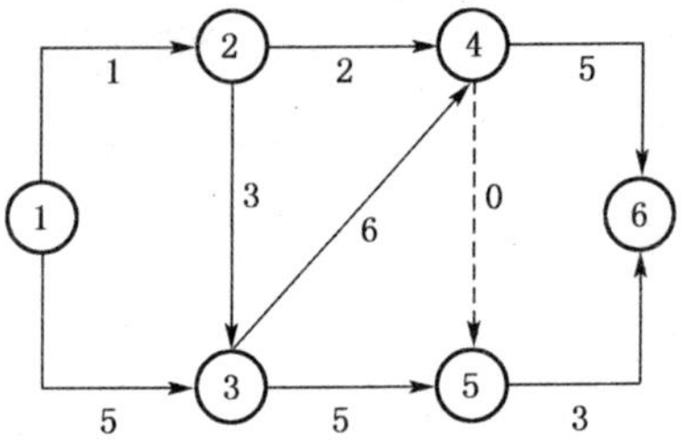

图 4-15 线路和关键线路

4.2.2 逻辑关系

网络图中工作之间相互制约或相互依赖的关系称为逻辑关系，它包括工艺关系和组织关系，在网络中均应表现为工作之间的先后顺序。

1）工艺关系

生产性工作之间由工艺过程决定的、非生产性工作之间由工作程序决定的先后顺序叫工艺关系。例如，建筑工程施工时，先做基础，后做主体；先做结构，后做装修。工艺关系是不能随意改变的。如图 4-16 所示，挖基槽 1 -垫层 1 -混凝土基础 1 -墙基 1 -回填 1 为工艺关系。

2）组织关系

组织关系是指在不违反工艺关系的前提下，人为安排工作的先后顺序。例如，建筑群中各个建筑物的开工顺序的先后；施工对象的流水作业等。组织顺序可以根据具体情况，按安全、经济、高效的原则统筹安排。如图 4-16 所示，挖基槽 1 -挖基槽 2；垫层 1 -垫层 2 等为组织关系。

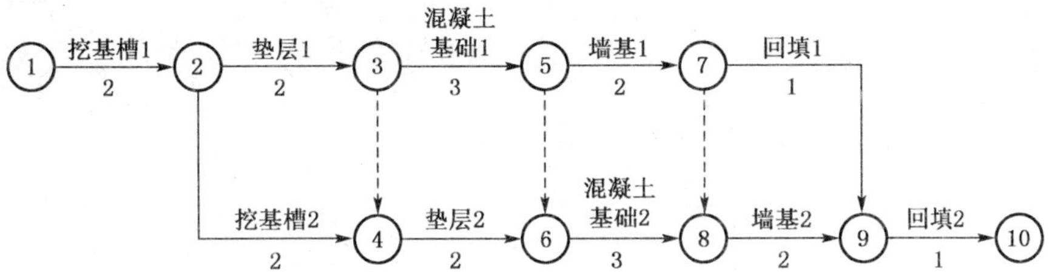

图 4-16 逻辑关系

网络图必须正确地表达整个工程或任务的工艺流程和各工作开展的先后顺序以及它们之间相互依赖、相互制约的逻辑关系。因此，绘制网络图时必须遵循一定的基本规则和要求。

4.2.3 绘图规则

绘制双代号网络图时，要正确地表示工作之间的逻辑关系和遵循有关绘图的基本规则。否则，就不能正确反映工程的工作流程和进行时间计算。绘制双代号网络图一般必须遵循以下一些基本规则。

(1) 双代号网络图必须正确表达已定的逻辑关系。在表示工程施工计划的网络图中，根据施工工艺和施工组织的要求，应正确反映各项工作之间的相互依赖和相互制约的关系，这也是网络图与横道图的最大不同点。各工作间的逻辑关系是否表示得正确，是网络图能否反映工程实际情况的关键。如果逻辑关系错了，网络图中各种时间参数的计算就会发生错误，关键线路和工程的计算工期跟着也将发生错误。

要画出一个正确反映工程逻辑关系的网络图，首先就要搞清楚各项工作之间的逻辑关系，也就是要具体解决每项工作的下面 3 个问题：

① 该工作必须在哪些工作之前进行？

② 该工作必须在哪些工作之后进行？

③ 该工作可以与哪些工作平行进行？

图 4-17 中，就工作 B 而言，它必须在工作 E 之前进行，是工作 E 的紧前工作；工作 B 须在工作 A 之后进行，是工作 A 的紧后工作；工作 B 可以与工作 C 和 D 平行进行，是工作 C 和 D 的平行工作。这种严格的逻辑关系，必须根据施工工艺和施工组织的要求加以确定，只有这样才能逐步地按工作的先后次序把代表各工作的箭线连接起来，绘制成一张正确的网络图。

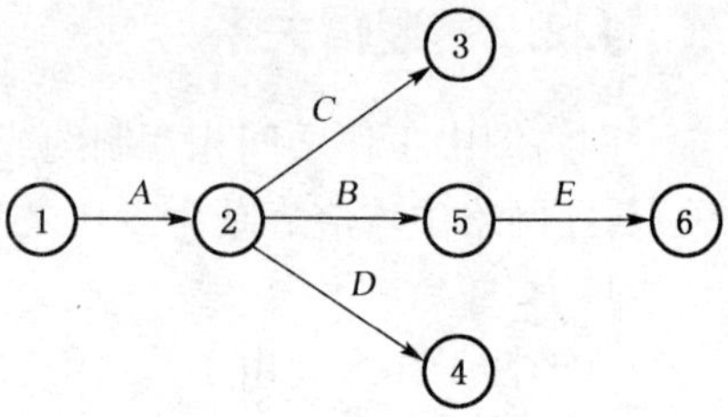

图 4-17　工作的逻辑关系

在网络图中，各工作之间在逻辑上的关系是变化的。表 4-1 所列的是网络图中常见的一些逻辑关系及其表示方法，表中的工作名称均以字母来表示。

绘制网络图之前，要正确确定工作顺序，明确各工作之间的衔接关系，根据工作的先后顺序逐步把代表各项工作的箭线连接起来，绘制成网络图。

表 4-1　双代号网络图中各工作逻辑关系表示方法

序号	工作之间的逻辑关系	网络图中的表示方法	说　明
1	A 工作完成后进行 B 工作	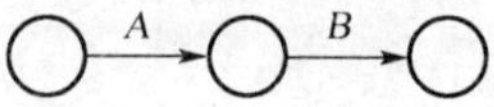	A 工作制约 B 工作开始，B 工作依赖 A 工作
2	A、B、C 三项工作同时开始	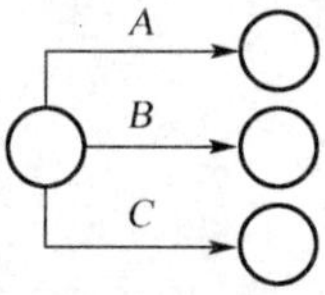	A、B、C 三项工作称为平行工作
3	A、B、C 三项工作同时结束	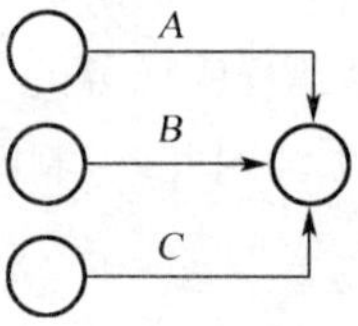	A、B、C 三项工作称为平行工作
4	有 A、B、C 三项工作，只有 A 完成后，B、C 才能开始	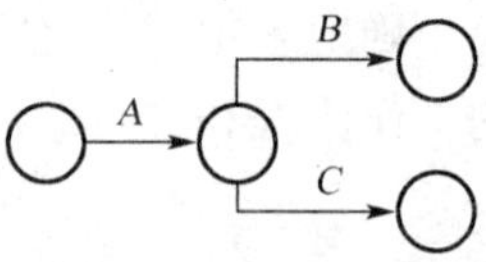	A 工作制约着 B、C 工作的开始，B、C 为平行工作
5	有 A、B、C 三项工作，C 工作只有在 A、B 完成后才能开始	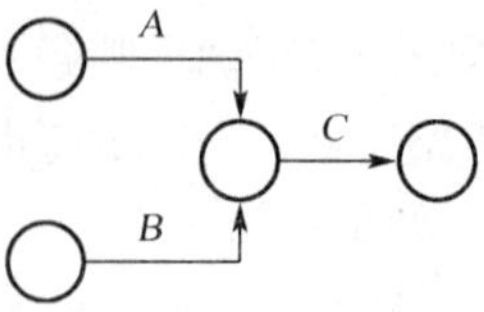	C 工作依赖着 A、B 工作，A、B 为平行工作
6	有 A、B、C、D 四项工作，只有当 A、B 完成后，C、D 才能开始	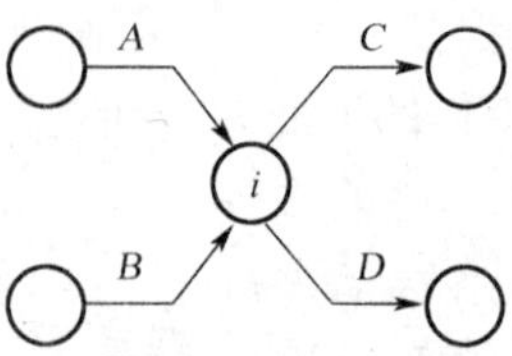	通过中间节点 i 正确地表达了 A、B、C、D 工作之间的关系

续表 4-1

序号	工作之间的逻辑关系	网络图中的表示方法	说明
7	有 A、B、C、D 四项工作，A 完成后 C 才能开始，A、B 完成后 D 才能开始	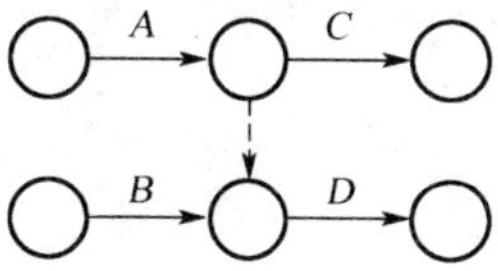	D 与 A 之间引入了逻辑连接（虚工作），从而正确地表达了它们之间的制约关系
8	有 A、B、C、D、E 五项工作，A、B 完成后 C 才能开始，B、D 完成后 E 才能开始	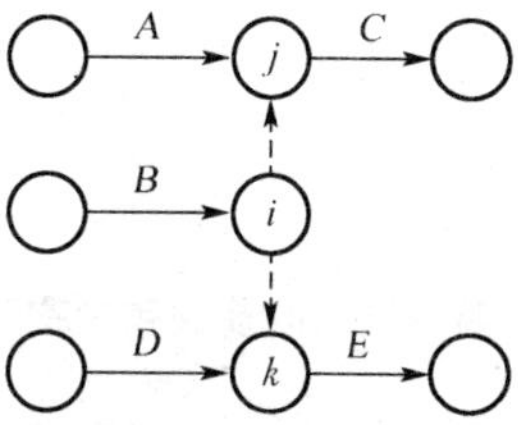	虚工作 $i-j$ 反映出 C 工作受到 B 工作的制约；虚工作 $i-k$ 反映出 E 工作受到 B 工作的制约
9	有 A、B、C、D、E 五项工作，A、B、C 完成后 D 才能开始，B、C 完成后 E 才能开始	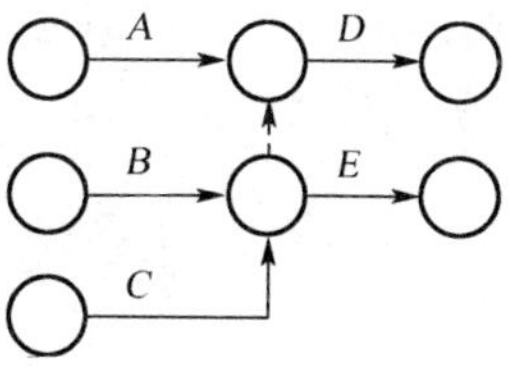	虚工作反映出 D 工作受到 B、C 工作的制约
10	A、B 两项工作分三个施工段，平行施工	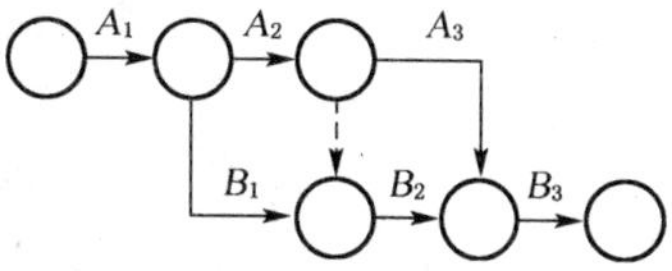	每个工种工程建立专业工作队，在每个施工段上进行流水作业，虚工作表达了工种间的工作面关系

（2）双代号网络图中，严禁出现循环网络（图 4-18）。

在网络图中如果从一个节点出发顺着某一线路又能回到原出发点，这种线路就称为循环回路。例如图 4-18中的 2—4—5—3—2 就是循环回路，它表示的逻辑关系是错误的，在工艺顺序上是相互矛盾的。

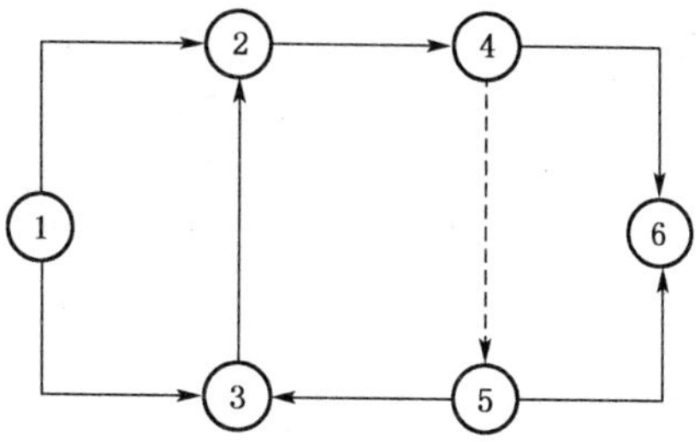

图 4-18　不允许出现循环线路

（3）双代号网络图中，在节点之间严禁出现带双向箭头或无箭头的连线。

用于表示工程计划的网络图是一种有序有向图，沿着箭头指引的方向进行，因此一条箭线只有一个箭头，不允许出现方向矛盾的双箭头箭线和无方向的无箭头箭线，如图 4-19 中的 2—4 和 3—4。

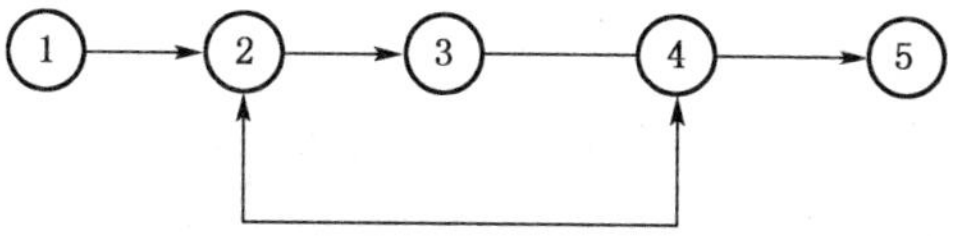

图 4-19　出现双向箭头箭线和无箭头箭线错误的网络图

(4) 在双代号网络图中,严禁出现没有箭头节点或没有箭尾节点的箭线。图 4-20 中,图(a)出现了没有箭头节点的箭线,图(b)中出现了没有箭尾节点的箭线,都是不允许的。没有箭头节点的箭线,不能表示它所代表的工作在何处完成;没有箭尾节点的箭线,不能表示它所代表的工作在何时开始。

图 4-20　没有箭头节点的箭线和没有箭尾节点的箭线的错误网络图

(5) 当双代号网络图的某些节点有多条内向箭线或多条外向箭线时,在不违反“一项工作应只有唯一的一条箭线和相应的一对节点编号”的规定的前提下,可使用母线法绘图。当箭线线型不同时,可在母线上引出的支线上标出。图 4-21 是母线的表示方法。

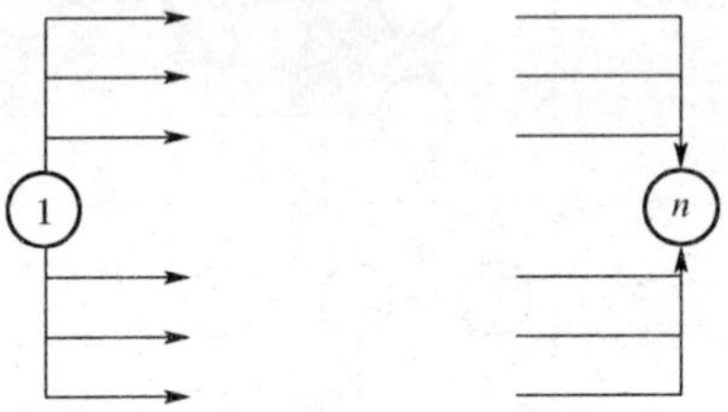

图 4-21　母线的表示方法

(6) 绘制网络图时,箭线不宜交叉。当交叉不可避免时,可用过桥法或指向法。图4-22 中,图(a)为过桥法,图(b)为指向法。

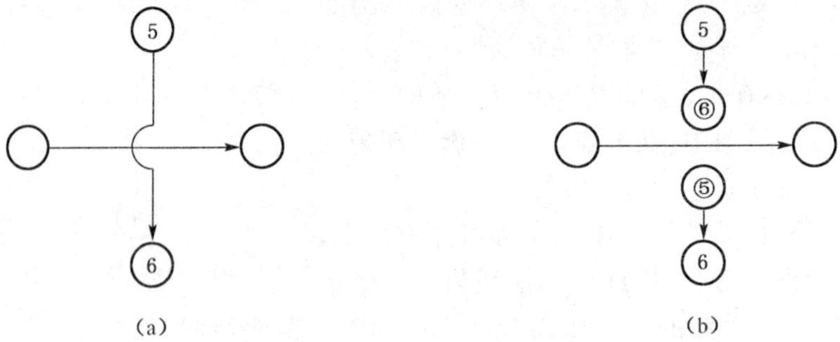

图 4-22　过桥法交叉与指向法交叉

(7) 双代号网络图中应只有一个起点节点;在不分期完成任务的网络图中,应只有一个终点节点;而其他所有节点均应是中间节点。图 4-23(a)所示的网络图中①、④节点均没有内向箭线,故可认为两个节点都是起点节点,这是不允许的。如果遇到这种情况,最简单的办法就是像图 4-23(b)那样,用虚箭线把①、④节点连接起来,使之变成一个起点节点。在本例中,如果把④节点删除,也可以直接把①、⑤两节点用箭线连接起来。

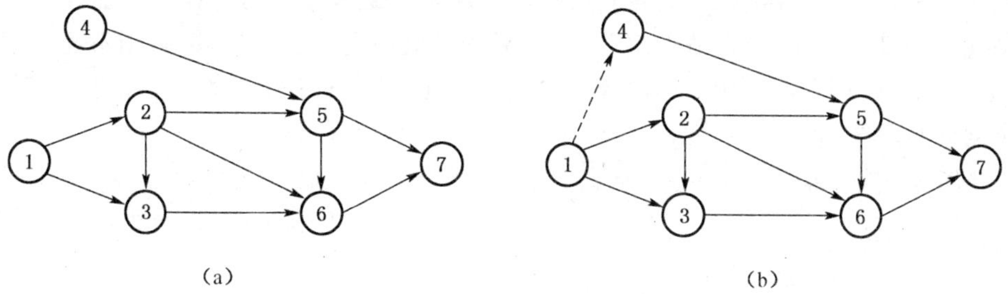

图 4-23 只允许有一个起点节点

在图 4-24(a)中，出现了两个没有外向箭线的节点④、⑦，可认为是有两个终点节点。如果没有分批完成任务的要求，这也是不允许的。解决办法是像图 4-24(b)那样，使它变成一个终点节点。在本例中，最好是去掉多余的④节点，而直接把②、⑦节点连接起来，形成一个终点节点⑦。

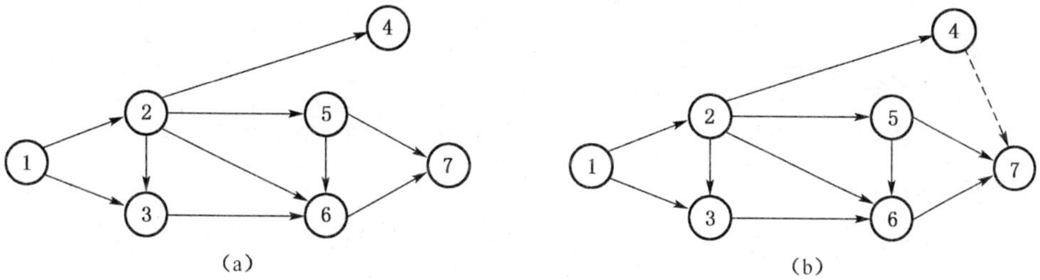

图 4-24 只允许有一个终点节点

4.2.4 网络图的编号

按照各项工作的逻辑顺序将网络图绘好之后，即可进行节点编号。节点编号的目的是赋予每项工作一个代号，并便于对网络图进行时间参数的计算。当采用计算机进行计算时，工作代号就是绝对必要的。

1）网络图的节点编号应遵循两条规则

(1) 一条箭线(工作)的箭头节点的编号“j”，一般应大于箭尾节点“i”，即 $i<j$，编号时号码应当从小到大，箭头节点编号必须在其前面的所有箭尾节点都已编号之后进行。如图 4-25 中，为给节点③编号，就必须先给节点①、②编号。如果在节点①编号后就给节点③编号为②，那么原来节点②就只能编为③(如图 4-25(b)所示)。这样就会出现 ③→②，即 $i>j$，以后在进行计算时就很容易出现错误。

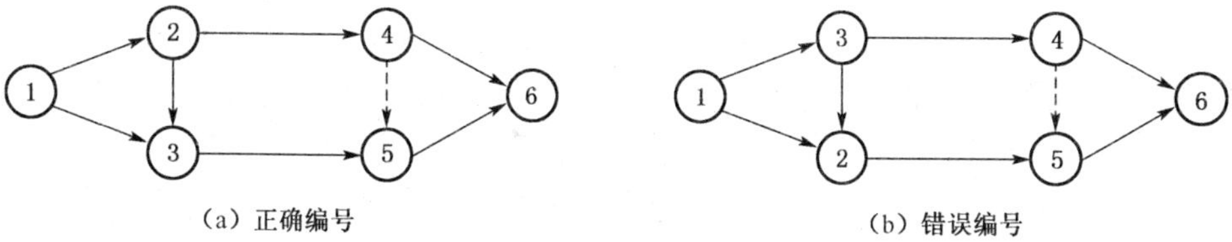

图 4-25 节点编号时应箭头节点大于箭尾节点

(2) 在一个网络计划中，所有的节点不能出现重复编号。有时考虑到可能在网络图中会增添或改动某些工作，故在节点编号时，可预先留出备用的节点号，即采用不连续编号的方法，如 1，3，5……或 1，5，10……以便于调整，避免以后由于中间增加一项或几项工作而改动整个网络图的节点编号。

2）网络图节点编号的方法

网络图的节点编号除应遵循上述原则外，在编排方法上也有技巧，一般编号方法有两种，即水平编号法和垂直编号法。

(1) 水平编号法

水平编号法就是从起点节点开始由上到下逐行编号，每行则自左到右按顺序编排，如图 4-26 所示。

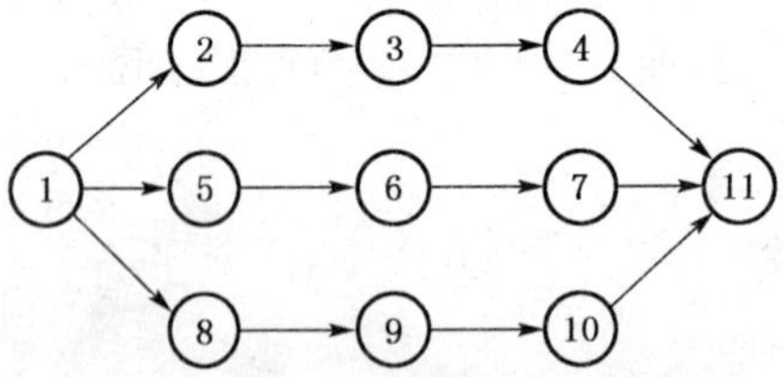

图 4-26　水平编号法

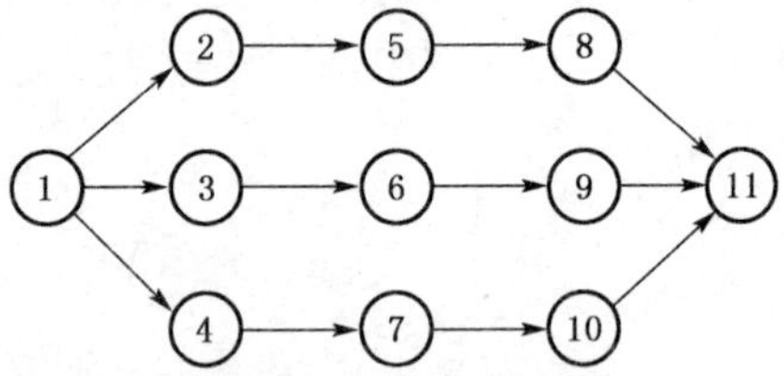

图 4-27　垂直编号法

(2) 垂直编号法

垂直编号法就是从起点节点开始自左到右逐列编号，每列则根据编号规则的要求或自上而下，或自下而上，或先上下后中间，或先中间后上下，如图 4-27 所示。

4.2.5　双代号网络图的绘制方法

网络计划是用来指导实际工作的，所以网络图除了要符合逻辑外，图面还必须清晰，要进行周密合理的布置。

在正式绘制网络图之前，最好先绘成草图，然后再加以整理，就显得条理清楚，布局也比较合理了。

在此，我们采用逻辑草稿法进行双代号网络图的绘制，当已知每一项工作的紧前工作时，可按下述步骤绘制双代号网络图。

(1) 绘制没有紧前工作的工作，使它们具有相同的箭尾节点，即起点节点。

(2) 依次绘制其他各项工作。这些工作的绘制条件是将其所有紧前工作都已经绘制出来。绘制原则为：

① 当所绘制的工作只有一个紧前工作时，则将该工作的箭线直接画在其紧前工作的完成节点之后即可。

② 当所绘制的工作有多个紧前工作时，应按以下 4 种情况分别考虑：

A. 如果在其紧前工作中只存在一项作为本工作紧前工作的工作（即在紧前工作栏目中，该紧前工作只出现一次），则应将本工作箭线直接画在该紧前工作完成节点之后，然后用虚箭线分别将其他紧前工作的完成节点与本工作的开始节点相连，以表达它们之间的逻辑关系。

B. 如果在其紧前工作中存在多项作为本工作紧前工作的工作，应将这些紧前工作的完成节点合并(利用虚工作或直接合并),再从合并后的节点开始,画出本工作箭线,最后用虚箭线将其他紧前工作的箭头节点分别与工作开始节点相连,以表达它们之间的逻辑关系。

C. 如果不存在情况A、B,应判断本工作的所有紧前工作是否都同时作为其他工作的紧前工作(即紧前工作栏目中,这几项紧前工作是否均同时出现若干次)。如果是这样,应先将它们完成节点合并后,再从合并的节点开始画出本工作箭线。

D. 如果不存在情况A、B、C,则应将本工作箭线单独画在其紧前工作箭线之后的中部,然后用虚工作将紧前工作与本工作相连,表达它们之间的逻辑关系。

③ 合并没有紧后工作的箭线,即为终点节点。

④ 确认无误,进行节点编号。

【例4-1】 根据下表中各工作的逻辑关系,绘制双代号网络图。

工作	*A*	*B*	*C*	*D*	*E*	*F*	*G*
紧后工作	*C*、*D*、*E*	*D*、*E*	*F*	*F*、*G*	—	—	—

【解】 (1) 绘没有紧前工作的工作*A*、*B*,且它们的起点节点为①,它们的箭尾节点分别为②、③。

(2) 由于工作*C*、*D*、*E*的紧前工作都已确定且绘制完成,所以接下来绘制工作*C*、*D*、*E*,且画出工作*C*、*D*、*E*的箭尾节点⑤、④、⑥。

(3) 此时,只剩下工作*G*、*F*没有布置,且其紧前工作已经确定,而且*E*、*F*、*G*是没有紧后工作的工作,即它们有共同终点节点。

(4) 最后把不相关的工作*B*、*C*和*C*、*G*用虚箭线断开,且合理地布置网络图,做到符合逻辑,画面清晰。绘制结果如图4-28。

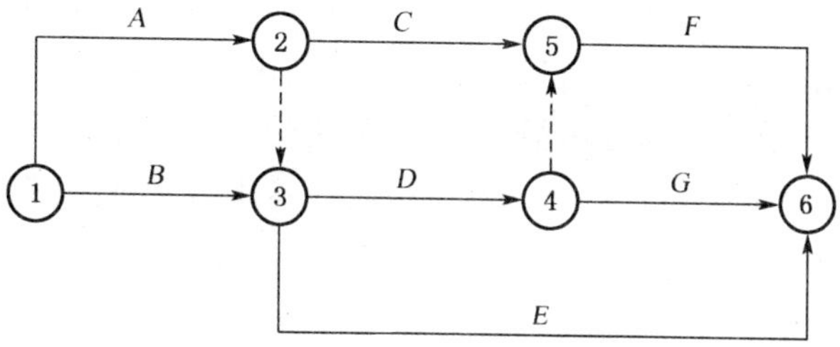

图4-28 双代号网络图绘图结果

【例4-2】 已知各项工作之间的逻辑关系如下表所示,试绘制双代号网络图。

工作	*A*	*B*	*C*	*D*	*E*
紧前工作	—	—	*A*	*A*、*B*	*B*

【解】 绘制过程如图4-29。

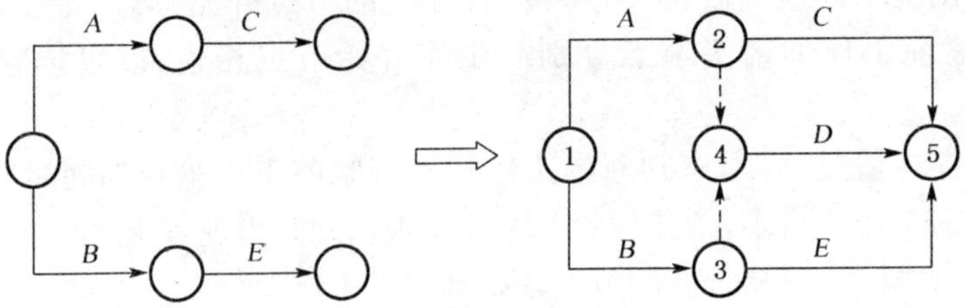

图 4-29　双代号网络图绘图过程

上面两例是比较简单的例子，但实际工程是个复杂的过程。当然，其用双代号网络图表示的逻辑关系也是比较复杂的，下面是我们总结出来的对于复杂网络图绘制的注意事项。

(1) 网络图布局要条理清楚、突出重点。虽然网络图主要用以表达各工作之间的逻辑关系，但为了使用方便，布局应层次分明、行列有序，同时还应突出重点，尽量把关键工作和关键线路布置在中心位置。

(2) 正确应用虚箭线进行网络图的断路。应用虚箭线进行网络图断路，是正确表达工作之间逻辑关系的关键。

(3) 力求减少不必要的箭线和节点。双代号网络图中，应在满足绘图规则和两个节点一根箭线代表一项工作的原则基础上，力求减少不必要的箭线和节点，使网络图图面简洁，减少时间参数的计算值。

(4) 网络图的分解。当网络图中的工作任务较多时，可以把它分成几个小块来绘制。分界点一般选择在箭线和节点较少的地方，或按施工部位分块。分解点要用重复编号，即前一块最后一节点的编号与后一块的第一个节点的编号相同。

4.2.6　双代号网络计划时间参数的计算

双代号网络计划时间参数计算的目的在于通过计算各项工作的时间参数，确定网络计划的关键工作、关键线路和计算工期，为网络计划的优化、调整和执行提供明确的时间参数。双代号网络计划时间参数的计算方法很多，一般常用的有按工作计算法和按节点计算法进行计算；在计算方式上又有分析计算法、表上计算法、图上计算法、矩阵计算法和电算法等。本节只介绍按工作计算法在图上进行计算的方法(图上计算法)。

1) 时间参数的概念及其符号

(1) 工作持续时间(D_{i-j})

工作持续时间是对一项工作规定的从开始到完成的时间。在双代号网络计划中，工作 $i-j$ 的持续时间用 D_{i-j} 表示。

(2) 工期(T)

工期泛指完成任务所需要的时间，一般有以下 3 种：

① 计算工期。根据网络计划时间参数计算出来的工期，用 T_C 表示。

② 要求工期。任务委托人所要求的工期，用 T_R 表示。

③ 计划工期。在要求工期和计算工期的基础上综合考虑需要和可能而确定的工期，用 T_P 表示。网络计划的计划工期 T_P 应按下列情况分别确定：

A. 当已规定了要求工期 T_R 时：

$$T_P \leqslant T_R \tag{4-1}$$

B. 当未规定要求工期时，可令计划工期等于计算工期：

$$T_P = T_C = \max\{EF_{i-n}\} \tag{4-2}$$

（3）网络计划中工作的 6 个时间参数

① 最早开始时间（ES_{i-j}）和最早完成时间（EF_{i-j}）

ES_{i-j}是指在各紧前工作全部完成后，本工作有可能开始的最早时刻。工作 $i-j$ 的最早开始时间用ES_{i-j}表示。

EF_{i-j}是指在各紧前工作全部完成后，本工作有可能完成的最早时刻。工作 $i-j$ 的最早完成时间用EF_{i-j}表示。

这类时间参数的实质是提出了紧后工作与紧前工作的关系，紧后工作若提前开始，也不能提前到其紧前工作未完成之前。就整个网络图而言，受到起点节点的控制。因此，其计算程序为：自起点节点开始，顺着箭线方向，用累加的方法计算到终点节点。

② 最迟完成时间（LF_{i-j}）和最迟开始时间（LS_{i-j}）

LF_{i-j}是指在不影响整个任务按期完成的前提下，工作必须完成的最迟时刻。工作 $i-j$ 的最迟完成时间用LF_{i-j}表示。

LS_{i-j}是指在不影响整个任务按期完成的前提下，工作必须开始的最迟时刻。工作 $i-j$ 的最迟开始时间用LS_{i-j}表示。

这类时间参数的实质是提出了紧前工作与紧后工作的关系，即紧前工作要推迟开始，不能影响其紧后工作的按期完成。就整个网络图而言，受到终点节点（即计算工期）的控制。因此，其计算程序为：自终点节点开始，逆着箭线方向，用累减的方法计算到起点节点。

③ 总时差（TF_{i-j}）和自由时差（FF_{i-j}）

TF_{i-j}是指在不影响总工期的前提下，本工作可以利用的机动时间。工作 $i-j$ 的总时差用TF_{i-j}表示。

FF_{i-j}是指在不影响其紧后工作最早开始的前提下，本工作可以利用的机动时间。工作 $i-j$ 的自由时差用FF_{i-j}表示。

（4）网络计划中节点的时间参数及其计算程序

① 节点最早时间

双代号网络计划中，以该节点为开始节点的各项工作的最早开始时间，称为节点最早时间。节点 i 的最早时间用ET_i 表示。计算程序为：自起点节点开始，顺着箭线方向，用累加的方法计算到终点节点。

② 节点最迟时间

双代号网络计划中，以该节点为完成节点的各项工作的最迟完成时间，称为节点最迟时间。节点 i 的最迟时间用LT_i 表示。计算程序为：自终点节点开始，逆着箭线方向，用累减的方法计算到起点节点。

2）双代号网络计划时间参数的计算

双代号网络计划时间参数的计算方法通常有工作计算法、节点计算法、图上计算法和表上计算法。这里我们仅学习前 3 种方法。

（1）工作计算法

按工作计算法计算时间参数应在确立了各项工作的持续时间之后进行。虚工作也必须视同工作进行计算，其持续时间为零。时间参数的计算结果应标注在箭线之上，如图 4-30 所示。

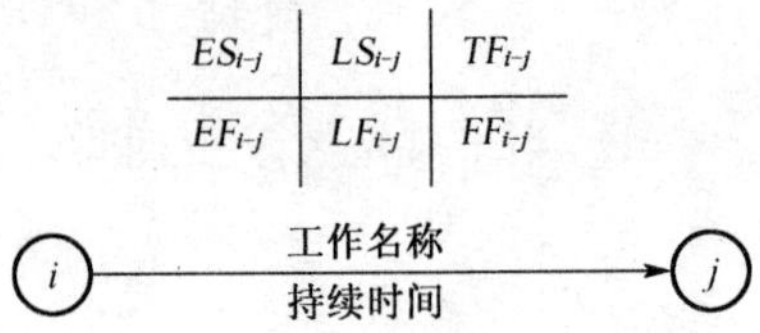

图 4-30　双代号网络计划计算实例

下面以双代号网络计划(图 4-31)为例，说明其计算步骤。

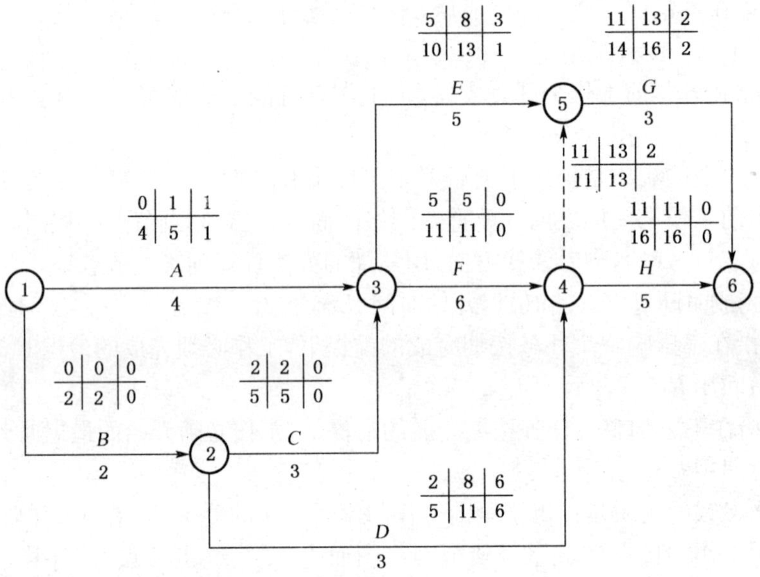

图 4-31　双代号网络计划计算实例

① 计算各项工作的最早开始时间和最早完成时间

各项工作的最早完成时间等于其最早开始时间加上工作持续时间，即

$$EF_{i-j} = ES_{i-j} + D_{i-j} \tag{4-3}$$

计算工作最早时间参数时，一般有以下 3 种情况：

A. 以工作起点节点为开始节点时，其最早开始时间为零(或规定时间)，即：

$$ES_{i-j} = 0 \tag{4-4}$$

B. 当工作只有一项紧前工作时，该工作的最早开始时间应为其紧前工作的最早完成时间，即

$$ES_{i-j} = EF_{h-i} = ES_{h-i} + D_{h-i} \tag{4-5}$$

C. 当工作有多个紧前工作时，该工作的最早开始时间应为其所有紧前工作最早完成时间的最大值，即

$$ES_{i-j} = \max\{EF_{h-i}\} = \max\{ES_{h-i} + D_{h-i}\} \tag{4-6}$$

如图 4-31 所示的网络计划中，各工作的最早开始时间和最早完成时间计算如下：

$$ES_{1-2} = ES_{1-3} = 0$$
$$EF_{1-2} = ES_{1-2} + D_{1-2} = 0 + 2 = 2$$

$$EF_{1-3} = ES_{1-3} + D_{1-3} = 0 + 4 = 4$$
$$ES_{2-3} = ES_{2-4} = EF_{1-2} = 2$$
$$EF_{2-3} = ES_{2-3} + D_{2-3} = 2 + 3 = 5$$
$$EF_{2-4} = ES_{2-4} + D_{2-4} = 2 + 3 = 5$$
$$ES_{3-4} = ES_{3-5} = \max[EF_{1-3}, EF_{2-3}] = \max[4,5] = 5$$
$$EF_{3-4} = ES_{3-4} + D_{3-4} = 5 + 6 = 11$$
$$EF_{3-5} = ES_{3-5} + D_{3-5} = 5 + 5 = 10$$
$$ES_{4-6} = ES_{4-5} = \max[EF_{3-4}, EF_{2-4}] = \max[11,5] = 11$$
$$EF_{4-6} = ES_{4-6} + D_{4-6} = 11 + 5 = 16$$
$$EF_{4-5} = 11 + 0 = 11$$
$$ES_{5-6} = \max[EF_{3-5}, EF_{4-5}] = \max[10,11] = 11$$
$$EF_{5-6} = 11 + 3 = 14$$

将以上计算结果标注在图中的相应位置。

上述计算可以看出，工作的最早时间计算时应特别注意以下 3 点：一是计算程序，即从起点节点开始顺着箭线方向，按节点次序逐项工作计算；二是弄清楚该工作的紧前工作是哪几项，以便准确计算；三是同一节点的所有外向工作最早开始时间相同。

② 确定计算工期 T_C 及计划工期 T_P

计算工期： $T_C = \max[EF_{5-6}, EF_{4-6}] = \max[14,16] = 16$

已知计划工期等于计算工期，即计划工期：

$$T_P = T_C = 16$$

③ 计算各项工作的最迟开始时间和最迟完成时间

从终点节点（⑥节点）开始逆着箭线方向依次逐项计算到起点节点（①节点）。

各工作的最迟开始时间等于其最迟完成时间减去工作持续时间，即

$$LS_{i-j} = LF_{i-j} - D_{i-j} \tag{4-7}$$

计算工作最迟完成时间参数时，一般有以下 3 种情况：

A. 当工作的终点节点为完成节点时，其最迟完成时间为网络计划的计划工期，即

$$LF_{i-n} = T_P \tag{4-8}$$

B. 当工作只有一项紧后工作时，该工作的最迟完成时间应为其紧后工作的最迟开始时间，即

$$LF_{i-j} = LS_{j-k} = LF_{j-k} - D_{j-k} \tag{4-9}$$

C. 当工作有多项紧后工作时，该工作的最迟完成时间应为其多项紧后工作最迟开始时间的最小值，即

$$LF_{i-j} = \min\{LS_{j-k}\} = \min\{LF_{j-k} - D_{j-k}\} \tag{4-10}$$

如图 4-31 所示的网络计划中，各工作的最迟完成时间和最迟开始时间计算如下：

$$LF_{4-6} = LF_{5-6} = 16$$

$$LS_{4-6} = LF_{4-6} - D_{4-6} = 16 - 5 = 11$$
$$LS_{5-6} = LF_{5-6} - D_{5-6} = 16 - 3 = 13$$
$$LF_{3-5} = LF_{4-5} = LS_{5-6} = 13$$
$$LS_{3-5} = LF_{3-5} - D_{3-5} = 13 - 5 = 8$$
$$LS_{4-5} = LF_{4-5} - D_{4-5} = 13 - 0 = 13$$
$$LF_{2-4} = LF_{3-4} = \min[LS_{4-5}, LS_{4-6}] = \min[13, 11] = 11$$
$$LS_{2-4} = LF_{2-4} - D_{2-4} = 11 - 3 = 8$$
$$LS_{3-4} = LF_{3-4} - D_{3-4} = 11 - 6 = 5$$
$$LF_{1-3} = LF_{2-3} = \min[LS_{3-4}, LS_{3-5}] = \min[5, 8] = 5$$
$$LS_{1-3} = LF_{1-3} - D_{1-3} = 5 - 4 = 1$$
$$LS_{2-3} = LF_{2-3} - D_{2-3} = 5 - 3 = 2$$
$$LF_{1-2} = \min[LS_{2-3}, LS_{2-4}] = \min[2, 8] = 2$$
$$LS_{1-2} = LF_{1-2} - D_{1-2} = 2 - 2 = 0$$

从上述计算中可以看出，工作的最迟时间计算时应特别注意以下 3 点：一是计算程序，即从终点节点开始逆着箭线方向，按节点次序逐项工作计算；二是要弄清楚该工作紧后工作有哪几项，以便正确计算；三是同一节点的所有内向工作最迟完成时间相同。

④ 计算各项工作的总时差：TF_{i-j}

如图 4-32 所示，在不影响总工期的前提下，一项工作可以利用的时间范围是从该工作最早开始时间到最迟完成时间，即工作从最早开始时间开始或从最迟开始时间开始，均不会影响总工期。而工作实际需要的持续时间是 D_{i-j}，扣去 D_{i-j} 后，余下的一段时间就是工作可以利用的机动时间，即为总时差，所以总时差等于最迟开始时间减去最早开始时间，或最迟完成时间减去最早完成时间，即

$$\begin{aligned} TF_{i-j} &= LT_j - ET_i - D_{i-j} \\ &= LT_j - EF_{i-j} = LF_{i-j} - EF_{i-j} \\ &= (LF_{i-j} - D_{i-j}) - (EF_{i-j} - D_{i-j}) \\ &= LS_{i-j} - ES_{i-j} \end{aligned} \tag{4-11}$$

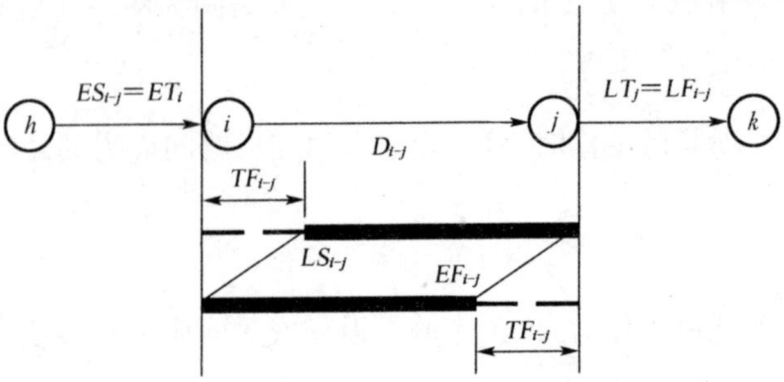

图 4-32 总时差计算简图

如图 4-31 所示的网络图中，各工作的总时差计算如下：

$$TF_{1-2} = LS_{1-2} - ES_{1-2} = 0 - 0 = 0$$

或
$$TF_{1-2} = LF_{1-2} - EF_{1-2} = 2 - 2 = 0$$
$$TF_{1-3} = LS_{1-3} - ES_{1-3} = 1 - 0 = 1$$
$$TF_{2-3} = LS_{2-3} - ES_{2-3} = 2 - 2 = 0$$
$$TF_{2-4} = LS_{2-4} - ES_{2-4} = 8 - 2 = 6$$
$$TF_{3-4} = LS_{3-4} - ES_{3-4} = 5 - 5 = 0$$
$$TF_{3-5} = LS_{3-5} - ES_{3-5} = 8 - 5 = 3$$
$$TF_{4-6} = LS_{4-6} - ES_{4-6} = 11 - 11 = 0$$
$$TF_{5-6} = LS_{5-6} - ES_{5-6} = 13 - 11 = 2$$

将以上计算结果标注在图中的相应位置。

通过计算表不难看出总时差有如下特性：

A. 凡是总时差为最小的工作就是关键工作；由关键工作连接构成的线路为关键线路；关键线路上各工作时间总和就是总工期。如图 4-31 所示，工作 1—2、2—3、3—4、4—6 为关键工作，线路 1—2—3—4—6 为关键线路。

B. 当网络计划的计划工期等于计算工期时，凡总时差大于零的工作为非关键工作，凡是具有非关键工作的线路就是非关键线路。非关键线路与关键线路相交时的相关节点把非关键线路划分成若干个非关键线路段，各段有各段的总时差，相互没有关系。

C. 总时差的使用具有双重性，它既可以被该工作使用，但又属于某非关键线路。当某项工作使用了全部或部分总时差时，则将引起通过该工作的线路上所有工作总时差重新分配。例如图 4-31 中，非关键线路段 3—5—6 中，$TF_{3-5} = 3$ 天，$TF_{5-6} = 2$ 天，如果工作 3—5 使用了 3 天机动时间，则工作 5—6 就没有总时差可以利用了；反之，若工作 5—6 使用了 2 天机动时间，则工作 3—5 就只剩 1 天总时差可以利用了。

⑤ 计算各项工作的自由时差

如图 4-33 所示，在不影响其紧后工作的最早开始时间的前提下，一项工作可以利用的时间范围是从该工作最早开始时间至紧后工作最早开始时间。而工作实际需要的持续时间是 D_{i-j}，扣去 D_{i-j} 后，尚有的一段时间就是自由时差。所以自由时差等于紧后工作的最早开始时间减去本工作最早完成时间，即

$$\begin{aligned} FF_{i-j} &= ET_j - ET_i - D_{i-j} \\ &= ET_j - (ET_i + D_{i-j}) \\ &= ET_j - EF_{i-j} \end{aligned} \tag{4-12}$$

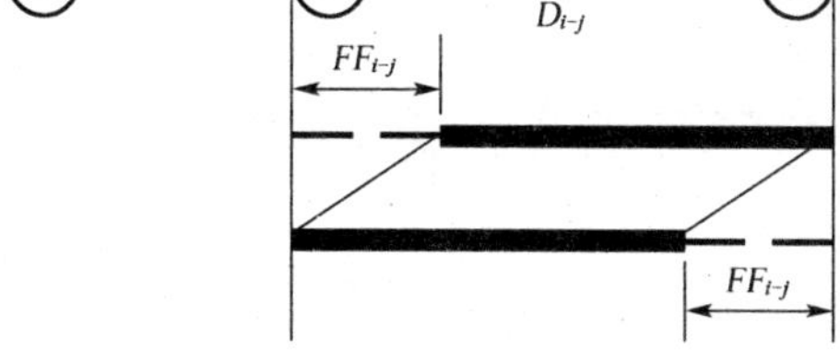

图 4-33　自由时差计算简图

如图 4-31 所示的网络图中,各工作的自由时差计算如下:

$$FF_{1-2}=ES_{2-3}-EF_{1-2}=2-2=0$$
$$FF_{1-3}=ES_{3-4}-EF_{1-3}=5-4=1$$
$$FF_{2-3}=ES_{3-4}-EF_{2-3}=5-5=0$$
$$FF_{2-4}=ES_{4-6}-EF_{2-4}=11-5=6$$
$$FF_{3-4}=ES_{4-6}-EF_{3-4}=11-11=0$$
$$FF_{3-5}=ES_{5-6}-EF_{3-5}=11-10=1$$
$$FF_{4-6}=T_P-EF_{4-6}=16-16=0$$
$$FF_{5-6}=T_P-EF_{5-6}=16-14=2$$

将以上计算结果标注在图中的相应位置。

通过计算不难看出,自由时差有以下特性:

A. 自由时差为某非关键工作独立使用的机动时间,利用自由时差,不会影响其紧后工作的最早开始时间。例如图 4-31 中,工作 3—5 有 1 天自由时差,如果使用了 1 天机动时间,也不会影响其紧后工作 5—6 的最早开始时间。

B. 非关键工作的自由时差必小于或等于其总时差。

(2) 节点计算法

按节点计算法计算时间参数,其计算结果应标注在节点之上,如图 4-34 所示。

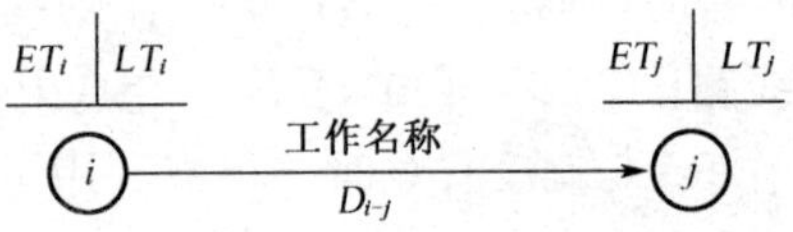

图 4-34　节点时间参数标注形式

下面以图 4-35 为例,说明其计算步骤。

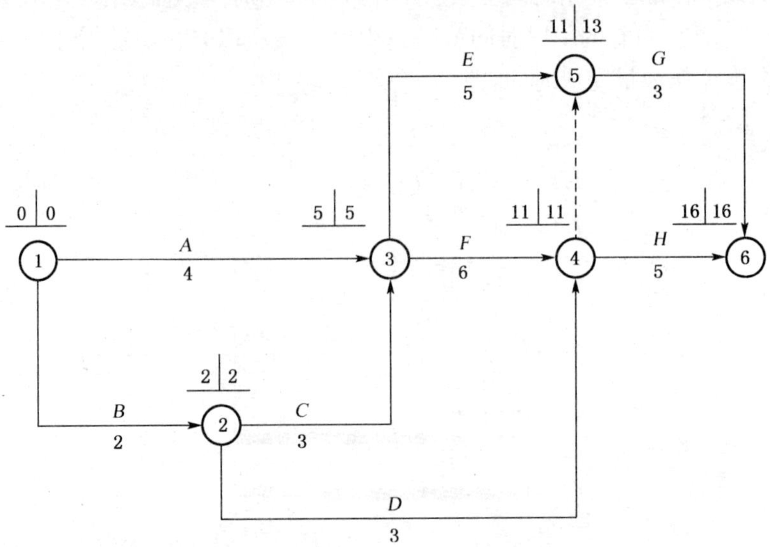

图 4-35　双代号网络计划计算实例

① 节点最早时间的计算

节点最早时间是指双代号网络计划中，以该节点为开始节点的各项工作的最早开始时间。

节点 i 的最早时间 ET_i 应从网络计划的起点节点开始，顺着箭线方向，依次逐项计算，并应符合下列规定：

A. 起点节点 i 如未规定最早时间 ET_i 时，其值应等于零，即

$$ET_i = 0 \quad (i = 1) \tag{4-13}$$

B. 当节点 j 只有一条内向箭线时，其最早时间

$$ET_j = ET_i + D_{i-j} \tag{4-14}$$

C. 当节点 j 有多条内向箭线时，其最早时间 ET_j 应为

$$ET_j = \max\{ET_i + D_{i-j}\} \tag{4-15}$$

如图 4-35 所示的网络计划中，各节点的最早时间计算如下：

$$ET_1 = 0$$

$$ET_2 = ET_1 + D_{1-2} = 0 + 2 = 2$$

$$ET_3 = \max\begin{Bmatrix} ET_1 + D_{1-3} \\ ET_2 + D_{2-3} \end{Bmatrix} = \max\begin{Bmatrix} 0+4 \\ 2+3 \end{Bmatrix} = 5$$

$$ET_4 = \max\begin{Bmatrix} ET_2 + D_{2-4} \\ ET_3 + D_{3-4} \end{Bmatrix} = \max\begin{Bmatrix} 2+3 \\ 5+6 \end{Bmatrix} = 11$$

$$ET_5 = \max\begin{Bmatrix} ET_3 + D_{3-5} \\ ET_4 + D_{4-5} \end{Bmatrix} = \max\begin{Bmatrix} 5+5 \\ 11+0 \end{Bmatrix} = 11$$

$$ET_6 = \max\begin{Bmatrix} ET_5 + D_{5-6} \\ ET_4 + D_{4-6} \end{Bmatrix} = \max\begin{Bmatrix} 11+3 \\ 11+5 \end{Bmatrix} = 16$$

算出全部节点的最早时间，见图 4-35 相应的标注。

② 节点最迟时间的计算

节点最迟时间指双代号网络计划中，以该节点为完成节点的各项工作的最迟完成时间。节点 i 的最迟时间 LT_i 应从网络计划的终点节点开始，逆着箭线方向依次逐项计算，并应符合下列规定：

A. 节点 i 的最迟时间 LT_i 应从网络计划的终点节点开始，逆着箭线方向依次逐项计算，当部分工作分期完成时，有关节点的最迟时间必须从分期完成节点开始逆向逐项计算。

B. 终点节点 n 的最迟时间 LT_n，应按网络计划的计划工期 T_P 确定，即

$$LT_n = T_P \tag{4-16}$$

分期完成节点的最迟时间应等于该节点规定的分期完成时间。

C. 其他节点 i 的最迟时间 LT_i，应为

$$LT_i = \min\{LT_j - D_{i-j}\} \tag{4-17}$$

式中：LT_j——工作 $i-j$ 的箭头节点 j 的最迟时间。

如图 4-35 所示的网络计划中，各节点的最迟时间计算如下：

$$LT_6 = 16$$
$$LT_5 = LT_6 - D_{5-6} = 16 - 3 = 13$$
$$LT_4 = \min\begin{Bmatrix} LT_6 - D_{5-6} \\ LT_6 - D_{4-6} \end{Bmatrix} = \min\begin{Bmatrix} 16-3 \\ 16-5 \end{Bmatrix} = 11$$
$$LT_3 = \min\begin{Bmatrix} LT_5 - D_{3-5} \\ LT_4 - D_{3-4} \end{Bmatrix} = \min\begin{Bmatrix} 13-5 \\ 11-6 \end{Bmatrix} = 5$$
$$LT_2 = \min\begin{Bmatrix} LT_3 - D_{2-3} \\ LT_4 - D_{2-4} \end{Bmatrix} = \min\begin{Bmatrix} 5-3 \\ 11-3 \end{Bmatrix} = 2$$
$$LT_1 = \min\begin{Bmatrix} LT_2 - D_{1-2} \\ LT_3 - D_{1-3} \end{Bmatrix} = \min\begin{Bmatrix} 2-2 \\ 5-4 \end{Bmatrix} = 0$$

③ 工作时间参数的计算

A. 工作最早开始时间的计算

工作 $i-j$ 的最早开始时间 ES_{i-j} 按下式计算：

$$ES_{i-j} = ET_i \tag{4-18}$$

按上式计算，图 4-35 的各项工作的最早开始时间计算如下：

$$ES_{1-2} = ET_1 = 0$$
$$ES_{1-3} = ET_1 = 0$$
$$ES_{2-3} = ET_2 = 2$$
$$ES_{2-4} = ET_2 = 2$$
$$ES_{3-4} = ET_3 = 5$$
$$ES_{3-5} = ET_3 = 5$$
$$ES_{4-6} = ET_4 = 11$$
$$ES_{5-6} = ET_5 = 11$$

B. 工作 $i-j$ 的最早完成时间 EF_{i-j} 的计算

工作 $i-j$ 的最早完成时间按下式计算：

$$EF_{i-j} = ET_i + D_{i-j} \tag{4-19}$$

按上式计算，图 4-35 中各项工作的最早完成时间计算如下：

$$EF_{1-2} = ET_1 + D_{1-2} = 0 + 2 = 2$$
$$EF_{1-3} = ET_1 + D_{1-3} = 0 + 4 = 4$$
$$EF_{2-3} = ET_2 + D_{2-3} = 2 + 3 = 5$$
$$EF_{2-4} = ET_2 + D_{2-4} = 2 + 3 = 5$$
$$EF_{3-4} = ET_3 + D_{3-4} = 5 + 6 = 11$$

$$EF_{3-5} = ET_3 + D_{3-5} = 5 + 5 = 10$$
$$EF_{4-6} = ET_4 + D_{4-6} = 11 + 5 = 16$$
$$EF_{5-6} = ET_5 + D_{5-6} = 11 + 3 = 14$$

C. 工作 $i-j$ 的最迟完成时间 LF_{i-j} 的计算

工作 $i-j$ 的最早完成时间按下式计算：

$$LF_{i-j} = LT_j \tag{4-20}$$

按上式计算，图 4-35 中各项工作的最早完成时间计算如下：

$$LF_{1-2} = LT_2 = 2$$
$$LF_{1-3} = LT_3 = 5$$
$$LF_{2-3} = LT_3 = 5$$
$$LF_{2-4} = LT_4 = 11$$
$$LF_{3-4} = LT_4 = 11$$
$$LF_{3-5} = LT_5 = 13$$
$$LF_{4-6} = LT_6 = 16$$
$$LF_{5-6} = LT_6 = 16$$

D. 工作 $i-j$ 的最迟开始时间 LS_{i-j} 的计算

工作 $i-j$ 的最迟开始时间按下式计算：

$$LS_{i-j} = LT_j - D_{i-j} \tag{4-21}$$

按上式计算，图 4-35 中各项工作的最早完成时间计算如下：

$$LS_{1-2} = LT_2 - D_{1-2} = 2 - 2 = 0$$
$$LS_{1-3} = LT_3 - D_{1-3} = 5 - 4 = 1$$
$$LS_{2-3} = LT_3 - D_{2-3} = 5 - 3 = 2$$
$$LS_{2-4} = LT_4 - D_{2-4} = 11 - 3 = 8$$
$$LS_{3-4} = LT_4 - D_{3-4} = 11 - 6 = 5$$
$$LS_{3-5} = LT_5 - D_{3-5} = 13 - 5 = 8$$
$$LS_{4-6} = LT_6 - D_{4-6} = 16 - 5 = 11$$
$$LS_{5-6} = LT_6 - D_{5-6} = 16 - 3 = 13$$

E. 工作 $i-j$ 总时差 TF_{i-j} 的计算

工作 $i-j$ 的自由时差按下式计算：

$$TF_{i-j} = LT_j - ET_i - D_{i-j} \tag{4-22}$$

按上式计算，图 4-35 中各项工作的总时差计算如下：

$$TF_{1-2} = LT_2 - ET_1 - D_{1-2} = 2 - 0 - 2 = 0$$
$$TF_{1-3} = LT_3 - ET_1 - D_{1-3} = 5 - 0 - 4 = 1$$

$$TF_{2-3}=LT_3-ET_2-D_{2-3}=5-2-3=0$$
$$TF_{2-4}=LT_4-ET_2-D_{2-4}=11-2-3=6$$
$$TF_{3-4}=LT_4-ET_3-D_{3-4}=11-5-6=0$$
$$TF_{3-5}=LT_5-ET_3-D_{3-5}=13-5-5=3$$
$$TF_{4-6}=LT_6-ET_4-D_{4-6}=16-11-5=0$$
$$TF_{5-6}=LT_6-ET_5-D_{5-6}=16-11-3=2$$

F. 工作 $i—j$ 自由时差 FF_{i-j} 的计算

工作 $i—j$ 的自由时差按下式计算：

$$FF_{i-j}=ET_j-ET_i-D_{i-j} \tag{4-23}$$

按上式计算，图 4-35 中各项工作的自由时差计算如下：

$$FF_{1-2}=ET_2-ET_1-D_{1-2}=2-0-2=0$$
$$FF_{1-3}=ET_3-ET_1-D_{1-3}=5-0-4=1$$
$$FF_{2-3}=ET_3-ET_2-D_{2-3}=5-2-3=0$$
$$FF_{2-4}=ET_4-ET_2-D_{2-4}=11-2-3=6$$
$$FF_{3-4}=ET_4-ET_3-D_{3-4}=11-5-6=0$$
$$FF_{3-5}=ET_5-ET_3-D_{3-5}=11-5-5=1$$
$$FF_{4-6}=ET_6-ET_4-D_{4-6}=16-11-5=0$$
$$FF_{5-6}=ET_6-ET_5-D_{5-6}=16-11-3=2$$

(3) 图上计算法

图上计算法是根据工作计算法或节点计算法的时间参数计算公式，在图上直接计算的一种比较直观、简便的方法。

① 计算工作的最早开始时间和最早完成时间

以起点节点为开始节点的工作，其最早开始时间一般记为 0，如图 4-35 所示的工作 1—2 和工作 1—3。

其余工作的最早开始时间可采用“沿线累加，逢圈取大”的计算方法求得。即从网络图的起点节点开始，沿着每一条线路将各工作的作业时间累加起来，在每一个圆圈(节点)处，取到达该圆圈的各条线路累计时间的最大值，就是该节点为开始节点的各工作的最早开始时间。

工作的最早完成时间等于该工作的最早开始时间与本工作持续时间之和。

将计算结果标注在箭线上方各工作图例对应的位置上(图 4-36)。

② 计算工作的最迟开始时间和最迟完成时间

以终点节点为完成节点的工作，其最迟完成时间就是计划工期，如图 4-35 所示的工作 4—6 和工作 5—6。

其余工作的最迟完成时间可采用“逆线累减，逢圈取小”的计算方法求得。即从网络图的终点节点逆着每条线路将计划工期依次减去各工作的持续时间，在每一个圆圈处取后续线路累减时间的最小值，就是以该节点为完成节点的各工作的最迟完成时间。

工作的最迟开始时间等于该工作最迟完成时间与本工作持续时间之差。

将计算结果标注在箭线上方各工作图例对应的位置上(图 4-37)。

③ 计算工作的总时差

工作的总时差可采用“迟早相减，所得之差”的计算方法求得。即工作的总时差等于该工作的最迟开始时间减去工作的最早开始时间，或者等于该工作的最迟完成时间减去工作的最早完成时间。

将计算结果标注在箭线上方各工作图例对应的位置上(图 4-38)。

④ 计算工作的自由时差

工作的自由时差等于紧后工作的最早开始时间减去本工作的最早完成时间。可在图上相应位置直接相减得到，并将计算结果标注在箭线上方各工作图例对应的位置上(图 4-39)。

⑤ 计算节点最早时间

起点节点的最早时间一般记为 0，如图 4-40 所示的①节点。其余节点的最早时间也可采用“沿线累加，逢圈取大”的计算方法求得。将计算结果标注在箭线上方各工作图例对应的位置上(图 4-40)。

⑥ 计算节点最迟时间

终点节点的最迟时间等于计划工期。当网络计划有规定工期时，其最迟时间就等于规定工期；当没有规定工期时，其最迟时间就等于终点节点的最早时间。其余节点的最迟时间也可采用“逆线累减，逢圈取小”的计算方法求得。将计算结果标注在相应节点图例对应的位置上(图 4-40)。

各参数计算结果见以下过程图。

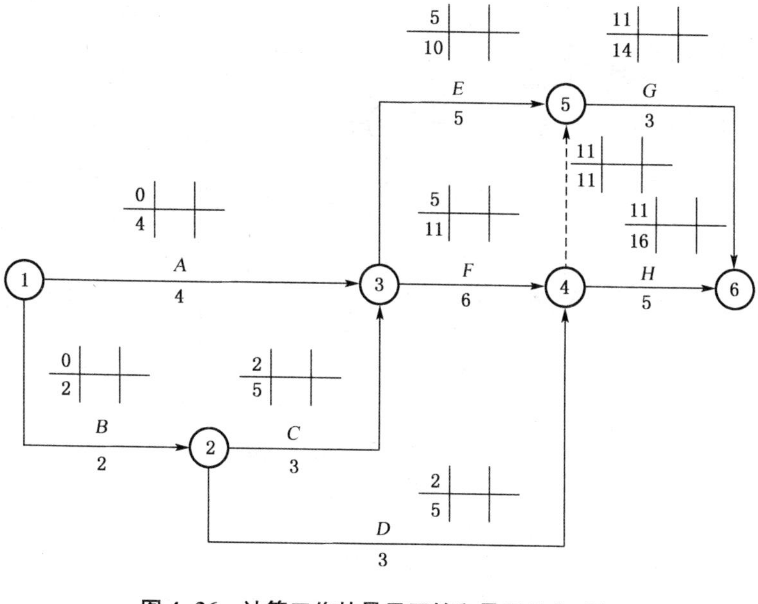

图 4-36　计算工作的最早开始和最早结束时间

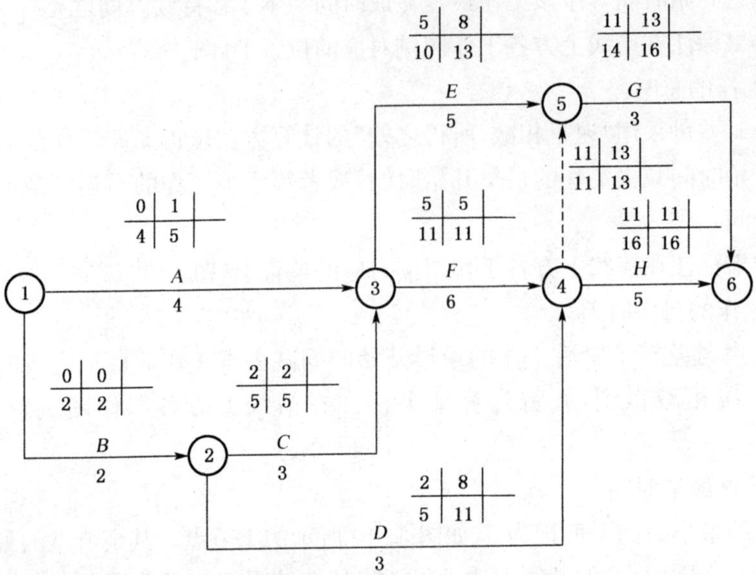

图 4-37 计算工作的最迟开始和最迟结束时间

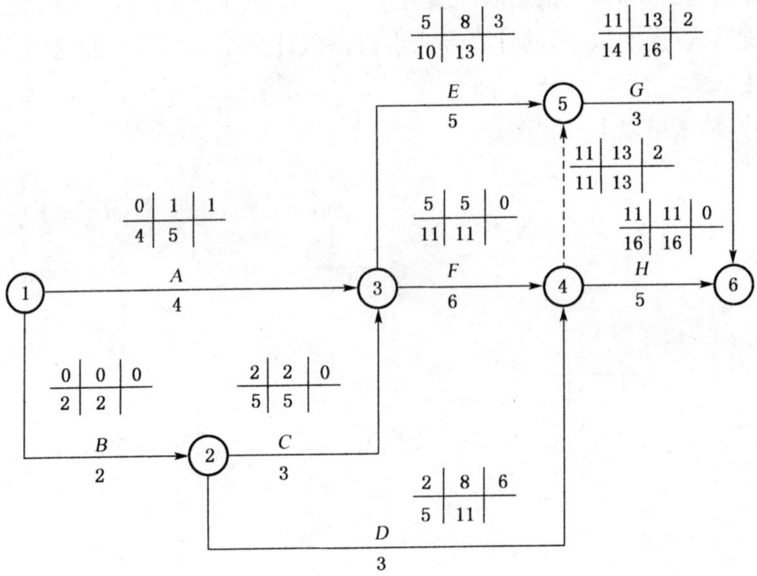

图 4-38 计算工作的总时差

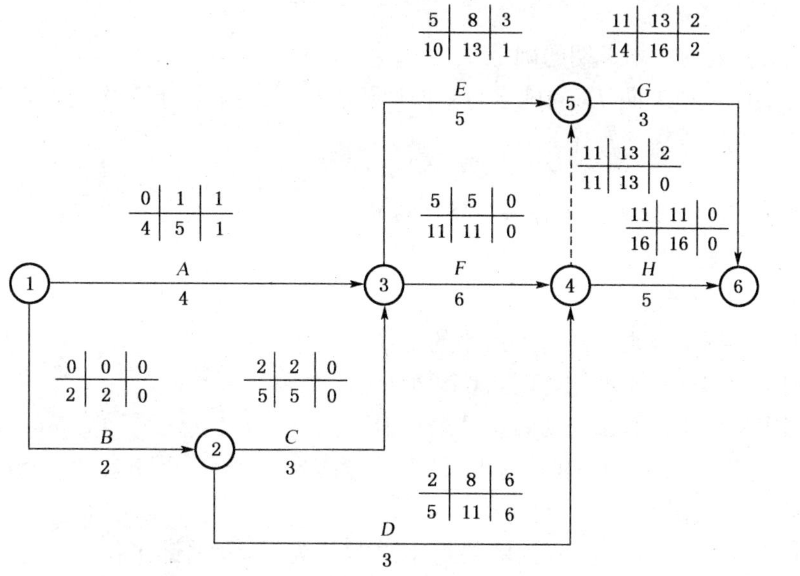

图 4-39　计算工作的自由时差

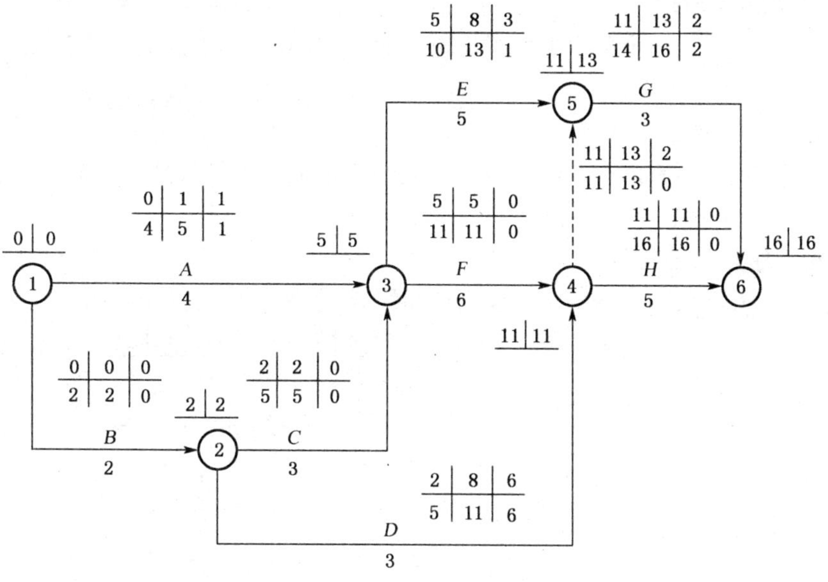

图 4-40　计算节点的最早和最迟时间

3）网络计划工期的计算

（1）网络计划的计算工期

网络计划的计算工期按下式计算：

$$T_C = ET_n \tag{4-24}$$

式中：ET_n——终点节点 n 的最早时间。

因此，上例中的计算工期为

$$T_C = ET_6 = 16$$

(2) 网络计划的计划工期的确定

网络计划的计划工期 T_P 的确定与工作计算法相同。因此，上例中的计划工期为

$$T_P = 16$$

4) 双代号网络计划关键工作和关键线路的确定

(1) 关键工作的确定

① 关键工作的概念

关键工作是网络计划中总时差最小的工作。

当计划工期与计算工期相等时，这个“最小值”为 0；

当计划工期大于计算工期时，这个“最小值”为正；

当计划工期小于计算工期时，这个“最小值”为负。

② 关键工作的确定

根据上述关键工作的定义，上例的最小总时差为零，故关键工作为 1—2，2—3，3—4，4—6。

(2) 关键线路的确定

① 关键线路的概念

关键线路是自始至终全部由关键工作组成的线路，或线路上总的工作持续时间最长的线路。

② 关键线路的确定

将关键工作自左而右依次首尾相连而形成的线路就是关键线路。因此，上例中的关键线路是 1→2→3→4→6。

③ 关键工作和关键线路的标注

关键工作和关键线路在网络图上应当用粗线或双线或彩色线标注其箭线，见图 4-41。

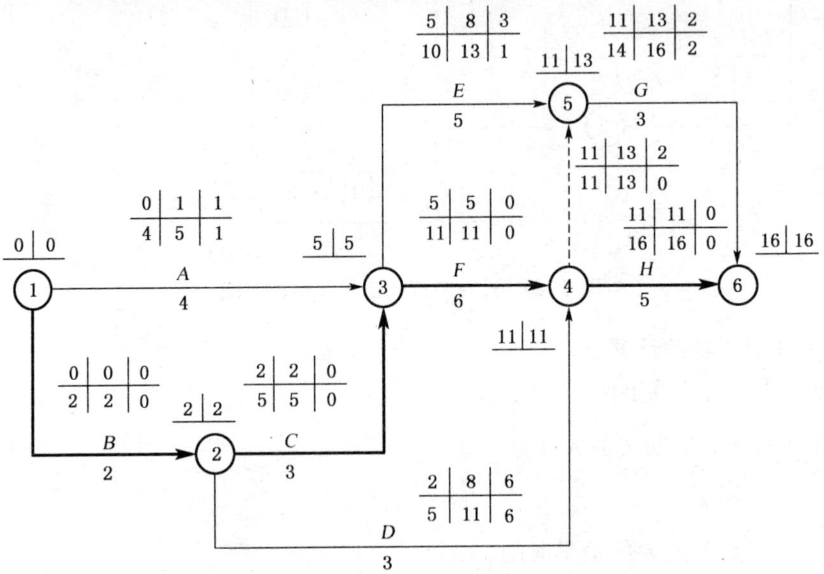

图 4-41 双代号网络图的关键线路和关键工作

4.3 单代号网络图

由一个节点表示一项工作，以箭线表示工作顺序的网络图称为单代号网络图。单代号网络图的逻辑关系容易表达，且不用虚箭线，便于检查和修改。但不易绘制成时标网络计划，使用不直观。

4.3.1 单代号网络图的绘制

1）构成与基本符号

（1）节点

节点是单代号网络图的主要符号，用圆圈或方框表示。一个节点代表一项工作或工序，因而它消耗时间和资源。节点所表示工作的名称、持续时间和编号一般都标注在圆圈或方框内，有时甚至将时间参数也注在节点内，如图 4-42 所示。

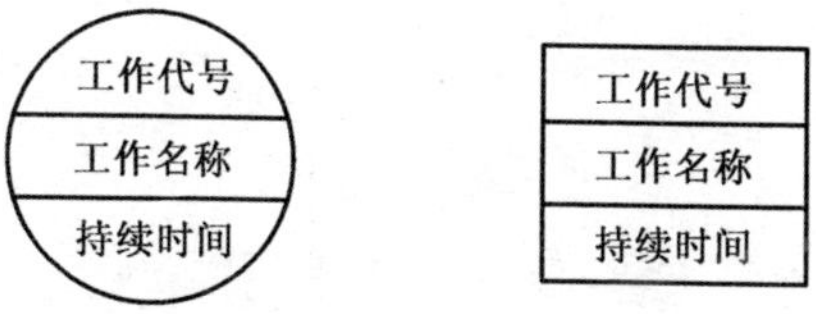

图 4-42 单代号网络的节点表示

（2）箭线

箭线在单代号网络图中，仅表示工作之间的逻辑关系。它既不占用时间，也不消耗资源。单代号网络图中不用虚箭线。箭线的箭头表示工作的前进方向，箭尾节点表示的工作是箭头节点的紧前工作。

2）编号

每个节点都必须编号，作为该节点工作的代号。一项工作只能有唯一的一个节点和唯一的一个代号，严禁出现重号。编号要由小到大，即箭头节点的号码要大于箭尾节点的号码。

4.3.2 单代号网络图绘制规则

（1）正确表达逻辑关系，如表 4-2。

（2）严禁出现循环回路。

（3）严禁出现无箭尾节点或无箭头节点的箭线。

（4）严禁出现双向箭头或无箭头的连线。

（5）绘制网络图时，箭线不宜交叉。当交叉不可避免时，可采用过桥法和指向法绘制。

（6）只能有一个起点节点和一个终点节点。当开始的工作或结束的工作不止一项时，应在两端设虚拟开始节点（S）或结束节点（F），以避免出现多个起点节点或多个终点节点，如图 4-43。

表 4-2　单代号网络图中各工作逻辑关系表示方法

序号	工作之间的逻辑关系	网络图中的表示方法
1	*A* 工作完成后进行 *B* 工作	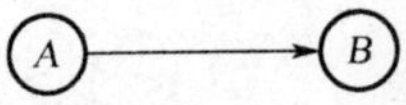
2	*B*、*C* 工作完成后进行 *D* 工作	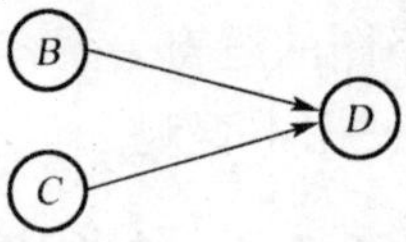
3	*B* 工作完成后，*C*、*D* 工作可以同时开始	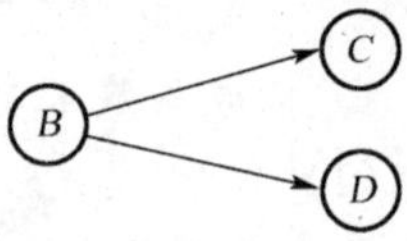
4	*A* 工作完成后进行 *C* 工作，*B* 工作完成后可同时进行 *C*、*D* 工作	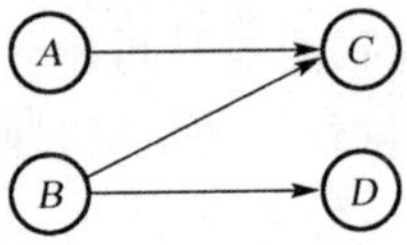
5	*A*、*B* 工作均完成后进行 *C*、*D* 工作	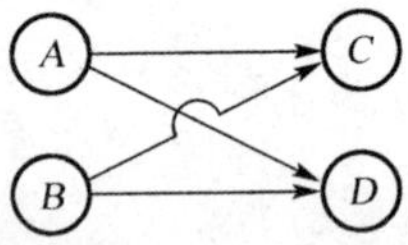

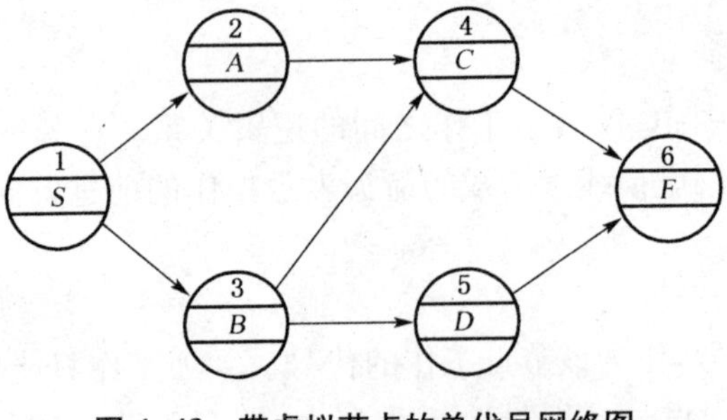

图 4-43　带虚拟节点的单代号网络图

4.3.3　单代号网络图绘制方法

单代号网络图的绘制与双代号网络图的绘制方法基本相同，而且由于单代号网络图逻辑关系容易表达，因此绘制方法更为简便，其绘制步骤如下：

先根据网络图的逻辑关系绘制出网络图草图，再结合绘图规则进行局部调整，最后形成正式网络图。

(1) 提供逻辑关系表，一般只需要提供每项工作的紧前工作。

(2) 确定紧后工作。

(3) 绘制没有紧后工作的工作，当网络图中有多项起点节点时，应在网络图的始端设置一项虚拟的起点节点。

(4)依次绘制出其他各项工作一直到终点节点。当网络图中有多项终点节点时，应在网络图的末端设置一项虚拟的终点节点。

【例 4-3】 某工程分为 3 个施工段，施工过程及其延续时间为：砌围护墙及隔墙 12 天，内外抹灰 15 天，安铝合金门窗 9 天，喷刷涂料 12 天。拟组织瓦工、抹灰工、木工和油工 4 个专业队组进行施工。试绘制单代号网络图。

【解】 按照上述步骤，我们可以绘制出如图 4-44 所示的单代号网络图。

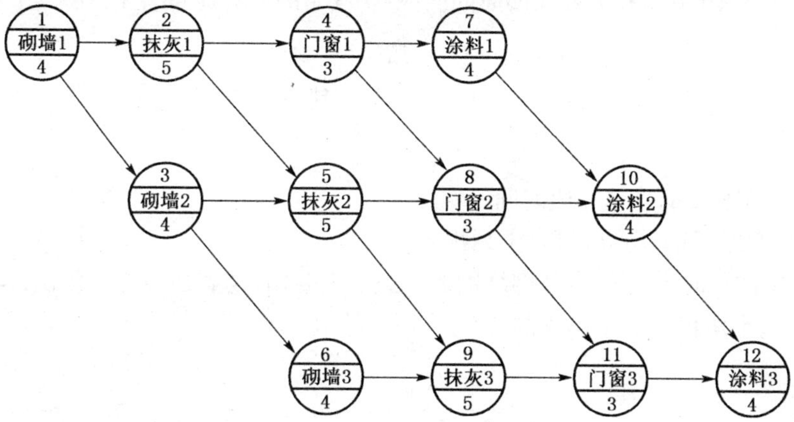

图 4-44　单代号网络图

4.3.4　单代号网络计划时间参数的计算

1）单代号网络计划时间参数计算的公式与规定

（1）工作 i 的最早开始的计算应符合下列规定：

① 工作 i 的最早开始时间 ES_i 应从网络图的起点节点开始，顺着箭线方向依次逐个计算。

② 起点节点的最早开始时间 ES_1 如无规定时，其值等于零，即

$$ES_1 = 0 \tag{4-25}$$

③ 其他工作的最早开始时间 ES_i 应为

$$ES_i = \max\{ES_h + D_h\} \tag{4-26}$$

式中：ES_h——工作 i 的紧前工作 h 的最早开始时间；

D_h——工作 i 的紧前工作 h 的持续时间。

（2）工作 i 的最早完成时间 EF_i 的计算应符合下式规定：

$$EF_i = ES_i + D_i \tag{4-27}$$

（3）网络计划计算工期 T_C 的计算应符合下列规定：

$$T_C = EF_n \tag{4-28}$$

式中：EF_n——终点节点 n 的最早完成时间。

（4）网络计划的计算工期 T_P 应按下列情况分别确定：

① 当已规定了要求工期 T_R 时，

$$T_P \leqslant T_R \tag{4-29}$$

② 当未规定要求工期时，

$$T_P = T_C \tag{4-30}$$

（5）相邻两项工作 i 和 j 之间的时间间隔 LAG_{i-j} 的计算应符合下式规定：

$$\left.\begin{aligned} LAG_{j,n} &= T_P - EF_j \text{（终点节点）} \\ LAG_{i,j} &= ES_j - EF_i \text{（其他节点）} \end{aligned}\right\} \tag{4-31}$$

式中：ES_j——工作 j 的最早开始时间；

EF_i——工作 i 的最早完成时间。

（6）工作总时差的计算应符合下列规定：

① 工作 i 的总时差 TF_i 应从网络图的终点节点开始，逆着箭线方向依次逐项计算。

② 终点节点所代表的工作 n 的总时差 TF_n 的值为零，即

$$TF_n = 0 \tag{4-32}$$

分期完成的工作的总时差值为零。

③ 其他工作的总时差 TF_i 的计算应符合下列规定：

$$TF_i = \min\{LAG_{i,j} + TF_j\} \tag{4-33}$$

式中：TF_j——工作 i 的紧后工作 j 的总时差。

当已知各项工作的最迟完成时间 LF_i 或最迟开始时间 LS_i 时，工作的总时差 TF_i 计算也应符合下列规定：

$$TF_i = LS_i - ES_i = LF_i - EF_i \tag{4-34}$$

（7）工作 i 的自由时差 FF_i 的计算应符合下列规定：

$$\begin{aligned} FF_i &= \min\{LAG_{i,j}\} \\ &= \min\{ES_j - EF_i\} \\ &= \min\{ES_j - ES_i - D_i\} \end{aligned} \tag{4-35}$$

（8）工作最迟完成时间的计算应符合下列规定：

① 工作 i 的最迟完成时间 LF_i 应从网络图的终点节点开始，逆着箭线方向依次逐项计算。

② 终点节点所代表的工作 n 的最迟完成时间 LF_n 应按网络计划的计划工期 T_P 确定，即

$$LF_n = T_P \tag{4-36}$$

③ 其他工作 i 的最迟完成时间 LF_i 应为

$$LF_i = \min\{LF_j - D_j\} \tag{4-37}$$

式中：LF_j——工作 i 的紧后工作 j 的最迟完成时间；

D_j——工作 i 的紧后工作 j 的持续时间。

（9）工作 i 的最迟开始时间 LS_i 的计算应符合下列规定：

$$LS_i = LF_i - D_i \tag{4-38}$$

2）标注形式

单代号网络计划时间参数的概念与双代号网络计划相同。其标注形式如图 4-45。

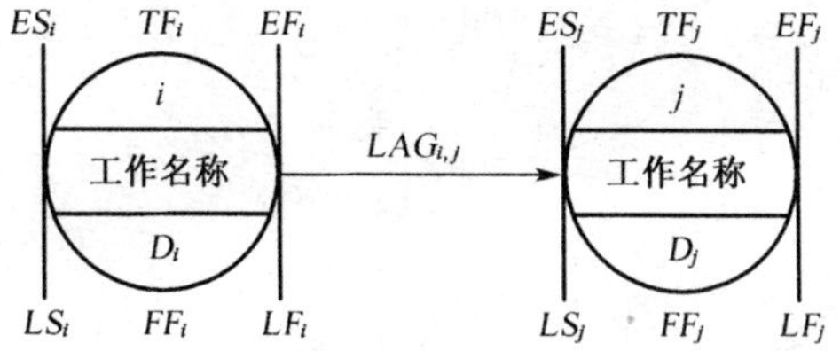

图 4-45　单代号网络计划时间参数的标注形式

3）计算步骤与方法

以图 4-44 所示网络图为例，其时间参数标注及计算结果如图 4-46。

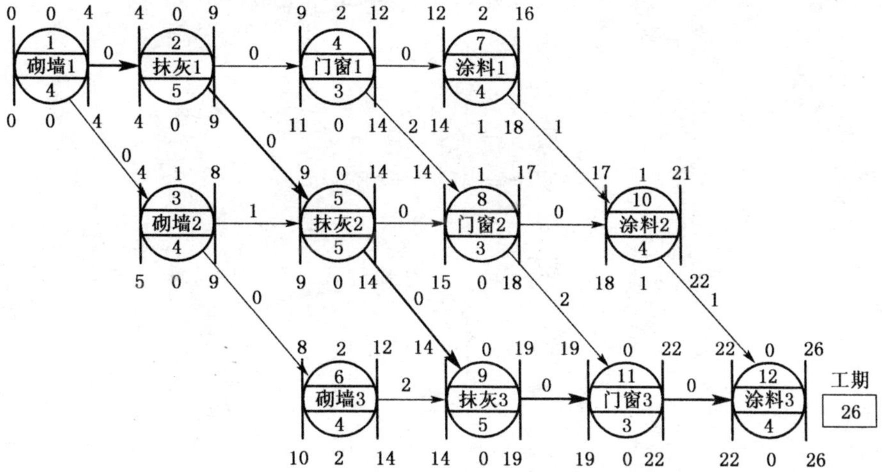

图 4-46　单代号网络计划的时间参数计算结果

（1）工作最早时间的计算

从起点节点开始，顺箭头方向依次进行。

① 最早开始时间

工作的最早开始时间按以下公式计算，各工作的最早开始时间如下：

$$ES_1 = 0$$

$$ES_i = \max\{ES_h + D_h\}$$

$$ES_2 = 0 + 4 = 4$$

$$ES_3 = 0 + 4 = 4$$

$$ES_4 = 4 + 5 = 9$$

$$ES_5 = \max\begin{Bmatrix}4+5\\4+4\end{Bmatrix} = 9$$

$$ES_6 = 4 + 4 = 8$$

$$ES_7 = 9 + 3 = 12$$

$$ES_8 = \max\begin{Bmatrix} 9+3 \\ 9+5 \end{Bmatrix} = 14$$

$$ES_9 = \max\begin{Bmatrix} 8+4 \\ 9+5 \end{Bmatrix} = 14$$

$$ES_{10} = \max\begin{Bmatrix} 12+4 \\ 14+3 \end{Bmatrix} = 17$$

$$ES_{11} = \max\begin{Bmatrix} 14+5 \\ 14+3 \end{Bmatrix} = 19$$

$$ES_{12} = \max\begin{Bmatrix} 19+3 \\ 17+4 \end{Bmatrix} = 22$$

② 最早完成时间

工作的最早完成时间按以下公式计算，各工作的最早完成时间如下：

$$EF_i = ES_i + D_i$$
$$EF_1 = 0 + 4 = 4$$
$$EF_2 = 4 + 5 = 9$$
$$EF_3 = 4 + 4 = 8$$
$$EF_4 = 9 + 3 = 12$$
$$EF_5 = 9 + 5 = 14$$
$$EF_6 = 8 + 4 = 12$$
$$EF_7 = 12 + 4 = 16$$
$$EF_8 = 14 + 3 = 17$$
$$EF_9 = 14 + 5 = 19$$
$$EF_{10} = 17 + 4 = 21$$
$$EF_{11} = 19 + 3 = 22$$
$$EF_{12} = 22 + 4 = 26$$

(2) 相邻两项工作时间间隔的计算

相邻工作的时间间隔按以下公式计算，其值计算如下：

$$LAG_{i,j} = ES_j - EF_i$$
$$LAG_{1,2} = 4 - 4 = 0$$
$$LAG_{1,3} = 4 - 4 = 0$$
$$LAG_{2,4} = 9 - 9 = 0$$
$$LAG_{2,5} = 9 - 9 = 0$$
$$LAG_{3,5} = 9 - 8 = 1$$
$$LAG_{3,6} = 8 - 8 = 0$$
$$LAG_{4,7} = 12 - 12 = 0$$
$$LAG_{4,8} = 14 - 12 = 2$$

$$LAG_{5,8} = 14 - 14 = 0$$
$$LAG_{5,9} = 14 - 14 = 0$$
$$LAG_{6,9} = 14 - 12 = 2$$
$$LAG_{7,10} = 17 - 16 = 1$$
$$LAG_{8,10} = 17 - 17 = 0$$
$$LAG_{8,11} = 19 - 17 = 2$$
$$LAG_{9,11} = 19 - 19 = 0$$
$$LAG_{10,12} = 22 - 21 = 1$$
$$LAG_{11,12} = 22 - 22 = 0$$

(3) 工作最迟时间的计算

① 最迟完成时间

工作的最迟完成时间按以下公式计算，各工作的最迟完成时间如下：

$$LF_n = T_c$$
$$LF_i = \min\{LF_j - D_j\}$$
$$LF_{12} = 26$$
$$LF_{11} = 26 - 4 = 22$$
$$LF_{10} = 26 - 4 = 22$$
$$LF_9 = 22 - 3 = 19$$
$$LF_8 = \min\begin{Bmatrix} 22 - 4 \\ 22 - 3 \end{Bmatrix} = 18$$
$$LF_7 = 22 - 4 = 18$$
$$LF_6 = 19 - 5 = 14$$
$$LF_5 = 19 - 5 = 14$$
$$LF_4 = \min\begin{Bmatrix} 18 - 4 \\ 18 - 3 \end{Bmatrix} = 14$$
$$LF_3 = \min\begin{Bmatrix} 14 - 5 \\ 14 - 4 \end{Bmatrix} = 9$$
$$LF_2 = \min\begin{Bmatrix} 14 - 3 \\ 14 - 5 \end{Bmatrix} = 9$$
$$LF_1 = \min\begin{Bmatrix} 9 - 5 \\ 9 - 4 \end{Bmatrix} = 4$$

② 最迟开始时间

工作的最迟开始时间按以下公式计算，各工作的最迟开始时间如下：

$$LS_i = LF_i - D_i$$
$$LS_1 = 4 - 4 = 0$$
$$LS_2 = 9 - 5 = 4$$
$$LS_3 = 9 - 4 = 5$$

$$LS_4 = 14 - 3 = 11$$
$$LS_5 = 14 - 5 = 9$$
$$LS_6 = 14 - 4 = 10$$
$$LS_7 = 18 - 4 = 14$$
$$LS_8 = 18 - 3 = 15$$
$$LS_9 = 19 - 5 = 14$$
$$LS_{10} = 22 - 4 = 18$$
$$LS_{11} = 22 - 3 = 19$$
$$LS_{12} = 26 - 4 = 22$$

(4) 工作总时差的计算

工作总时差的计算按以下公式进行,计算结果如下:

$$TF_n = 0$$
$$TF_i = LS_i - ES_i$$
$$TF_1 = 0 - 0 = 0$$
$$TF_2 = 4 - 4 = 0$$
$$TF_3 = 5 - 4 = 1$$
$$TF_4 = 11 - 9 = 2$$
$$TF_5 = 9 - 9 = 0$$
$$TF_6 = 10 - 8 = 2$$
$$TF_7 = 14 - 12 = 2$$
$$TF_8 = 15 - 14 = 1$$
$$TF_9 = 14 - 14 = 0$$
$$TF_{10} = 18 - 17 = 1$$
$$TF_{11} = 19 - 19 = 0$$
$$TF_{12} = 22 - 22 = 0$$

(5) 工作自由时差的计算

工作自由时差的计算按以下公式进行,计算结果如下:

$$FF_i = \min\{LAG_{i,j}\}$$
$$FF_1 = \min\{0,4\} = 0$$
$$FF_2 = \min\{0,0\} = 0$$
$$FF_3 = \min\{0,1\} = 0$$
$$FF_4 = \min\{0,2\} = 0$$
$$FF_5 = \min\{0,0\} = 0$$
$$FF_6 = 2$$
$$FF_7 = 1$$
$$FF_8 = \min\{0,2\} = 0$$
$$FF_9 = 0$$

$$FF_{10} = 1$$
$$FF_{11} = 0$$
$$FF_{12} = 0$$

(6) 确定关键工作和关键线路

同双代号网络图一样，总时差为最小值的工作是关键工作。当计划工期等于计算工期时，总时差最小值为零，则总时差为零的工作就是关键工作。

单代号网络图的关键线路可以通过工作之间的时间间隔 $LAG_{i,j}$ 来判断，即自终点节点至起点节点的全部 $LAG_{i,j} = 0$ 的线路为关键线路。

如图 4-46 所示，加粗的线路为关键线路。

4.4 双代号时标网络计划

4.4.1 双代号时标网络计划的特点

双代号时标网络计划是以水平时间坐标为尺度编制的双代号网络计划，其主要特点是：

(1) 时标网络计划兼有网络计划与横道计划的优点，它能够清楚地表明计划的时间进程，使用方便。

(2) 时标网络计划能在图上直接显示出各项工作的开始与完成时间，工作的自由时差及关键线路。

(3) 在时标网络计划中可以统计每一个单位时间对资源的需要量，以便进行资源优化和调整。

(4) 由于箭线受到时间坐标的限制，当情况发生变化时，对网络计划的修改比较麻烦，往往要重新绘图。但在使用计算机以后，这一问题已较容易解决。

4.4.2 双代号时标网络计划的一般规定

(1) 时间坐标的时间单位应根据需要在编制网络计划之前确定，可为季、月、周、天等。

(2) 时标网络计划应以实箭线表示工作，以虚箭线表示虚工作，以波形线表示工作的自由时差。

(3) 时标网络计划中所有符号在时间坐标上的水平投影位置，都必须与其时间参数相对应。节点中心必须对准相应的时标位置。

(4) 虚工作必须以垂直方向的虚箭线表示，有自由时差时加波形线表示。

4.4.3 双代号时标网络计划的绘制方法

时标网络计划一般按工作的最早开始时间绘制，其绘制方法有间接绘制法和直接绘制法。

1) 间接绘制法

间接绘制法是先计算网络计划的时间参数，再根据时间参数在时间坐标上进行绘制的方法。其绘制步骤和方法如下：

(1) 先绘制双代号网络图,计算时间参数,确定关键工作和关键线路。

(2) 根据需要确定时间单位并绘制时标横轴。

(3)根据工作最早开始时间或节点的最早时间确定各节点的位置。

(4) 依次在各节点间绘出箭线及时差。绘制时宜先画出关键工作、关键线路,再画非关键工作。如箭线长度不足以达到工作的完成节点时,用波形线补足,箭头画在波形线与节点连接处。

(5) 用虚箭线连接各有关节点,将有关的工作连接起来。

2) 直接绘制法

直接绘制法是不计算网络计划时间参数,直接在时间坐标上进行绘制的方法。其绘制步骤和方法可归纳为如下口诀:"时间长短坐标限,曲直斜平利相连;箭线到齐画节点,画完节点补波线;零线尽量拉垂直,否则安排有缺陷"。

(1) 时间长短坐标限:箭线的长度代表着具体的施工时间,受到时间坐标的制约。

(2) 曲直斜平利相连:箭线的表达方式可以是直线、折线、斜线等,但布图应合理,直观清晰。

(3) 箭线到齐画节点:工作的开始节点必须在该工作的全部紧前工作都画出后,定位在这些紧前工作最晚完成的时间刻度上。

(4) 画完节点补波线:某些工作的箭线长度不足以达到其完成节点时,用波线补足。

(5) 零线尽量拉垂直:虚工作持续时间为零,应尽可能让其为垂直线。

(6) 否则安排有缺陷:若出现虚工作占据时间的情况,其原因是工作面停歇或施工作业队组工作不连续。

4.4.4 双代号时标网络计划的绘制方法

1) 关键线路的确定

自终点节点逆箭线方向朝起点节点观察,自始至终不出现波形线的线路为关键线路。

2) 工期的确定

时标网络计划的计算工期,应是其终点节点与起点节点所在位置的时标值之差。

3) 时间参数的判定

(1) 最早时间参数:按最早时间绘制的时标网络计划,每条箭线的箭尾和箭头所对应的时标值应为该工作的最早开始时间和最早完成时间。

(2) 自由时差:波形线的水平投影长度即为该工作的自由时差。

(3) 总时差:自右向左进行,其值等于诸紧后工作的总时差的最小值与本工作的自由时差之和,即

$$TF_{i-j} = \min\{TF_{j-k}\} + FF_{i-j} \tag{4-39}$$

(4) 最迟时间参数:最迟开始时间和最迟完成时间应按下式计算:

$$LS_{i-j} = ES_{i-j} + TF_{i-j} \tag{4-40}$$

$$LF_{i-j} = EF_{i-j} + TF_{i-j} \tag{4-41}$$

【例 4-4】 已知网络计划的资料如表 4-3 所示,试用直接法绘制双代号时标网络计划。

表 4-3　网络计划资料表

工作名称	A	B	C	D	E	F	G	H	J
紧前工作	—	—	—	A	A,B	D	C,E	C	D,G
持续时间(天)	3	4	7	5	2	5	3	5	4

【解】 (1) 将网络计划的起点节点定位在时标表的起始刻度线的位置上，起点节点的编号为 1，如图 4-47 所示。

(2) 画节点①的外向箭线，即按各工作的持续时间，画出无紧前工作的 A、B、C 工作，并确定节点②、③、④的位置，如图 4-47 所示。

(3) 依次画出节点②、③、④的外向箭线工作 D、E、H，并确定节点⑤、⑥的位置。节点⑥的位置定位在其两条内向箭线的最早完成时间的最大值处，即定位在时标值 7 的位置，工作 E 的箭线长度达不到⑥节点，则用波形线补足，如图 4-47 所示。

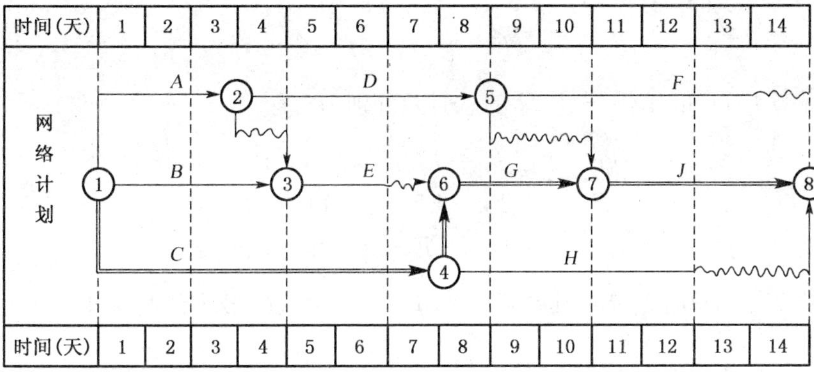

图 4-47　双代号时标网络计划

(4) 按上述步骤，直到画出全部工作，确定出终点节点⑧的位置，时标网络计划绘制完毕，如图 4-47 所示。

(5) 关键线路和计算工期的确定

时标网络计划关键线路的确定，应自终点节点逆箭线方向朝起点节点逐次进行判定：从终点到起点不出现波形线的线路即为关键线路。如图 4-47 中，关键线路是：①—④—⑥—⑦—⑧，用双箭线表示。

时标网络计划的计算工期，应是终点节点与起点节点所在位置之差。如图 4-47 中，计算工期 $T_C = 14 - 0 = 14$(天)。

(6) 时标网络计划时间参数的确定

在时标网络计划中，6 个工作时间参数的确定步骤如下：

A. 最早时间参数的确定

按最早开始时间绘制时标网络计划，最早时间参数可以从图上直接确定。

a. 最早开始时间 ES_{i-j}

每条实箭线左端箭尾节点(i 节点)中心所对应的时标值，即为该工作的最早开始时间。

b. 最早完成时间 EF_{i-j}

如箭线右端无波形线，则该箭线右端节点(j 节点)中心所对应的时标值为该工作的最早完成时间;如箭线右端有波形线,则实箭线右端末所对应的时标值即为该工作的最早完成时间。

如图 4-47 可知:$ES_{1-3}=0, EF_{1-3}=4; ES_{3-6}=4, EF_{3-6}=6$,以此类推确定。

B. 自由时差的确定

时标网络计划中各工作的自由时差值应为表示该工作的箭线中波形线部分在坐标轴上的水平投影长度。

如图 4-47 中可知,工作 E、H、F 的自由时差分别为

$$FF_{3-6}=1;\quad FF_{4-8}=2;\quad FF_{5-8}=1$$

C. 总时差的确定

时标网络计划中工作的总时差的计算应自右向左进行,且符合下列规定:

a. 以终点节点($j=n$)为箭头节点的工作的总时差 TF_{i-n} 应按网络计划的计划工期 T_P 计算确定,即

$$TF_{i-n}=T_P-EF_{i-n} \tag{4-42}$$

如图 4-47 中可知,工作 F、J、H 的总时差分别为

$$TF_{5-8}=T_P-EF_{5-8}=14-13=1$$
$$TF_{7-8}=T_P-EF_{7-8}=14-14=0$$
$$TF_{4-8}=T_P-EF_{4-8}=14-12=2$$

b. 其他工作的总时差等于其紧后工作 $j-k$ 总时差的最小值与本工作的自由时差之和,即

$$TF_{i-j}=\min[TF_{j-k}]+FF_{i-j} \tag{4-43}$$

如图 4-47 中,各项工作的总时差计算如下:

$$TF_{6-7}=TF_{7-8}+FF_{6-7}=0+0=0$$
$$TF_{3-6}=TF_{6-7}+FF_{3-6}=0+1=1$$
$$TF_{2-5}=\min[TF_{5-7},TF_{5-8}]+FF_{2-5}=\min[2,1]+0=1+0=1$$
$$TF_{1-4}=\min[TF_{4-6},TF_{4-8}]+FF_{1-4}=\min[0,2]+0=0+0=0$$
$$TF_{1-3}=TF_{3-6}+FF_{1-3}=1+0=1$$
$$TF_{1-2}=\min[TF_{2-3},TF_{2-5}]+FF_{1-2}=\min[2,1]+0=1+0=1$$

D. 最迟时间参数的确定

时标网络计划中工作的最迟开始时间和最迟完成时间可按下式计算:

$$LS_{i-j}=ES_{i-j}+TF_{i-j}$$
$$LF_{i-j}=EF_{i-j}+TF_{i-j}$$

如图 4-47 中,工作的最迟开始时间和最迟完成时间为

$$LS_{1-2}=ES_{1-2}+TF_{1-2}=0+1=1$$
$$LF_{1-2}=EF_{1-2}+TF_{1-2}=3+1=4$$

$$LS_{1-3} = ES_{1-3} + TF_{1-3} = 0 + 1 = 1$$
$$LF_{1-3} = EF_{1-3} + TF_{1-3} = 4 + 1 = 5$$

以此类推，可计算出各项工作的最迟开始时间和最迟完成时间。由于所有工作的最早开始时间、最早完成时间和总时差均为已知，故计算容易，此处不再一一列举。

4.5 网络计划优化概述

经过调查研究，确定施工方案、划分施工过程、分析施工过程间的逻辑关系、编制施工过程一览表、绘制网络图、计算时间参数等步骤，可以确定网络计划的初始方案。然而，要使工程计划顺利实施，获得缩短工期、质量优良、资源消耗小、工程成本低的效果，就要按一定标准对网络计划初始方案进行衡量，必要时还需进行优化调整。

网络计划的优化，就是在满足既定约束条件下，按选定目标，通过不断改进网络计划寻求满意方案。

网络计划的优化目标，应按计划任务的需要和条件选定，包括工期目标、费用目标、资源目标。

网络计划的优化，按工期需达到的目标不同，一般分为工期优化、费用优化、资源优化。

4.5.1 工期优化

工期优化是指在满足既定约束条件下，按要求工期目标，通过延长或缩短网络计划初始方案的计算工期，以达到要求工期目标，保证按期完成任务。

网络计划的初始方案编制好后，将计算工期与要求工期相比较，会出现以下情况：

1）计算工期小于或等于要求工期

如果计算工期小于要求工期不多或两者相等，则一般不需要工期优化。

如果计算工期小于要求工期较多，则考虑与施工合同中的工期提前奖等条款相结合，确定是否进行工期优化。若需优化，优化的方法是：延长关键线路上资源占用量大或直接费用高的工作的持续时间（相应减少其单位时间资源需要量）；或重新选择施工方案，改变施工机械，调整施工顺序，再重新分析逻辑关系；编制网络图，计算时间参数；反复多次进行，直至满足要求工期。

2）计算工期大于要求工期

计算工期大于要求工期时，可以在不改变各项工作的逻辑关系的前提下，通过压缩关键工作的持续时间来满足要求工期。压缩关键工作的持续时间的方法，有顺序法、加数平均法、选择法等。顺序法是指按关键工作开工时间来确定需压缩的工作，先做的先压缩。加数平均法是按关键工作持续时间的百分比压缩。这两种方法虽然简单，但没有考虑压缩的关键工作所需要的资源是否有保证及相应的费用增加幅度。选择法更接近实际需要，下面重点介绍。

（1）选择应缩短持续时间的关键工作时，应考虑下列因素：

① 缩短持续时间对安全和质量影响不大的工作。

② 有充足备用资源的工作。

③ 缩短持续时间对所增加费用最小的工作。

将所有工作按其是否满足上述三方面要求确定优选系数，优选系数小的工作较适宜压缩。选择关键工作并压缩持续时间时，应选择优选系数最小的工作。若需要同时压缩多个关键工作的持续时间时，则它们的优选系数之和(组合优选系数)最小应优先作为压缩对象。

(2) 工期优化的计算，应按下述步骤进行：

① 计算并找出初始网络计划的计算工期 T_C 及关键线路和关键工作。

② 按要求工期 T_R 计算应缩短的时间 ΔT，$\Delta T = T_C - T_R$。

③ 确定各关键工作能缩短的持续时间。

④ 按前述要求的因素选择关键工作，压缩其持续时间，并重新计算网络计划的计算工期。此时，要注意不能将关键工作压缩成非关键工作。当出现多条关键线路时，必须将平行的各关键线路的持续时间压缩相同的数值；否则，不能有效地缩短工期。

⑤ 当计算工期仍超过要求工期时，则重复以上步骤，直到满足要求工期或不能再压缩为止。

⑥ 当所有关键工作的持续时间都已达到其能缩短的极限而工期仍不能满足要求工期时，应对计划的原技术方案、组织方案进行调整，或对要求工期重新审定。

下面结合实例说明工期优化的计算步骤。

【例 4-5】 已知某工程双代号网络计划如图 4-48 所示，其中箭线上下方标注内容，箭线上方括号外为工作名称，括号内为优选系数；箭线下方括号外为工作正常持续时间，括号内为最短持续时间。现假定要求工期为 10 天，试对其工期进行优化。

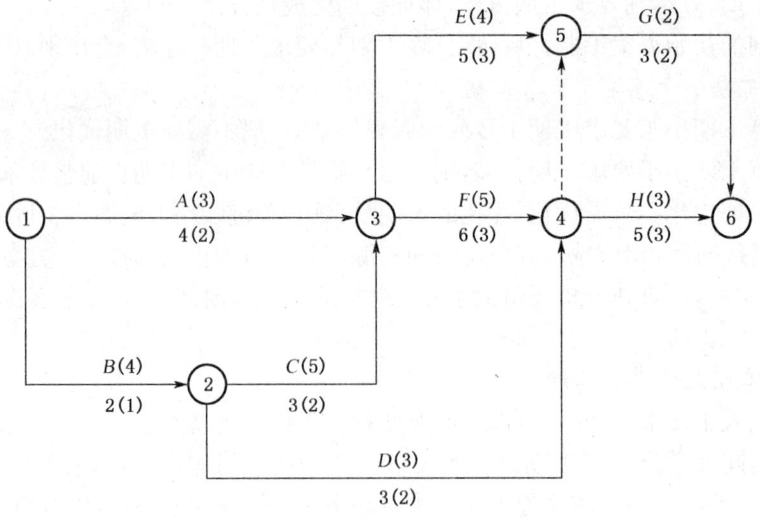

图 4-48 某工程双代号网络计划

【解】 按下列步骤进行：

(1) 用简便方法计算工作正常持续时间时，网络计划的时间参数如图 4-49 所示，标注工期、关键线路，其中关键线路用粗箭线表示。计算工期 $T_C = 16$ 天。

(2) 按要求工期 T_R 计算应缩短的时间 ΔT。

$$\Delta T = T_C - T_R = 16 - 10 = 6(\text{天})$$

(3) 选择关键线路上优选系数较小的工作，依次进行压缩，直到满足要求工期。

① 第一次压缩，根据图 4-49 中数据，选择关键线路上优选系数最小的工作 4—6 工作，可压缩 2 天，则 5—6 工作也成为关键工作，压缩后网络计划如图 4-50 所示。

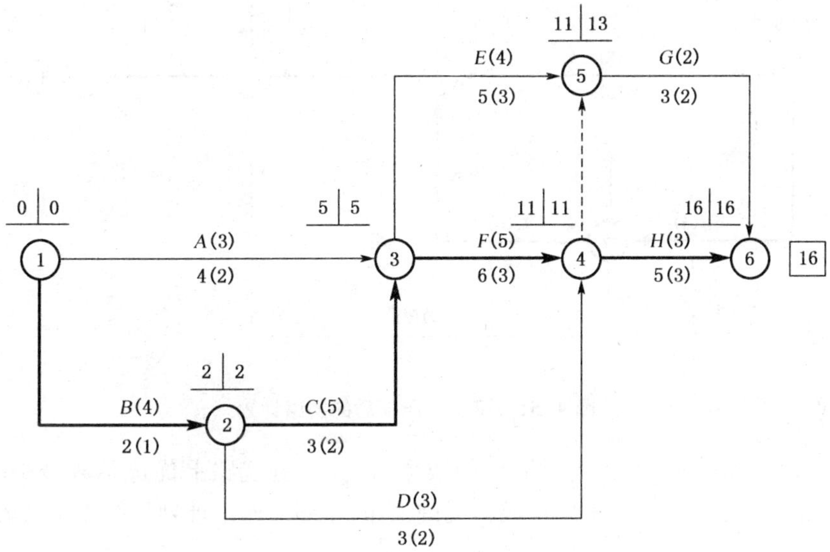

图 4-49　初始网络计划时间参数

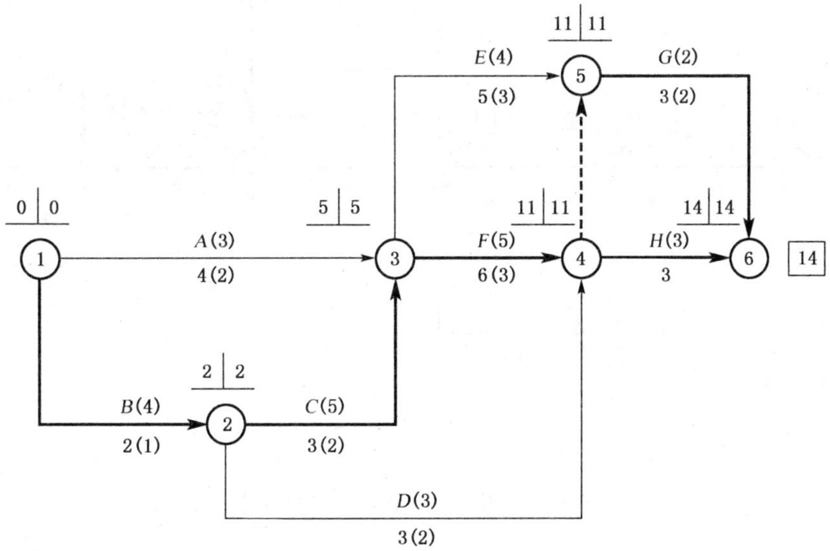

图 4-50　第一次压缩后的网络计划

② 第二次压缩，根据第一次压缩后的数据，选择关键线路上优选系数最小的 1—2 工作，可压缩 1 天，则 1—3 工作也成为关键工作，压缩后网络计划如图 4-51 所示。

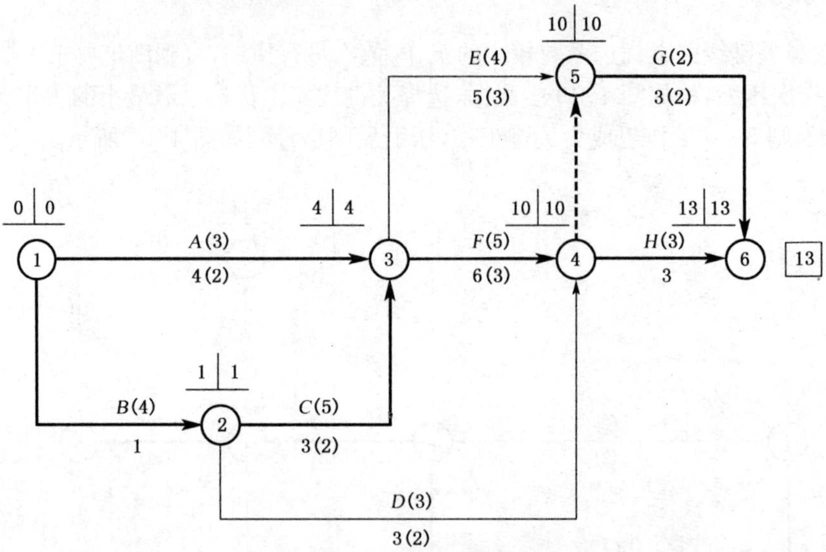

图 4-51　第二次压缩后的网络计划

③ 第三次压缩,根据第二次压缩后的数据,选择关键线路上优选系数最小的 3—4 工作,只能压缩 1 天,此时 3—5 工作也成为关键工作,压缩后网络计划如图 4-52 所示。

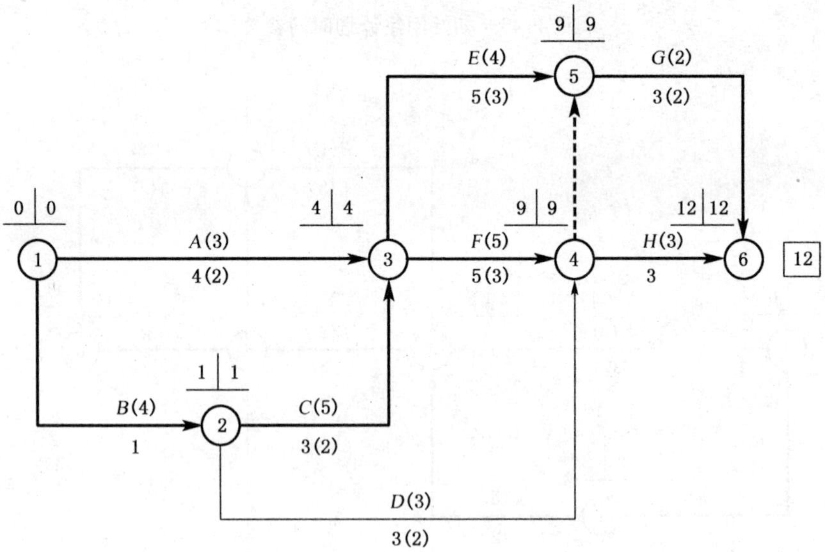

图 4-52　第三次压缩后的网络计划

④ 第四次压缩,根据第三次压缩后的数据,选择关键线路上组合优选系数最小的工作 1—3 和 2—3,且只能压缩 1 天,压缩后网络计划如图 4-53 所示。

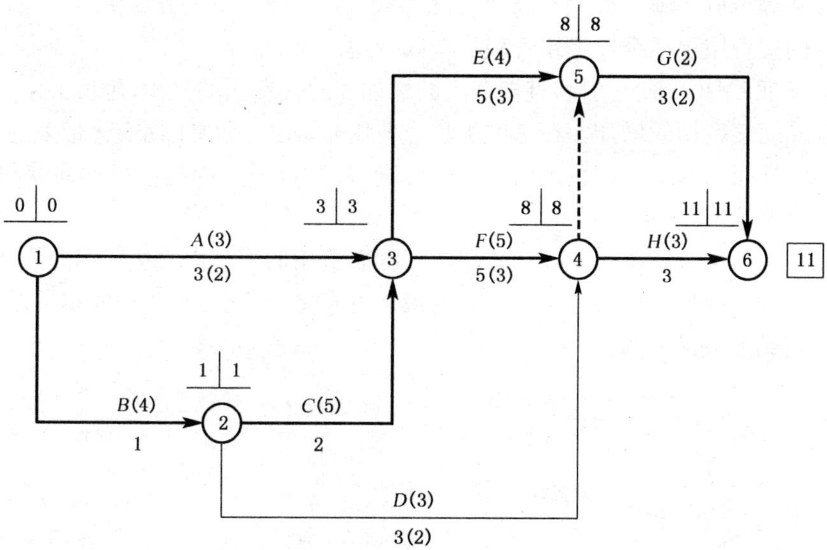

图 4-53　第四次压缩后的网络计划

⑤ 第五次压缩，根据第四次压缩后的数据，只能选择关键线路上的组合工作 3—4、3—5，且压缩 1 天后才能达到计划工期，优化后的网络计划如图 4-54 所示。

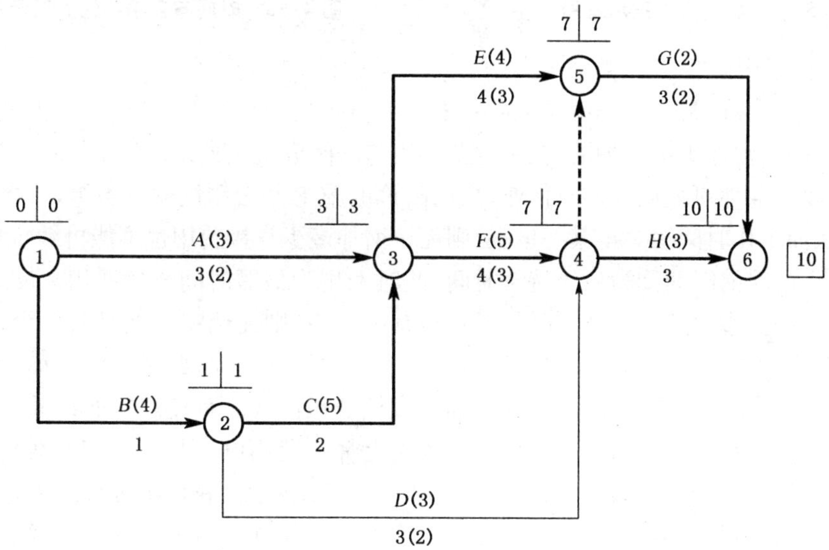

图 4-54　优化后的网络计划

4.5.2　费用优化

费用优化又称工期成本优化或时间成本优化，是寻求工程总成本最低时的工期安排或按要求工期寻求最低成本的计划安排过程。

1）费用和时间的关系

工程项目的总费用由直接费用和间接费用组成。直接费用由人工费、材料费、机械使用费及现场经费等组成。施工方案不同，则直接费用不同，即使施工方案相同，工期不同，直接费也不同。间接费用包括企业经营管理的全部费用。

一般情况下，缩短工期会引起直接费用的增加和间接费用的减少，延长工期会引起直接费用的减少和间接费用的增加。在考虑工程总费用时，还应考虑工期变化带来的其他损益，包括因拖延工期而罚款或提前竣工而得到的奖励，甚至也考虑因提前投产而获得的收益和资金的时间价值等。

工期和费用的关系如图 4-55 所示，图中工程总费用曲线是由直接费用曲线和间接费用叠加而成。曲线上的最低点就是工程计划的最优方案之一，此方案工程成本最低，相对应的工程持续时间成为最优工期。

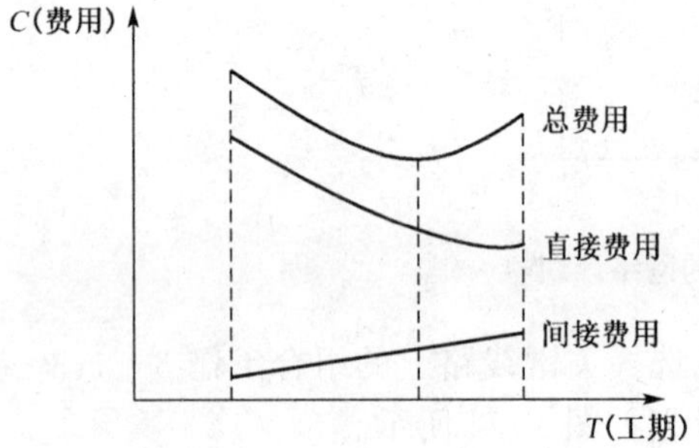

图 4-55　工期-费用关系示意图

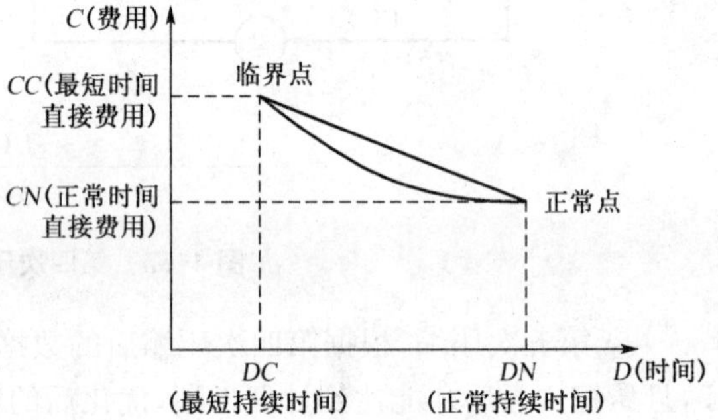

图 4-56　时间与直接费的关系示意图

(1) 直接费用曲线

直接费用曲线通常是一条由左上向右下的下凸曲线，如图 4-56 所示，因为直接费用总是随着工期的缩短而更快增加的，在一定范围内与时间成反比关系。如果缩短工期，即加快施工速度，要采取加班加点和多班作业，采用高价的施工方法和机械设备等，直接费用也跟着增加。然而工作时间缩短至某一极限，则无论增加多少直接费用也不能再缩短工期，此极限为临界点，此时的时间称为最短持续时间，此时费用为最短时间直接费用。反之，如果延长时间，则可减少直接费用。然而时间延长至某一极限，则无论将工期延长多少，也不能再减少直接费用，此极限为正常点，此时的时间称为正常持续时间，此时的费用称为正常时间直接费用。连接正常点与临界点的曲线，称为直接费用曲线。直接费用曲线并不像图中那样圆滑，而是由一系列线段组成的折线并且越接近最高费用(极限费用)其曲线越陡。为了计算方便，可以近似的将它假定为一条直线，如图 4-56 所示。我们把因缩短工作持续时间(赶工)每一单位时间所需增加的直接费用，简称为直接费用率，按以下公式计算：

$$\Delta C_{i-j}=\frac{CC_{i-j}-CN_{i-j}}{DN_{i-j}-DC_{i-j}} \tag{4-44}$$

式中：ΔC_{i-j}——工作 $i-j$ 的直接费用率；

CC_{i-j}——将工作 $i-j$ 持续时间缩短为最短持续时间后，完成该工作所需的直接费用；

CN_{i-j}——在正常条件下完成工作 $i-j$ 所需的直接费用；

DN_{i-j}——工作 $i-j$ 的正常持续时间；

DC_{i-j}——工作 $i-j$ 的最短持续时间。

从公式中可以看出，工作的直接费用率越大，将工作的持续时间缩短一个时间单位，相应增加的直接费用就越多；反之，工作的直接费用率越小，则将该工作的持续时间缩短一个时间单位，相应增加的直接费用就越少。

根据各工作的性质不同，其工作持续时间和费用之间的关系通常有以下两种情况：

① 连续变化型关系。有些工作的直接费用随着工作持续时间的改变而改变，如图4-56所示。介于正常持续时间和最短(极限)时间之间的任意持续时间的费用可根据其费用斜率，用数学方法推算出来。这种时间和费用之间的关系是连续变化的，成为连续型变化关系。

例如，某工作经过计算确定其正常持续时间为 10 天，所需费用为 1 200 元，在考虑增加人力、材料、机具设备和加班的情况下，最短时间为 6 天，而费用为 1 500 元，则其单位变化率为

$$\Delta C_{i-j} = \frac{1\,500 - 1\,200}{10 - 6} = 75(\text{元} / \text{天})$$

即每缩短 1 天，其费用增加 75 元。

② 非连续型变化关系。某些工作的直接费用与持续时间之间的关系是根据不同施工方案分别估算出来的，因此，介于正常持续时间与最短持续时间之间的关系不能用线性来表示，不能通过数学方法计算，工作不能逐天缩短，在图上表现为几个点，只能在几种情况中选择一种，如图 4-57 所示。

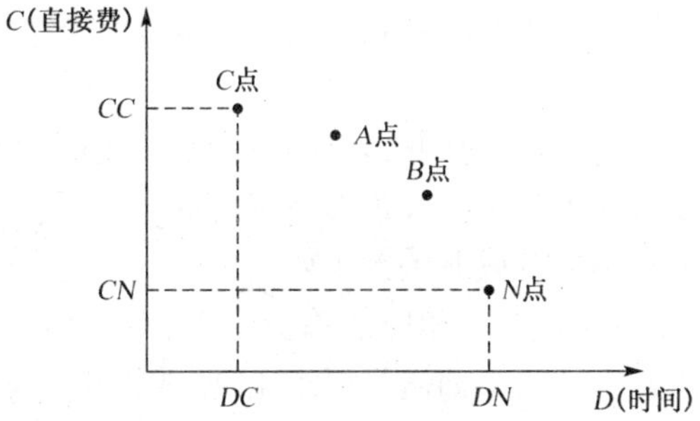

图 4-57　非连续型的时间-直接费用关系示意图

例如，某土方开挖工程采用 3 种不同的开挖机械，其费用和持续时间见表 4-5 所示。

因此，在确定施工方案时，根据工期要求，只能在表 4-4 中的 3 种不同机械中选择，在图中也就是只能取其中 3 点中的一点。

表 4-4　时间及费用表

机械类型	A	B	C
持续时间(天)	7	11	16
费用(元)	6 200	5 600	4 000

(2) 间接费用曲线

表示间接费用与时间成正比关系的曲线，其斜率表示间接费用在单位时间内的增加或

减少值。间接费用与施工单位的管理水平、施工条件、施工组织等有关。

2）费用优化的方法步骤

费用优化的基本方法：不断在网络计划中找出直接费用率（或组合直接费用率）最小的关键工作，缩短其持续时间，同时考虑间接费用随工期缩短而减少的数值，最后求得工程总成本最低时的最优工期安排或按要求工期求得最低成本的计划安排。费用优化的基本方法可简化为以下口诀：不断压缩关键线路上有压缩可能且费用最少的工作。

按照上述基本方法，费用优化可按以下步骤进行：

(1) 按工作的正常持续时间确定计算关键线路、工期、总费用。

(2) 按公式(4-1)计算各项工作的直接费用率。

(3) 当只有一条关键线路时，应找出直接费用率最小的一项关键工作，作为缩短持续时间的对象；当有多条关键线路时，应找出组合直接费用率最小的一组关键工作，作为缩短持续时间的对象。

(4) 对于选定的压缩对象（一项关键工作或一组关键工作），首先比较其直接费用率或组合直接费用率与工程间接费用率的大小：

① 如果被压缩对象的直接费用率或组合直接费用率小于工程间接费用率，说明压缩关键工作的持续时间会使工程总费用减少，故应压缩关键工作的持续时间。

② 如果被压缩对象的直接费用率或组合直接费用率等于工程间接费用率，说明压缩关键工作的持续时间不会使工程总费用增加，故应压缩关键工作的持续时间。

③ 如果被压缩对象的直接费用率或组合直接费用率大于工程间接费用率，说明压缩关键工作的持续时间会使工程总费用增加，此时应停止缩短关键工作的持续时间，在此之前的方案即为优化方案。

(5) 当需要缩短关键工作的持续时间时，其缩短值的确定必须符合下列两条规则：

① 缩短后工作的持续时间不能小于其最短持续时间。

② 缩短持续时间的工作不能变成非关键工作。

(6) 计算关键工作持续时间缩短后相应的总费用变化。

(7) 重复(3)～(6)步，直至计算工期满足要求工期，或被压缩对象的直接费用率大于工程间接费用率为止。费用优化过程见表4-5。

表4-5 费用优化过程表

压缩次数	被压缩工作代号	缩短时间（天）	直接费用率或组合直接费用率（万元/天）	费率差（正或负）（万元/天）	压缩需要总费用（正或负）（万元/天）	总费用（万元）	工期（天）	备注

注：费率差＝（直接费用率或组合直接费用率－间接费用率）；
压缩需要总费用＝费率差×缩短时间；
总费用＝上次压缩后总费用＋本次压缩需用总费用；
工期＝上次压缩后工期－本次压缩时间。

下面结合实例说明费用优化的计算步骤。

【例 4-6】 已知某工程网络计划图如图 4-58 所示，图中箭线上方为工作的正常持续时间的直接费用和最短时间的直接费用(以万元为单位)，箭线下方为工作的正常持续时间和最短持续时间(天)。其中 3—5 工作的时间与直接费用为非连续型变化关系，其正常时间及直接费用为(5 天，8 万元)，最短时间及直接费用为(3 天，9 万元)。整个工程计划的间接费用率为 1.5 万元/天，最短工期时的间接费用为 8 万元。试对此计划进行费用优化，确定工期-费用关系曲线，求出费用最少的相应工期。

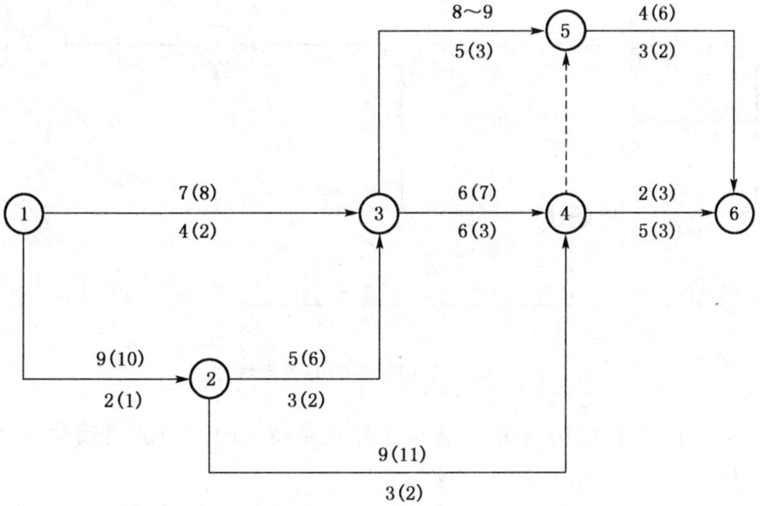

图 4-58 某工程双代号网络计划

【解】 (1) 按各项工作的正常持续时间，用简便方法确定计算工期、关键线路、总费用，如图 4-59 所示。计算工期为 16 天，关键线路为 1—2—3—4—6。

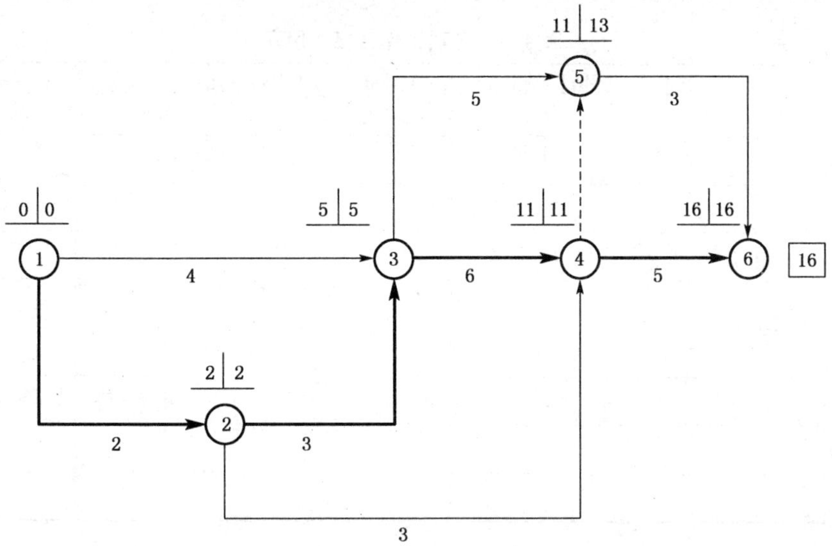

图 4-59 初始网络计划关键线路

按各项工作的最短持续时间，用简捷方法确定计算工期，如图 4-60 所示。计算工期为 9 天。

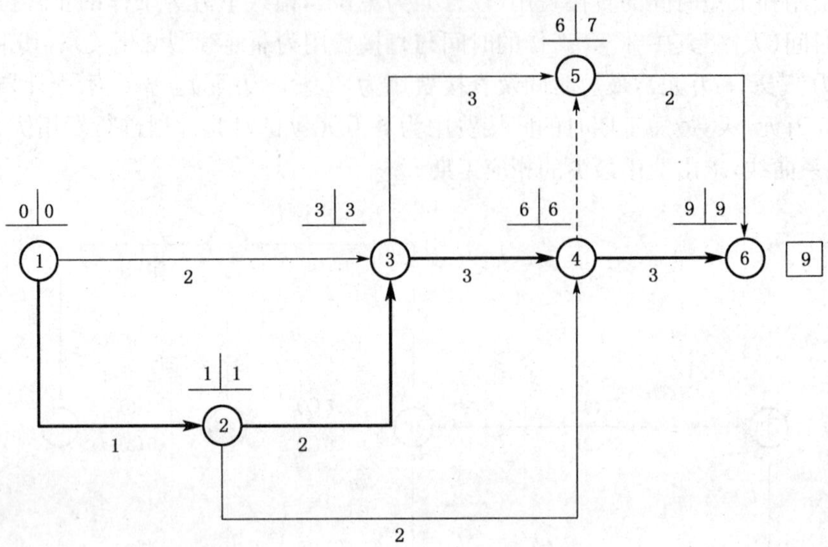

图 4-60　工作最短时间关键线路

正常持续时间时的总直接费用 = 各项工作正常持续时间时的直接费用之和 = 8+4+7+6+2+9+5+9 = 50(万元)

正常持续时间时的总间接费用 = 最短工期时的总间接费用 +（正常工期 − 最短工期）× 间接费率 = 8 +（16 − 9）× 1.5 = 18.5(万元)

正常持续时间的总费用 = 正常持续时间时总直接费用 + 正常持续时间总间接费用 = 50 + 18.5 = 68.5(万元)

(2) 按公式(4-1)计算各项工作的直接费用率，见表 4-6。

表 4-6　各项工作直接费用率

工作代号	正常持续时间（天）	最短持续时间（天）	正常时间直接费用（万元）	最短时间直接费用（万元）	直接费用率（万元/天）
①②	2	1	9	10	1
①③	4	2	7	8	0.5
②③	3	2	5	6	1
②④	3	2	9	11	2
③④	6	3	6	7	0.3
③⑤	5	3	8	9	
④⑥	5	3	2	3	0.5
⑤⑥	3	2	4	6	2

(3) 不断压缩关键线路上有压缩可能且费用最少的工作，进行费用优化，压缩过程的网络图如图 4-61～图 4-63 所示。

① 第一次压缩

从图 4-59 可知，该网络计划的关键线路上有 4 项工作，有 4 个压缩方案：

压缩工作 1—2，直接费用率为 1 万元/天；

压缩工作 2—3，直接费用率为 1 万元/天；

压缩工作 3—4，直接费用率为 0.3 万元/天；

压缩工作 4—6，直接费用率为 0.5 万元/天。

在上述压缩方案中，由于工作 3—4 的直接费用率最低，故应选择 3—4 为压缩对象。工作 3—4 的直接费用率为 0.3 万元/天，小于间接费用率 1.5 万元/天，说明压缩工作 3—4 可以使工程总费用降低。将工作 3—4 的工作时间缩短 3 天，则工作 3—5、5—6 也成为关键工作，第一次压缩后的网络计划如图 4-61 所示。图中箭线上方的数字为工作的直接费率(工作 3—5 除外)。

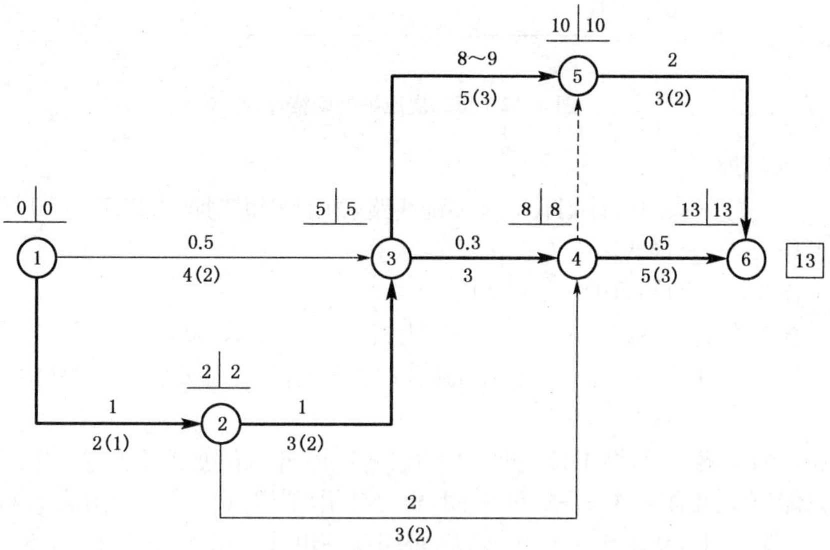

图 4-61 第一次压缩的网络计划

② 第二次压缩

从图 4-61 可知，该网络计划有 3 条关键线路，为了缩短工期，有以下 4 个压缩方案(工作 3—4 不能再压缩，工作 5—6 的直接费用率大于间接费用率)：

压缩工作 1—2，直接费用率为 1 万元/天；

压缩工作 2—3，直接费用率为 1 万元/天；

压缩工作 3—5，可压缩 2 天，共增加直接费 1 万元，平均每天增加直接费 0.5 万元；

压缩工作 4—6，直接费用率为 0.5 万元/天。

在上述压缩方案中，虽然工作 3—5、4—6 的直接费用率最低，但它们被压缩后变成非关键工作，所以不能压缩。故应选择 1—2 或 2—3 为压缩对象，它们的直接费用率均小于间接费用率 1.5 万元/天，说明压缩工作 1—2 或 2—3 可以使工程总费用降低。我们先把工作 1—2 压缩 1 天，则工作 1—3 也成为关键工作，第二次压缩后的网络计划如图 4-62 所示。

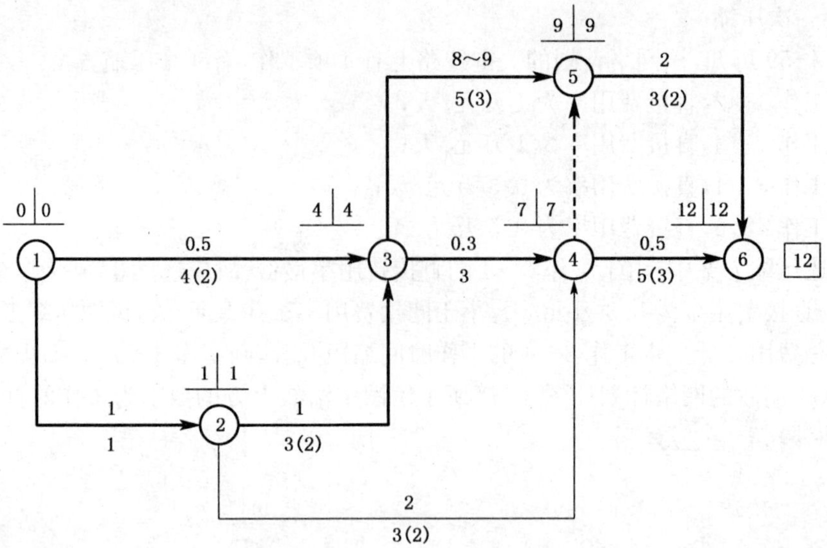

图 4-62　第二次压缩的网络计划

③ 第三次压缩

从图 4-62 可知，该网络计划有 6 条关键线路，为了缩短工期，有以下 5 个压缩方案：

压缩工作 1—3，直接费用率为 0.5 万元/天；

压缩工作 2—3，直接费用率为 1 万元/天；

压缩组合工作 1—3 和 2—3，组合直接费用率为 1.5 万元/天；

压缩工作 3—5，可压缩 2 天，共增加直接费用 1 万元，平均每天增加直接费用 0.5 万元；

压缩工作 4—6，直接费用率为 0.5 万元/天。

在上述压缩方案中，压缩工作 1—3、2—3、3—5、4—6 后都变成非关键工作，所以不能压缩。所以只能压缩组合工作 1—3 和 2—3，组合工作 1—3 和 2—3 的组合直接费用率为 1.5 万元/天，等于间接费用率 1.5 万元/天，说明压缩组合工作 1—3 和 2—3 虽然不能使工程总费用降低，但总工期可降低。我们把组合工作 1—3 和 2—3 压缩 1 天，第三次压缩后的网络计划如图 4-63 所示。到此为止，或因工作被压缩后变成非关键工作，或因压缩后费用增加，那么该网络图再压缩下去没有任何意义，所以该次压缩后的方案即为最优方案。具体费用优化过程见表 4-7。

表 4-7　费用优化过程表

压缩次数	被压缩工作代号	缩短时间（天）	直接费用率或组合直接费用率（万元/天）	费率差（正或负）（万元/天）	压缩需要总费用（正或负）（万元/天）	总费用（万元）	工期（天）	备注
0						68.5	16	
1	③④	3	0.3	−1.2	−3.6	64.9	13	
2	①②	1	1	−0.5	−0.5	64.4	12	
3	①③ ②③	1	1.5	0	0	64.4	11	最优方案

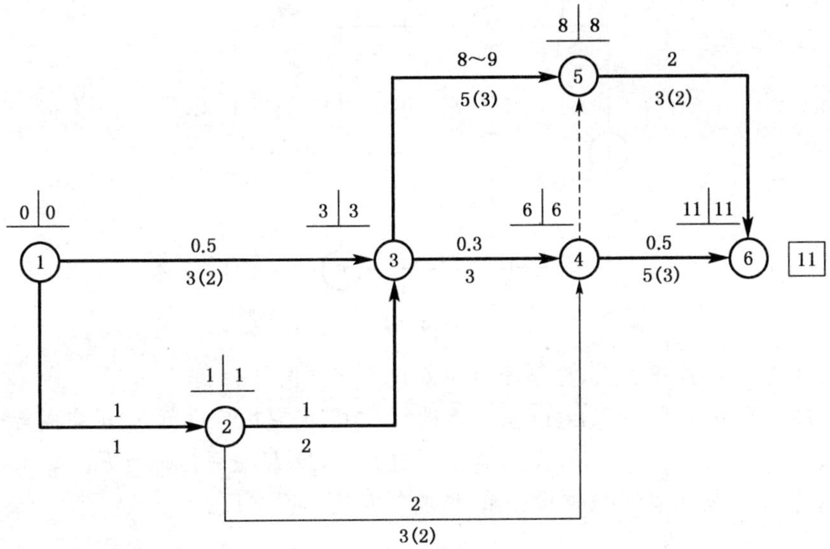

图 4-63 第三次压缩的网络计划

4.5.3 资源优化

资源是为了完成一项计划任务所需投入的人力、材料、机械设备和资金等的统称。资源限量是单位时间内可供使用的某种资源的最大数量。完成一项工程任务所需要的资源量基本上是不变的，不可能通过资源优化将其减少。资源优化的目的是通过改变工作的开始和完成时间，使资源按照时间的分布符合优化目标。

在通常情况下，网络计划的资源优化分为两种，即“资源有限—工期最短”的优化和“工期固定—资源均衡”的优化。前者是在满足资源限制条件下，通过调整计划安排，使工期延长最少的过程；而后者是在工期保持不变的条件下，通过调整计划安排，使资源需要量尽可能均衡的过程。具体优化内容在此不再举例。

思考题

1. 简述网络计划与横道计划的优缺点。
2. 什么是双代号网络计划和单代号网络计划?
3. 组成双代号网络图的三要素是什么？各自的含义和特征。
4. 什么是关键线路?
5. 网络计划有哪几种逻辑关系?
6. 简述双代号网络图的绘制规则。

习题

1. 试指出如图 4-64 所示网络图的错误。

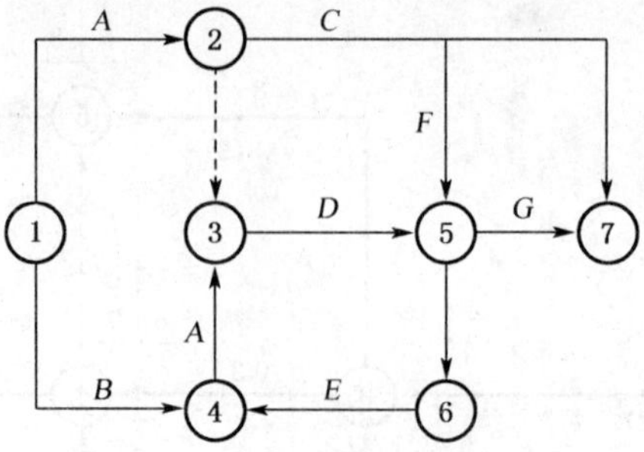

图 4-64

2. 按下列工作的逻辑关系，分别绘制出双代号网络图。

(1) A、B 均完成后进行 C、D，D 完成后进行 E，C、E 完成后进行 F，F 完成后进行 G。

(2) A、B、C 均完成后进行 D，A、B 完成后进行 E，D、E 完成后进行 F。

3. 根据表 4-8 所示各工作逻辑关系，试绘制双代号网络图。

表 4-8

施工过程	A	B	C	D	E	F	G	H
紧前工作	无	A	B	B	B	C、D	C、E	F、G
紧后工作	B	C、D、E	F、G	F	G	H	H	无

4. 按表 4-9 给出的工作和工作持续时间，绘出双代号网络图，并计算各工作的时间参数。

表 4-9

工作编号	持续时间	工作编号	持续时间
1—2	4	3—4	0
1—3	5	3—5	6
1—4	7	3—6	5
2—3	3	4—6	7
2—5	5	5—6	4

5. 已知某工程网络计划，图中箭线下方括号外数据为工作正常作业时间，括号内数据为工作最短持续时间，合同工期为 120 天，假定工作 3—4 有充足的资源，且缩短时间对质量无太大影响，工作 4—6 缩短所需费用最省，且资源充足，工作 1—3 缩短时间的有利因素不如工作 3—4 与工作 4—6。试对比计划进行工期优化。

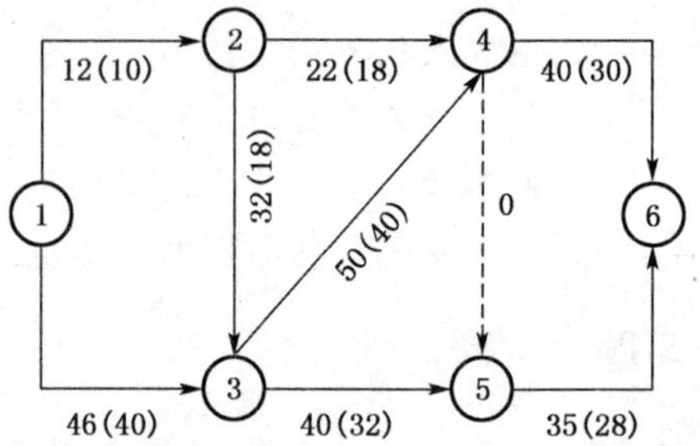

图 4-65

5 施工组织总设计

本章提要：本章介绍了施工组织总设计的内容及编制方法，包括工程概况、施工组织与部署、全场性施工准备计划、施工总进度计划、施工总平面布置、主要技术经济指标，并附施工组织总设计实例。

5.1 概述

施工组织总设计是以一个建设项目为对象进行编制，用以指导其建设全过程各项全局性施工活动的技术、经济、组织、协调和控制的综合性文件。它是经过招投标确定了总承包单位之后，在总承包单位的总工程师主持下，会同建设单位、设计单位和分包单位的相应工程师共同编制的。

5.1.1 施工组织设计的分类

(1) 施工组织设计根据编制阶段的不同，可分为投标施工组织设计和实施性施工组织设计。

在项目投标时编制的施工组织设计一般称为投标施工组织设计。投标施工组织设计的编制目标是为了确保中标和为投标报价提供依据。投标阶段往往时间紧急，一个普通的技术标书一般也有 100 页左右，所以一般建筑公司的商务合约部门为节省时间、加快效率都建立了较为标准的投标施工组织设计格式化文件，做技术标书时只是对其做一点修改，这就决定了投标施工组织设计并不能用来指导现场施工。

在项目进场施工前编制的施工组织设计，称为实施性施工组织设计。实施性施工组织设计由项目经理组织技术人员在项目开工前编写，一个项目不论大小和复杂程度只能编制一个实施性施工组织设计，一般情况下不能既编写施工组织总设计又为每一个单位工程编写单位工程施工组织设计——这往往是以往工程实践中常犯的错误之一，很多项目往往在编写了施工组织总设计后又去编写单位工程施工组织设计。例如某市某一级施工企业承建的项目，总建筑面积 14 214 m^2，共 7 栋楼，其中 6 层的 1 栋，4 层的 2 栋，2 层的 1 栋，1 层的 3 栋，施工单位竟然编制了 7 个单位工程施工组织设计，每一个都是千篇一律的“工程概况”、“施工部署”……连一个建筑面积为 300 m^2 的一层房屋也洋洋洒洒写了 40 余页。对于同一施工单位项目部承建的土建项目来说，施工部署及各项资源投入应该是从整体出发，只能针对整个项目而言，不能单个单位工程考虑。所以一个项目只能出现一个施工组织设计，施工组织设计一旦编制完毕就成为项目进行建设全过程各项施工活动的纲领性文件，其他下级文件的编制都应遵守其要求。这些下级文件主要指施工组织中计划编制的一些专项技术方案。

目前实施性施工组织编制过程中往往存在以下问题：

① 边施工边编写。很多项目基础工程已施工完毕，但施工组织设计还未编写完成。有的项目施工结束后再补编。

② 废话太多。一个小项目，编写完成后的施工组织设计竟达百页之多。作为一个现场施工员，本来事情就多，哪有那份闲工夫来读一本不切实际的“书”。

以上问题导致施工组织设计在很多项目上成了“纸上文章”。

(2) 根据编制对象的不同，可分为施工组织总设计、单位(或单项)工程施工组织设计和分部分项工程施工组织设计。

5.1.2 施工组织总设计的编制依据

编制施工组织总设计一般以下列资料为依据：

1) 建设地区原始资料

包括地区气象资料；工程地形、工程地质和水文地质资料；地区交通运输能力和价格资料；地区建筑材料、构配件和半成品供应状况资料；地区进口设备和材料到货口岸及其转运方式资料；地区供水、供电、电讯、供热能力和价格资料；地区土建和安装施工企业状况资料。

2) 工程建设政策、法规和规范资料以及类似工程经验资料

包括关于工程建设报建程序有关规定；关于动迁工作有关规定；关于工程项目实行建设监理有关规定；关于工程建设管理机构资质管理有关规定；关于工程造价管理有关规定；关于工程设计、施工和验收有关规定；类似施工项目成本、进度、质量等控制资料。

3) 建设项目有关文件

包括建设项目可行性研究报告及其批准文件；建设项目规划红线范围和用地批准文件；建设项目勘察设计任务书、图纸和说明书；建设项目初步设计或技术设计批准文件，以及经过有关部门审批的有效设计图纸和说明书；建设项目总概算、修正总概算或设计总概算；建设项目施工招标文件和工程承包合同文件以及图纸会审、设计交底等。

5.1.3 施工组织总设计的内容

施工组织总设计的内容包括工程概况、施工组织与部署、全场性施工准备计划、施工总进度计划、施工总平面布置、主要技术经济指标等部分。

5.2 工程概况

工程概况是针对整个工程项目进行总说明和重点突出的分析，其内容包括工程建设概况、工程设计概况、主要分部(分项)工程量、自然条件以及工程施工特点。

5.2.1 工程建设概况

工程建设概况见表5-1。

表 5-1 工程建设概况

工程名称		工程地址	
建设单位		勘察单位	
设计单位		监理单位	
质量监督部门		总包单位	
主要分包单位		总投资额	
建设工期		合同工期	
合同要求质量		合同额	

5.2.2 工程设计概况

1）建筑设计概况

当为群体工程概况时，主要说明共有多少个单位工程；单位工程的名称或编号；主要的经济技术指标；总平面形状或单位工程平面形状；建筑设计特点；建筑物总高度；简要介绍主要装修情况。

2）结构设计概况

结构设计概况见表 5-2。

表 5-2 结构设计概况

地基处理	无地基处理则可填“无”，有则按实填写。示例：“地下车库采用砂石置换地基；××为强夯地基”				
基础	持力层		承载力标准值		埋深：
	桩基类型		桩长：	桩径：	间距：
	箱型、筏板	底板厚度		顶板厚度	
	条基		独立柱基		
主体	结构类型				
	主要结构尺寸	梁：	板：	柱：	墙：
抗震设防烈度				人防等级	
抗震等级		按单位工程分述。示例：“6# 楼 5 层以下为二级抗震结构，5 层以上按三级抗震”			
混凝土强度等级及抗渗要求		基础		墙	
		柱		梁、板	
		楼梯		其他	
砌体强度等级	基础		钢筋类别及规格	基础	
	主体			主体	
特殊结构	（钢结构、网架、预应力等）				
其他：其他需说明的事项，如结构设计特征等					

3）建筑设备安装概况

建筑设备安装概况见表5-3。

表5-3 建筑设备安装概况

<table>
<tr><td rowspan="3">给水</td><td>冷水</td><td></td><td rowspan="3">排水</td><td>污水</td><td></td></tr>
<tr><td>热水</td><td></td><td>雨水</td><td></td></tr>
<tr><td>消防</td><td></td><td></td><td></td></tr>
<tr><td rowspan="5">强电</td><td>高压</td><td></td><td rowspan="5">弱电</td><td>电视</td><td></td></tr>
<tr><td>低压</td><td></td><td>电话</td><td></td></tr>
<tr><td>防雷</td><td></td><td>安全监控</td><td></td></tr>
<tr><td>接地</td><td></td><td>楼宇监控</td><td></td></tr>
<tr><td></td><td></td><td>综合布线</td><td></td></tr>
<tr><td colspan="2">中央空调系统</td><td colspan="4"></td></tr>
<tr><td colspan="2">通风系统</td><td colspan="4"></td></tr>
<tr><td colspan="2">采暖供热系统</td><td colspan="4"></td></tr>
<tr><td rowspan="5">消防系统</td><td>火灾报警系统</td><td colspan="4"></td></tr>
<tr><td>自动喷淋系统</td><td colspan="4"></td></tr>
<tr><td>消防栓系统</td><td colspan="4"></td></tr>
<tr><td>防(排)烟系统</td><td colspan="4"></td></tr>
<tr><td>气体灭火系统</td><td colspan="4"></td></tr>
<tr><td colspan="6">其他:其他需要说明的事项</td></tr>
</table>

4）辅助、附属工程

附属工程包括警卫室、保安亭、配电房、泵房等，辅助工程包括道路、绿化、停车场、廊亭、人工湖、围墙、室外体育活动设施等。

5.2.3 主要分部(分项)工程量

主要分部(分项)工程量见表5-4。

表5-4 主要分部(分项)工程量

<table>
<tr><td colspan="2">分项工程名称</td><td>单位</td><td>数量</td></tr>
<tr><td rowspan="2">土方工程</td><td>挖方</td><td>m³</td><td>约××</td></tr>
<tr><td>填方</td><td>m³</td><td>约××</td></tr>
<tr><td rowspan="2">模板工程</td><td>(指明部位，至少按基础、主体)</td><td>m²</td><td>约××</td></tr>
<tr><td>(指明部位，至少按基础、主体)</td><td>m²</td><td>约××</td></tr>
</table>

续表 5-4

分项工程名称		单位	数量
钢筋工程	（指明部位，至少按基础、主体）	t	约××
	（指明部位，至少按基础、主体）	t	约××
混凝土工程	（指明部位，至少按基础、主体）	m^3	约××
	（指明部位，至少按基础、主体）	m^3	约××
砌筑工程	砌块（指明何种砌块）	m^3	约××
	砖（指明何种砖）	m^3	约××
装饰装修工程	楼地面（分不同的面层）	m^2	约××
	门窗	m^2	约××
	抹灰（分一般抹灰、装饰抹灰）	m^2	约××
	……		
防水	卷材防水	m^2	约××
	涂膜防水	m^2	约××

5.2.4 自然条件

自然条件主要包括以下方面：

（1）地形、地貌。

（2）周边道路及交通条件，简要说明周边的道路状况，包括路的名称、路面、车流量、交通管制情况等。

（3）工程地质及水文情况。

（4）场区周边管线情况。

（5）气象条件，简要介绍气温、冬雨季、季风情况。

5.2.5 工程施工特点

概要说明工程特点、难点，如高（建筑物高度），大（体量、跨度等），新（结构、技术、工艺、材料等），重（国家、行业或地方的重点工程），特（特殊要求），深（基础），近（与周边建筑、道路或管线近），短（工期），多（专业工种、工序）等。另外，应从设计方面、施工工期方面、工程质量方面、安全管理方面、总包管理方面、工程性质方面等指出具体特点。

示例1：该工程属于典型的“多边”工程（边拆迁、边勘测、边设计、边施工），增加了施工准备和施工过程中不可预见的因素、困难和工作量。

示例2：地下室施工时，需与桩基施工队伍进行搭接施工，两个不同合同主体的队伍进行搭接施工，必然存在作业面、施工用水、用电、现场排水、施工测量控制网点的施测与保护、临建搭设、材料堆放等方面的相互干扰和影响；同时，还需做好场地、桩基、工程资料的交验、复核工作。因而，建设、监理、施工三方四单位的协调工作量多，难度大。

示例3：整个地下结构工程的体量大，形状不规则，标高变化多，且受场内条件的限制，整个地下结构的定位测量需分区、分块多次完成；而已布设的测量控制网点也可能因旧房拆除、土方挖(包括桩基开挖)填等诸多原因而发生偏移。因此,地下结构施工时,测量工作量及测量交底的难度大。

5.3 施工组织与部署

5.3.1 工程施工目标

工程施工目标见表 5-5。

表 5-5 工程施工目标

目标名称	目标内容
质量目标	示例:竣工验收时,各单位工程确保按国家现行质量验收规范一次性验收合格,顾客对质量满意度达××%。竣工后,参加××地区的质量评优,确保××创“××杯”或“××奖”。确保××创××优质工程
工期目标	确保总工期××天竣工,明确建设单位确定的节点工期
安全施工目标	
文明施工目标	
环境目标指标	

5.3.2 施工组织

1) 组织机构和项目管理模式

根据工程规模、复杂程度、专业特点和企业的管理模式来确定组织机构。一般组织机构划分为三级进行分级管理。

第一级是项目经理部。示例:由项目领导班子和五部二室组成,其中领导班子成员包括项目经理、项目总工程师、项目副经理(土建、安装各 1 人);五部二室包括工程技术部、质量安全部、商务合约部、物资设备部、机电安装部、综合办公室、财务室。项目经理部全面承担计划、组织、协调、控制、监督等管理职能,是本项目的决策层和管理层。

第二级是组团经理部。示例:由组团管理班子组成,组团负责人称为组团执行经理,组团配备内业技术员、外业技术员、质量安全员、材料员 4 个岗位。组团经理部在项目经理部的指令下对本组团的质量、进度、安全、文明施工进行直接的监督和管理,是项目经理部派遣管理组团的项目执行层。

第三级是各专业施工队。直接受组团的指挥,是工程施工的操作层。

示例组织机构图见图 5-1。

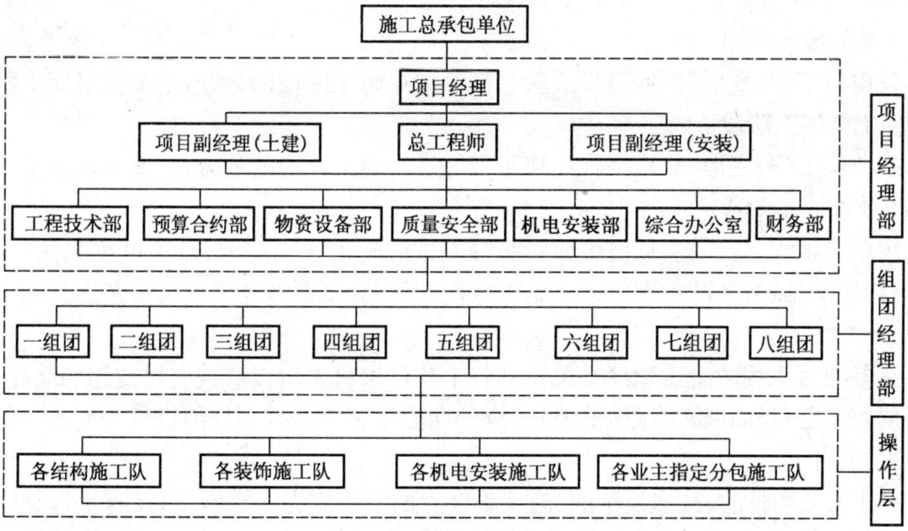

图 5-1 项目组织机构图

在管理模式上，实行项目经理部领导下的组团执行经理负责制和单位工程劳务清包和承包或按情况进行工程分包制的管理体制。

2）项目管理人员配备

考虑本工程计划配备管理人员××人。

项目岗位及人员设置见表 5-6。

表 5-6 岗位设置和人数安排

序号	部门和岗位		人数	主要职责
1	示例：项目决策层	示例：项目经理	1	组织整个项目建设，是本项目的第一责任人
		……		
2	示例：工程技术部			
		示例：资料员	1	负责技术资料、文件的收集、整理、归档工作
		示例：钢筋组	2	负责编制钢筋配料表，对钢筋加工和绑扎质量进行控制
		示例：测量组	2	负责施工控制网和建筑物主要控制轴线的测设
…	……	……	……	……

5.3.3 施工部署

施工部署是对整个建设项目进行的统筹规划和全面安排，是施工总设计的核心。

1）施工区段的划分

（1）基础施工阶段

可按单位工程、变形缝、后浇带或膨胀带等进行施工区段的划分，主要是平面上的划分。

（2）主体施工阶段

可按单位工程、变形缝、后浇带或膨胀带等进行施工区段的划分，主要是平面上的划分。

（3）装饰施工阶段

可按单位工程、变形缝、后浇带或膨胀带等进行施工区段的划分，也可按验收（交工）阶段、施工程序安排、劳务队情况等进行施工区段的划分，既要考虑平面又要考虑立面。

2）施工顺序

确定各项目工程的施工顺序是关系到整个建设项目先后投产或交付使用的问题。建设项目根据施工总目标和施工组织的要求，应分期分批施工。对于如何进行分期施工的划分，应该考虑如下问题：

（1）施工工期长的、技术复杂的、施工难度大的工程应先安排施工，在施工过程中，考虑合理的施工搭接。

（2）应优先安排好现场供水、供电、通讯、供热、道路和场地平整，以及各项生产性和生活性施工设施。

（3）根据合同的要求，对于急需和关键的工程应先施工。

（4）大型工业项目则有主体生产系统、辅助生产系统和附属生产系统之分，应根据先投产的工程先安排施工。

（5）对于成片开发的住宅小区一般也有居住建筑、服务性建筑和附属性建筑之分，故在建设时要考虑其交付后能尽早产生经济效益和社会效益。

（6）对于建设项目施工区总体施工顺序的安排，一般是按先地下后地上、先深后浅、先干线后支线、先埋管线后筑路的原则进行。

例如，总体施工顺序的安排，考虑到受现场施工条件的限制，地下结构各施工区或各单位工程的开工时间前后不一，地下车库原则上和高层地下室同期施工。同期施工的区段，优先施工有地上结构的区段；基础阶段施工段内施工顺序的安排，土方施工（含基础梁少量土方开挖、底板下少量土方回填、素土夯实）→混凝土垫层→基础梁、承台砖胎膜施工（含胎膜内壁抹灰）→底板下防水施工（含基础梁胎膜、承台内壁防水）→防水层上保护层施工→底板（含基础梁、承台）钢筋绑扎→抗拔锚杆拉直→底板防水混凝土施工→负二层外侧壁防水混凝土施工→框架柱施工→负二层顶板结构施工→负一层外侧壁防水混凝土施工→负一层顶板结构施工→一层框架柱施工→一层顶板结构施工→外侧壁迎水面防水→外侧壁保护墙施工→外侧壁外回填灰土夯实；主体结构施工段内施工顺序安排，各层均采取先竖向结构施工再水平结构从下往上逐层施工的方法。竖向结构施工顺序为钢筋绑扎→模板支设→混凝土浇筑；水平结构施工顺序为底模支设→绑扎钢筋→侧模支设→混凝土浇筑。

3）主要工程的施工方案

主要工程是指生产车间、高层建筑等工程量大、施工工期长、施工难度大的单位（或单项）工程；特殊的分项工程指桩基、深基础、现浇或预制量大的结构工程、升板工程、滑模工程、大跨工程、重型吊装工程、特殊外墙饰面工程等。

主要工程施工方案包括施工区段划分、施工顺序、施工方法、机械设备选型和施工技术组织措施等。

主要工种的施工方法应结合建设项目的特点采用先进合理的专业化、机械化施工。扩大预制装配范围，提高建筑工业化程度，科学、合理地安排冬期和雨期施工，保证全年施工均衡性和连续性。

机械设备的选择适用性和经济合理性，主导施工机械的类型和数量能充分发挥效率，实现综合流水作业。在同一项目中减少其种类、拆装次数，各种辅助机械应与主导施工机械相配套。

5.4 全场性施工准备计划

5.4.1 技术准备

1）技术标准准备

列举本项目施工需要哪些技术标准、图集，如何取得、何时取得等。

技术标准清单见表5-7。

表5-7 采用的规范、标准图集目录清单

序号	类别（指国标、行标、地标）	名称（填写全称）	编号或文号	配置日期

2）图纸会审准备工作

3）施工过程设计与开发

根据工程特点、施工目标和公司质量体系程序文件确定应进行设计与开发的施工过程以及设计开发应达到的目的。

4）检验批的划分

根据规范要求和工程特点、设计图纸明确检验批划分的原则，对检验批进行具体划分。

5）配合比设计

根据施工图纸，编制配合比设计计划，明确所需材料的送检时间。

6）定位桩接收和复核

明确由谁负责接收定位桩点和复核，根据宗地图和规划局或建设单位提供的定位依据进行测量定位和如何建立控制网。

7）施工方案编制计划

施工方案编制计划见表5-8。

表 5-8　施工方案编制计划

序号	施工方案名称	编制部门或人员	编制完成日期	审核人	批准部门或人员	备注
…	……	……	……	……	……	……

5.4.2　资源准备

(1) 机械设备需用计划(见表 5-9)

表 5-9　机械设备需用计划

序号	名称	规格型号	数量	单台(套)额定功率	生产能力	进出场时间
…	……	……	……	……	……	……

(2) 劳动力需要量计划(见表 5-10)

表 5-10　劳动力需要量计划

工种	阶段				
	施工准备阶段(人)	地基与基础施工阶段(人)	主体结构工程施工阶段(人)	装饰装修施工阶段(人)	附属工程施工阶段(人)
……	……	……	……	……	……

(3) 工程用材需要量计划(见表 5-11)

表 5-11　工程用材需要量计划

序号	材料名称	规格型号	单位	需要量	质量标准
……	……	……	……	……	……

(4) 周转物料需要量计划(见表 5-12)

特别应将临时用水、用电设施、安全设施等列入。

表 5-12 周转物料需要量计划

序号	周转物料名称	规格型号	单位	需要量	质量标准
……	……	……	……	……	……

(5) 预制加工品计划(见表 5-13)

表 5-13 预制加工品计划

序号	预制加工品名称	规格型号	单位	需要量	质量标准
……	……	……	……	……	……

(6) 试验与计量器具需要量计划(见表 5-14)

表 5-14 试验与计量器具需要量计划

序号	名称	规格	精度	数量	备注
……	……	……	……	……	……

5.4.3 现场准备

工程测量控制网的测设;临时围墙安装、砌筑(含工地大门);临时道路形成;主、辅机械就位;生产性临时设施搭设;行政生活福利设施搭设;现场排水系统形成;临时用水、用电规划等。

5.5 施工总进度计划

施工总进度计划是根据施工组织和部署开展程序,对整个工程项目作出时间上的安排,是确定各个单项工程的进度控制和施工顺序以及相互搭接关系。因此,科学、合理地编制施工总进度计划,是保证整个建设工程按期交付使用,充分发挥投资效益,降低建设工程成本的重要条件。

5.5.1 施工总进度表达形式

施工总进度计划属于控制性计划,其表达形式有横道图和网络图。施工总进度计划应编制网络计划图,二级进度计划可采用网络图也可采用横道图。进度计划按级别可划分一至四级进度计划,按时间可分为年、季、月、旬、周进度计划。

横道图的形式如表 5-15 所示。网络图的表示方法详见第 4 章网络计划技术。

表 5-15　施工总进度计划表

序号	单项工程名称	建安指标		设备安装指标（t）	造价（万元）			施工进度					
								第一年				第二年	第三年
		单位	数量		合计	建筑工程	设备安装	一	二	三	四		

5.5.2　编制施工总进度计划步骤

（1）施工总进度计划属于控制性计划，因此项目划分不宜过细。根据建设项目一览表，按工程开展程序估算单位工程主要实物工程量。估算工程量按照初步设计图纸进行，参考各种定额手册、消耗量标准及有关资料。包括消耗扩大指标，概算指标和扩大结构定额，标准设计和类似建筑物的资料。除房屋外，还必须计算全工地性工程的工程量，如场内道路及各种管线长度、场地平整的土石方工程量。

（2）确定各单位工程的施工期限。单位工程的施工期限受到建筑类型、规模大小、施工方法等因素的影响，但总工期应控制在合同工期以内。

（3）确定各单位工程的开竣工时间和相互搭接关系。确定各单位工程开竣工时间要考虑同一时期开工的项目不要过多，以免人力、物力过于集中；尽可能做到连续、均衡地施工；充分考虑冬雨季的影响；合理安排施工，规模较大、难度较大、工期较长的单位工程先行施工。

5.5.3　制订施工总进度计划保证措施

1）组织措施

包括建立进度控制目标体系，明确职责分工；建立工程进度报告、审核和实施过程检查分析制度；建立进度协调会议制度；建立图纸审查、工程变更和设计变更管理制度。

2）技术措施

包括编制施工进度计划实施细则；利用网络计划技术和其他科学的计划方法对进度实施动态控制。

3）经济措施

包括及时办理工程进度款和工程预付款手续；对工期提前给予奖励，反之则要收取误期损失赔偿金；对应急赶工给予优厚的赶工费用。

4）合同措施

包括严格控制合同变更，全面履行工程承包合同；在合同中加强风险管理；加强索赔管理。

5.6 施工总平面布置

施工总平面布置图是拟建项目施工场地的总体布置图，它是根据施工组织和部署、主要项目的施工方案、施工进度计划的要求，进行施工场地内的运输道路、临时办公和生活建筑、材料堆放仓库及加工厂、机械设备位置和临时水、电、管线的规划布置，它是实现现场文明施工的重要保证。因此，设计一个科学有序、安全、适用的施工总平面图，并能贯彻执行，做到统筹兼顾，就会对工程进度、质量、成本进行很好地控制，提高工作效率和管理水平。

5.6.1 施工总平面布置的依据、原则和内容

1）施工总平面布置的依据

（1）用于建设项目的原始资料和技术经济条件资料。

（2）建设项目施工部署、主要工程施工方案、施工总进度计划、施工总质量计划和施工总成本计划。

（3）各种建筑材料、构件、半成品、施工机械、运输工具需要量计划和各种临时设施需要量计划。

（4）建设项目施工用地范围和水、电源位置，以及建设项目安全施工、文明施工和防火标准等要求。

（5）类似建筑工程施工组织设计参考资料。

2）施工总平面布置的原则

（1）少占施工用地。在满足施工的前提下，采用先进的管理方法和一些技术措施使施工现场布置得紧凑合理，将占地范围减少到最低限度，尽可能不占或少占农田，不挤占道路。

（2）减少二次搬运。各种主要建筑材料、构配件的进场堆放和加工场地应合理布置在起重机械和各项施工设施的有效工作范围之内，尽量做到各种资源布置在使用地点，最大限度地缩短场内运输距离，减少场内二次搬运，节约成本。

（3）合理安排施工。施工区域的划分与施工工艺流程要协调，尽量减少专业工种之间交叉作业。

（4）减少临时建筑。在满足需要的前提下，尽量利用永久性建筑物、构筑物，降低临时施工设施建造费用，尽量采用装配式施工设施，提高其安装速度。凡拟建永久性工程能提前完工为施工服务的，应尽可能提前完工并代替临时设施。

（5）各项临时设施布置都要有利于生产、方便生活、安全防火和环境保护要求。如生活福利设施应尽可能远离施工场地，办公场地应设置在施工场地入口处。

3）施工总平面布置内容

（1）整个建设项目的建筑总平面图，包括施工用地范围内地形、等高线，全部地上、地下的建筑物、构筑物，道路、管线及测量放线桩位置和尺寸。

(2) 拟建的建筑物、构筑物和其他基础设施的坐标网。

(3) 为整个建设项目施工服务的生产性施工设施和生活性施工设施，包括施工用地范围，施工用各种道路；加工厂、制备站及有关机械设施和车库位置；各种建筑材料、半成品、构配件的仓库和堆放场地；取土及弃土的位置；水源、电源、临时给排水管线和供电动力线路及设施；办公用房、宿舍、文化生活福利建筑等；一切安全、文明、消防和环境保护设施；建筑施工特殊图例、方向标志、比例尺等。

5.6.2 施工总平面图设计步骤

施工总平面图设计步骤为：场外交通引入现场→确定仓库和堆场位置→确定搅拌站和加工厂位置→确定场内运输道路位置→确定现场办公用房、生活福利临时建筑位置→确定工地临时供水管网布置→确定工地临时供电管网布置→绘制正式施工总平面图。

1）场外交通引入现场

在设计施工总平面图时，首先要考虑大宗材料、预制品和生产工艺设备进场的运输方式。

当采用公路运输时，要解决好公路与现场大型仓库、加工厂之间的相互关系，尽可能将仓库和加工厂等设施布置在最经济合理的地方。

当采用水路运输时，卸货码头要充分利用原有码头，还要考虑是否增设新码头。一般卸货码头不少于 2 个，应在码头附近布置仓库和加工厂。

当采用铁路运输时，要解决如何引入铁路专用线问题。

2）确定仓库和堆场位置

仓库和堆场的布置要考虑是否接近使用地点，并且卸货比较方便、安全。

当采用公路运输时，仓库布置在工地中心区或接近使用地点，也可将其布置在工地入口处。

水泥仓库和砂石堆场要考虑其使用应布置在搅拌站附近；预制构件和砖、石材料应布置在垂直运输设备附近，尽可能接近使用地点；木材和钢筋应布置在加工厂附近；工具库应布置在离施工区较近、安全及方便之处；易燃材料应远离办公和生活处，并设置安全消防设施。

当采用水路运输时，一般在码头附近设置转运仓库，以免造成交通拥塞。

当采用铁路运输时，尽可能沿铁路专用线布置中心仓库，并且在仓库前留有足够的装卸前线。如果没有足够的装卸前线则要在铁路线附近设置转运仓库，转运仓库的设置和工地在同一侧，以便减少二次搬运的距离。

工业厂房的重型工艺设备，应根据设备安装的施工程序堆放在厂地附近，以便吊装。

3）确定搅拌站和加工厂位置

混凝土搅拌站的布置可集中可分散，均应尽可能靠近垂直运输设备。当混凝土有足够输送设备时，混凝土搅拌站可集中设置；反之，则要分散设置小型搅拌站，其位置均应靠近使用地点或垂直运输设备。当施工场地狭窄等各种原因也可不设混凝土搅拌站，可采用商品混凝土。砂浆搅拌站的布置以分散就近设置为主。

各种加工厂的布置均应以方便生产、安全防火、环境保护和运输费用少为原则。现场预制构件加工厂尽可能利用建设空地；钢筋加工厂则应就近设置并在垂直运输设备有效半径范围内；木材加工厂一般设置在施工区的下风向边缘；沥青熬制、生石灰陈伏等加工厂，宜集中布置在工地边缘处，并且将其设置在下风向；金属结构、锻工、电焊和机修厂等宜布置在一起。

现场加工厂用房面积参考指标，见表 5-16；现场作业棚所需面积参考指标，见表 5-17；现场机运、机修和机械停放所需面积参考指标，见表 5-18。

表 5-16　现场加工厂所需面积参考指标

序号	加工厂名称	年产量		单位产量所需建筑面积	占地总面积(m^2)	备　　注
		单位	数量			
1	混凝土搅拌站	m^3	3 200	0.022(m^2/m^3)	按砂石堆场考虑	400 L 搅拌机 2 台
		m^3	4 800	0.021(m^2/m^3)		400 L 搅拌机 3 台
		m^3	6 400	0.020(m^2/m^3)		400 L 搅拌机 4 台
2	临时性混凝土预制厂	m^3	1 000	0.25(m^2/m^3)	2 000	生产屋面板和中小型梁柱板等，配有蒸养设施
		m^3	2 000	0.20(m^2/m^3)	3 000	
		m^3	3 000	0.15(m^2/m^3)	4 000	
		m^3	5 000	0.125(m^2/m^3)	小于 6000	
3	半永久性混凝土预制厂	m^3	3 000	0.6(m^2/m^3)	9 000～12 000	
		m^3	5 000	0.4(m^2/m^3)	12 000～15 000	
		m^3	10 000	0.3(m^2/m^3)	15 000～20 000	
4	木材加工厂	m^3	15 000	0.024 4(m^2/m^3)	1 800～3 600	进行原木、方木加工
		m^3	24 000	0.019 9(m^2/m^3)	2 200～4 800	
		m^3	30 000	0.018 1(m^2/m^3)	3 000～5 500	
	综合木工加工厂	m^3	200	0.30(m^2/m^3)	100	加工门窗、模板、地板、屋架等
		m^3	500	0.25(m^2/m^3)	200	
		m^3	1 000	0.20(m^2/m^3)	300	
		m^3	2 000	0.15(m^2/m^3)	420	
	粗木加工厂	m^3	5 000	0.12(m^2/m^3)	1 350	加工屋架、模板
		m^3	10 000	0.10(m^2/m^3)	2 500	
		m^3	15 000	0.09(m^2/m^3)	3 750	
		m^3	20 000	0.08(m^2/m^3)	4 800	
	细木加工厂	万 m^2	5	0.014 0(m^2/m^3)	7 000	加工门窗、地板
		万 m^2	10	0.011 4(m^2/m^3)	10 000	
		万 m^2	15	0.010 6(m^2/m^3)	14 000	

续表 5-16

<table>
<tr><th rowspan="2">序号</th><th rowspan="2">加工厂名称</th><th colspan="2">年产量</th><th rowspan="2">单位产量所需建筑面积</th><th rowspan="2">占地总面积（m^2）</th><th rowspan="2">备　注</th></tr>
<tr><th>单位</th><th>数量</th></tr>
<tr><td rowspan="8">5</td><td rowspan="4">钢筋加工厂</td><td>t</td><td>200</td><td>0.35（m^2/t）</td><td>280～560</td><td rowspan="4">加工、成型、焊接</td></tr>
<tr><td>t</td><td>500</td><td>0.25（m^2/t）</td><td>380～750</td></tr>
<tr><td>t</td><td>1 000</td><td>0.20（m^2/t）</td><td>400～800</td></tr>
<tr><td>t</td><td>2 000</td><td>0.15（m^2/t）</td><td>450～900</td></tr>
<tr><td>现场钢筋调直或冷拉
拉直场
卷扬机棚
冷拉场
时效场</td><td colspan="4">所需场地（长×宽）
(70 ～ 80) m×(3 ～ 4) m
15 ～ 20(m^2)
(40 ～ 60) m×(3 ～ 4) m
(30 ～ 40) m×(6 ～ 8) m</td><td>包括材料及成品堆放
3～5t 电动卷扬机 1 台
包括材料及成品堆放
包括材料及成品堆放</td></tr>
<tr><td>钢筋对焊
对焊场地
对焊棚</td><td colspan="4">所需场地（长×宽）
(30 ～ 40) m×(4 ～ 5) m
15 ～ 24(m^2)</td><td>包括材料及成品堆放
寒冷地区应适当增加</td></tr>
<tr><td>钢筋冷加工
冷拔、冷轧机
剪断机
弯曲机 ϕ12 以下
弯曲机 ϕ40 以下</td><td colspan="4">所需场地（m^2/台）
40～50
30～50
50～60
60～70</td><td>按一批加工数量计划</td></tr>
<tr><td>6</td><td>金属结构加工（包括一般铁件）</td><td colspan="4">所需场地（m^2/t）
年产 500 t 为 10
年产 1 000 t 为 8
年产 2 000 t 为 6
年产 3 000 t 为 5</td><td>按一批加工数量计算</td></tr>
<tr><td>7</td><td>石灰消化{储灰池
淋灰池
淋灰槽</td><td colspan="4">5 × 3 = 15(m^2)
4 × 3 = 12(m^2)
3 × 2 = 6(m^2)</td><td>每 2 个储灰池配 1 套淋灰池和淋灰槽，每 600 kg石灰可消化 1 m^3 石灰膏</td></tr>
<tr><td>8</td><td>沥青锅场地</td><td colspan="4">20～24(m^2)</td><td>台班产量 1～1.5 t/台</td></tr>
</table>

注：资料来源为中国建筑科学研究院调查报告、原华东工业建筑设计院资料及其他调查资料。

表 5-17　现场作业棚所需面积参考指标

序号	名　称	单位	面积（m^2）	备　注
1	木工作业棚	m^2/人	2	占地为建筑面积的 2～3 倍
2	电锯房	m^2	80	34～36 in 圆锯 1 台
	电锯房	m^2	40	小圆锯 1 台
3	钢筋作业棚	m^2/人	3	占地为建筑面积的 3～4 倍
4	搅拌棚	m^2/台	10～18	
5	卷扬机棚	m^2/台	6～12	

续表 5-17

序号	名称	单位	面积(m^2)	备　注
6	烘炉房	m^2	30～40	
7	焊工房	m^2	20～40	
8	电工房	m^2	15	
9	白铁工房	m^2	20	
10	油漆工房	m^2	20	
11	机、钳工修理房	m^2	20	
12	立式锅炉房	m^2/台	5～10	
13	发电机房	m^2/kW	0.2～0.3	
14	水泵房	m^2/台	3～8	
15	空压机房(移动式)	m^2/台	18～30	
	空压机房(固定式)	m^2/台	9～15	

表 5-18　现场机运站、机修间、机械停放场所需面积参考指标

序号	施工机械名称	所需场地(m^2/台)	存放方式	检修间所需建筑面积	
				内　容	数量(m^2)
	一、起重、土方机械类			每10～20台设1个检修台位(每增加20台增设1个检修台位)	200(增150)
1	塔式起重机	200～300	露天		
2	履带式起重机	100～125	露天		
3	履带式正铲或反铲,拖式铲运机,轮胎式起重机	75～100	露天		
4	推土机,拖拉机,压路机	25～35	露天		
5	汽车式起重机	20～30	露天或室内		
	二、运输机械类			每20台设1个检修台位(每增加1个检修台位)	170(增160)
6	汽车(室内)	20～30	一般情况下室内不小于10%		
	汽车(室外)	40～60			
7	平板拖车	100～150			
	三、其他机械类			每50台设1个检修台位(每增加1个检修台位)	50(增50)
8	搅拌机,卷扬机,电焊机,电动机,水泵,空压机,油泵,少先吊等	4～6	一般情况下室内占30%,露天占70%		

注:(1) 露天或室内视气候条件而定,寒冷地区应适当增加室内存放。
(2) 所需场地包括道路、通道和回转场地。

4）确定场内运输道路位置

场内运输道路位置要尽可能利用原有或拟建的永久道路，并且要根据堆场、仓库或加工厂相应位置布置，以确保运输装卸畅通，临时道路应尽可能设计成环形路线，道路要有足够的宽度和转弯半径保证车辆调头方便，其宽度不小于3.5 m，转弯半径不大于10 m。一般道路两侧要设置排水沟，纵坡不小于0.2%。各加工区、堆场与施工区之间应有直通道路连接，消防车应能直达主要施工场所及易燃物堆场。

现场内临时道路的技术要求和路面的种类、厚度见表5-19、表5-20。

表5-19　临时道路技术要求

指标名称	单位	技术标准
设计车速	km/h	≤20
路基宽度	m	双车道6～6.5；单车道4.4～5；困难地段3.5
路面宽度	m	双车道5～5.5；单车道3～3.5
平面曲线最小半径	m	平原、丘陵地区20；山区15；回头弯道12
最大纵坡	%	平原地区6；丘陵地区8；山区9
纵坡最短长度	m	平原地区100；山区50
桥面宽度	m	木桥4～4.5
桥涵载重等级	t	木桥涵7.8～10.4(汽—6～汽—8)

表5-20　临时道路路面种类和厚度

路面种类	特点及其使用条件	路基土	路面厚度(m)	材料配合比
级配砾石路面	雨天照常通车，可通行较多车辆，但材料级配要求严格	砂质土	10～15	体积比： 黏土：砂：石子＝1：0.7：3.5 重量比： (1) 面层：黏土13%～15%，砂石料85%～87% (2) 底层：黏土10%，砂石混合料90%
		黏质土或黄土	14～18	
碎(砾)石路面	雨天照常通车，碎(砾)石本身含土较多，不加砂	砂质土	10～18	碎(砾)石＞65%，当地土壤含量≤35%
		砂质土或黄土	15～20	
碎砖路面	可维持雨天通车，通行车辆较少	砂质土	13～15	垫层：砂或炉渣4～5 cm 底层：7～10 cm碎砖 面层：2～5 cm碎砖
		黏质土或黄土	15～18	
炉渣或矿渣路面	可维持雨天通车，通行车辆较少，当附近有此项材料可利用时	一般土	10～15	炉渣或矿渣75%，当地土25%
		较松软时	15～30	
砂土路面	雨天停车，通行车辆较少，附近不产石料而只有砂时	砂质土	15～20	粗砂50%，细砂、粉砂和黏质土50%
		黏质土	15～30	

续表 5-20

路面种类	特点及其使用条件	路基土	路面厚度(m)	材料配合比
风化石屑路面	雨天不通车，通行车辆较少，附近有石屑可利用	一般土壤	10～15	石屑 90%，黏土 10%
石灰土路面	雨天停车，通行车辆少，附近产石灰时	一般土壤	10～13	石灰 10%，当地土壤 90%

5）确定现场办公区、生活福利临时建筑位置

现场办公区和生活福利临时建筑尽可能利用建筑已建的永久性房屋，不足部分再修建临时建筑，临时用房以建活动板房为宜，可整体拼拆装，循环使用，降低施工成本。全工地性的办公用房屋宜设在工地入口处，工人生活用房屋宜布置在场外，文化福利用房屋宜设置在工人生活用房附近或者工人经过的地方。

办公用房、生活福利临时建筑面积参考指标见表 5-21。

表 5-21　办公用房、生活福利临时建筑面积参考指标

临时房屋名称	指标使用方法	参考指标(m^2/人)
一、办公室	按使用人数	3～4
二、宿舍		2.5～3.5
单层通铺	按高峰年(季)平均职工人数	2.5～3
双层床	（扣除不在工地住宿人数）	2.0～2.5
单层床	（扣除不在工地住宿人数）	3.5～4
三、食堂	按高峰年平均职工人数	0.5～0.8
四、食堂兼礼堂	按高峰年平均职工人数	0.6～0.9
五、其他合计	按高峰年平均职工人数	0.5～0.6
医务室		0.05～0.07
浴室		0.07～0.1
理发室		0.01～0.03
六、其他公用		0.05～0.10
七、现场小型设施		—
开水房		10～40
厕所	按高峰年平均职工人数	0.02～0.07
工人休息室	按高峰年平均职工人数	0.15

6）确定工地临时供水管网布置

工地临时用水首先要进行计算，然后进行设置，内容包括水源类型、用水量计算、取储水设施、配水布置、管径计算等。临时供水用水量包括施工用水、生活用水和消防用水等。用

水量计算参考《施工手册》(第四版)中的内容。一般 5 000～10 000 m^2 的建筑物,施工用水的总管径为 100 mm,支管径为 40 mm 或 25 mm。消防用水一般利用已有的和提前修建的永久设施。消防用水管径不小于 100 mm,消火栓间距不大于 120 m,距拟建建筑不小于 5 m,不大于 25 m,距路边不大于 2 m。冬季应将临时水管埋在冰冻线以下或采取保温措施。

7) 确定工地临时供电管网布置

工地临时用电管网包括用电量计算、电源选择、电力系统选择和配置。用电量包括电动机用电、电焊机用电和室内外照明用电。用电量计算参考《施工手册》(第四版)中的内容。临时变电站应设在高压线进入工地处,避免高压线穿过工地。当管线穿路处应套铁管,一般电线用 ϕ51～ϕ76 mm 管,电缆用 ϕ102 mm 管,并埋入地下 0.6 m 处,各种管道布置的最小净距应符合有关规定。

8) 绘制正式施工总平面图

施工总平面图是施工组织总设计的重要内容,应全面、系统地考虑,合理布置,使现场管理成本得到控制。按照建筑制图规则的要求认真绘制,一般施工总平面布置图用图纸来表达,图幅一般选用 A1～A2 图纸大小,绘图比例一般为 1∶1 000 或 1∶2 000,并做必要的文字说明,标上图例、比例和指北针等。

5.7 主要技术经济指标

施工组织总设计编制完成后,还需要对其技术经济分析评价,以便进行方案改进或多方案优选。其反映了设计方案的技术性和经济性,一般常用的指标如下:

(1) 施工占地系数:

施工占地系数 = 用地面积 / 建筑面积

(2) 工期指标:总工期、各单位工程工期。

(3) 劳动生产率:单位用工(工日/m^2 竣工面积),劳动力不均衡系数。

劳动力不均衡系数 = 施工期高峰人数 / 施工期平均人数

(4) 质量指标:优良、合格等奖项。

(5) 降低成本指标:

降低成本额 = 预算成本额 − 计划成本额

降低成本率 = 降低成本额 / 预算成本额

(6) 安全指标:以工伤事故频率控制数表示。

(7) 节约三材百分率:

主材节约百分率 =(预算用量 − 计划用量)/ 预算用量

节约钢材百分率、节约木材百分率和节约水泥百分率。

5.8 施工组织总设计实例

5.8.1 工程概况

1）工程建设概况

本住宅项目共分4期建设，本工程为其一期工程，位于某地块西南侧，占地面积160.9亩，总建筑面积169 002.49 m²，总居住户数1 020户，停车位970个。

本工程包括15栋6～33层高住宅、1所会所、1所幼儿园、商铺、人防、停车库、设备用房、室外工程以及其他有关配套工程。其工程建设概况见表5-22。

表5-22 工程建设概况一览表

序号	内容	说明与要求
1	工程名称	住宅项目(一期)工程
2	建设地点	某省某市
3	建设单位	某房地产发展有限公司
4	设计单位	某设计研究院
5	勘察单位	某省勘察设计院
6	监理单位	某监理工程咨询有限公司
7	工程造价	约2.8亿元
8	承包方式	施工总承包，总价包干
9	建设规模	总建筑面积169 002.49 m²，其中地上建筑面积133 929 m²，架空层建筑面积2 697.49 m²，地下室建筑面积32 376 m²。包括15栋6～33层高住宅、1所会所、1所幼儿园、商铺、人防、停车库、设备用房、室外工程以及其他有关配套工程
10	建设总工期	开工日期开工令发出后7天，竣工日期开工后480日历天
	1#～4#楼节点工期	开工后130日历天内(即2009年2月12日前)完成连车库及主体大楼结构50%，交予业主申请预售许可证
	6#～9#楼节点工期	开工后161日历天内(即2009年3月15日前)完成连车库及主体大楼结构50%，交予业主申请预售许可证
	会所节点工期	开工后99日历天内完成土建及各项配套工程，交建设局土建验收，室外场地交付园林绿化单位进行绿化施工。160日历天内装修工程全部完工，交建设局土建验收
11	工程质量	质量验收合格，通过“结构评优，获得省(市)样板工程”
12	工程招标范围	住宅、会所、幼儿园、商铺、人防、停车库和设备用房所有土建工程，包括框架结构、砌筑、装饰抹灰、门窗及防水等；机电工程、室外工程以及其他有关配套工程
13	独立施工承包工程	基坑土石方及护坡工程
14	专业分包工程	强电工程(含高压电)、弱电工程、消防工程、电梯供应及安装工程、会所精装修工程、园林绿化工程、主入口及各层电梯大堂精装修工程、木门连小五金供应及安装工程

2）工程设计概况

（1）建筑设计概况

本工程建筑设计概况见表 5-23。

表 5-23 建筑设计概况一览表

序号	项目		$1^{\#}$、$2^{\#}$楼	$3^{\#}$、$4^{\#}$楼	$5^{\#}$楼	$6^{\#}$、$7^{\#}$楼	$8^{\#}$、$9^{\#}$楼	$10^{\#}$、$11^{\#}$楼	$12^{\#}$、$13^{\#}$楼	$14^{\#}$、$15^{\#}$楼	幼儿园	会所	商铺	地下车库
1	建筑面积（m^2）	地上	6 190	142 49	25 053	13 595	21 702	18 792	19 865	2 586	5 373	3 409	3 115	—
		架空层	314.4	251.7	824.9	161.1	255.0	338.4	406.4	145.6	—	—	—	32 376
2	层数	地上	11F	18F	33F	18F	27F	22+1F	24+1F	6F	2—3F	2—4F	2—3F	—
		架空层	1F	1F	1F	1F	1F	1F	1F	1F	—	—	—	1F
3	层高（m）	地上	3.0	3.0	3.0	3.0	3.0	3.0	3.0	3.0	3.6	4.5	4.2	—
		架空层	6.25	6.25	6.75	6.15	6.35	6.45	5.85	—	—	—	—	3.9—5.3
4	建筑高度（m）		34.95	55.65	99.0	54.65	82.95	70.95	80.25	21.15	12.75	12.75	13.2	—
5	±0.000(m)		55.15	55.65	52.65	55.65	53.65	53.25	52.65	51.95	9.65	52.65	51.95	—
6	建筑工程等级		二级	二级	一级	二级	二级	一级	二级	二级	二级	二级	二级	一级
7	耐火等级		二级	二级	一级	二级	一级	一级	一级	二级	二级	二级	二级	一级
8	防火设计分类		二类	二类	一类	二类	一类	一类	一类	—	—	—	—	—
9	人防防护等级		六级二等人员掩蔽所，六级人防物资库								—	—	—	—
10	设计合理使用年限		50 年											
11	防水	地下室	抗渗等级为 S8，底板、侧壁、顶板、挡土墙防水为 BOT 抗裂纤维结构自防水＋20 mm 厚聚合物水泥砂浆或涂料防水											
12		一层梁板	结构自防水（内掺高效膨胀抗裂剂）											
13		屋面	屋面防水等级为Ⅱ级，种植屋面防水为结构自防水（内掺高效膨胀抗裂剂）＋1.5 mm 厚涂膜防水层＋2 mm 厚 350 号石油沥青油毡点粘＋40 mm 厚刚性防水层，平屋面防水为结构自防水（内掺高效膨胀抗裂剂）＋1.5 mm 厚聚乙烯丙纶高分子防水层＋改性沥青防水卷材＋40 mm 厚 C30UEA 补偿收缩细石混凝土（内配 $\phi4$@150 mm 双向钢筋网）											
14		水池	结构自防水（内掺高效膨胀抗裂剂）＋底板和侧壁均为 7～15 mm 厚聚合物水泥砂浆											
15		卫生间	地面为结构自防水（内掺高效膨胀抗裂剂）＋1.5 mm 厚聚乙烯丙纶高分子防水层，墙面为 3%硅质密实剂防水砂浆											

续表 5-23

序号	项目		1#、2#楼	3#、4#楼	5#楼	6#、7#楼	8#、9#楼	10#、11#楼	12#、13#楼	14#、15#楼	幼儿园	会所	商铺	地下车库
16	保温	屋面	平屋面为 40 mm 厚挤塑聚苯保温板（电梯机房、水箱顶除外），坡屋面为膨胀聚苯保温板											
17		外墙	20 mm 厚聚苯颗粒保温砂浆外墙内保温											
18	室外工程		沥青混凝土道路、游泳池、绿化土方回填、台阶、散水、坡道等											
19	±0.00 m 相当于绝对标高		54.30	55.35	56.00	54.65	53.90	53.60	52.65	51.95	59.65	53.25	51.95	—

(2) 结构设计概况

本工程结构设计概况见表 5-24。

表 5-24 结构设计概况一览表

序号	项 目	内 容	
1	设计使用年限	设计基准期及结构设计使用年限均为 50 年	
2	结构安全等级	二级	
3	耐火等级	1#～15#楼、地下车库、幼儿园为一级，会所、商铺为二级	
4	抗震设防	*A* 级高层建筑，设计地震分组为第一组，抗震基本烈度为 6 度，抗震设防类别为丙类，建筑场地为Ⅱ类，设计基本地震加速度值 0.05 *g*，结构构件抗震等级为二级、三级、四级	
5	人防结构设计	地下室划分为一个战时甲 6 级人防二等人员掩蔽部，一个战时 6 级人防物资库，一个甲 5 级战时电站	
6	结构形式	1#～15#楼、地下车库为钢筋混凝土框架（异形柱）部分剪力墙结构，幼儿园、会所、商铺为钢筋混凝土框架结构，地下车库顶板为无梁楼盖预应力结构，5#楼中部有钢骨混凝土柱、梁，会所羽毛球馆屋盖为网架结构	
7	基础形式	1#～13#楼、地下车库采用人工挖孔灌注桩（共计 1 266 条），14#、15#楼、幼儿园、会所采用独立柱基础，商铺采用锤击沉管灌注夯扩桩（共计 180 条）基础	
8	砌体	200 mm 厚加气混凝土砌块，一般内间隔墙采用 100 mm 厚钢丝网架膨胀珍珠岩整体夹芯板（SGZ 板）	
9	混凝土强度等级	桩	桩芯 C30，护壁 C25（5#楼 C30）
		承台及基础梁	C40（S8）
		地下室	底板、挡土墙、水池池壁 C40（S8）
		柱、剪力墙、楼梯	C40、C35、C30
		楼层、屋盖梁板	C40、C35、C30、C25
10	钢筋类别及型号	HPB235 钢筋（Ⅰ级钢筋，$f_y = 210\ N/mm^2$）；HRB335 钢筋（Ⅱ级钢筋，$f_y = 300\ N/mm^2$）；HRB400 钢筋（Ⅲ级钢筋，$f_y = 360\ N/mm^2$）	
11	游泳池	钢筋混凝土结构，天然地基，250 mm 厚底板、池壁，C30（S6）抗渗混凝土	

(3) 装饰装修设计概况

本工程装饰装修设计概况见表 5-25。

表 5-25 装饰装修设计概况一览表

序号	项目	装修做法	使用部位
1	屋面	20 mm 厚(最薄处)1∶8 水泥陶粒 2%找坡＋20 mm 厚 1∶2.5 水泥砂浆找平＋300 mm×300 mm 陶瓷面砖	平屋面
		20 mm 厚 1∶3 水泥砂浆找平＋100 mm 厚陶粒排(蓄)水层	种植屋面
2	地面	耐磨地面	地下车库
		细石混凝土地面	一层房间
3	楼面	水泥砂浆楼面	住宅各套型厅、卧室、阳台、内走道
		保温砂浆楼面	住宅架空层顶、三层楼面
		地板砖楼面	住宅电梯间、楼梯间、公共走道、楼梯踏步
		防水楼面(标准Ⅰ)	厨房及未降板卫生间
		防水楼面(标准Ⅱ)	所有已降板卫生间
4	内墙面	吸声墙面	柴油发电机房
		混合砂浆仿瓷涂料墙面	除注明外的所有内墙面
		防水砂浆墙面	卫生间、厨房
		高级面砖墙面	电梯间
5	踢脚板	面砖踢脚	楼梯间、公共走道
6	油漆	调和漆	木构件、楼梯木扶手、外露金属构件
7	台阶	花岗岩板贴面	详平立面图
8	坡道	水泥砂浆坡道	下地下室车行坡道
		花岗岩条石坡道	室外坡道
9	车行道	沥青混凝土	小区内车行道
10	人行道	预制混凝土块	小区内人行道
11	顶棚	混合砂浆仿瓷涂料顶棚	除注明外所有顶棚
		水泥砂浆顶棚	厨房、卫生间
		大白浆顶棚	柴油发电机房

续表 5-25

序号	项目	装修做法	使用部位
12	外墙面	粘贴面砖外墙面	除注明外所有面砖外墙面
		干挂石材外墙面	除 14#、15# 楼外住宅二层以下部位
13	水池	水泥砂浆＋聚合物水泥砂浆	地下室生活水池及消防水池、屋顶消防水箱
14	门	防火门及入户防盗子母门	楼梯间、电梯间、地下室
		木门	幼儿园、会所
		双层金属门，中填 15 mm 厚矿棉板	商铺
		钢化玻璃门连窗	商铺
15	窗	古铜色铝合金窗框，(5＋6＋5) 或 (6＋9＋6) 中空玻璃	所有外墙
		铝合金百叶窗	空调处、送风口
		防火窗	会所
16	幕墙	玻璃幕墙	5# 楼东南角、西南角部

(4) 机电安装设计概况(略)

3) 施工环境及条件

(1) 自然环境

① 温度：极端最高温度 40.4℃，极端最低温度－11.3℃，全年平均气温 17.2℃。

② 湿度：年平均相对湿度 75%。

③ 降水量：年平均降水量 1 389.8 mm，日最大降水量 192.5 mm。

④ 风向及风速：全年主导风向 NW，最大风速 20 m/s。

⑤ 其他：基本风荷载 0.35 kN/m^2，基本雪荷载 0.35 kN/m^2，地震基本烈度 6 度。

(2) 施工条件

① 场地情况：目前场地平整已完成，地下室基坑土方已基本完成，项目四周临时围墙已修筑，开工前采用活动金属围挡对各标段进行间隔。

② 交通运输条件：本工程周围市政道路除北侧外均已形成，交通较便利。

③ 施工临时用水用电条件：建设单位在场地西南侧提供一台 800 kVA 变压器，但 800 kVA电容量不能满足施工需求，需另行增加配置电源。在东三线提供 ϕ150 mm 供水水管，根据业主提供的场地周边市政管线图，提供有现场排水水管接口。

4) 工程施工重点、特点、难点分析及对策

本工程重点、特点和难点分析及其对策见表 5-26。

表 5-26　工程施工重点、特点、难点分析表

类别	工程重点、特点、难点	原因分析	主要对策
管理、组织、协调	群体工程，施工管理、组织、协调是本项目的重点	项目体量大、栋数多(15 栋 6～33 层高住宅、1 所会所、1 所幼儿园、商铺、人防、停车库、设备用房、室外工程以及其他有关配套工程)、占地面广，为施工总承包工程，专业分包多，如何进行本项目施工组织是关键	(1) 组建总承包项目经理部，派具有施工总承包经验的项目经理和执行经理进行现场施工管理，由总公司骨干施工管理人员组成本项目经理部 (2) 根据本工程和现场实际情况，分期、分阶段进行平面布置，由工程技术部进行平面策划并实施及管理，质安部监督 (3) 项目经理部设机电安装部，由项目(总包)副经理负责，并派专人对分包商进行组织、协调
		本项目的南面及西面均为居民居住区，北面为县地税局，存在扰民问题	(1) 项目综合办公室设专人负责协调周边社会关系，及时解决民扰等问题 (2) 拟由项目综合办公室牵头，与当地政府、镇派出所、园区管委会、园区城管、村委会等建立了良好的协作关系，为本项目工作的开展创造天时、地利、人和的良好条件 (3) 合理安排施工时间，尽量减少深夜浇筑混凝土
	本工程工期十分紧张	会所总工期 130 日历天；1# ～4# 楼 130 日历天完成主体结构 50%(含桩基础)，6# ～9# 楼 160 日历天完成主体结构 50%(含桩基础)，施工工期紧	(1) 根据合同工期，编制施工总进度计划、项目控制计划、节点计划，并充分考虑工程特点、雨季施工、外部环境、外部干扰等方面情况，使计划具有先进性、合理性和可操作性 (2) 根据总进度计划安排，编制施工图需用计划、资源计划等 (3) 编制季节性施工措施；做好现场排水设施，确保现场排水畅通；雨水天气配备防雨设施并铺设路基箱，确保施工正常 (4) 合理划分施工区段，优先满足主体结构施工条件，确保节点工期实现
场地、交通、文明施工、环保	地下室面积大，其顶板为预应力结构，垂直运输设备布置比较困难	地下室为连通式，面积超过 32 000 m^2，且顶板为预应力梁板，塔吊布置时需要考虑的因素很多，塔吊吊臂交圈多且存在同一塔吊伸入到本栋以外的塔楼，但部分塔吊又无法完全覆盖本栋塔楼的状况	(1) 由项目工程技术部进行平面策划，根据现场实际情况选用较合理的塔吊平面布置 (2) 加强施工过程中的组织协调工作，合理划分各塔吊作业时间和服务区域(栋号)，做到群塔协同工作 (3) 编制切实可行的群塔作业方案，确保群塔同步作业安全 (4) 合理安排施工顺序，覆盖其他塔楼的塔吊所在塔楼施工层数高于塔吊伸入的其他塔楼，以保证塔吊 360°旋转 (5) 针对伸入本栋楼以外塔楼的塔吊(主要指 6#、7# 楼塔吊)，根据现场生产情况设置限位措施

续表 5-26

类别	工程重点、特点、难点	原因分析	主要对策
场地、交通、文明施工、环保	安全、文明施工	项目确保“某省安全文明样板工地”	(1) 由项目工程技术部进行项目安全、文明施工策划，项目综合办公室进行CI策划，由工程技术部具体实施，专人负责 (2) 科学合理地布置现场平面，施工道路、生产区、办公生活区全部硬化 (3) 现场临建采用活动板房，设现场医务室，由专人管理，派专人打扫卫生，建立应急预案，杜绝食物中毒和流行病的发生 (4) 施工现场配备洒水设备，定时洒水防尘，冲洗道路，出入工地大门设置洗车槽，防止车辆带泥上路 (5) 生活区设置沉淀池、化粪池、隔油池等，施工污水经处理后排入市政管网 (6) 现场垃圾分类堆放，及时外运 (7) 在各区各栋搭设安全通道，确保员工安全。施工作业层设置隔音板，现场加工区采用封闭式作业防护棚
	安全管理是关键	本工程为群体工程，共有15栋多、高层建筑，层数有6～33层不等，安全管理极为重要	(1) 由质安部进行项目安全策划，工程技术部实施、控制，质安部监督 (2) 作业面层外架实行全封闭作业，安全网内侧满布竹篱笆，底口采用50 mm厚木板予以全封闭 (3) 在非作业面层，每隔10层设钢管悬挑式外防护架，在建筑物的外围一周沿水平方向再进行全封闭一次 (4) 采用工具式卸料平台，各层人货电梯进口门采用自闭自锁装置的组合式钢栅门 (5) 电梯井井道采用每3层设1道水平安全网，每隔3层铺槽钢，用木板全封闭，防止物体坠落 (6) 建立有效的消防报警、监控、巡查、动火审批制度；针对防大风制定相应的技术、管理措施，高层建筑的防雷应作为重点管理 (7) 加强施工人员安全教育，开展安全生产群众监督员活动，定期进行安全大检查
技术及质量管理	高层垂直度控制、测量要求高	有13栋高层住宅，垂直度控制是保证质量的关键；测量工程包括建筑物定位、建筑物测量放线、园林绿化等室外工程测量放线、道路及室外排水管网测量放线，测量工作量大	(1) 工程技术部设测量组，配备专职测量工程师，进行项目测量及复核工作 (2) 现场配备全站仪、激光铅锤仪等测量设备 (3) 作业队配备测量员配合测量组对本区域内工程进行测量放线 (4) 建立一、二级平面测量控制网和高程测量控制网，内控与外控相结合

续表 5-26

类别	工程重点、特点、难点	原因分析	主要对策
技术及质量管理	预应力结构板	地下室顶板为板式楼盖后张法预应力结构	(1) 搞好预应力深化设计工作，以最优化的设计保证结构安全、协调配合容易、操作简便 (2) 做好土建与预应力相互之间的交底工作。土建交底不仅是技术交底，还包括进度、整体部署、注意事项的交底 (3) 做好现场施工的配合协调工作。项目生产副经理为现场专业协调人 (4) 投入足够的人力、物力资源，确保预应力施工满足进度及施工质量要求
	地下车库水平结构找平层平整度控制是关键	地下车库面积约 32 376 m^2，停车位 970 个，单层面积大	施工时采用激光自动扫平找平机进行平整度控制
	5# 楼 22～33 层跨度对接施工	跨度为 13 m，距离地面(±0.0 m)高度为 63 m	(1) 编制专项施工方案和技术措施，确保施工安全和施工质量 (2) 采用贝雷片搭设桁架高空支模平台，避免高支模体系 (3) 钢结构分段制作时考虑塔吊吊装重量，确保塔吊操作安全 (4) 做好施工中的安全维护(详见“安全管理是关键”一条的对策)

5) 主要工程量

本工程主要工程量见表 5-27。

表 5-27　主要工程量表

序号	工程量名称	单位	数量	备　注
1	商品混凝土	m^3	56 000	
2	Ⅰ级钢筋	t	2 486	
3	Ⅱ级钢筋	t	914	
4	Ⅲ级钢筋	t	8 557	
5	蒸压加气混凝土砌块	m^2	130 008	
6	BPS 防水涂料	m^2	681 404	
7	挤塑聚苯保温隔热板	m^2	12 725	
8	C40HEA 补偿收缩混凝土	m^2	10 545	
9	300 mm×300 mm 陶瓷面砖	m^2	10 914	
10	聚苯颗粒保温砂浆	m^2	140 345	
11	白色全瓷地板砖	m^2	14 318	

续表 5-27

序号	工程量名称	单位	数量	备　注
12	仿瓷涂料	m^2	332 086	
13	花岗岩	m^2	2 124	
14	外墙面砖	m^2	130 360	
15	外墙石材	m^2	3 961	
16	阳台栏杆	m	35 088	
17	镀锌钢丝网	m^2	135 607	
18	聚乙烯丙纶高分子防水层	m^2	299	
19	耐磨地坪	m^2	29 503	
20	排水沟盖板	m	1 000	
21	外墙氟碳漆	m^2	5 019	
22	波纹瓦	m^2	575	

5.8.2 施工组织与部署

1）工程管理目标

本工程施工管理目标见表 5-28。

表 5-28　工程管理目标表

序号	工程目标	目　标　内　容
1	质量目标	质量验收合格，通过“结构评优，获得省(市)样板工程”
2	工期目标	施工总工期 480 日历天，并满足节点工期要求
3	安全及文明施工目标	杜绝重大火灾事故，杜绝土方坍塌、高空坠落、物体打击、触电事故造成的人员死亡事故，杜绝重大机械设备事故，杜绝急性中毒事故，因工年负伤频率控制在 5‰以内。确保某省安全文明示范工地
4	职业健康及环境保护目标	(1) 施工噪声：满足国家及市建筑施工场界噪声限值规定，不发生噪声扰民现象 (2) 施工扬尘：施工现场目视无扬尘，道路运输无遗洒 (3) 固体废弃物排放：施工现场固体废弃物实现资源化、无害化、减量化管理 (4) 有毒有害废弃物：对有毒、有害废物进行有效控制和管理，减少环境污染 (5) 污水排放：生产、生活污水经处理后排放，水质符合地方标准 (6) 资源管理：节能降耗，减少资源浪费 (7) 杜绝重大环境事故的发生，不出现因噪声、扬尘、运输遗洒、土地污染、水体污染及废弃物处置等环境污染问题造成的执法部门处罚或相关投诉 (8) 节材、节水、节能、节地，努力推行绿色施工
5	文化建设	确保“省直青年文明号”，争创“省级青年文明号”

2）组织机构

(1) 项目组织机构设置根据该项目(一期)工程特点来定，总承包工程体量大，影响力大，公司将把此工程列为公司重点工程，将在全公司范围内选拔同类型工程施工经验丰富、业务水平高、责任心强、能吃苦耐劳的管理人员组成项目经理部。项目经理部的组织机构如图 5-2 所示。

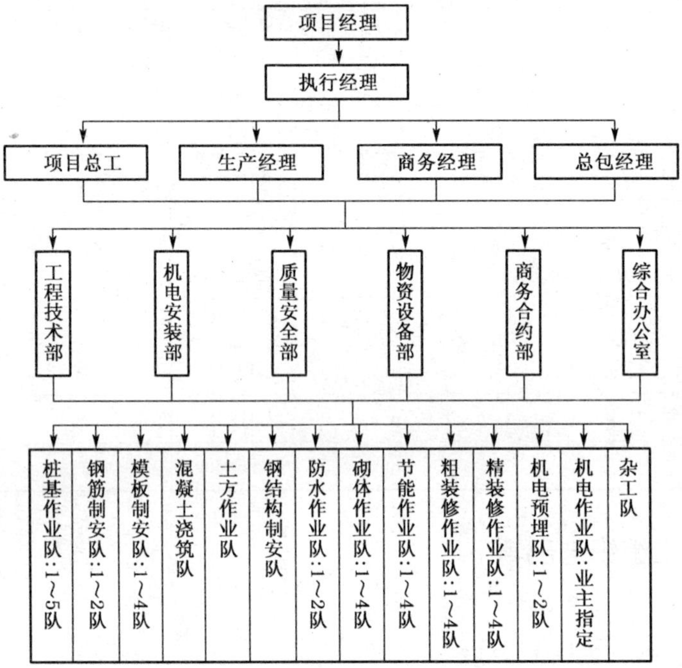

图 5-2　项目组织结构图

(2) 项目经理部管理人员配备

项目经理部管理人员配备及主要职责见表 5-29。

表 5-29　项目部管理人员配备及职责一览表

序号	姓名	职务	主要职责
1		项目经理	组织整个项目建设，是项目的第一责任人
2		执行经理	组织整个项目建设
3		生产经理	协助执行经理，组织整个项目施工管理（兼工程部负责人）
4		商务经理	协助执行经理，负责合约与成本管理工作（兼商务合约部主任）
5		总工	协助执行经理，负责项目的施工技术、质量管理工作
6		总包经理	协助执行经理对本工程的水电安装施工进度、质量、安全和文明进行管理以及与土建的协调
7		主管	组织本部门人员负责物资设备的供应和管理
8		材料员	负责组织工程施工所需材料的供应与管理
9		材料员	
10		材料员	负责组织工程施工所需设备的供应与管理

续表 5-29

序号	姓名	职务	主要职责
11		内业材料员	负责项目材料设备进出场台账建立;负责项目材料设备消耗台账的建立
12		材料员	
13		商务副经理	协助商务经理进行日常合约与成本管理工作
14		预算员	负责合约、成本管理
15		预算员	
16		预算员	
17		预算员	
18		预算员	
19		1# ～7# 楼号长	协助生产经理对 1# ～7# 楼的施工进度、质量、安全和文明进行管理
20		8# ～15# 楼号长	协助生产经理对 8# ～15# 楼的施工进度、质量、安全和文明进行管理
21		1、2# 楼土建施工员	协助楼号长负责现场施工
22		1、2# 楼配合施工员	协助楼号长负责现场施工
23		3# ～4# 楼土建施工员	协助楼号长负责现场施工
24		3# ～4# 楼配合施工员	协助楼号长负责现场施工
25		5# 楼土建施工员	协助楼号长负责现场施工
26		5# 楼配合施工员	协助楼号长负责现场施工
27		6# ～9# 楼施工员	协助楼号长负责现场施工
28		技术员	负责技术、质量、进度监督与管理
29		水电施工员	协助总包经理对本工程的水电安装施工进度、质量、安全和文明进行管理
30		试验主管	负责项目计量器具的管理及试验工作
31		测量主管	负责现场测量
32		测量员	协助测量组长进行现场测量放线
33		资料员	负责技术资料、文件的收集、整理、归档工作
34		办公室主任	组织本部门人员负责治安保卫、行政后勤、医疗保健、外部协调具体组织等工作
35		办事员	负责行政后勤、医疗保健
36		财务	负责项目资金管理
37		财务	
38		质安负责人	负责质量、安全检查监督
39		质量员	协助质安负责人进行施工质量检查监督

3）施工组织安排

（1）材料组织

材料分为周转材料、工程材料两种。

① 周转材料的供应：架管、扣件、脚手板、安全网等脚手架搭设使用材料采用租赁形式，模板（含钢模）、木枋全部购买新的，临建所用活动板房、临时用水用电等材料从公司其他工地调配，如不够则购置。

② 工程材料的供应：混凝土采用商品混凝土（膨胀剂、抗裂纤维由项目部提供及放料），砂浆采用预拌砂浆，砂、石子、砖等地材就近购买，钢材选用名牌免检产品，供应厂家选择与我公司有着长期业务关系并且信誉良好的厂家，保证质量可靠、供货及时。业主指定品牌（厂家）的工程材料按业主指定的品牌（厂家）进行购置。

项目工程技术部施工员根据施工图纸和施工进度计划，编制材料需用计划（包括工程材料和周转材料），报项目生产经理审核并经项目经理审批后，大宗工程材料由公司统一组织供应，零星材料项目物资设备部依据计划自行采购；周转材料如架管、扣件等采用租赁形式供应。拟投入本工程的主要材料需用计划见本章第 5 节。

（2）设备组织

塔吊、人货电梯、物料提升机、汽车吊、输送泵、发电机、挖土机、自卸汽车等大型设备采用租赁，其余从我公司内部调配，不够则购置。

项目经理部根据本工程的工程量、合同工期、施工进度计划，以施工组织设计为依据，编制设备（机具）需用计划。大型机械设备由公司统一组织供应，小型机械设备项目物资设备部依据计划自行采购。拟投入本工程的主要机械设备见本章第 5 节。

（3）资金组织

资金由我公司财务部统一安排，工程竣工前，业主支付的工程款项全部用于本工程，以确保工程的顺利进行，以后则确保专款专用。

项目商务合约部根据本工程的工程量、施工进度计划、项目策划及与业主签订的主合同，绘制资金动态需用曲线和资金需用计划表，经公司相关部门审核和总经理审批后，再由公司依此提供项目资金保障。

（4）劳务队伍组织

各施工区段将分别组织桩基础作业队、土方作业队（包括基础梁、承台、独立柱基及基坑回填土方）、钢筋作业队、钢结构作业队、防水作业队、外架作业队、模板作业队、混凝土作业队、砌体作业队、轻质隔墙作业队、装饰装修作业队、机电设备安装作业队、天桥作业队、游泳池作业队等作业队伍，项目部对外公开发出项目劳务招标书，择优选择素质高、作战能力强、信誉好的劳务企业，劳务企业受合同制约，接受区段管理层的管理、指导、监督、控制。为保证施工质量，提高效率，作业班组保持相对稳定，并隶属于项目经理部统一安排，统筹调度。

4）施工部署

（1）施工区段的划分

本工程地下车库单层面积大，单位工程多，工期紧，工序多，质量要求高，所以必须进行科学、合理的施工分区，方能顺利完成各项施工目标。依据本工程的平面和立面设计概况，结合现场实际情况，同时也最大限度地有利于劳务队伍的组织和资源的调度，本工程施工区段划分情况如下：

① 高层区桩基施工的施工区段划分

桩基施工阶段将整个桩基工程划分为 5 个施工区域：

1# ～2# 楼桩及相应地下室桩为第一区段（共 176 根桩）；3# ～4# 楼桩及相应地下室桩为第二区段（共 191 根桩）；5# 楼桩、W 轴线以南的桩为第三区段（共 275 根桩）；6# ～9# 楼桩及 W 轴线以北的桩为第四区段（共 316 根桩）；10# ～13# 楼桩及相应地下室的桩为第五区段（共 308 根桩）。

由于本工程 1# ～9# 楼节点工期十分紧张，因此从桩基础施工开始，对各楼施工区段的桩基施工再细化如图 5-3，将整个地下室桩基础分为 7 个区域施工，7 个施工区域中先期施工Ⅰ-a、Ⅱ-a、Ⅲ、Ⅳ-a、Ⅴ施工区域的桩基础，Ⅰ-a、Ⅱ-a、Ⅲ、Ⅳ-a、Ⅴ施工区域的桩基施工完成后，立即进行该区域底板施工，在该区域施工段底板施工的同时，施工其他施工段（Ⅰ-b、Ⅱ-b、Ⅳ-b、Ⅵ、Ⅶ施工段）的桩基。

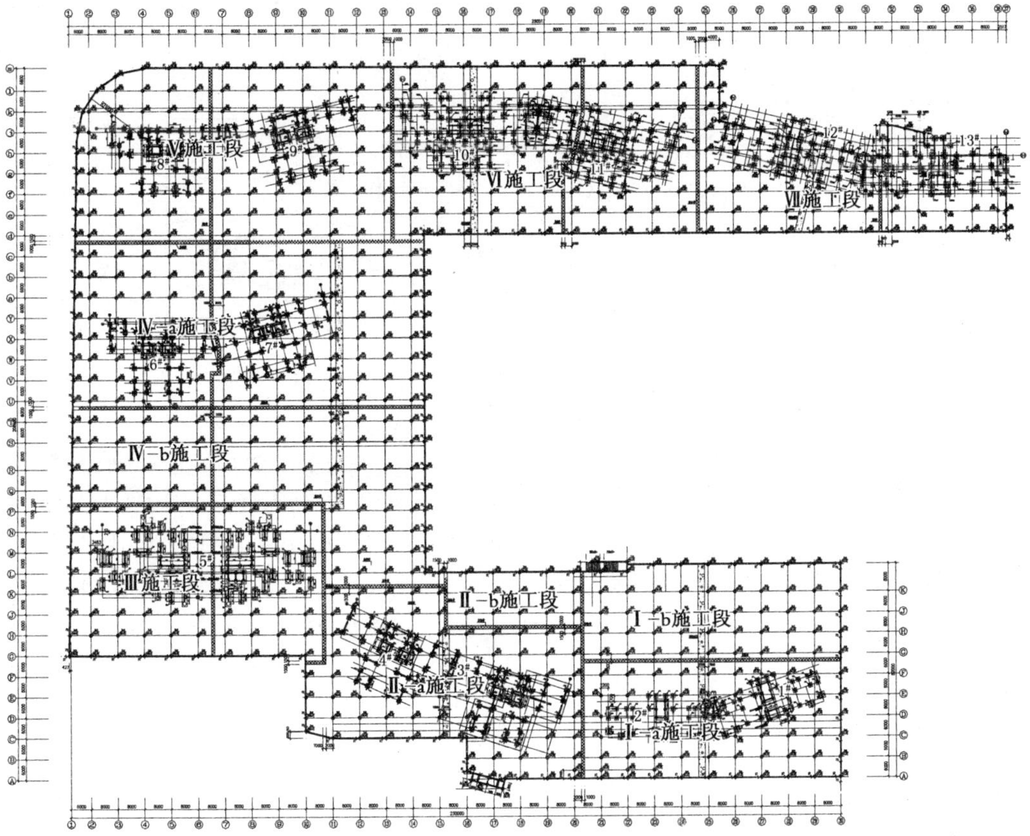

图 5-3 桩基施工段划分图

② 高层区地下室的施工区段划分

地下室（包括地下车库及住宅楼架空层）以后浇带为界划分为 7 个施工区，各区间组织平行或流水施工。地下室施工区划分示意如图 5-4 所示。

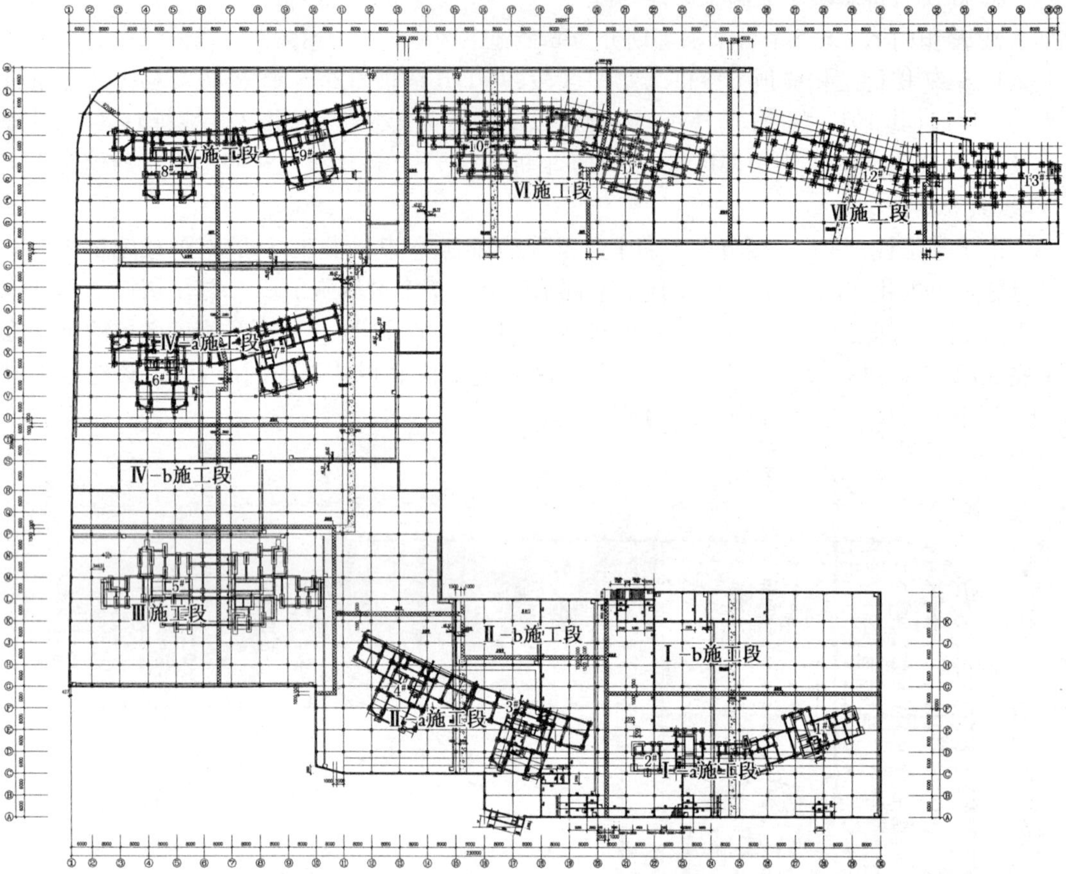

图 5-4　地下室施工区划分图

由于本工程 1# ～9# 楼节点工期十分紧张，因此对各栋施工区段的施工再细化（如图 5-4所示），将整个地下室底、顶板分别分为 7 个区域施工，7 个施工区域中先期施工Ⅰ-a、Ⅱ-a、Ⅲ、Ⅳ-a、Ⅴ施工区域的底、顶板，Ⅰ-a、Ⅱ-a、Ⅲ、Ⅳ-a、Ⅴ施工区域的底、顶板施工完成后，立即进行该区域塔楼（1～9# 楼）结构施工，在 1～9# 楼塔楼结构施工的同时，施工其他施工段（Ⅰ-b、Ⅱ-b、Ⅳ-b、Ⅵ、Ⅶ施工段）的地下室底、顶板。

③ 多层及塔楼施工区段划分

住宅楼按 1# 和 2# 楼、3# 和 4# 楼、5# 楼、6# 和 7# 楼、8# 和 9# 楼、10# 和 11# 楼、12# 和 13# 楼、14# 和 15# 楼加会所分为 8 个施工区，每个区中除 5# 楼外均按栋号划分为两个施工段，组织流水施工；5# 楼 24 层以下以 5～18 轴为界划分为两个施工流水段，组织流水施工，5# 楼 24 层以上（含 24 层）合并为一个施工段施工。

幼儿园、商铺不分区，按栋号划分施工段，各施工段间组织平行施工。

（2）总体施工顺序

根据本工程的建筑特点及节点工期要求情况，我们初步确定本工程的总体施工顺序按以下 5 个阶段进行：

① 第一施工阶段：人工挖孔桩基础施工阶段

1# ～13# 楼及地下室人工挖孔桩根据地下室后浇带的位置划分为 5 个工作区段，使用

4个劳务队进场施工，进场后第一区段、第二区段、第三区段、第四区段同时施工，其中1#～2#楼桩及相应地下室桩为第一区段(共176根)，由第一个劳务队施工；3#～4#楼桩及相应地下室桩为第二区段(共191根)，由第二个劳务队施工；5#楼桩、6#、7#楼位于W轴线以南的20根桩为第三区段(共275根)，由第三个劳务队施工；6#～9#楼桩及W轴线以北的桩为第四区段(共316根)，由第四个劳务队施工；10#～13#楼桩及相应地下室的桩为第五区段(共308根)，待第一、第二区段的桩开挖完成后，转移到第五区段施工。

为保证1#～9#楼施工进度，该几栋塔楼及其周边架空层的桩基施工顺序为：先期施工Ⅰ-a(126条桩)、Ⅱ-a(147条桩)、Ⅲ(166条桩)、Ⅳ-a(183条桩)、Ⅴ(178条桩)施工区域的桩基础，Ⅰ-a、Ⅱ-a、Ⅲ、Ⅳ-a、Ⅴ施工区域的桩基施工完成后，立即进行该区域底板施工，在该几个施工段底板施工的同时，施工Ⅰ-b(52条桩)、Ⅱ-b(15条桩)、Ⅳ-b(81条桩)、Ⅵ(181条桩)、Ⅶ(137条桩)施工段的桩基。会所独立柱基础与第五区段同时施工，最后施工商铺锤击沉管灌注夯扩桩基础、幼儿园独立柱基础。

② 第二施工阶段：地下车库及住宅楼架空层施工阶段

先施工Ⅰ-a、Ⅱ-a、Ⅲ、Ⅳ-a、Ⅴ区地下车库及住宅楼架空层，在上1～9#楼塔楼主体结构的同时再施工Ⅰ-b、Ⅱ-b、Ⅳ-b、Ⅵ、Ⅶ区地下车库及住宅楼架空层。包括地下室底板、侧壁、挡土墙、顶板及基础梁、承台、柱、剪力墙、楼梯等。机电安装预留预埋穿插进行，同时进行的还有会所主体结构。

③ 第三施工阶段：住宅楼主体结构施工阶段

各区段地下车库及架空层施工完毕，紧接着进行住宅楼主体结构的施工。包括各层梁、板、柱、剪力墙、楼梯、屋盖梁板等。机电安装预留预埋穿插进行，各栋号施工完6层结构时，插入砌体及轻质隔墙施工，并适时进行中间结构验收，以便装饰装修工程的插入。地下室顶板的预应力张拉待混凝土强度到规定强度即可进行，后浇带跨的预应力张拉待塔楼主体完工后进行后浇带混凝土浇筑，混凝土强度达到规定强度后进行后浇带跨预应力张拉。

④ 第四施工阶段：装饰装修及机电安装施工阶段

装饰装修包括楼地面找平及面砖、内外墙、顶棚抹灰及涂料、内外墙面砖、外墙保温、栏杆、门窗、玻璃幕墙等，屋面工程、防水工程同时进行。机电设备安装与装饰装修施工穿插进行。同时进行的还有商铺、幼儿园主体结构及装饰装修施工。

⑤ 第五施工阶段：室外工程施工阶段

室外工程包括小区道路、排水管道、室外电气、燃气、检查井、化粪池等。同时进行的还有机电设备安装的调试。

(3) 施工队伍安排(略)

(4) 主要分部分项工程施工顺序

① 基础工程(含地下室)

住宅楼及地下车库：人工挖孔桩基础→基础梁、承台土方开挖→基础梁、承台、底板垫层及砖胎模→基础梁、承台、底板钢筋绑扎→基础梁、承台、底板混凝土→地下室柱墙钢筋绑扎→地下室柱墙模板支承→地下室柱墙混凝土→地下室顶板模板支承→地下室顶板钢筋绑扎及预应力筋布设→地下室顶板混凝土→地下室顶板预应力张拉→地下室砌体。

会所、幼儿园、商铺：锤击沉管灌注夯扩桩基础(仅商铺有)→独立柱基或基础梁、承台土方开挖→独立柱基或基础梁、承台钢筋绑扎→独立柱基或基础梁、承台混凝土。

② 主体工程

一层墙柱钢筋→一层墙柱模板→一层墙柱混凝土→二层梁板梯模板→二层梁板梯钢筋→二层梁板梯混凝土→…→屋面梁板梯模板→屋面梁板梯钢筋→屋面梁板梯混凝土,各层砖砌体及轻质隔墙适时插入。

水电预留、预埋穿插进行,外架搭设与主体结构同步进行。

③ 装饰装修工程

地面、屋面及卫生间防水→屋面及外墙保温→玻璃幕墙、门窗、栏杆→内外墙抹灰→内外墙面砖→内外墙及顶棚涂料→楼地面找平及面砖。

④ 机电安装工程

在土建结构施工期间,主要工作内容是预留预埋;在地下及主体结构验收之后,各专业陆续进场进行主干管线的施工;在主干管线施工后期,开始进行机房、竖井、楼层等部位的设备及控制柜的施工;设备、机电安装完毕后进入单机调试、系统衔接及综合调试阶段;然后进入验收阶段。

(5) 主要施工方案选择

① 人工挖孔桩工程

基础土方开挖采用风镐、羊角锄并且借助手摇绞车进行,并利用鼓风机送风。先施工周边桩降水,再施工中间桩,人工成孔,混凝土采用输送泵浇灌,串筒下料。

② 预应力结构工程

采用后张法(梁为有粘结,板为无粘结),超张拉控制,先中间,后两边。

③ 钢筋工程

钢筋加工:钢筋采取现场加工,地下室土方回填前现场共设 4 个钢筋加工棚,地下室土方回填后主体结构施工阶段现场共设 4 个钢筋加工棚,棚内各配置加工机械 1 套(共 5 套),钢筋棚位置详见《施工平面布置图》。

钢筋运输:场外采用汽车运输,场内垂直和水平运输采用塔吊吊运至操作层绑扎。场内倒运采用加长拖拉机。

钢筋连接:梁板水平筋直径 $\phi14$ 以内采用绑扎接长,$\phi16$～$\phi22$ mm 采用闪光对焊或搭接焊连接,$\phi25$ mm 及以上采用直螺纹套筒连接。

竖向钢筋连接:$\phi14$ mm 以内采用搭接接长,$\phi16$～$\phi22$ mm 采用电渣压力焊连接,$\phi25$ mm 及以上采用直螺纹套筒连接。

④ 模板工程

模板采取集中加工,地下室土方回填前现场共设 4 个木作加工棚,地下室土方回填后主体结构施工阶段现场共设 4 个木作加工棚,共配 4 套加工设备。

模板加工场旁设模板堆场,模板加工后采用塔吊吊运至施工点施工。

各主楼部分的地下室承台、地梁及底板的侧模采用砖胎膜;柱采用定型木框 18 mm 厚木胶合板模板;剪力墙模板采用 10 mm 厚竹胶合板模;梁板模采用现拼 18 mm 厚木胶合板模板;主龙骨采用 60 mm×80 mm 木枋,地下室顶板主龙骨采用 100 mm×100 mm 木枋,电梯井壁采用铰接筒模。

模板配置:地下车库墙柱及梁板满配,住宅楼墙柱及梁板满配 3 层(分栋配置),会所柱配 1 层、梁板配 2 层,幼儿园模板从会所调配,不够再补充,商铺模板从 1# ～4# 楼住宅调配。

标准层的施工顺序为：满堂架搭设→墙、柱模板安装→浇筑墙、柱混凝土→墙、柱模板拆除→梁、板模支设→梁板混凝土浇筑。

A. 承台、地梁及底板侧模

承台、地梁及底板侧模采用木模板。面板采用 18 mm 厚木胶合板，每块面板后背竖向通长 60 mm × 80 mm 杉木枋（水平间距 200～250 mm），上下各一道 60 mm × 80 mm 横枋。背枋两面刨光。采用双钢管柱箍配合对拉螺栓（螺杆直径 ϕ14 mm）对拉加固。

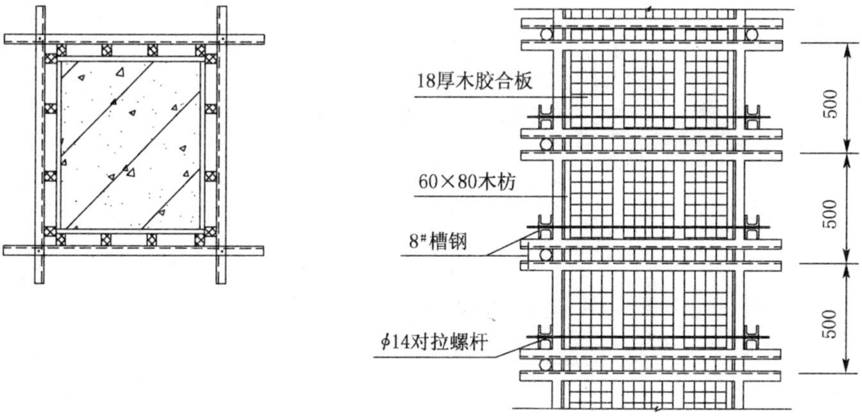

图 5-5　方柱模板图

B. 矩形柱模板

柱模板采用定型木胶合板模，每柱 4 块。面板采用 18 mm 厚木胶合板，每块面板后背竖向通长 60 mm × 80 mm 杉木枋（水平间距 200～250 mm），上下各一道 60 mm × 80 mm 横枋。背枋两面刨光。柱模采用双钢管柱箍配合对拉螺栓（螺杆直径 ϕ14 mm）双向对拉加固，上、下柱箍间距 300～500 mm，第一道柱箍距模板底口不大于 200 mm。当柱断面大于 600 mm × 600 mm 时，采用 8# 槽钢配合对拉螺栓双向加固，方柱模板见图 5-5（柱断面尺寸大于 600 mm × 600 mm）。

C. 短肢剪力墙模板

本工程短肢剪力墙有“一”形、“T”形、“L”形，柱模采用 ϕ48 钢管柱箍配合对拉螺栓（螺杆直径 ϕ14 mm）双向对拉加固，上、下柱箍间距 350～500 mm，第一道柱箍距模板底口不大于 200 mm。螺杆距“T”形、“L”形内角 300 mm，水平间距不大于 600 mm。具体支模方法与剪力墙模板基本相同。

D. 地下室外剪力墙及电梯井筒体剪力墙模板

地下室外剪力墙模板施工顺序：放线（边线、控制线）→焊导墙筋→立外侧模板→穿止水对拉螺栓→立内侧模板→加背枋、上钢管横楞临时固定→调校→加固→验收。

外剪力墙模板对拉螺杆从双排钢管间穿过，间距不超过 600 mm × 600 mm，采用 ϕ14 mm 螺杆，中间加焊 100 mm × 100 mm 厚 4 mm 的钢板止水片。混凝土与两侧模板之间应加垫木，垫木大小为 45 mm × 45 mm × 20 mm，中间钻穿螺杆孔。安装前，垫木刷脱膜剂，拆模后将垫木取出，并从混凝土面割掉螺杆，凹坑用膨胀水泥砂浆封堵。外剪力墙模板见图 5-6 所示。

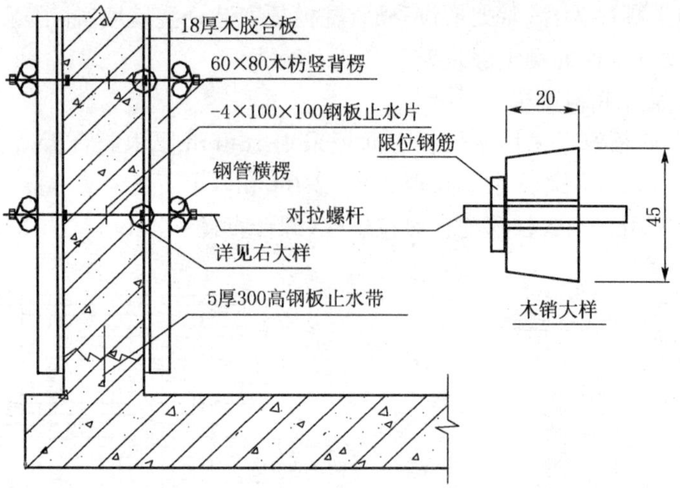

图 5-6　挡墙模板支设示意图

电梯井筒体剪力墙内模板施工顺序:放线(边线、控制线)→焊导墙筋→大模板吊装(放模板对撑)→穿套筒→穿对拉杆→临时固定→调校→加固→验收。

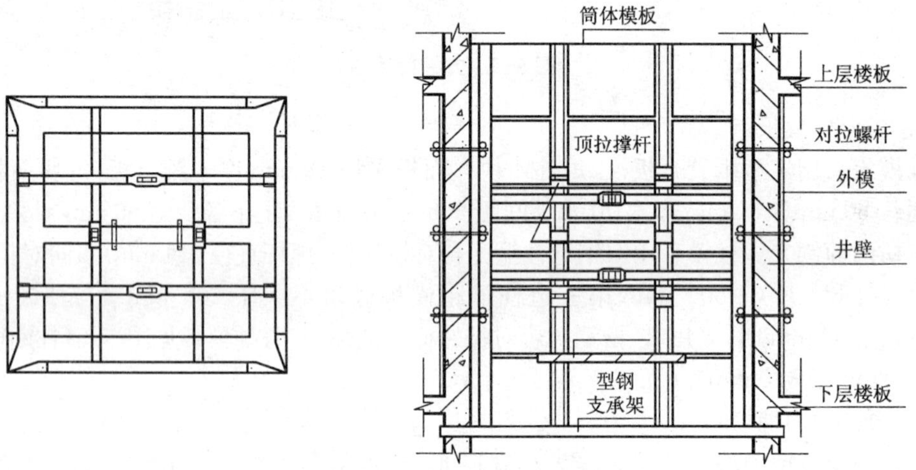

图 5-7　电梯井筒体剪力墙模板支设示意图

E. 梁板模板

梁板模板采用定型木胶合板模,模板宽度与梁宽、梁高相对应,单块模板长度 4～5 m,模板面板为 18 mm 厚木胶合板,背枋为刨光木枋(间距 250～300 mm 的纵向长枋和 2 根端部短枋),木枋截面尺寸 60 mm × 80 mm。板模采用竹胶合板现场散拼,面板为 12 mm 厚竹胶合板,背枋 60 mm × 80 mm (顺面板长向),间距 400 mm。

楼层梁板模板支撑采用门式脚手架。支承架采用定型钢管门式脚手架,门式架距梁端 0.3 m,门式架立杆平行于梁轴线的中间段 @≤0.9 m。楼板支承门式架的钢管立杆间距≤1.2 m。门式钢管架的纵横拉杆及剪刀撑必须按厂家说明设置齐全。底层搭架前应夯实土体,并在立杆下口铺垫 50 mm 厚架板以防止支承架下沉。如钢管门式架受调配影响时,也可采用钢管顶撑。钢管顶撑立柱间距≤900 mm。钢管门式架或钢管顶撑上下口采用两道

ϕ48 mm 钢管(扣件)作为水平系杆,并按水平间距 ≤ 3 m 设置,将模板支承架连接成整体。

框架梁跨度 ≥ 4 m 时,梁底模按跨度的 0.2%起拱。悬臂梁跨度 ≥ 2 m,梁底模按跨度的 0.3%起拱。

板模采用竹胶合板现场散拼,面板为 18 mm 厚木胶合板,背枋 60 mm × 80 mm(顺面板长向),间距 400 mm。

⑤ 混凝土工程

本工程全部采用商品混凝土,梁、板、柱、墙楼梯采用混凝土输送泵泵送浇筑,构造柱、飘板等零星构件采用塔吊吊运浇筑,现场配备输送泵 4 台。

所有商品混凝土的选择须经过严格审查比较,优先采用符合一级资质要求、质量稳定、供应能力满足要求的厂家。混凝土配合比设计要求混凝土公司提供,除满足施工设计要求外,还要满足商品混凝土的可输送性、可泵性以及一般梁板混凝土早强性等要求。

A. 混凝土施工组织

本工程混凝土施工由项目生产副经理统一组织调度,由项目总工程师负责组织质量控制。对混凝土的配合比、混凝土搅拌、运输、浇筑、养护全过程进行监控,并对商品混凝土搅拌站、现场浇筑的有关工程技术人员进行书面技术交底。

B. 混凝土输送

梁板及一次性浇筑量比较大的混凝土采用泵送,局部小批量混凝土采用塔吊吊运。本工程施工区设 4 台 HBT60 输送泵(另设 1 台泵备用)。由于区段内组织分段流水施工,各个单体混凝土错开浇筑时间。一般情况下,4 台输送泵完全可以满足混凝土输送需要。

C. 泵送混凝土施工

将输送管接至施工面上,输送水平管每隔一定距离用支架、台垫、吊具等固定,输送垂直管用预埋件固定在柱或楼板预留孔处。在泵送混凝土时,为防止泵送突然中断而产生混凝土反向冲击,必须在混凝土泵出口的水平管道上安装止逆阀。混凝土的浇筑必须连续,避免中途停歇。泵送混凝土时,料斗内混凝土必须保持 20 cm 以上的高度,避免泵管吸入空气而堵塞。若吸入空气,致使混凝土逆流,则将泵机反转,把混凝土退回料斗,除去空气后再正转压送。泵出口堵塞时,将泵机反转把混凝土退回料斗,搅拌后再泵送。重复 3~4 次仍不见效时,停泵拆管清理,清理完毕迅速重新安装好。泵输送管线要直,转弯要缓,接头要严密,泵管的支设应保证混凝土输送平稳。检验方法是用手抚摸垂直管外壁,应感到内部有骨料流动而无颤动和晃动,否则立即进行加固。板混凝土浇筑时,应使混凝土浇筑移动方向与泵送方向相反。混凝土浇筑过程中,只许拆除泵管,不得增设管段。泵送时每 2 h 换一次洗槽里的水,泵送结束后及时清理泵管。墙体混凝土浇筑时,为避免产生冷缝,可采用塔吊配合运输混凝土。

D. 混凝土浇筑

地下室底板和顶板浇筑:为了加快浇筑速度,不使底板产生冷缝,现场配备 2 台混凝土输送泵,铺设 2 条混凝土输送管道,浇筑方向从短边开始沿长边方向推进,开始时从中间往外浇筑,分两路向前延伸,混凝土浇捣过程采用斜面分层法浇筑,浇筑时每层浇筑厚度不应超过 300 mm,以 3 m 宽为一个浇筑带,一次浇筑到顶,形成一个自然坡度,然后依次按 3 m 宽度推进,上下层浇筑时间不应超过 6 h,直至浇完。混凝土浇筑前应先清除模板内杂物且充分湿润,梁混凝土应分层下料。加强混凝土浇捣,增加混凝土密实度,每条混凝土输送管道配备 3 台插入式振动器，在混凝土斜面上各点均须振捣密实以提高混凝土强度，减少混凝土收缩。混凝土浇筑时不得漏振、过振，振捣棒插入点的间距为 400 mm 左右，振捣时间 10～30 s，然后用平板振动器使其密实。根据底板厚度的不同及浇筑顺序控制泵送速度，避免泵管内混凝土停滞时间过长而引起堵泵。现场采用对讲机保持浇筑点与输送泵操作人员联系，正常保持泵管移位。

柱子浇筑：柱一次浇灌高度不得超过 400 mm。采用塔吊吊运浇筑。

楼梯混凝土浇筑：自下而上浇筑，先振实底板混凝土，达到踏步位置时再与踏步混凝土一起浇筑，不断连续向上推进，并随时用木抹子将踏步上表面抹平。

梁、板混凝土浇筑：梁板采取一起浇筑的方法，先浇筑梁混凝土，待梁混凝土浇至板模时再统一浇筑混凝土。对于一般单梁混凝土采取从一头至另一头浇筑顺序，对于梁采取斜面分层浇筑法，分层厚度为 300 mm，用插入式振动棒振捣，板混凝土依次从一边向另一边浇筑，用平板振动器使其密实。梁、板由较远的一端向较近的一端推进，浇筑时以 1.5 m 宽为一个浇筑带，在上一个浇筑带初凝前浇筑下一个浇筑带，循序向前。混凝土浇筑前应先清除模板内杂物且充分湿润，梁混凝土应分层下料，梁水平分层高度不得超过 300 mm。

后浇带混凝土浇筑施工流程：施工缝清理→接头部位凿毛→钢筋整理及绑扎→混凝土浇筑→养护。

其施工注意事项：后浇带混凝土强度等级比相邻混凝土强度等级高一级；后浇带混凝土膨胀剂、抗裂纤维、抗渗剂严格按设计图纸和施工配合比执行；混凝土浇筑前将散落在止水钢板上的混凝土残渣清理干净，将损坏的接头焊缝修复；沉降后浇带的混凝土应在主体完工 2 个月后浇筑；后浇带混凝土的养护采用麻袋覆盖浇水养护，养护时间不少于 14 天；有预应力的后浇带，预应力张拉应待后浇带强度满足张拉条件后进行；后浇带的拆模必须按模板专题方案的规定执行，拆模前必须按规定报项目总工审核批准，不得随意拆除。

梁柱接头处理：柱混凝土强度等级大于梁混凝土强度等级一级时，梁柱节点处的混凝土应按柱子混凝土强度等级单独浇筑，在混凝土初凝前浇筑完梁板混凝土。在浇筑梁板和墙柱混凝土时应采取隔离措施，对不同部位混凝土浇筑要求见表 5-30。

表 5-30　不同部位混凝土浇筑要求一览表

构件	框架柱	梁　板	楼　梯
浇筑顺序	先四周柱，后中间柱	由远至近	从下往上
浇筑方式	分层浇筑，每层厚度不大于 400 mm	斜面分层一次到位	分步浇筑
振捣方式	插入式 ϕ50 mm 振动棒振捣	梁用 ϕ50 mm 振动棒，平台板用平板振动器振捣	ϕ50 mm 振动棒振捣
施工缝位置	梁底或板底以上 2 cm/柱顶	不留设，必要时于次梁跨中 1/3 处留直槎	楼面以上（下）3 个踏步
操作要点	先将模板湿润及柱脚外侧用早强水泥砂浆封堵；浇筑前底部先填 5～10 cm 厚与混凝土同配比的减半石混凝土或砂浆	据梁高分层浇筑成阶梯形，当达到板底位置再与板混凝土一起浇筑；板混凝土先用铁钯拖平，再振捣；梁柱接头混凝土强度等级不一时，应浇筑区段范围内柱接头混凝土；表面进行二次搓毛	先湿润模板；振实底板混凝土，达到踏步位置时再与踏步混凝土一起浇捣

⑥ 脚手架工程

外架：从减少周转材料的投入、降低工程成本、加快工程进度和安全文明施工等方面考虑，地下室、住宅楼 3# ～13# 楼 1 层、1# 楼、2# 楼、14# 楼、15# 楼、会所、商铺、幼儿园外架采用双排落地扣件式钢管脚手架，住宅楼 3# ～13# 楼 2 层以上采用悬挑式脚手架。

支模架：柱采用灯笼架，梁板采用满堂钢管扣件脚手架。会所网架安装采用满堂脚手架。5# 楼第 24 层悬空楼板采用贝雷片钢桁架平台加满堂钢管支架。

装饰脚手架：层高在 3.6 m 以内的采用工具式移动脚手架；3.6 m 以上的搭设简易满堂架。

⑦ 其他相关工程(见表 5-31)

表 5-31　其他相关工程一览表

序号	分项工程/专业	类　　别	主要施工方法
1	砌体	加气混凝土砌块	清理基层，弹好轴线，留门窗洞口，立好皮数杆
2	防水工程	屋面	Ⅱ级防水
		地下室防水	抗渗等级为 S8，底板、侧壁、顶板、挡土墙防水为聚丙烯抗裂纤维、结构自防水 20 mm 厚聚合物涂料防水
3	钢结构	钢网架	场外加工，场内拼装，塔吊配合人工安装
		钢骨柱	场外加工，分段运输和安装，塔吊吊装
4	建筑节能	外墙门窗	断热铝合金，中空玻璃门，采用上翻及推拉窗
		外墙	内保温，20 mm 厚聚苯颗粒保温砂浆
		屋面	40 mm 厚挤塑聚苯保温板
5	测量工程	—	水平面内控制：经纬仪，水准仪 直度控制：激光铅锤仪

5.8.3　施工准备

1) 技术准备

(1) 技术标准准备(略)。

(2) 图纸会审准备工作。接到施工图纸后，项目技术负责人组织有关工程技术人员(技术员、施工员)熟悉施工图纸，领悟设计意图，做好图纸会审前的各项准备工作：

① 施工图是否完整和齐全，是否符合国家工程设计和施工的方针政策。

② 施工图与其说明内容是否一致，施工图各组成部分有无矛盾和错误。

③ 建筑图与其相关的结构图在尺寸、坐标、标高和说明方面是否一致，技术要求是否明确。

④ 审查安装与土建图纸在坐标和标高尺寸上是否一致，土建施工的质量标准能否满足安装的工艺要求。

图纸会审程序为先分别看图，后集中内部预审，并做好内部预审记录。会审前，须对设计意图、生产工艺、质量标准、特殊材料的规格品种及技术要求明确了解。

(3) 桩点交接及复测。

(4) 组织相关技术人员进行施工组织设计和相关技术交底。

(5) 现场标准化养护室。现场标准化养护室配置温度湿度自控仪，升温采用加热器，降温采用空调，加湿采用加湿仪。混凝土试块标养，标养室温度控制在 20℃ ± 3℃ 范围内，湿度控制在 95%±1%。

(6) 原始资料调查分析

① 自然条件调查分析：了解现场地形、地上地下障碍物、交通状况。

② 技术经济条件调查分析：周边地区生产企业、资源、交通运输、水电及能源、主要设备材料和特殊物资，及其生产能力的调查。

③ 编制施工图预算和计划成本：按照施工图纸、施工组织设计、建筑工程预算定额和有关取费标准及市场价格编制。

(7) 检验批的划分。本工程检验批的划分和试验取样计划(略)。

(8) 配合比设计。本工程混凝土配合比由商品混凝土供应商提供；砌筑砂浆配合比委托有资质的检测中心进行设计。

2) 施工现场准备

(1) 建造施工设施。按照施工总平面布置和施工设施需用计划建造各种施工设备，为开工提供充分的前提条件。

(2) 组织施工机具进场。根据施工机具需用计划，按施工总平面布置图，组织施工机械、设备和工具进场，按规定地点和方式安装、存放，并进行相应的保养和试运转。

(3) 组织建筑材料进场。根据建筑材料、构配件需用量计划，组织进场，按规定地点储存或堆放。

(4) 拟定试验、试配计划。对建筑材料的试验检验作出计划和安排；砂浆的试配工作尽早联系试验室进行。

(5) 做好季节性施工准备。按照施工组织设计的要求，落实雨季、夏季及冬季施工的设施和技术组织措施。

(6) 现场临时道路。施工临时道路基层满铺砖渣，面层满铺碎石，道路宽 4.0 m，为单向车行驶。

(7) 现场排水系统。现场排水采用有组织排水系统，在基坑上口四周、临时道路旁设砖砌环形排水(干)沟；排水沟内侧抹 1∶3 水泥砂浆，且在排入市政排水管网前修筑沉淀池。

3) 资源准备

(1) 主要设备投入计划

表 5-32　土建主要施工机械设备及进场计划表

序号	机械或设备名称	型号规格	数量	额定功率	进出场时间
1	塔吊	TC5013B	8 台	48 kW	地下室底板钢筋施工至屋面工程完
2	人货电梯	SCD200/200	6 台	37 W	8 层钢筋混凝土结构完至外墙装饰完
3	物料提升机		4 台	7.5 kW	6 层钢筋混凝土结构完至外墙装饰完

续表 5-32

序号	机械或设备名称	型号规格	数量	额定功率	进出场时间
4	混凝土输送泵	HBT60	4 台	55 kW	桩基混凝土浇筑开始至主体结构封顶
5	砂浆搅拌机	200 L	6 台	3 kW	工程开工至砌体工程开始
6	搅拌机	350 L	6 台	5 kW	砌体开始至竣工
7	钢筋切断机	GJ - 40 - 1	4 台	7.5 kW	钢筋笼加工开始至主体结构封顶
8	钢筋弯曲机	GW - 40	4 台	3 kW	钢筋笼加工开始至主体结构封顶
9	钢筋调直机	GT4/8	4 台	5.5 kW	钢筋笼加工开始至主体结构封顶
10	钢筋对焊机	UN - 100	2 台	100 kVA	钢筋笼加工开始至主体结构封顶
11	交流电焊机	BX - 500	8 台	21 kVA	钢筋笼加工开始至主体结构封顶
12	电焊机	BX3 - 300	10 台	18 kVA	钢筋笼加工开始至主体结构封顶
13	电渣压力焊机		12 套	20 kW	钢筋笼加工开始至主体结构封顶
14	直螺纹套丝机		6 台		地下室底板钢筋施工至主体结构封顶
15	成套木工机械		4 套		地下室底板施工至主体结构封顶
16	圆盘锯	ϕ300 mm	4 台	2.2 kW	地下室底板施工至主体结构封顶
17	手电刨		4 台	1.5 kW	地下室底板施工至主体结构封顶
18	手电锯		8 台	1.25 kW	地下室底板施工至主体结构封顶
19	电钻	牧田 6140	4 台	1.25 kW	装饰工程开始至竣工
20	电锤	SDQ - 77	4 台	1.5 kW	装饰工程开始至竣工
21	活扳手		12 台		装饰工程开始至竣工
22	钳子		12 台		装饰工程开始至竣工
23	平板振动器		18 台	1.5 kW	地下室底板施工至主体结构封顶
24	插入式振动棒	ϕ50	30 根	2.2 kW	桩基混凝土浇筑施工至主体结构封顶
25	插入式振动棒	ϕ30	15 根	2.2 kW	桩基混凝土浇筑施工至主体结构封顶
26	加压泵	120 m 扬程	2 台	30 kW	2 层钢筋混凝土结构完至主体结构完
27	污水泵	4 PW	15 台	30 kW	开工至地下室土方回填
28	抽水泵		12 台		开工至地下室土方回填
29	反铲挖掘机	1.0 m^3	2 台		土方施工
30	反铲挖掘机	0.5 m^3	1 台		土方施工
31	汽车吊	12 t、25 t	各 1 台		桩基钢筋笼开始安装至钢筋笼安装完

续表 5-32

序号	机械或设备名称	型号规格	数量	额定功率	进出场时间
32	鼓风机		40 台		桩基开工至桩基成孔完
33	风镐		160 台		桩基开工至桩基成孔完
34	强力打夯机		16 台	7.5 kW	土方回填开工至土方回填完
35	汽车	8 t	20 台		开工至土方工程完
36	对讲机		20 台		开工至土方开挖工程完
37	计算机	兼容	30 台		开工至竣工
38	摊铺机	GELE-SUPER1800	1 台		室外道路路面开始至路面完
39	振动压路机	CC-21	1 台		室外工程开始至室外工程完
40	振动压路机	15 t	1 台		室外工程开始至室外工程完
41	胶轮压路机	YL16	1 台		室外回填、室外工程开始至室外工程完

表 5-33　安装主要施工机械设备及进场计划表

序号	机械或设备名称	型号规格	数量	额定功率	进场时间
1	交流电焊机	BX3-300	5	30 kVA	开工时进场
2	电动套丝机		5		开工时进场
3	氧割设备		7		开工时进场
4	电动切割机	J3G2	4		开工时进场
5	台式砂轮机	MQ3225	5		开工时进场
6	台钻		3		开工时进场
7	电动试压泵	4DSY 型	4	1.0	试压时进场
8	接地摇表	ZC-8	3		验收时进场
9	数字万用表	HP3400IA	5		开工时进场
10	绝缘摇表	500 V	8		开工时进场

（2）主要计量器具投入计划

表 5-34　主要计量器具计划

序号	仪器名称	规格型号	单位	数量	进出场时间
1	全站仪	TopconGTS-102N	台	1	开工至开工后 1 个月
2	激光经纬仪	J2	台	4	开工至主体结构完
3	水准仪	S3	台	8	开工至竣工
4	水准仪	S2	台	1	开工至竣工
5	激光铅锤仪	QZ2	台	2	开工至竣工

续表 5-34

序号	仪器名称	规格型号	单位	数量	进出场时间
6	直尺、角尺		把	各 10	开工至竣工
7	台秤	TGT－500	台	7	开工至竣工
8	质量检测器		套	2	开工至竣工
9	塔尺	5 m	根	3	开工至竣工
10	大钢尺	50 m、30 m	把	各 8	开工至竣工
11	钢卷尺	5 m	把	50	开工至竣工
12	坍落度筒		个	4	混凝土开始浇筑至主体结构封顶
13	氧气表		个	12	开工至竣工
14	乙炔表		个	6	开工至竣工
15	万用表		个	2	开工至竣工
16	兆欧表		个	2	开工至竣工
17	天平	1 000 kg	台	2	开工至竣工
18	游标卡尺		把	2	开工至竣工
19	水平尺		把	1	开工至竣工
20	线坠		个	6	开工至竣工

（3）主要周转材料投入计划

表 5-35　主要周转材料计划

序号	材料名称	规格、型号	单位	数量
1	木胶合模板	1 830 mm × 915 mm × 18 mm	m^2	90 000
2	竹胶合模板	2 400 mm × 1 200 mm × 12 mm	m^2	6 000
3	木枋	80 mm × 60 mm	m^3	4 200
4	架管	ϕ48 mm	T	3 500
5	扣件(包括十字扣)		个	600 000
6	安全网	3 200 目/m^2	m^2	42 000
7	竹架板		m^2	18 500

（4）土建工程主要材料用量

表 5-36　土建工程主要材料用量计划

序号	名称	单位	数量					
			住宅	会所	幼儿园	商铺	地下室	室外工程
1	商品混凝土	m^3	58 851	1 479	1 768	1 176	53 362	1 113
2	Ⅰ级钢筋	kg	1 763 392	35 461	49 838	29 367	582 127	25 515

续表 5-36

序号	名称	单位	数量					
			住宅	会所	幼儿园	商铺	地下室	室外工程
3	Ⅱ级钢筋	kg	202 650		19 106	6 589	679 240	6 492
4	Ⅲ级钢筋	kg	4 082 013	133 988	152 408	109 628	4 003 495	75 144
5	模板	m^2	138 530	9 872	14 844	9 038	117 209	7 281
6	蒸压加气混凝土砌块	m^2	112 409	4 323	5 397	3 953	3 926	
7	BPS 防水涂料	m^2	18 598	639	2 205	301	359 661	
8	挤塑聚苯保温隔热板	m^2	8 781	639	2 205	301	799	

(5) 安装工程主要材料用量(略)

(6) 土建劳动力投入计划

表 5-37　土建主要劳动力计划表(不包括分包单位劳动力)

工　种	按工程施工阶段投入劳动力情况			
	基础工程	主体工程	装饰工程	收尾工程
钢筋工	240	180	20	0
木　工	300	360	40	2
混凝土工	60	48	10	0
砖　工	50	210	40	10
架　工	50	105	80	6
抹灰工	20	140	500	30
机操工	40	60	40	4
机修工	3	4	3	1
维修电工	3	4	4	1
试验工	2	2	2	1
电焊工	8	20	2	1
普　工	200	60	50	50
保　安	6	6	4	4
测量工	4	4	3	0
防水工	40	0	40	4
驾驶员	30	0	0	0
总　数	1 056	1 203	838	114

5.8.4 施工总进度计划

1）总工期目标

本工程合同开工日期为2008年10月6日，合同竣工日期为2010年1月28日，总工期为480日历天。本项目会所工程因外立面修改，其开工日期延后3个月，即2009年1月6日开工。

2）节点工期目标

1#～4#楼：开工后130日历天内（即2009年2月12日前）完成连车库及主体大楼结构50%，交予业主申请预售许可证。

6#～9#楼：开工后161日历天内（即2009年3月16日前）完成连车库及主体大楼结构50%，交予业主申请预售许可证。

会所：开工后99日历天内（即2009年4月14日）完成土建及各项配套工程，交建设局土建验收，室外场地交付园林绿化单位进行绿化施工。160日历天内（即2009年6月14日）装修工程全部完工，交建设局土建验收。

3）进度计划编制及安排

根据本工程实际情况，本工程总进度控制遵循以下原则：

（1）以节点工期的控制保证总工期目标的实现。

（2）以分包工程的进度保证总包工程的进度。

（3）各工序及专业分包尽早插入。

具体总进度计划安排见《总进度计划网络图》。

横道计划表（见附图1）。

网络计划表（见附图2）。

4）进度管理和工期保证措施

（1）进度管理措施

① 建立以项目生产副经理为首，项目管理层为控制主体和保障主体，项目执行层和作业层为实施主体，项目经理部全体人员共同参与的工期保证组织系统。项目经理部各主要部门和岗位人员的主要进度职责见表5-38所示。

表5-38 各主要部门和岗位人员的主要进度职责一览表

序号	岗位或部门	工作职责
1	项目生产副经理	对整个项目的施工组织进行总体安排和部署；主持施工进度计划的编制。对施工所需的各项资源进行总体调度；组织协调进度计划实施主体间的关系与矛盾；组织施工进度计划实施情况的跟踪检查；主持项目生产会、协调会
2	工程技术部	负责编制施工进度计划和施工作业计划；跟踪检查进度计划的执行情况，并根据检查结果进行分析，及时向项目副经理和项目执行层、作业层提出保证工期的建议和要求；及时解决和处理施工过程中出现的矛盾和问题；定期组织召开项目生产会、协调会
3	商务合约部	组织施工所需资金的供应
4	物资设备部	组织施工所需材料设备的供应；负责机械设备的维修保养

续表 5-38

序号	岗位或部门	工作职责
5	项目执行层	积极为作业层提供和创造施工条件；负责各自区段的施工组织、资源调配、关系协调等工作，督促作业层按期完成施工进度计划和施工作业计划
6	项目作业层（劳务分包队伍、专业分包队伍）	做好施工前准备工作，按质、按量、按期的完成项目经理部制订的施工进度计划、施工作业计划；主动接受业主、监理方及项目各职能部门的检查和监督

② 工程开工前，项目技术总工根据合同工期、工期目标主持编制，项目生产副经理参与编制“施工总进度计划（一级计划）”；然后，项目生产副经理根据施工总进度计划，主持编制各施工区段的施工进度计划（二级计划），作为本项目施工进度总体控制的依据。一、二级进度计划的编制责任人员、时间、深度见表 5-39 所示。

表 5-39　一、二级进度计划编制责任表

序号	计划名称	主持人	负责人	编制时间	编制深度	审批人
1	总进度计划	项目技术总工		开工前	各单位工程的控制工期	项目经理
2	区段进度计划	生产副经理	项目工程技术部主任	开工前	单位工程各分部工程的控制工期	项目生产副经理

③ 施工过程中，项目工程技术部负责人，依据一、二级计划以及公司下达的季、月生产计划，组织编制季度、月度进度计划（三级计划）；区段施工负责人依据三级计划组织编制旬、周作业计划（四级计划）。三、四级进度计划编制的责任人员、时间、深度见表 5-40 所示。

表 5-40　三、四级进度计划编制责任表

序号	计划名称	编制主持人	编制负责人	编制时间	编制深度	审批责任人
1	季度施工计划	项目工程技术部主任	综合技术员	上季度末	确定该季度完成的工作内容、工作量、作业时间	项目工程技术部主任
2	月进度计划			上月末	确定该月完成的工作内容、工作量、作业时间	
3	旬或周计划	区段施工负责人	区段技术员	旬或周末	确定该周完成的工作内容、工作量、作业时间	区段施工负责人

④ 编制施工进度计划时，充分考虑本工程的建筑结构特点、施工条件、气候环境、成品保护、节假日以及业主的要求，并结合项目经理部和作业队伍及建设单位指定分包的具体情况，统筹安排，合理组织流水和立体交叉作业，使施工进度计划具有较强的科学性、合理性、预见性、可行性和适用性。

⑤ 项目经理部根据设计图纸、施工进度计划和作业计划编制资源需用计划。

⑥ 施工作业计划实施前，进度控制系统的各主体做好施工前准备工作，分析预测计划实施过程中可能出现的各种问题和不利因素，制订并采取相应的应对措施。

⑦ 施工作业计划实施过程中，进度控制系统的各主体各司其职，当发现实际进度与计划进度出现偏差或可能出现偏差时，进度控制的各主体应根据表 5-41 的要求采取相应的措施。

表 5-41　进度纠偏措施表

<table>
<tr><th>序号</th><th colspan="3">实际进度与计划进度偏差(Δ)情况分析</th><th>应采取的措施</th></tr>
<tr><td>1</td><td colspan="3">$\Delta \leqslant 0$</td><td>实施原计划</td></tr>
<tr><td>2</td><td rowspan="4">$\Delta > 0$</td><td rowspan="3">Δ 在非关键线路上且 $TF > 0$</td><td>$\Delta \leqslant FF$，不影响总工期和后续工作，但影响工作量的完成</td><td>利用现有资源，通过区段管理班子和作业层的努力，把延误的工期抢回，确保月计划完成</td></tr>
<tr><td>3</td><td>$FF < \Delta \leqslant TF$，不影响总工期，但影响后续工作的最早开工时间和工作量的完成</td><td>通过增加资源投入，优化施工方案，改善作业条件和区段管理班子及作业层的努力，减少或消除进度偏差，确保月计划的完成</td></tr>
<tr><td>4</td><td>$\Delta > TF$，影响总工期和后续工作，也影响工作量的完成</td><td rowspan="2">通过增加资源投入，优化施工方案，调整施工进度计划，改善作业条件和区段管理班子及作业层的努力，减少或消除进度偏差，确保关键节点的完成时间和单位工程的竣工日期不变</td></tr>
<tr><td>5</td><td>Δ 在关键线路上</td><td>影响总工期和后续工作，也影响工作量的完成</td></tr>
<tr><td>6</td><td colspan="2">备　注</td><td colspan="2">Δ = 工序实际持续时间 − 工序计划持续时间，T 为总工期，TF 为工序总时差，FF 为工序自由时差</td></tr>
</table>

⑧ 施工进度计划调整的原则：在未取得发包方或监理方有关工期延长签证的情况下，调整后的施工进度计划必须合理、可行，充分考虑各种因素（相关单位因素、内部因素、不可预计因素）的影响且不得改变各单位工程的竣工日期。

⑨ 建立月生产会、周例会、日碰头会和进度专题会制度，及时解决施工生产中出现的问题。定期召开由项目生产经理主持，项目经理部各部门、施工区段及劳务分包队伍、专业分包队伍等相关部门和人员参加的施工生产协调会。同时，根据施工需要，召开临时施工生产协调会，及时处理资源调配及各工序、各工种交叉、搭接作业时所面临和存在问题。

⑩ 按照企业质量体系文件要求管理，确保工程质量全过程得到有效控制，杜绝不合格产品的出现，避免因返工、返修而延误工期。

⑪ 加强成品保护，避免因产品和过程产品反复污染或损坏的修补而延误工期。

⑫ 加强季节性施工管理，针对冬、雨季等不同自然条件采取相应的组织管理措施，为确保工期目标的实现创造条件。

（2）现场管理措施

① 本工程场区面积大，工程体量大，单体工程多，资源需求量大。施工前，必须认真做好现场平面规划和布置，确保场内材料堆放有序，场内交通运输顺畅，避免场内二次运输，减少施工作业、材料运输相互干扰，为工期保障创造条件。

② 由于本工程周边居民较多，为了减少扰民、确保工期，尽可能将产生噪音较大的施工如混凝土浇筑、支拆模板等工作安排在白天进行，而绑扎钢筋和材料进场等工作则安排在晚上进行，既可减少附近居民投诉阻工的情形发生，又有利于资源的进场运输，避免资源供应影响工期。

③ 为减少停水停电影响，定期与供水供电部门联系，同时积极收集停水停电的新闻资料，合理安排生产工作，联系租赁柴油发电机一台以备应急之用，尽最大努力将停水停电的影响降至最低。

(3) 技术保证措施

① 工程开工前,做好施工前的技术准备工作;工程施工前,项目管理层向执行层、作业层进行详细的技术交底,使施工管理人员和作业人员熟悉并掌握各施工工序的工艺、程序、标准,减少施工盲目性;施工过程中,强化技术复核和过程监控,确保工序施工质量,降低返工率,使工程施工有条不紊、保质保量地按期完成。

② 合理划分施工区段和施工流水段,组织流水施工。

③ 运用网络技术,实施动态管理。以合同确认的工期为目标,以监理和业主审批确认的施工总进度计划为主线,运用网络技术,实施动态管理,保证计划实施所需的施工条件和资源得以满足,使实际施工进度始终与计划保持动态平衡,使关键线路的节点得到有效的控制,确保总工期目标的最终实现。

④ 充分发挥企业的科技优势,积极推广应用"十项新技术",用先进的技术和施工工艺确保工期目标的实现。

(4) 季节性施工技术措施

① 冬期施工措施

进行冬季施工的分项工程,在入冬前应组织专人编制冬季施工方案。编制的原则是:确保工程质量,经济合理,使增加的费用最少;所需的热源和材料有可靠的来源,并尽量减少能源消耗;确保能够缩短工期。方案确定后,要组织有关人员学习,并向班组进行交底。

进入冬季施工前,对掺外加剂的人员应专门组织技术业务培训,学习本工作范围内的有关知识,明确职责,经考试合格后方准上岗。

凡进行冬季施工的工程项目,必须复核施工图纸,查对其是否能适应冬季施工要求。如与墙体的高厚比,横墙间距有关的结构稳定性,现浇改为预制以及工程结构能否在冷状态下安全过冬等问题,应通过图纸会审解决。

根据实物工程量提前组织有关机具、外加剂和保温材料进场。

做好冬季施工混凝土、砂浆及掺外加剂的试配试验工作,提出施工配合比。

A. 冬季施工安全,严格按照《建筑工程冬期施工规范》和公司《冬季施工措施》规定进行操作。

严格遵守有关冬季施工的安全规定,特别是雾、大风天气,严禁外架作业,加强对大型机械的管理。

规范用电的管理,严禁用碘钨灯、电炉等取暖。加强冬季消防管理,消防器材和灭火工具要有专人管理,保持完整好用,对值班值宿管理人员、仓库保管员、后勤人员以及冬期施工管理人员必须有针对性地进行一次结合冬季施工特点的安全防火知识培训。

对易燃易爆物品设专人,指定地点妥善保管。

风雪过后要检查脚手架并清扫脚手架上的冰雪,上架人员应穿防滑鞋。

取暖采用安装空调的方式供暖,保证所有办公室、工人宿舍的取暖。严禁采用燃煤取暖。

施工时如接触气源、热水,要防止烫伤;使用氯化钙、漂白粉时,要防止腐蚀皮肤。

B. 主体结构的冬季施工

钢筋工程:

a. 钢筋在运输和加工过程中应防止碰撞和刻痕;混凝土浇筑前钢筋表面不得残留冰雪等覆盖物。

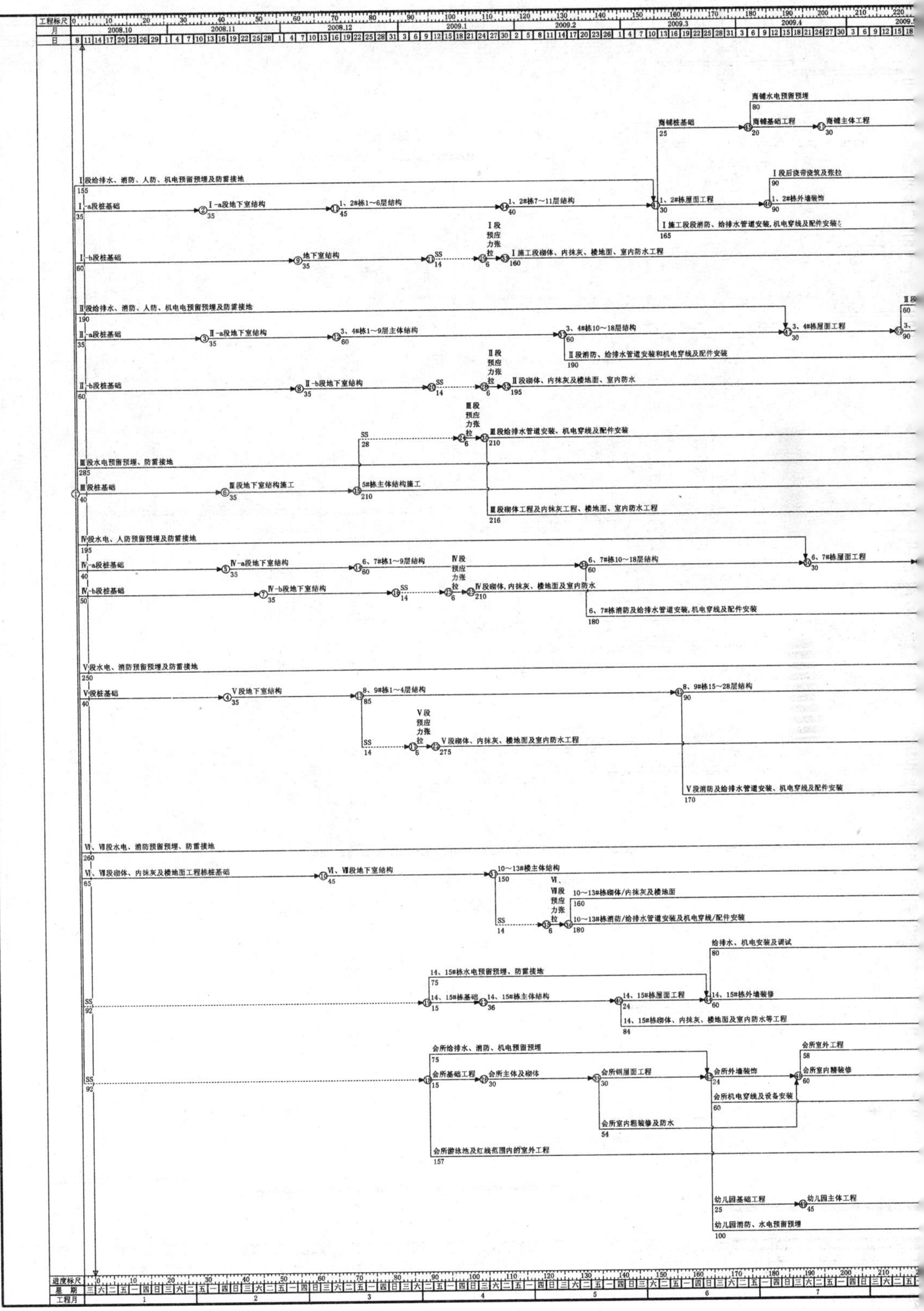
工程标尺
月
日
2008.10
2008.11
2008.12
2009.1
2009.2
2009.3
2009.4
商铺水电预留预埋
80
商铺桩基础
25
商铺基础工程
20
商铺主体工程
30
Ⅰ段给排水、消防、人防、机电预留预埋及防雷接地
155
Ⅰ-a段桩基础
35
Ⅰ-a段地下室结构
35
1、2#栋1～6层结构
45
1、2#栋7～11层结构
40
1、2#栋屋面工程
30
Ⅰ段后浇带浇筑及张拉
90
1、2#栋外墙装饰
90
Ⅰ施工段消防、给排水管道安装，机电穿线及配件安装
165
Ⅰ-b段桩基础
60
地下室结构
35
SS
14
Ⅰ段预应力张拉
6
Ⅰ施工段砌体、内抹灰、楼地面、室内防水工程
160
Ⅱ段给排水、消防、人防、机电预留预埋及防雷接地
190
Ⅱ-a段桩基础
35
Ⅱ-a段地下室结构
35
3、4#栋1～9层主体结构
60
3、4#栋10～18层结构
60
3、4#栋屋面工程
30
Ⅱ段消防、给排水管道安装和机电穿线及配件安装
190
Ⅱ-b段桩基础
60
Ⅱ-b段地下室结构
35
SS
14
Ⅱ段预应力张拉
6
Ⅱ段砌体、内抹灰及楼地面、室内防水
195
SS
28
Ⅲ段预应力张拉
6
Ⅲ段给排水管道安装、机电穿线及配件安装
210
Ⅲ段水电预留预埋、防雷接地
285
Ⅲ段桩基础
40
Ⅲ段地下室结构施工
35
5#栋主体结构施工
210
Ⅲ段砌体工程及内抹灰工程、楼地面、室内防水工程
216
Ⅳ段水电、人防预留预埋及防雷接地
195
Ⅳ-a段桩基础
40
Ⅳ-a段地下室结构
35
6、7#栋1～9层结构
60
Ⅳ段预应力张拉
6
6、7#栋10～18层结构
60
6、7#栋屋面工程
30
Ⅳ-b段桩基础
50
Ⅳ-b段地下室结构
35
SS
14
Ⅳ段砌体，内抹灰、楼地面及室内防水
210
6、7#栋消防及给排水管道安装，机电穿线及配件安装
180
Ⅴ段水电、消防预留预埋及防雷接地
250
Ⅴ段桩基础
40
Ⅴ段地下室结构
35
8、9#栋1～4层结构
85
8、9#栋15～28层结构
90
SS
14
Ⅴ段预应力张拉
6
Ⅴ段砌体、内抹灰、楼地面及室内防水工程
275
Ⅴ段消防及给排水管道安装、机电穿线及配件安装
170
Ⅵ、Ⅶ段水电、消防预留预埋、防雷接地
260
Ⅵ、Ⅶ段砌体、内抹灰及楼地面工程栋桩基础
65
Ⅵ、Ⅶ段地下室结构
45
10～13#楼主体结构
150
SS
14
Ⅵ、Ⅶ段预应力张拉
6
10～13#栋砌体/内抹灰及楼地面
160
10～13#栋消防/给排水管道安装及机电穿线/配件安装
180
给排水、机电安装及调试
80
14、15#栋水电预留预埋、防雷接地
75
SS
92
14、15#栋基础
15
14、15#栋主体结构
36
14、15#栋屋面工程
24
14、15#栋外墙装修
60
14、15#栋砌体、内抹灰、楼地面及室内防水等工程
84
会所给排水、消防、机电预留预埋
75
会所室外工程
58
SS
92
会所基础工程
15
会所主体及砌体
30
会所钢屋面工程
30
会所外墙装饰
24
会所室内精装修
60
会所机电穿线及设备安装
60
会所室内粗装修及防水
54
会所游泳池及红线范围内的室外工程
157
幼儿园基础工程
25
幼儿园主体工程
45
幼儿园消防、水电预留预埋
100
进度标尺
星期
工程月

附图2　某工程

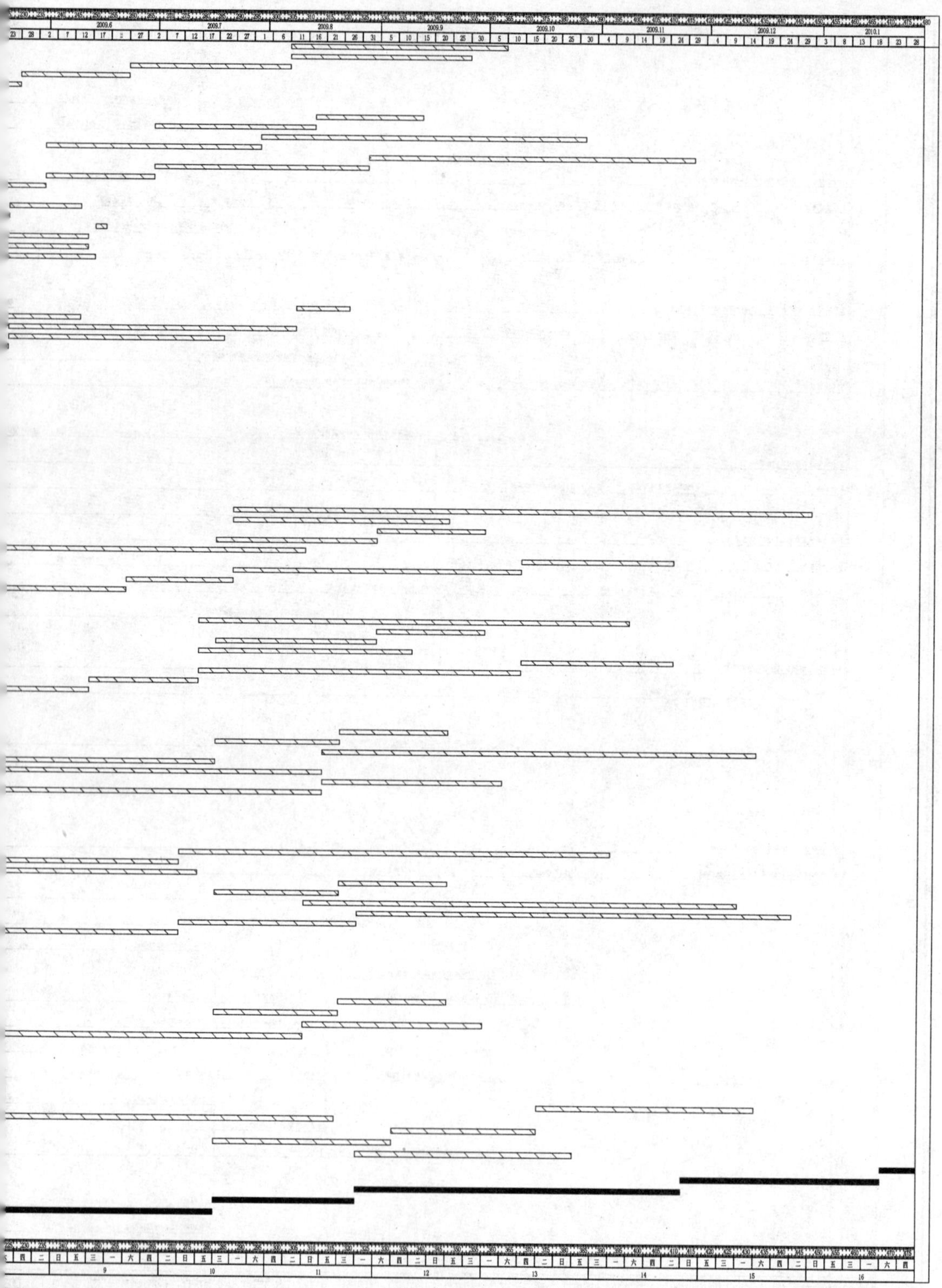

进度计划横道图

序号	工作名称	持续时间
1	商铺局部精装修工程	60
2	商铺室外工程	50
3	商铺外墙工程	45
4	商铺屋面工程	30
5	商铺主体工程	30
6	商铺基础工程	20
7	商铺桩基础	25
8	幼儿园设备安装及调试	30
9	幼儿园消防、水电穿线及附件安装	45
10	幼儿园室内精装修	90
11	幼儿园砌体、内抹灰、楼地面工程	60
12	幼儿园室外工程(含室外设施)	90
13	幼儿园外墙装修	60
14	幼儿园屋面工程	30
15	幼儿园主体工程	45
16	幼儿园基础工程	25
17	系统调试	20
18	会所机电穿线及设备安装	60
19	竣工验收	3
20	会所游泳池及红线范围内的室外工程	157
21	会所室外工程	58
22	会所室内精装修	60
23	会所外墙装饰	24
24	会所钢屋面工程	30
25	会所主体及砌体	30
26	会所基础工程	15
27	14、15#栋竣工验收	15
28	给排水、机电安装及调试	80
29	14、15#栋室内精装修工程	80
30	14、15#栋室外工程	60
31	14、15#栋外墙装修	60
32	14、15#栋屋面工程	24
33	14、15#栋主体结构	36
34	14、15#栋基础	15
35	Ⅵ、Ⅶ段预应力张拉	6
36	Ⅴ段预应力张拉	6
37	Ⅳ段预应力张拉	6
38	Ⅳ-b段地下室结构	35
39	Ⅳ-b段桩基础	50
40	Ⅲ段预应力张拉	6
41	Ⅱ段预应力张拉	6
42	Ⅱ-b段地下室结构	35
43	Ⅱ-b段桩基础	60
44	Ⅰ段预应力张拉	6
45	地下室结构	35
46	Ⅰ-b段桩基础	60
47	10~13#栋室内精装修	160
48	10~13#栋后浇带浇筑及预应力张拉	60
49	10~13#栋单机调试	30
50	10~13#栋设备安装	45
51	10~13#栋消防、给排水管道安装及机电穿线、配件安装	180
52	10~13#栋室外工程	42
53	10~13#栋外墙装修	80
54	10~13#栋屋面工程	30
55	10~13#楼主体结构	150
56	Ⅵ、Ⅶ段地下室结构	45
57	Ⅵ、Ⅶ段砌体、内抹灰及楼地面工程栋桩基础	65
58	8、9#栋精装修工程	120
59	8、9#栋单机调试	30
60	8、9#栋设备安装	45
61	8、9#栋后浇带浇筑及预应力张拉	60
62	8、9#栋室外工程	42
63	8、9#栋外墙装修	90
64	8、9#栋屋面工程	30
65	8、9#栋15~28层结构	90
66	8、9#栋1~14层结构	85
67	Ⅴ段地下室结构	35
68	Ⅴ段桩基础	40
69	6、7#栋单机调试	30
70	6、7#栋机电安装	35
71	6、7#栋室内精装修工程	120
72	Ⅳ段后浇带浇筑及预应力张拉	60
73	6、7#栋消防及给排水管道安装、机电穿线及配件安装	180
74	6、7#栋室外工程	50
75	6、7#栋外墙装饰	90
76	6、7#栋屋面工程	30
77	6、7#栋10~18层结构	60
78	6、7#栋1~9层结构	60
79	Ⅳ-a段地下室结构	35
80	Ⅳ-a段桩基础	40
81	1、2#室内精装修工程	120
82	Ⅰ段后浇带浇筑及张拉	90
83	Ⅱ段后浇带浇筑及张拉	60
84	1、2#栋单机调试	30
85	1、2#机电设备安装	35
86	3、4#栋室内精装修工程	120
87	5#栋室内精装修工程	120
88	1、2#栋室外工程	50
89	1、2#栋外墙装饰	90
90	1、2#栋屋面工程	30
91	1、2#栋7~11层结构	40
92	Ⅰ-a段地下室结构	35
93	1、2#栋1~6层结构	45
94	Ⅰ-a段桩基础	35
95	3、4#栋单机调试	30
96	3、4#栋设备安装	35
97	3、4#栋室外工程	50
98	3、4#栋外墙装饰工程	90
99	3、4#栋屋面工程	30
100	3、4#栋10~18层结构	60
101	3、4#栋1~9层主体结构	60
102	Ⅱ-a段地下室结构	35
103	Ⅱ-a段桩基础	35
104	系统综合调试	60
105	Ⅲ段给排水管道安装、机电穿线及配件安装	210
106	5#栋单机调试	40
107	5#栋设备安装	50
108	Ⅲ段后浇带浇筑及张拉	60
109	竣工验收	10
110	5#栋室外工程及综合室外工程	55
111	5#栋外墙装饰工程	90
112	5#栋屋面工程	40
113	5#栋主体结构施工	210
114	Ⅲ段地下室结构施工	35
115	Ⅲ段桩基础	40
进度标尺		
星　期		
工程月		

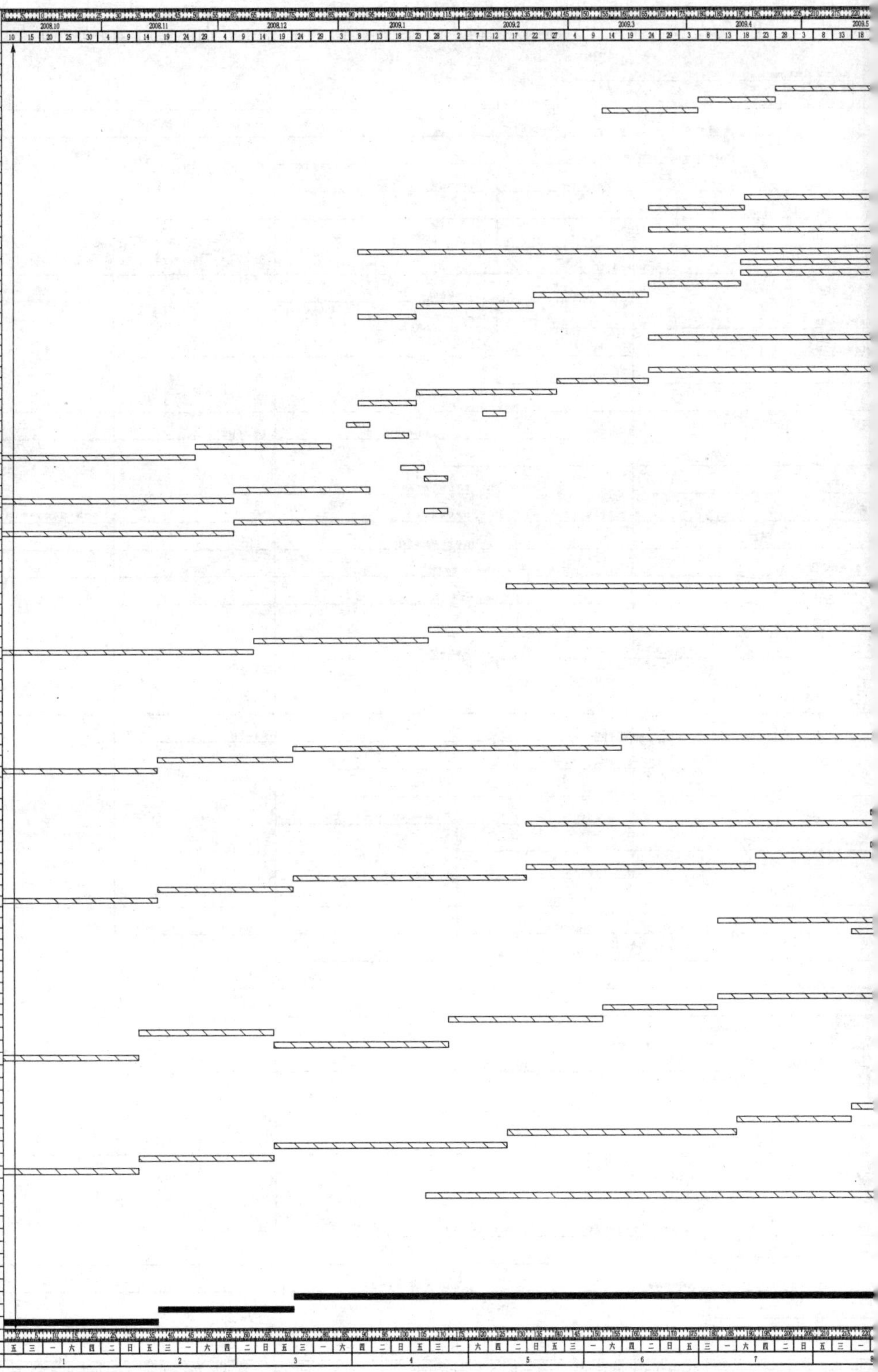

附图1　某工程一期工程

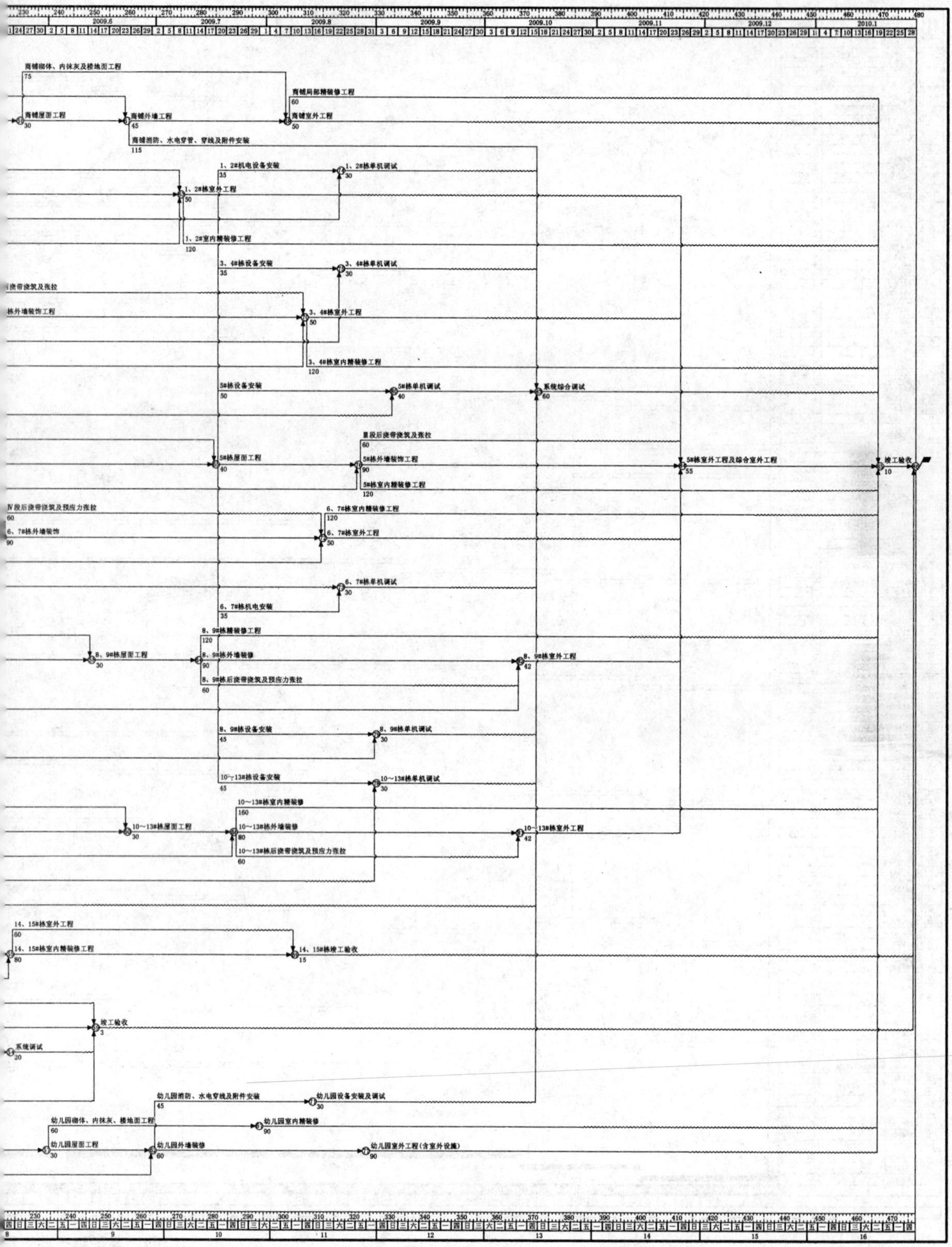

一期工程进度计划网络图

b. 钢筋焊接

● 钢筋焊接搭设防风棚，焊条预热。室外钢筋焊接，应密切注意天气情况，避免雨雪和大风天气进行钢筋焊接，必要时，风力大于三级时应采取遮蔽措施。焊接后，未完全冷却的接头应避免碰到冰雪。

● 负温闪光对焊。负温闪光对焊宜采用预热闪光焊或闪光—预热—闪光焊工艺。钢筋端面比较平整时，宜采用预热闪光焊；端面不平整时，宜采用闪光—预热—闪光焊。

● 负温电弧焊。钢筋负温电弧焊时，必须防止产生过热、烧伤、咬肉和裂纹等缺陷，在构造上应防止在接头处产生偏心受力状态。

● 负温自动电渣压力焊。负温自动电渣压力焊的焊接步骤与常温相同，但应适当增加焊接电流，加大通电时间。接头药盒拆除的时间宜延长2 min左右，接头的渣壳宜延长5 min，方可打渣。

● 冬季钢筋焊接前，必须根据施工条件进行试焊，经试验合格后方可正式施焊。

混凝土和模板工程：

a. 对商品混凝土搅拌站的要求

● 商品混凝土的搅拌、运输和泵送，应按相关商品混凝土管理规定执行。

● 商品混凝土搅拌站应在混凝土浇筑前将有关资料交施工单位，包括水泥外加剂合格证、原材料化验单、水泥双控资料、配合比通知单、混凝土强度试验单等。

● 原材料及外加剂应符合设计及施工要求。配制冬期施工的混凝土，优先选用普通硅酸盐水泥。水泥标号不应低于 425 号，最小水泥用量不宜少于 275 kg/m^3，水灰比不应大于 0.55。

● 泵送混凝土应严格控制混凝土坍落高度在 16～18 cm 以内，且不得低于 16 cm。

● 混凝土配合比必须经过试配确定，并按施工单位交底要求配比和供应混凝土。

b. 混凝土运输和浇筑

● 负温下混凝土运输应有保温措施，罐车应用保温被包裹，泵管应用阻燃保温被覆盖。

● 混凝土浇筑前须将模板和钢筋上的冰雪和污垢清理干净。

● 混凝土浇筑前柱和墙模板用阻燃保温被包裹、覆盖保温。

● 混凝土浇筑，混凝土出机温度不得低于 15℃，入模温度不得低于 5℃，并做好混凝土的浇筑记录和测温记录，增加制作同条件养护试块。墙混凝土采用分层浇筑，每层60 cm，间隔时间不超过 1 h，保证上下层混凝土能很好地结合。顶板混凝土则连续从一侧开始浇筑，直至全部完成。混凝土要振捣密实，不能有漏振、欠振或超振。

● 混凝土根据冬施的不同阶段，严冬及冬末选用相应类型的外加剂。

c. 混凝土养护

本工程混凝土采用综合蓄热法养护。在混凝土冬季施工开始前，根据现场情况确定参数，进行热工计算。

在浇筑混凝土后铺挂双层阻燃草帘。梁板混凝土浇筑完毕立即加盖薄塑料布、覆盖阻燃草帘二层保温。

应经常检查混凝土表面是否受冻、粘连、收缩裂缝，边角处是否脱落、受损，施工缝处有无受冻痕迹。

C. 装饰工程

冬季进行装饰工程，施工质量不易保证，且费用高，因此装饰工程尽量抢在入冬前完成。

抹灰、地面工程：

a. 热作法施工

● 在进行室内抹灰前，应将门窗口封好，门窗口边缝及脚手眼、孔洞等亦应堵好。施工洞口、运料口及楼梯间等处做好封闭保温。进行室外施工，应尽量利用外架子搭设暖棚。

● 施工环境温度不应低于 5℃，以地面以上 50 cm 处为准。

● 需要抹灰的砌体应提前加热，使墙面保持在 5℃以上，以便湿润墙面时不致结冰，使砂浆与墙面粘结牢固。

● 用冻结法砌筑的砌体，应提前加热进行人工开冻，待砌体已经开冻并下沉完毕后再进行抹灰。

● 用临时热源（如火炉等）加热时，应当随时检查抹灰层的湿度，如干燥过快发生裂纹时，应当进行洒水湿润，使其与各层（底层、面层）能很好地粘结，防止脱落。

● 用热作法施工的室内抹灰、地面工程，应在每个房间设置通风口或适当开窗户进行定期通风，排除湿空气。

● 用火炉加热时，必须装设烟囱，严防煤气中毒。

● 砂浆、混凝土，应在正温度的室内或临时暖棚中制作。使用时的温度，应在 5℃以上。为了获得应有温度，宜采用热水搅拌。

● 装饰工程完成后，在 7 天内室（棚）内温度仍不应低于 5℃。

b. 冷作法施工

● 冷作法施工所用砂浆、混凝土，必须在暖棚中制作。使用时的温度，应在 5℃以上。

● 掺入氯化钠作防冻剂时，禁用于高压电源部位和油漆墙面的水泥砂浆基层，埋设的铁件均需涂刷防锈漆。

● 防冻剂应由专人配制和使用，配制时先制成 20%浓度的标准溶液，然后根据气温再配制成使用浓度溶液。

● 防冻剂的掺入量，是按砂浆、混凝土的总含水量计算的，其中包括石灰膏和砂子的含水量。

● 基层表面如有冰霜雪时，可用同浓度的防冻剂热水溶液冲，将表面杂物清除干净后再行施工。

D. 越冬维护

越冬工程保温维护应就地取材。

施工场地和建筑物周围必须做好排水，严禁地基和基础被水浸泡。构筑物基础在入冬前应回填至设计标高。浅埋基础越冬时，应覆盖保温材料保护。

设备基础、构架基础、支墩、地下沟道以及地墙等越冬工程，均不得在已冻结的土层上施工。上述工程越冬时如可能遭冻，应进行维护。

支撑在基土上的雨篷、阳台等悬臂构件的临时支柱，入冬后不能拆除时，支点应采取保温防冻胀措施。

室外地沟、阀门井、检查井等除回填至设计标高外，还应盖好盖板进行越冬维护。

供水、供热系统试水、试暖、打压后如不能立即投入使用，在入冬前应将系统内的残余存积水排净。

越冬期间，要安排人扫雪，雪后及时将建筑物上的雪扫除。

越冬前，对外架进行一次全面检查和加固。对大型设备检修后按设备资料要求封存。来年，开工时进行全面检查后才能投入使用。

越冬期间，加强防火、防盗。

② 雨期施工措施

按照施工总平面布置，在雨期到来前，检查并修整好临时道路和排水沟。

防汛器材要按方案备齐，妥善保管。防汛抢险器材必须建立管理制度，按规定发放，严禁擅自挪用。

雨期施工前，应对各类仓库、变配电室、机具料棚、宿舍（包括电器线路）等进行全面检查，加固补漏，对于危险建筑必须及时处理。

现场所有材料都应分类标识、分规格堆放储存。露天存放的物资应有苫、垫及排水措施。水泥库室内地面标高要比室外地形高出 50 cm，防止雨水流入库内。

A. 钢筋工程

a. 现场钢筋堆放场地应硬化并适当垫高，以防钢筋泡水锈蚀和污染。将加工成型好的钢筋堆放在钢筋棚内。

b. 若遇到连续时间较长的阴雨天，应当对钢筋原材进行覆盖。

c. 雨后钢筋视情况进行防腐处理，不得把锈蚀的钢筋用于结构上。

d. 为保护后浇带处的钢筋，在后浇带两边各砌一道 120 mm 宽、200 mm 高的砖墙，上用预制板封口，预制板上做防水层及砂浆保护层。

B. 模板工程

a. 木枋要堆放整齐，采用彩条布覆盖防雨。

b. 木模板在拆除后要及时清理，分类码放，覆盖彩条布，防雨防曝晒。码放应架空、放平，以免变形。模板锯开后边缘必须刨平，采用封边漆封边，防止边沿变形、开裂而降低模板的周转次数，影响混凝土成型后的质量。

c. 模板堆放场地，特别是大模板堆放场地，地面应坚实，并支撑牢固。堆放时应两块大钢模板面对面，向后倾斜角度 75°～80°，确保模板不被大风倾覆。大雨过后必须对大模板存放场地进行检查，确认无沉陷和松动后方可使用。

d. 钢模板，在雨期要加强模板的防潮、清理刷油、保护工作。

e. 支设好的顶板模板或墙、柱模板，拼装后尽快浇筑混凝土，防止模板遇雨变形。如遇大雨未浇筑混凝土，应进行覆盖，防止因雨淋而造成脱模剂的失效。雨后应认真检查其平整度、垂直度和脱模剂附着情况，合格后方可浇筑混凝土。

C. 混凝土施工

a. 及时掌握天气预报，混凝土施工应尽量避免在雨天进行。需要连续浇筑混凝土，必须提前了解天气状况，做好相应准备，避免因下雨而引发质量事故。大雨和暴雨天不得浇筑混凝土。

b. 浇筑混凝土遇到小雨时，要及时覆盖作业面上的混凝土，防止雨水冲刷；雨大时，应停止浇筑，并按规范留茬处理。已入模正进行振捣成型的混凝土遇雨应立即苫盖。

c. 梁板同时浇筑时应沿次梁方向浇筑，此时如遇雨而停止施工，可将施工缝留在次梁和板上，从而保证主梁的整体性。

d. 雨天浇筑混凝土应减小坍落度，必要时可将混凝土强度等级提高半级或一级。

e. 在雨后，加强检查预拌混凝土搅拌站开盘前砂、石含水率，调整施工配合比，严格控制混凝土坍落度，适当减少加水量。

D. 脚手架工程

a. 上人马道应加设防滑条做好防滑措施，马道两侧加设 200 mm 高的挡脚板，同时加设不低于 1 500 mm 的安全护栏，立面封密目安全护网。

b. 雨前认真检查外挑架的防雷接地，对不符合处尽快整改，避免遭受雷击。

c. 雨期前对所有脚手架进行全面检查，脚手架立杆底座必须牢固，并加扫地杆，外脚手架要与墙体拉接牢固。

d. 大雨大风来临前，必须及时清理外架，以防坠物。

e. 落地架应随时观察地基，如有下陷或变形，应立即处理。

f. 大雨期间不得进行外挑架的搭设和拆除，大雨、大风后应及时对外挑架进行检查，有安全隐患的整改合格后方可投入使用。

E. 机械设备、临时用电安全

a. 在雨期到来之前必须对现场内的所有机械设备、临时用电设施进行一次全面检查，重点是绝缘、接地、防雷击等方面。

b. 加工棚、电箱、电动机械防雨棚必须搭设牢固，防雨罩必须完好，防止漏雨和积水，保证设备、临时用电设施在雨季能正常使用。

c. 用电的机械设备要按相应规定做好接地或接零保护装置，并要经常检查和测试可靠性。保护接地一般应不大于 4 Ω，防雷接地一般应不大于 10 Ω。

d. 电动机械设备和手持式电动机具都应安装漏电保安器，漏电保安器的容量要与用电机械的容量相符，并要单机专用。

e. 所有机械的操作运转都必须严格遵守相应的安全技术操作规程，雨期施工期间应加强教育和检查监督。

f. 所有机具电气设备，雨后全面检查电源线路，保证绝缘良好。

g. 恶劣天气如 5 级以上的大风或雷雨天气，不得进行塔吊作业和其他高空作业。

h. 大雨过后必须对塔吊基础进行检查和沉降观测。

F. 土方及基坑

a. 在雨期进行回填土的施工时，回填土前必须清除槽内积水淤泥，回填土应在晴天进行，碾压、夯实要连续操作、尽快完成。施工中严禁地面水流入槽内。

b. 回填土施工不能连续进行时，应重新修出排水沟和集水井。

c. 雨季要加强基坑的监测。

d. 大雨过后必须立即对基坑边坡进行检查和沉降观测，如有问题，及时处理。

③ 夏季施工措施

A. 保证作业人员安全健康

对员工进行预防避暑知识培训，提高员工的自我保护意识。监督、引导员工的施工行为，并为其提供正常、安全的施工环境。

应根据实际天气情况及时调整工作时间利用一早一晚，尽量避开中午特别是避免中午从事焊接等高温作业和在比较密闭的环境中作业。

保证现场职工的茶水、清凉饮料的供应，及时发放防暑用品，做好职工的防暑降温保健工作，防止工人中暑。

B. 保证施工质量

混凝土方面，夏季由于气温高，初凝时间短，浇筑混凝土时主要应解决施工冷缝和干缩裂缝。由试验室试配适合高温外界自然条件的混凝土配合比，以适应夏季高温施工需要。高温期间，混凝土施工配合比要作适当调整，掺缓凝减水剂，以延长初凝时间和减少水灰比，克服坍落度损失，减少收缩裂缝。

选用水化热较低的水泥，如矿渣水泥、火山灰质水泥和粉煤水泥等。

浇筑混凝土前对模板要充分浇水润湿，要特别注意加强保湿养护。新浇好的混凝土表面用麻袋遮盖，每隔 1 h 左右洒一次水，晚上每 3 h 洒一次水。

其他方面，装饰可选用水化热较低的水泥，如矿渣水泥、火山灰质水泥和粉煤灰水泥等。

外墙装饰施工应在架上盖席棚遮挡，避免阳光直射。抹灰面和装饰面的基层应在头一天下午用水浇透，下午做的工程应在上午再浇一次水。

高温期间使用的水泥砂浆要随拌随用，在 2 h 内用完，页岩砖在使用前要提前浇水润湿，饰面的镶贴材料要充分浸水润湿。

使用砂浆、混凝土的工序，在完成后需要及时用麻袋遮盖，浇水进行养护。

④ 其他季节施工措施

六级以上大风、浓雾天气，不得进行高空作业，塔吊停止使用。塔吊大臂顺风放置，并用钢丝绳固定。

大风期间，外架、脚手板及外墙门窗洞口处严禁存放材料，防止坠落伤人。

大风过后，要对高空作业的安全设施进行检查，发现松动、变形等现象立即修理，检查合格后使用。

5.8.5 施工总平面布置

1）平面布置原则及依据

（1）本着“经济、科学、合理、适用、文明”的原则。经济合理，科学利用现场，有利于工程顺利进行，将对周围环境影响降到最低水平，减少现场二次转运，降低工程成本。

（2）分阶段性布置原则。针对工程施工特点，将该工程划分为地下室及会所施工阶段、地下室土方回填前主体结构施工阶段、地下室土方回填后主体结构施工阶段、装饰装修阶段 4 个阶段分别布置，科学合理地利用好现场场地和布置好施工设备，同时各项临建设施要本着“有利生产、经济适用、安全防火、环境保护和文明施工”的要求进行布置，生产和生活设施的布置能满足施工生产的要求；施工机械设备的功率、数量能充分保证施工进度的要求；施工用水、用电能充分满足生产和生活的要求。

（3）全面贯彻实施“×省文明施工现场管理要求”，并参照公司其他项目取得的经验进行总平面布置。

（4）充分利用现有场地，不多占，不浪费，综合考虑土建、安装两大专业队伍所必需的临建并兼顾指定分包商，合理布置，注重功能协调一致，采用装配式临建设施，提高安装速度，尽快投入使用。

(5) 临时水电布线(管)全部采用暗敷,避免影响施工。

(6) 施工平面图布置依据

① 总平面图、基础平面图、各层平面图及立面图等图纸。

② 施工部署和主要施工方案。

③ 总进度计划及资源需用量计划。

④ 建筑红线、水源、电源位置或规划。

⑤ 施工现场安全防火标准。

2) 总平面布置说明

(1) 办公设施

在现场的东北角位置设置项目部办公楼,采用二层钢骨架活动板房,共设项目部办公室11间(含网络监控室),会议室、业主监理办公室各1间,二层部分房间为管理人员宿舍,具体详见施工平面布置临时用地表。

(2) 生活设施

在现场设置项目部生活设施,设劳务人员宿舍、医务室、食堂、开水间、浴室及厕所、小卖部、农民工学校等,具体详见施工平面布置临时用地表。

(3) 围墙、大门和场内临时道路

本工程施工现场开设两个出入大门,位于现场西南角和东北角,并设门卫2个。施工围墙业主已修筑,在本标段与其他标段之间采用活动金属围挡进行分割,实行封闭式管理。在施工现场大门处悬挂施工标牌。

施工现场沿中心花园修建环形道路,道路宽4 m,厚20 cm,C15混凝土浇筑。场地内生产场地地坪及局部道路进行硬化,材料堆场场地满铺砂卵石。确保现场的文明施工程度,混凝土地面有一定坡度朝向排水沟,排水沟沿现场四周、临时道路两侧及临建四周贯通布设,生产、生活污水排出场外前均先经过设在现场的地下沉淀池沉淀后再排入市政排水管网。

(4) 混凝土生产运输设备

混凝土采用商品混凝土,塔楼区域配备4台HBT60混凝土输送泵(其中1台移动地泵),柱子等零星混凝土采用塔吊吊运浇筑。为满足工期进度需要,必要时地下室和主体6层以下部位采用汽车泵泵浇筑混凝土。会所、14#楼、15#楼、幼儿园、商铺采用汽车泵泵送混凝土。

(5) 砂浆:现场根据施工阶段设砂浆拌和场,由砂浆搅拌机、水泥库、砂堆场及和灰池组成,现场共设6台200 L自动式砂浆搅拌机,内抹灰开始后设350 L搅拌机6台进行抹灰砂浆拌制。

(6) 钢筋:钢筋采取现场加工,现场共设4个钢筋加工棚,棚内各配置加工机械1套,共4套。

钢筋加工棚旁各附设钢筋原材料堆场和半成品堆场各1个,钢筋加工后采用塔吊调运至施工点绑扎。

加工棚为钢管搭设,阳光板盖顶。

加工棚内布置钢筋调直、切断、弯曲、焊接等加工设备。

钢筋加工棚外布置原材料堆场及钢筋半成品堆场,采用塔吊吊运至操作层绑扎。

(7) 模板:模板采取集中加工,现场共设4个木作加工棚,共配4套加工设备;模板加工后采用塔吊吊运至施工点施工，在模板加工场旁设模板堆场。

(8) 附属设施

施工现场设 2 个施工出入口，位于西南角、东北角，入口处各设洗车槽 1 个；配电间 2 个，已有的一个 800 kVA 配电间设在现场的西南面，另一个 630 kVA 的配电间根据变压器设置位置确定，施工临时用电从业主指定电源引入点引入配电间后再引出至各用电点，并设专人负责；在现场中心花园设蓄水池，现场用水从业主总水源引入点引入水泵房蓄水池后再输出；在现场中心花园设标养室 1 间、材料库房、机修房等生产性用房。

整个施工现场均配置消火栓和配备灭火器，现场设置垃圾桶、黑板报等，现场西南面和东北角大门口处各设洗车池 1 个，供生产用车进出洗车用，防止污染城市卫生。

(9) 运输设备：为保证施工进度，现场垂直水平运输采用 8 台 TC5013B(臂长 50 m)，11 层以下建筑物在施工完 6 层混凝土结构后每栋各安装 1 台物料提升机，11 层以上住宅楼在施工完 8 层混凝土结构后在每栋相应位置各设人货电梯 1 台，塔吊待相应建筑物屋面工程施工后拆除。

(10) 施工临时用水的布置：业主现场提供的供水点已进入施工现场，采用 DN100 mm 给水管从供水点接入加压水泵房，场内进水主管采用 DN100 mm 给水管，沿施工道路边暗埋；各用水点根据用水量布设相应直径的给水管，将水送至各用水点。建筑物楼层上主管采用 ϕ50 mm 管径，分管采用 ϕ25 mm 管径。

(11) 施工现场用水量计算

本工程现场用水分施工用水、施工机械用水、消防用水三部分，根据现场实际情况，混凝土采用商品混凝土，现场施工用水包括混凝土养护用水、冲洗模板用水、砂浆拌和用水、砌砖用水、抹灰用水、洗砖用水、楼地面用水等；施工机械用水包括混凝土搅拌机和砂浆机清洗等；现场生活用水包括现场管理人员和业主等工作时间用水等。

本工程临时用水包括施工用水量 q_1(L/s)(包括桩基施工用水)、生活用水量 q_2(L/s)、消防用水量 q_3(L/s)。

① 施工用水量 q_1

以高峰期为最大日施工用水量，计算公式为

$$q_1 = K_1 \sum Q_i N_i K_2 / (8 \times 3\,600)$$

式中：K_1——未预计的施工用水系数，取 1.05；

K_2——用水不均衡系数，取 1.5；

Q_i——耗水物资的总量；

N_i——单位耗水物资的耗水量；

Q_i——混凝土养护用水：按每小时 60 m^3，养护 8 小时计：60 $m^3/h \times 8$ h；

砂浆搅拌机 8 小时内的砂浆生产量：按 15 m^3/台×8 台计；

瓦工班 8 小时内砌体的砌筑量：按 20 m^3/班×8 班计；

N_i——每立方米混凝土养护耗水量以 200 L/m^3 计；

每立方米砂浆搅拌耗水量以 200 L/m^3 计；

每立方米砖砌体耗水量以 100 L/m^3 计。

$$\begin{aligned} q_1 &= K_1 \sum Q_1 N_1 K_2/(8 \times 3\,600) \\ &= 1.05 \times (480 \times 200 + 120 \times 200 + 160 \times 100) \\ &\quad \times 1.5/(8 \times 3\,600) = 7.44(\text{L/s}) \end{aligned}$$

② 施工现场生活用水量

$$q_2 = P_1 N_2 K_3/(t \times 8 \times 3\,600) + P_2 N_3 K_4/(24 \times 3\,600)$$

式中：P_1——施工现场高峰昼夜人数(取 1 200)；

N_2——施工现场生活用水定额(取 30 L/s)；

K_3——施工现场用水不均衡系数(取 1.5)；

t——每天工作班数，按 2 班计算；

P_2——居住区高峰人数(取 1 500)；

N_3——居住区生活用水定额(取 100 L/s)；

K_4——居住区用水不均衡系数(取 2.5)。

$$\begin{aligned} q_2 &= P_1 N_2 K_3/(t \times 8 \times 3\,600) + P_2 N_3 K_4/(24 \times 3\,600) \\ &= 1\,200 \times 30 \times 1.5/(2 \times 8 \times 3\,600) + 1\,500 \times 100 \times 2.5/(24 \times 3\,600) \\ &= 5.28(\text{L/s}) \end{aligned}$$

③ 消防用水量 q_3

本工程现场总占地面积 10 万 m^2，根据规定，现场面积在 25 万 m^2 以内者同时发生火警 2 次，消防用水定额按 10～15 L/s 考虑。根据现场总占地面积，q_3 按 10 L/s 考虑。

④ 总用水量计算

$$q_1 + q_2 = 12.72\ \text{L/s} > q_3 = 10(\text{L/s})$$

$$Q = q_1 + q_2 + q_3 = 7.44 + 5.28 + 10 = 22.72(\text{L/s})$$

⑤ 供水管径

施工及生活用水管径的计算：

$$\begin{aligned} D_1 &= [4 \times Q_{总} / (\pi \times V \times 1\,000)]^{1/2} \\ &= [4 \times 22.72/(3.14 \times 2.5 \times 10^3)]^{1/2} \\ &= 0.107(\text{m}) \end{aligned}$$

式中：V——水管内水的流速，取 2.5 m/s。

确定临时给水管径选用 DN100 mm，可以基本满足临时用水的需要。业主现场提供的供水点已进入施工现场，采用 DN100 mm 给水管从供水点接入加压水泵房，场内进水主管采用 DN100 mm 给水管，沿施工道路边暗埋；各用水点根据用水量布设相应直径的给水管，将水送至各用水点。建筑物楼层上主管采用 ϕ50 mm 管径，分管采用 ϕ25 mm 管径。

消防栓：本施工场地内利用给水管作消防用水，消防水管 ϕ50 mm，在建筑物周边(每 100 m 设置 1 个)及各楼层(每层楼设置不少于 1 个)设置消防栓。

灭火器：备泡沫灭火器和干粉灭火器，以应付不同类型的火灾事故，布置(悬挂)于醒目处，间距控制在 20～30 m。

施工排水布置：现场排水设计为有组织排水系统，在现场四周、道路两侧和施工临建四周修筑一500 mm宽、500 mm深、坡度为0.5%的砖砌排水沟作为总排水沟，现场所有施工废水、污水都通过沉淀池处理后排入市政排水管网。

(12) 施工现场用电量计算

电力负荷按负荷性质分组需要系数法计算：

$$P=(1.05\sim1.10)(K_1\sum P_1/\cos\varphi+K_2\sum P_2+K_3\sum P_3+K_4\sum P_4)$$

式中：P——总的电力负荷(kVA)；

P_1——电动机额定功率(kW)

P_2——电焊机额定功率(kVA)；

P_3——室内照明总容量(kW)；

P_4——室外照明总容量(kW)；

$\cos\varphi$——电动机的平均功率因数；

K_1、K_2、K_3、K_4——需要系数，其中照明用电量按动力用电量的10%估算。

常见用电设备需要系数见表5-42。

表5-42 常见用电设备需要系数表

序号	设 备	$\cos\varphi$	K
1	塔式起重机	0.8	0.6
2	钢筋弯曲、切断机	0.55	0.3
3	卷扬机	0.5	0.3
4	圆盘锯	0.5	0.7
5	振捣器	0.85	0.65
6	水泵	0.8	0.5
7	直螺纹套丝机	0.8	0.8
8	交流电焊机	0.5	0.5
9	混凝土输送泵	0.8	0.6

取$K_1=0.6$，$K_2=0.45$，$\cos\varphi=0.8$，$K_3=0.8$，$K_4=1$，各阶段主要用电机具及用电量见表5-43、表5-44。

表5-43 桩基施工阶段主要用电设备及用电量

序号	设备名称	设备型号	数量	单台功率(kW)	总功率(kW)
1	钢筋切断机	FGQ40-1	4	8	32
2	钢筋调直机		4	1.5	6
3	钢筋弯曲机	QJ6-40	4	2.2	8.8
4	交流电焊机	BX3-300(同时作业)	6	23	138
5	扦入式振动器	ZN35	50	1.1	55

续表 5-43

序号	设备名称	设备型号	数量	单台功率(kW)	总功率(kW)
6	潜水泵	BP-6	40	1.5	60
7	潜水泵	BP-9	10	4	40
8	污水泵	80D30×3	6	12	72
9	空压机	0.5 m^3	50	3.5	175
10	标准养护室		1	5	5
11	照明用电		1	60	60
12	生活及办公区用电		1	100	100

由表 5-43 中数据可知 $P_1 = 453.8\ kW$，$P_2 = 138\ kVA$，$P_3 = 60\ kW$，$P_4 = 100\ kW$，代入公式计算可得，供桩基阶段施工所需电力 $P = 578\ kVA$。

表 5-44　结构施工阶段主要用电设备及用电量

序号	设备名称	设备型号	数量	单台功率(kW)	总功率(kW)
1	混凝土输送泵(同时使用)	HBT60A	3	75	225
2	塔式起重机	TC5013	8	50	400
3	交流电焊机	BX-500(同时)	10	30	300
4	钢筋切断机	FGQ40-1	4	8	32
5	钢筋调直机	GJ40	4	1.5	6.0
6	钢筋弯曲机	GJ6-40	4	2.2	8.8
7	钢筋对焊机	UN_1-100	2	100	200
8	直螺纹套丝机	Z3T-60A	4	3	12
9	空压机	4L-20/8	2	3	6
10	木工平刨机	MBJ507	5	3	15
11	木工压刨机	MB107	5	3	15
12	电锯	MJ503	5	5.5	27.5
13	高速物料提升机(同时使用)	JJM-5	8	45	360
14	扦入式振动器(同时使用)	ZN35	6	1.1	6.6
15	平板振动器		2	3	6.0
16	砂浆搅拌机(同时使用)	350 L	6	7.5	45
17	标准养护室		1	5	5
18	加压泵		2	15	30
19	照明用电		1	120	120
20	生活用电		1	120	120

由表 5-44 中数据可知 P_1 = 1 199.90 kW，P_2 = 500 kVA，P_3 = 120 kVA，P_4 = 120 kVA，代入公式计算可得，结构施工阶段施工所需电力 P = 1 408 kVA。

目前现场西南侧配备了一台 800 kVA 变压器，能满足桩基施工阶段电力需求，但不能满足结构施工阶段电力需求，电力缺口 = 1 408 kVA − 800 kVA = 608 kVA，因此现场最少还需配备一台 630 kVA 的变压器，方能满足现场电力需求。

3）施工现场总平面布置图

（1）地下室及会所施工平面布置图（见附图 3）。

（2）地下室土方回填前主体结构施工平面布置图（见附图 4）。

（3）地下室土方回填后主体结构施工平面布置图（见附图 5）。

（4）施工现场临时用水施工平面布置图（见附图 6）。

（5）地下室、会所施工阶段临时用电平面布置图（见附图 7）。

（6）主体施工阶段临时用电平面布置图（见附图 8）。

4）临时用地

表 5-45 临时用地表

序号	用　　途	建筑面积（m^2）	位　　置	需用时间
1	办公区办公用地	2 500	××路以北空地	
2	生活区用地	3 200	××路以北空地	
3	施工道路	7 200	场内	
4	材料库房	280	中心花园	
5	钢筋加工及堆放区	700	场内（地下室周边）	
6	模板加工及堆场	1 200	场内	
7	焊工棚	72	场内（地下室顶板）	
8	分包加工场	400	场内（地下室周边）	
9	架料堆场	800	场内	
10	砖堆场	800	场内	
11	水泥库（水泥罐）	120	场内	
12	砂浆拌和场	300	场内	
	说明：具体布置详见各阶段施工平面布置图			

5.8.6 主要分部分项工程施工方法

（略）

5.8.7 质量保证措施

1）质量目标

质量验收合格，一次验收合格率 100%，通过“结构评优，获得省（市）样板工程”。

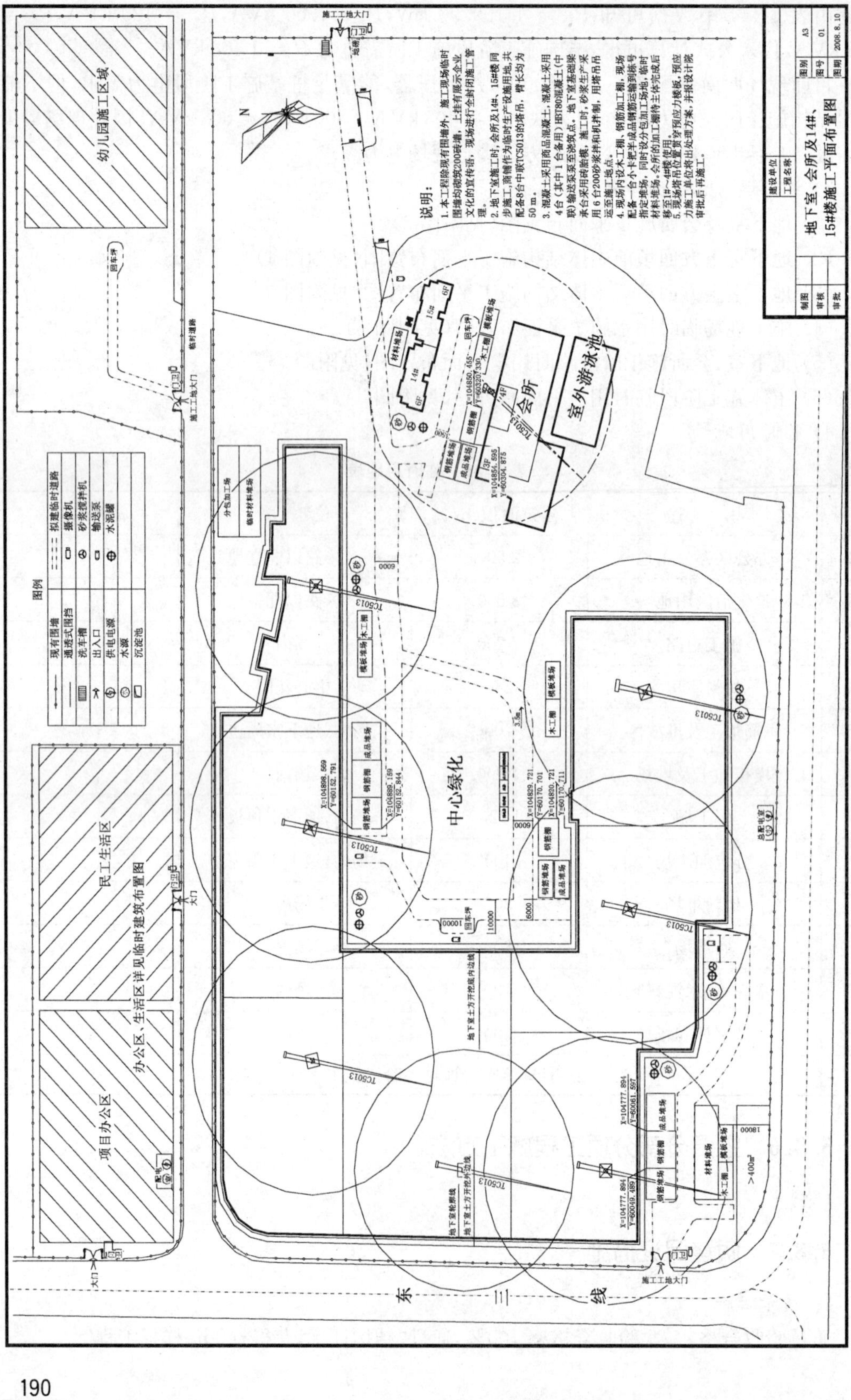

附图3 地下室及会所施工平面布置图

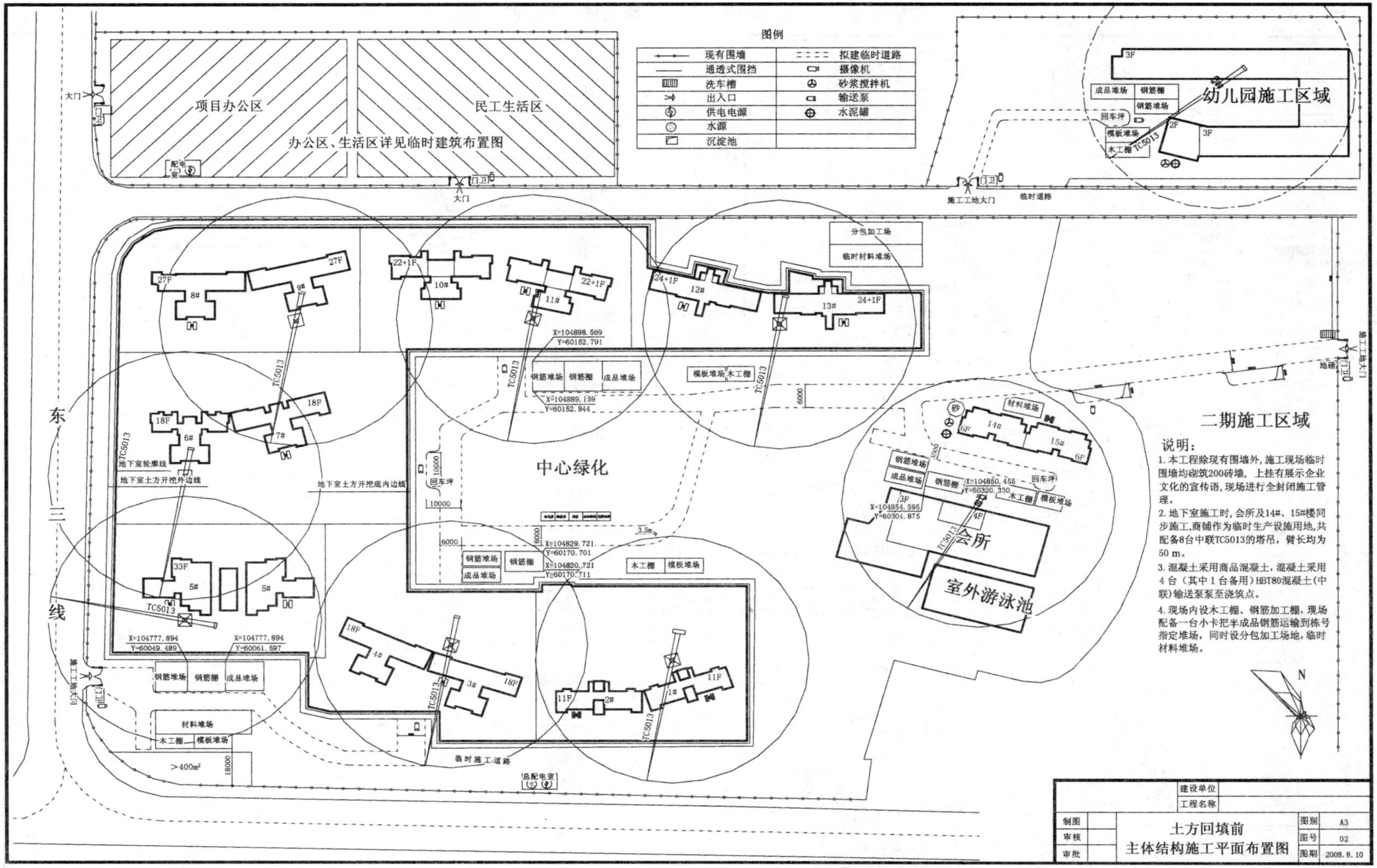

附图4　地下室土方回填前主体结构施工平面布置图

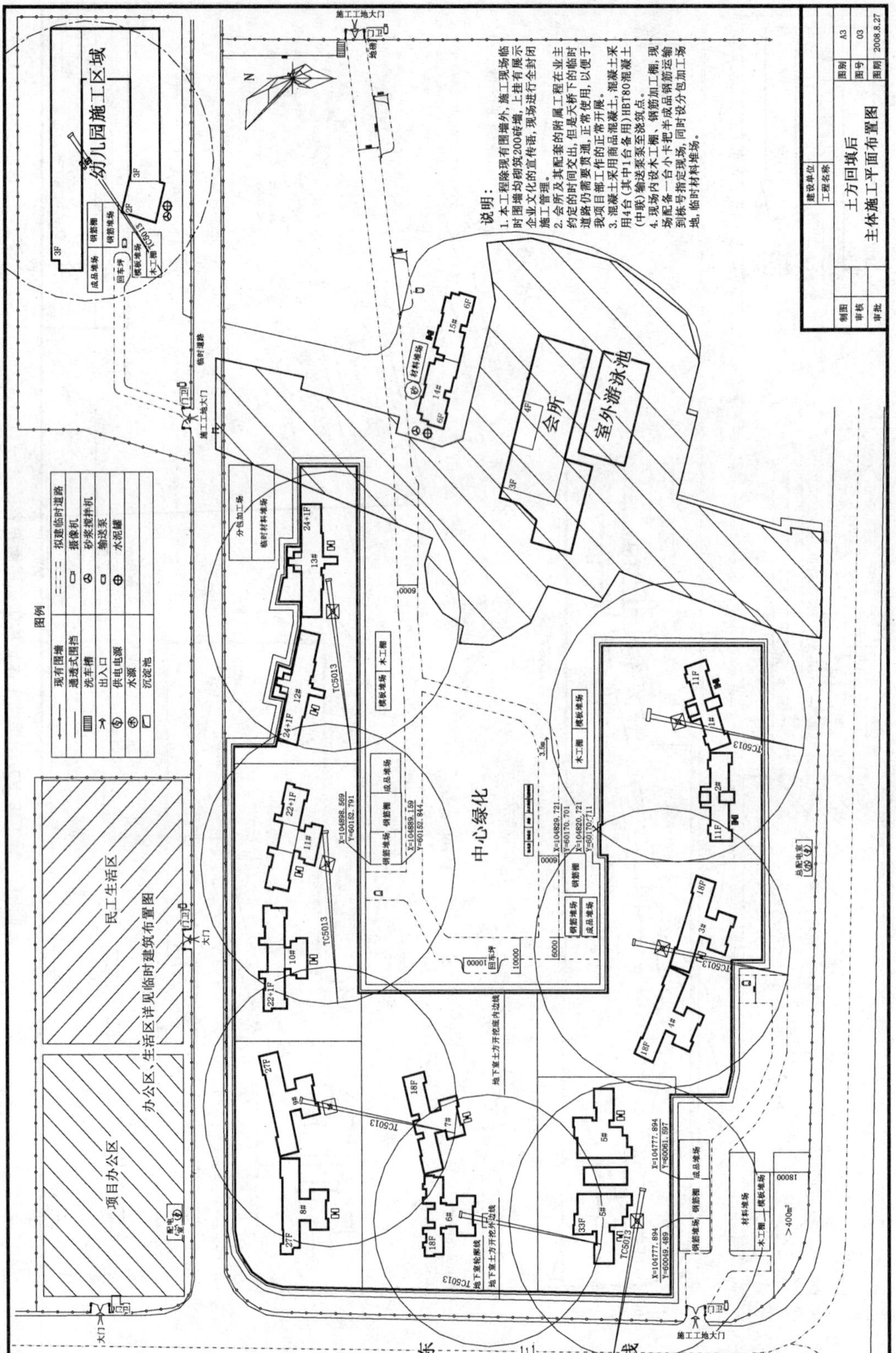

附图5 地下室土方回填后主体结构施工平面布置图

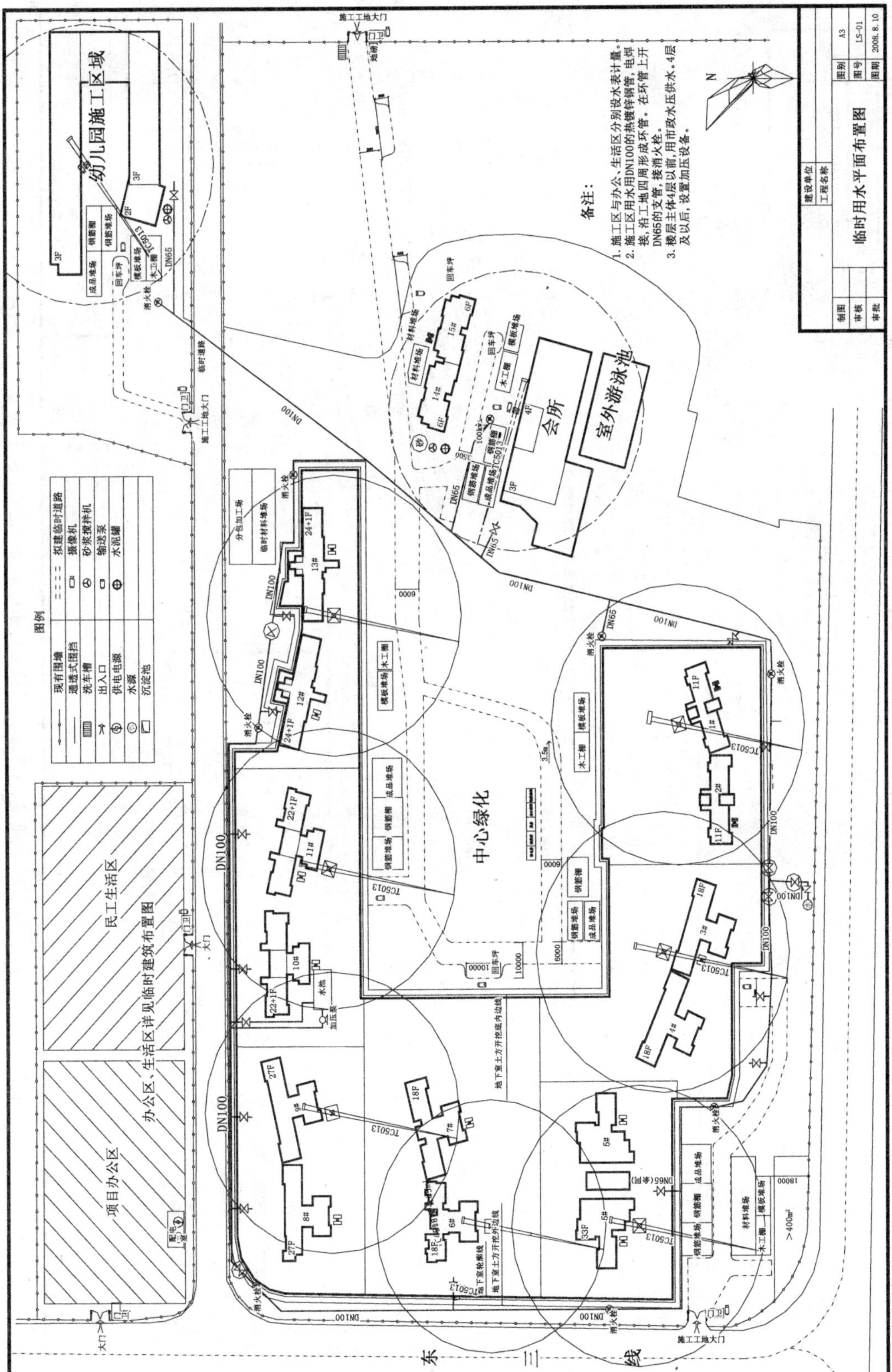

附图6 施工现场临时用水施工平面布置图

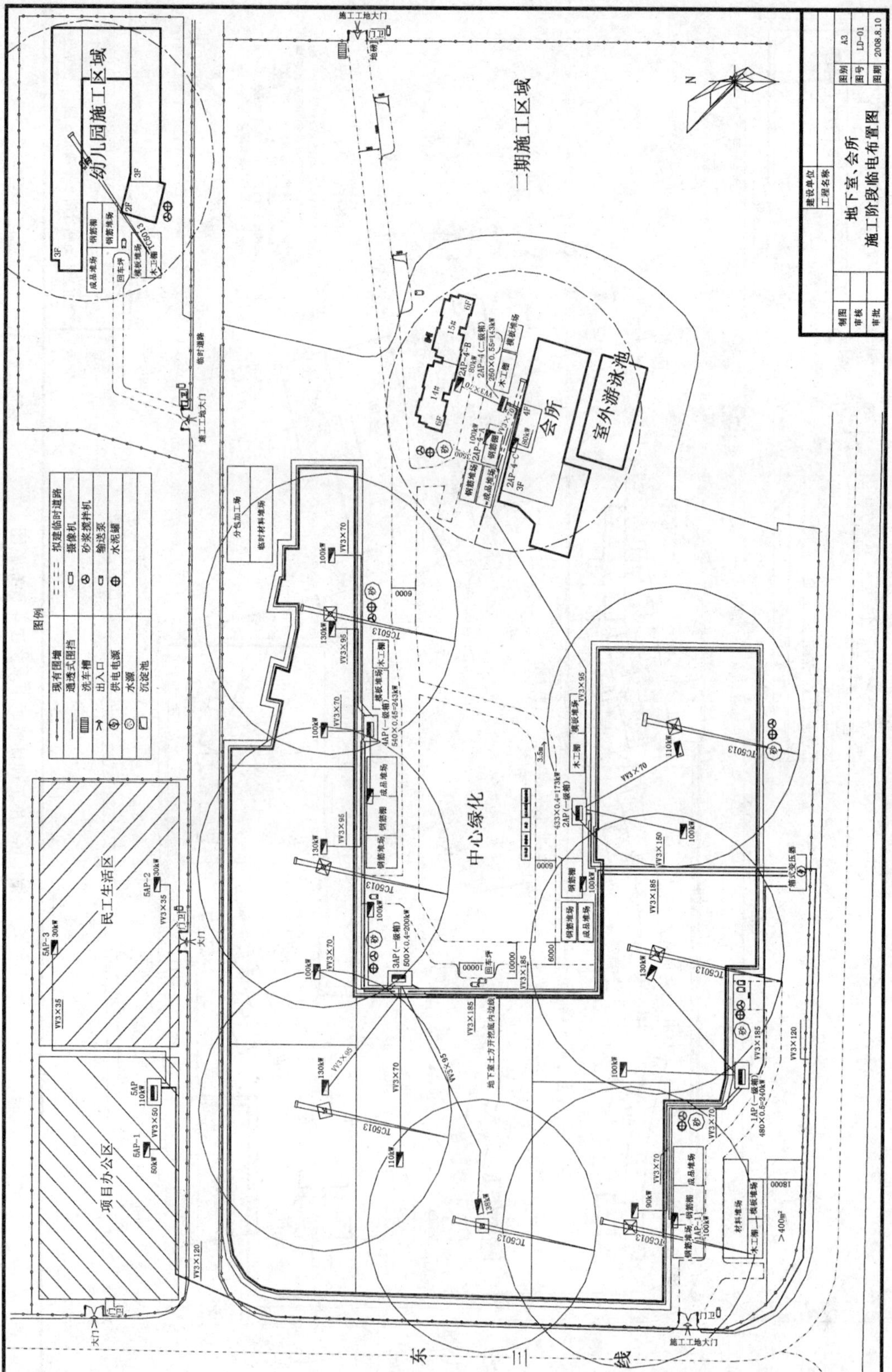

附图7 地下室、会所施工阶段临时用电平面布置图

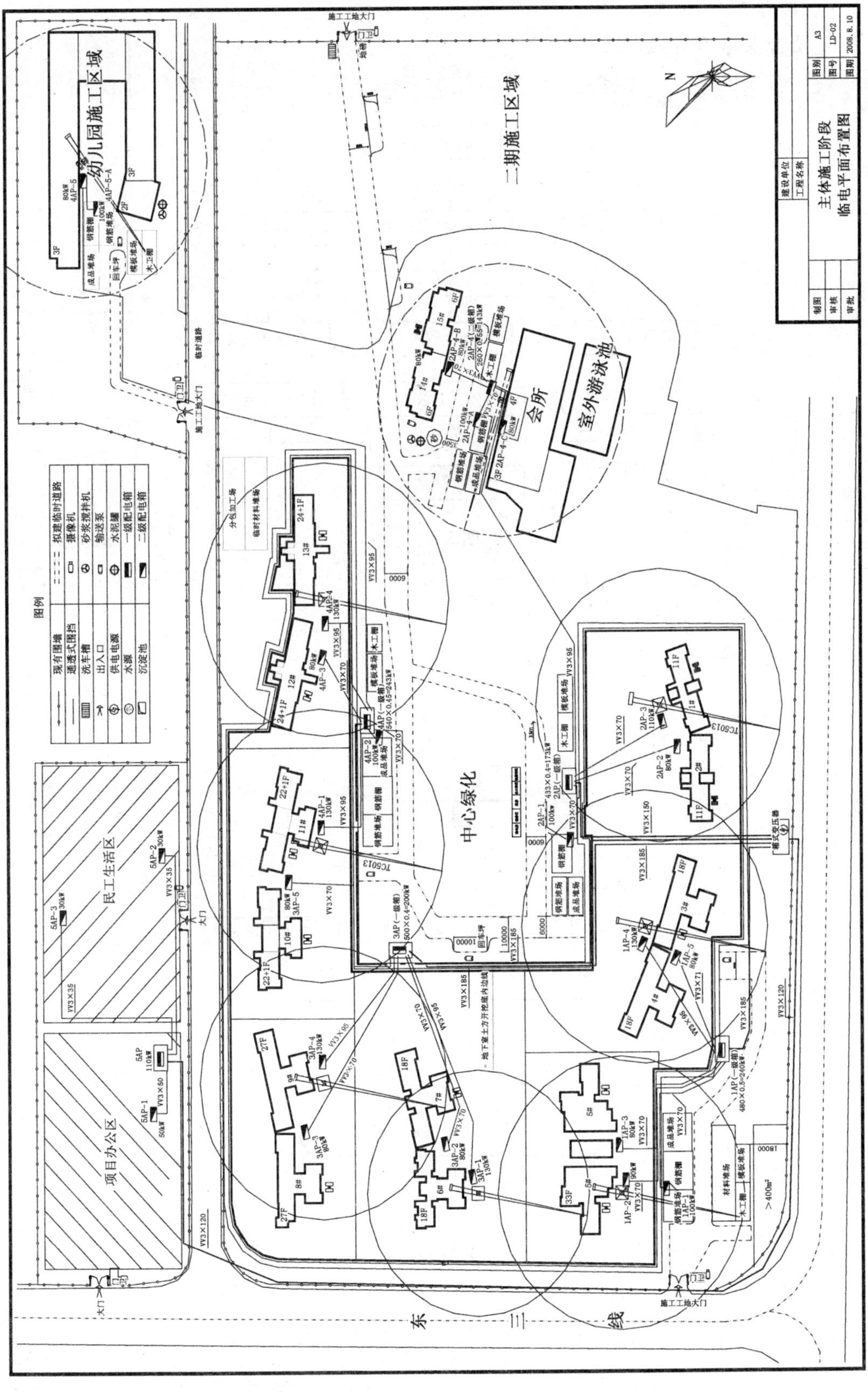

附图8 主体施工阶段临时用电平面布置图

2）保障体系

（1）资源保障体系（见图 5-8）

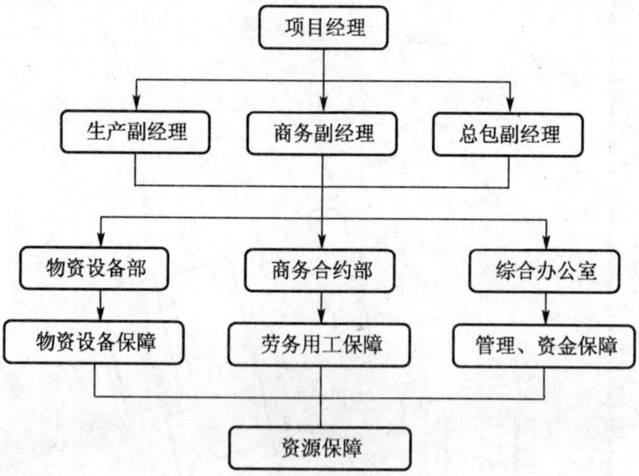

图 5-8

（2）技术支撑体系（见图 5-9）

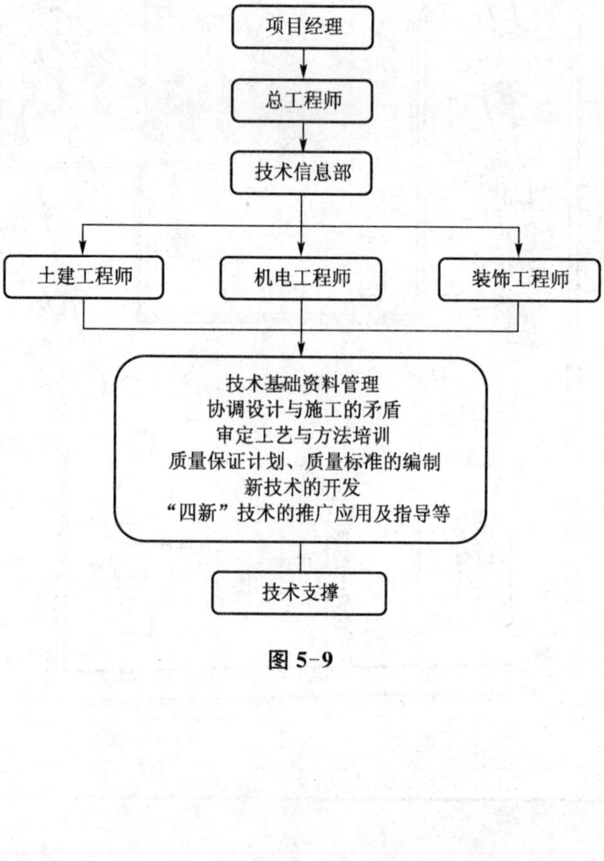

图 5-9

(3) 质量自控体系(见图 5-10)

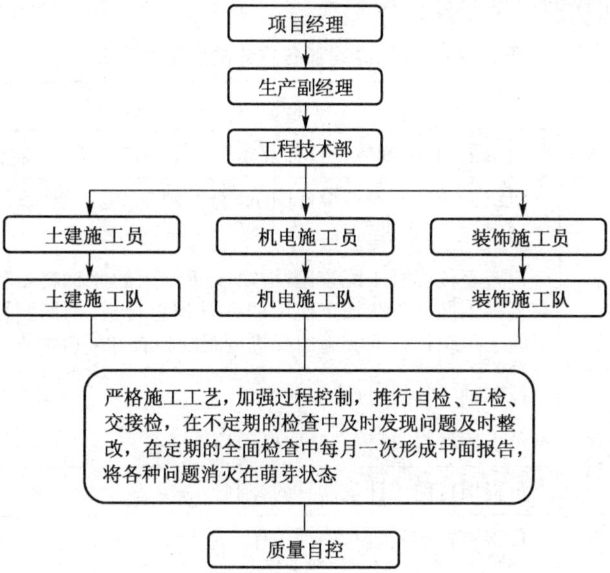

图 5-10

(4) 质量监督体系(见图 5-11)

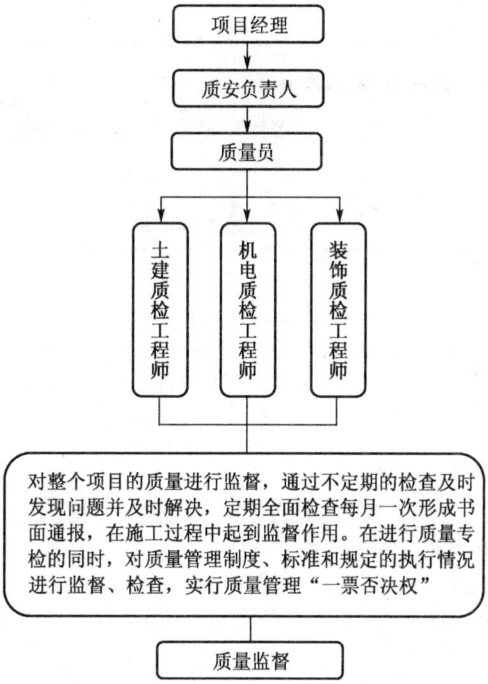

图 5-11

3）保证质量的组织管理措施

（1）质量职责

项目经理部各主体的质量职责见表5-46。

表5-46 项目经理部各主体的质量职责表

序号	岗位或部门		主要质量职责
1	项目技术负责人		质量策划，明确质量目标及施工质量控制的重点、难点和方法
2	工程技术部	施工员	组织作业队伍按照设计图纸、施工规范、施工组织设计、施工方案、作业指导书、技术交底进行施工作业
		技术员	检查复核混凝土配合比，混凝土所使用的原材料是否检验且检验合格；检查复核钢筋加工队加工使用的钢材是否合格，钢筋制作质量是否满足要求。对施工组织设计的实施情况进行跟踪检查和随机抽查
		测量组	控制轴线复核、沉降观测
3	资料试验室	试验员	负责原材料、过程产品取样送检
		计量员	负责项目使用计量器具的控制
		资料员	负责资料的收集与整理工作
4	质量安全部		按照设计图纸、施工规范、质量验评标准对施工质量进行检查和监督
5	安装工程部		负责安装工程的施工管理
6	物资设备部		保证原材料质量及机械设备的工况满足要求
7	作业队分包单位		按照设计图纸、施工组织设计、施工方案、作业指导书、技术交底进行施工作业

（2）执行项目质量管理的各项基本制度

根据本工程具体特点，在项目施工过程中按照表5-47所示的管理制度进行质量的过程控制。

表5-47 质量管理制度

序号	质量管理制度	主要内容
1	目标管理制度	公司与项目经理部签订项目管理目标责任书，明确项目质量目标。项目经理部将项目质量目标分解为分部分项工程子目标，并与项目管理人员、作业队伍/施工班组签订质量目标责任书，将质量管理目标逐级分解、落实
2	质量责任制度	明确项目经理部各部门、各作业队伍/施工班组、各岗位人员的质量责任，将责任落实到人，同时制定质量奖罚措施
3	图纸会审制度	项目经理部收到设计文件后，项目技术负责人组织项目施工管理人员学习设计文件、参加建设单位组织的图纸会审、整理图纸会审记录。会审记录经会审各方签字盖章后作为设计文件的组成部分。通过图纸会审，项目施工管理人员应明确项目施工质量控制的重点、难点
4	施工组织设计管理制度	工程开工前必须编制施工组织设计，施工组织设计必须含有针对性和可操作性的质量保证措施且经企业总工程师批准后实施

续表 5-47

序号	质量管理制度	主 要 内 容
5	专项施工方案管理制度	工程施工前，项目经理部应深化施工组织设计，对工艺要求比较复杂或施工难度较大的分部或分项工程及易出现质量通病的部位，必须编制专项施工方案。专项施工方案至少应包括： (1) 深基坑支护施工方案(包括计算书) (2) 模板/高支模工程施工方案(包括计算书) (3) 外架施工方案(必须包括搭设、使用、拆除和计算书等内容) (4) 塔吊、物料提升机等施工设备的安装、基础设计与施工、附着支撑的设计与安装、设备拆除方案等 (5) 屋面工程、卫生间、外墙的防水防渗施工方案 (6) 特殊部位及采用新技术、新工艺进行施工的分部分项工程施工方案(根据项目实际情况编制) (7) 装饰装修工程施工方案 (8) 季节性施工方案
6	持证上岗制度	项目经理、施工员、质检员、材料员、资料员、试验员必须持证上岗，项目经理、项目技术负责人必须具备招标文件要求的资质 专业工种、特殊工种的作业人员必须经过专业培训，并持有相应的从业资格证
7	技术交底制度	工程开工前，项目技术负责人向项目管理人员、作业队伍/施工班组的现场负责人进行整个项目施工技术交底，交底的内容包括：本工程的质量目标、施工质量控制的重点和难点以及质量控制的程序、方法、措施 分部分项工程施工前，施工员向作业人员进行技术交底，明确分部分项工程或各工序的重点、难点、施工工艺和程序以及保证质量的措施
8	材料进场验收制度	所有进场材料、半成品必须附有合格证或材质证明书，并按规范要求取样送检，不合格的材料不得使用
9	技术核定制度	在施工过程中，如发现地质勘探资料与现场地质情况不符或设计图纸仍有矛盾或材料的型号、规格、品种不能满足设计要求，或材料的供应不能保证，或设计图纸中仍存在不便施工、容易导致质量或安全等问题的情况，或必须采用非常规技术手段和设备方能满足设计和施工安全的要求，应及时提出合理建议，并严格执行设计变更和技术核定制度 技术核定单统一由项目技术负责人向建设单位提出，经设计单位和建设单位核定签证后生效。施工过程中，严禁不办理技术核定自行改变原有设计进行施工的做法
10	技术复核制度	工程开工时，项目技术负责人应根据工程特点编制项目技术复核计划，明确工程施工过程中要进行哪些技术复核，技术复核的主要内容，各项技术复核应在什么时候由谁负责进行。技术复核由项目技术负责人组织进行
11	样板领路制度	装修工程施工前，项目经理部组织装修施工队伍按设计文件的要求先做样板，样板经四方责任主体(建设、设计、监理、施工)确认后，方可进行大面积装修施工作业
12	质量“三检”制度	施工过程中，每道工序完成后，班组应进行自检，班组之间进行互检，前后道工序的作业班组要进行交接检

续表 5-47

序号	质量管理制度	主要内容
13	隐蔽工程验收制度	隐蔽工程验收的程序:上道工序被隐蔽前,应先由班组进行自检,自检合格后报施工员验收,合格后由施工员填写隐蔽工程验收记录并报项目质检员和项目技术负责人 确认后向建设单位或监理单位报验,由监理(建设)单位组织隐蔽工程验收 隐蔽工程未经检查或验收未通过,不允许进行下道工序的施工 隐蔽工程验收的项目和内容按国家/行业相关标准以及地方政府质量监督部门的有关规定进行
14	混凝土浇筑许可制度	混凝土浇筑是对上道工序进行隐蔽,混凝土浇筑前,除需按"隐蔽工程验收制度"对上道工序即被隐蔽工程进行隐蔽验收外,还需由项目施工员填写混凝土浇筑令,经项目质检员、项目技术负责人检查验收同意后报监理方,由监理方签署混凝土浇筑许可证/混凝土浇筑令后,方可进行混凝土浇筑
15	质量检查、验收、评定制度	质量检查、验收、评定必须坚持"过程控制、验评分离"的原则 质量检查、验收、评定的程序、方法、标准见《建筑工程施工质量验收统一标准》及各专业工程的质量验收规范

5.8.8 安全保证措施

1) 安全目标

杜绝火灾事故,杜绝重伤、死亡事故,杜绝重大机械设备事故,年度轻伤事故频率控制在1.5‰以内,确保省安全文明示范工地。

2) 安全自控体系(图 5-12)

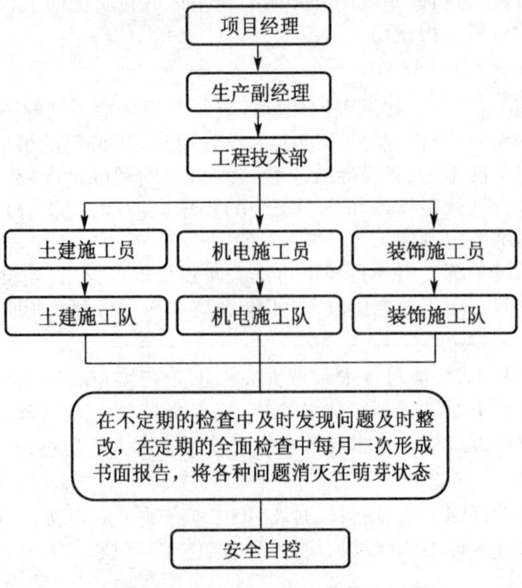

图 5-12 安全自控体系

3）安全监督体系（图 5-13）

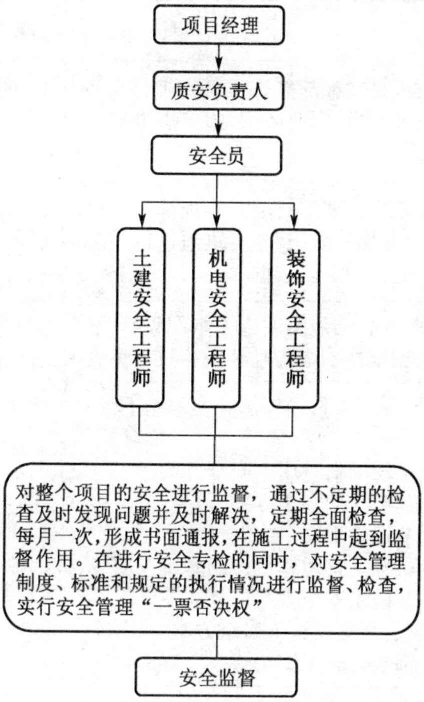

图 5-13　安全监督体系

4）保证安全的组织管理措施

（1）安全职责

项目经理部各主体的安全职责见表 5-48。

表 5-48　项目经理部各主体的安全职责表

序号	岗位或部门		主要安全职责
1	项目技术负责人		安全策划，明确安全管理目标及施工安全控制的重点、难点和方法
2	工程技术部	施工员	组织作业队伍按照设计图纸、施工规范、施工组织设计、施工方案、作业指导书、技术交底进行施工作业
		技术员	检查复核是否按照施工方案中安全措施进行施工。对施工组织设计的实施情况进行跟踪检查和随机抽查
3	安全监督部		按照设计图纸、施工规范、安全标准对施工安全进行检查和监督
4	安装工程部		负责安装工程的施工管理
5	物资设备部		保证机械设备及采购的安全用品的工况满足要求
6	作业队分包单位		按照设计图纸、施工组织设计、施工方案、作业指导书、技术交底进行施工作业

（2）建立安全管理制度

执行公司安全体系文件所确定的各项安全管理制度，安全管理制度的主要内容见表 5-49。

表 5-49　安全管理制度

序号	管理制度	具体内容
1	安全生产目标责任制度	公司与项目经理部签订项目管理目标责任书，明确项目安全管理目标；项目经理部与管理人员、作业队伍/施工班组签订安全目标责任书，将安全管理目标逐级分解、落实
2	安全生产目标责任考核制度	企业安全主管部门对项目经理部每半年进行一次考核；项目经理部每季度对项目各部门、各作业队伍/施工班组进行一次考核；并将考核结果作为各岗位人员晋级、评优、奖罚的主要依据
3	施工组织设计管理制度	工程开工前，必须编制施工组织设计，施工组织设计必须含有针对性和可操作性的施工安全技术措施且经企业技术负责人批准后实施
4	专项安全施工方案制度	工程开工前，项目经理部必须编制下列专项施工方案并经项目技术负责人批准后实施： (1) 施工现场临时用电安全方案 (2) 深基坑支护安全方案 (3) 季节性施工安全方案 (4) 塔吊等垂直运输机械的基础及安装、拆除施工安全方案 (5) 外架施工安全方案 (6) 模板/高支模施工安全方案 (7) 装饰装修施工安全方案
5	项目管理人员和特种作业人员实行年审制	在项目开工之前组织一次，然后每半年由公司统一组织进行，加强施工管理人员的安全考核，增强安全意识，避免违章指挥
6	"三级安全教育"制	劳务队伍进场及时进行三级安全教育，针对工程施工各分部(子分部)、分项工程各阶段的特点，加强安全教育，提高工人整体安全意识
7	"安全技术交底"制度	根据安全措施要求和现场实际情况，各级管理人员需亲自逐级对工人进行书面"安全技术交底"并签字
8	机械设备验收制度	大中型机械设备安装凡不经验收的，一律不得投入使用。相应的操作人员每天必须进行自检，专职安全员进行巡检，每半个月项目部组织进行一次全面检查，不合格的立即整改，整改验收合格以后方可使用
9	班前检查制度	区段施工负责人和专职安全员必须督促与检查劳务队、分包单位对员工安全防护措施是否进行了检查
10	周一安全活动制度	项目经理部每周一要采取多种方式组织全体工人进行安全教育，对上一周安全方面存在的问题进行总结，对本周的安全重点和注意事项做必要的交底，从思想意识上时刻绷紧安全这根弦，防患于未然
11	定期检查与隐患整改制	项目经理部每周要组织一次安全生产检查，如满堂高支撑系统、临水临电、防护、动火审批制度等，对查处的安全隐患必须定措施、定时间、定人员整改，并做好安全隐患整改、复查、消项记录
12	安全奖罚制与事故报告制度	当发生事故时及时上报并追究肇事者的责任，做到奖罚分明
13	危急情况停工制度	一旦出现危及职工生命财产安全的险情要立即停工，同时，立刻报告公司，及时采取措施排除险情

5.8.9 文明环保措施

1）文明施工目标

确保省安全文明示范工地。

2）环境目标

（1）施工噪声：满足国家及市建筑施工场界噪声限值规定，不发生噪声扰民现象。

（2）施工扬尘：施工现场目视无扬尘，道路运输无遗洒。

（3）固体废弃物排放：施工现场固体废弃物实现资源化、无害化、减量化管理。

（4）有毒有害废弃物：对有毒、有害废弃物进行有效控制和管理，减少环境污染。

（5）污水排放：生产、生活污水经处理后排放，水质符合地方标准。

（6）资源管理：节能降耗，减少资源浪费。

（7）杜绝重大环境事故的发生，不出现因噪声、扬尘、运输遗洒、土地污染、水体污染及废弃物处置等环境污染问题造成的执法部门处罚或相关投诉。

（8）节材、节水、节能、节地，努力推行绿色施工。

3）文明施工管理体系的建立

（1）文明施工及环保管理组织计划如图5-14所示。

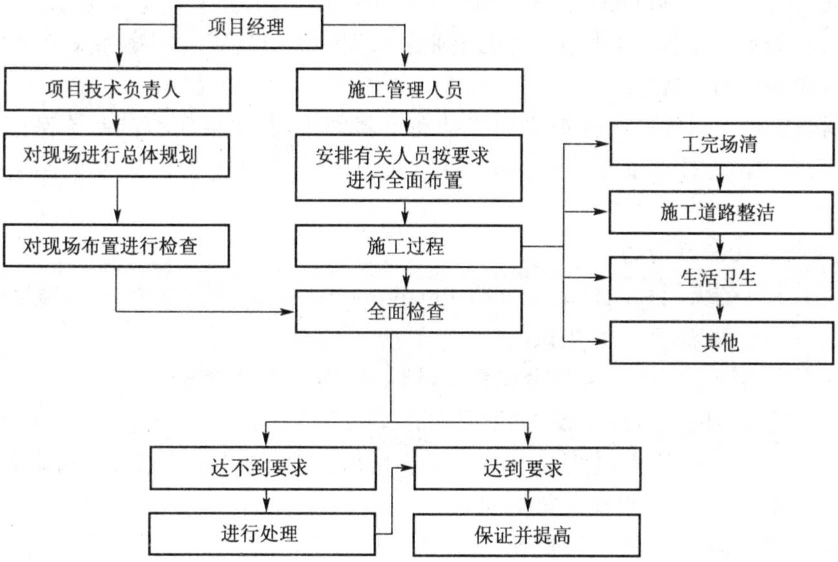

图5-14 文明施工及环保组织计划图

（2）以项目经理为首，由生产副经理、质安总监、区域责任工程师、专业安全工程师、各指定分包公司等各方面的管理人员组成本工程的文明施工、环保及安全管理组织机构。

（3）公司与项目部、项目部与劳务队签订文明施工协议，明确目标与责任。

（4）实行文明施工、环保及安全生产奖罚制与事故报告制。

① 危急情况停工制：一旦出现危及职工生命财产安全的险情，要立即停工，同时，立即报告有关部门，及时采取措施排除险情。

② 事故报告制：发生安全事故必须立即报告，及时抢救伤员并采取措施保护现场，按

“四不放过”原则对事故进行处理。

③ 文明施工、环保及安全生产奖罚制：对每次检查中位于前两名的单位给予 1 000～3 000元奖励，对最后两名给予 1 000～2 000 元罚款或停工整顿。

④ 持证上岗制：特殊工种必须持有上岗操作证，建立特殊工种管理档案，严禁无证操作。

4）文明施工措施

(1) 勤于检查，及时整改。对文明施工的检查工作要从工程开工做起，直到竣工交验为止。由于施工现场情况复杂，也可能出现三不管的死角，在检查中要特别注意，一旦发现要及时协调，重新落实，消灭死角。

(2) 施工管理人员一律挂牌上岗。现场施工人员配戴证明其身份的胸卡，并统一穿工作服。

(3) 现场办公室做到整洁、清爽，墙上挂有岗位责任制、施工总平面图、施工总进度计划、晴雨表。各类图纸、资料文件应分类编号存放并由专人妥善保管，各种记录准确真实，字迹工整清楚。

(4) 现场大门采用钢大门，开启方式为平开。门柱砖砌并粉刷成特定造型，每个大门一侧设门卫室(定型产品)，大门外侧在凸显位置挂单位名称和工程名称牌。

(5) 围墙的表面处理的颜色、图案和标语应按公司 CI 标准设计；一般情况在考虑业主企业形象宣传需要的前提下，使用公司的企业形象识别规范规定的图案和颜色，但尺寸和内容必须符合政府的有关规定。

(6) 围墙壁和大门的表面围护定期修补和重新刷漆，并保证所有的乱涂乱画或招贴广告随时被清理。临时围墙和大门设置必要的灯光照明，满足施工现场安全保卫和美观的要求。

5）现场场容管理方面的措施

(1) 施工工地的大门和门柱为正方形 490 mm×490 mm，高度为 2.5 m，宽度 6 m，材料统一使用镀锌钢管做架，双面铁皮做面。

(2) 施工现场周围使用 2 m 高金属围挡，墙上涂刷宣传画或标语。

(3) 在现场入口的显著位置设立“十图六牌二表”，内容包括现场施工总平面图、总平面管理，安全生产、文明施工，环境保护、质量控制、材料管理、总进度计划表和晴雨表等规章制度和主要参建单位名称、工程概况等情况。

(4) 建立文明施工责任制，划分区域，明确管理负责人，实行挂牌制，做到现场清洁整齐。

(5) 施工现场地面全部采用 150 mm 厚 C20 混凝土硬化地面，将道路材料堆放场地用黄色油漆画 10 cm 宽黄线予以分割，在适当位置设置花草等绿化植物，美化环境。

(6) 修建场内排水管道沉淀池，防止污水外溢；沉淀池定期清理。

(7) 厕所用水：在厕所附近设化粪池，厕所用水经化粪池处理后排入市政管网，定期对化粪池进行清理。

(8) 洗车台：洗车台设在大门内侧，由宽 300 mm、深 400 mm 的沟槽围成，配备高压冲洗水枪，槽内设置沉淀池。所有从工地出去的车辆均要将泥水冲洗干净，泥水经沉淀后，将清水排放到主排水沟中。

(9) 针对施工现场情况设置宣传标语和黑板报，并适当更换内容，确实起到鼓舞士气、表扬先进的作用。

6) 现场机械管理方面的措施

(1) 现场使用的机械设备，要按平面固定点存放，遵守机械安全规程，经常保持机身等周围环境清洁。机械的标记、编号明显，安全装置可靠。

(2) 机械排出的污水要有排放措施，不得随地流淌。

(3) 钢筋切断机、对焊机等需要搭设护棚的机械，搭设护棚时要牢固、美观，符合施工平面布置的要求。

7) 现场生活卫生管理的措施

(1) 施工现场办公室、仓库、职工(包括民工)宿舍保持清洁卫生，保证卫生区域经常打扫。

(2) 工地食堂及临时卖饭处所要整洁卫生，做到生熟食物隔离，要有防蝇防尘设施。

(3) 施工现场设置临时厕所，厕所采用地砖地面、瓷砖墙面、石膏板吊顶，厕所由专人负责定期打扫。

(4) 现场严禁居住家属，严禁居民家属、小孩在施工现场穿行、玩耍。

8) 环境保护措施

(1) 环境管理目标

噪音排放达标：结构施工，昼间 < 70 dB，夜间 < 55 dB，装修施工，昼间 < 65 dB，夜间 < 55 dB；大气污染达标：施工现场扬尘、生活用锅炉烟尘的排放符合要求(扬尘达到国家二级排放规定，烟尘排放浓度 $< 400\ mg/Nm^3$)；生活及生产污水达标：污水排放符合《××市水污染物排放标准》；防止光污染：夜间照明不影响周围社区；施工垃圾分类处理，尽量回收利用；节约水、电、纸张等资源消耗，节约资源，保护环境。

(2) 环境管理方针

建筑与绿色共生、发展和生态协调。

(3) 环境管理流程图(如图 5-15)

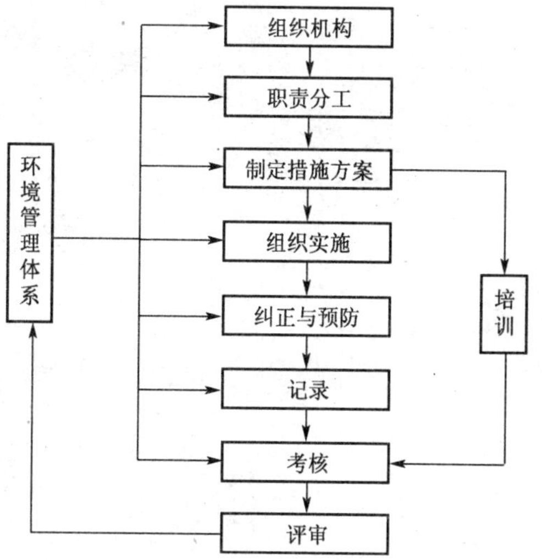

图 5-15　环境管理流程图

思考题

1. 简述施工组织设计的分类。
2. 简述施工组织总设计的编制依据。
3. 施工组织总设计有哪些内容?
4. 施工组织总平面图布置的原则是什么?
5. 保证施工组织总设计进度计划的实施措施主要有哪些方面?

6 单位工程施工组织设计

本章提要：本章主要介绍了单位工程施工组织设计的编制，主要内容包括工程概况、施工部署、主要施工方案、施工进度计划、施工准备工作计划与各种资源需要量计划、施工平面图、主要施工管理计划，并附单位工程施工组织设计实例。

6.1 概述

单位工程施工组织设计是以一个建筑物、构筑物或其一个单位工程为对象进行编制，用以指导其施工全过程各项施工活动的技术、经济、组织、协调和控制的综合性文件。它是建设项目施工组织总设计或年度施工规划的具体化，其编制内容更详细。它是编制分部(分项)工程施工方案或季节、月份施工计划的依据。

6.1.1 单位工程施工组织设计的编制依据

(1) 有关的国家规定和标准。国家及建设地区现行的有关建设法律、法规、技术标准、质量标准、操作规程、施工验收规范等文件。

(2) 工程预算、报价文件及国家现行有关标准和技术经济指标。

(3) 工程所在地区行政主管部门的批准文件，建设单位对施工的要求。

(4) 招标文件或施工合同。包括对工程的造价、进度、质量等方面的要求，双方认可的协作事项和违约责任等。

(5) 设计文件。包括全部施工图纸、图纸会审纪要、设计变更单、采用的标准图集和各类勘察资料等。

(6) 工程施工范围内的现场条件，工程地质及水文地质、气象等自然条件。

(7) 与工程有关的资源供应情况。施工中需要的人力情况，材料、预制构件的来源和供应情况等。

(8) 施工组织总设计。如果本单位工程是整个建设项目中的一个单位工程，则应符合施工组织总设计中的总体施工部署要求，以及对本工程施工的有关要求。

(9) 施工企业的生产能力、机具设备状况、技术水平等。

6.1.2 单位工程施工组织设计的内容

根据工程的性质、规模、结构特点、技术复杂难易程度和施工条件等，单位工程施工组织设计编制内容的深度和广度也不尽相同。但一般来说应包括以下基本内容：

(1) 编制依据。将单位工程施工组织设计中所涉及的以上编写依据简单地列举出来。

(2) 工程概况。应包括工程主要情况、各专业设计简介和工程施工条件等。

(3) 施工部署。对工程施工过程做出的统筹规划和全面安排,包括项目施工主要目标、施工顺序及空间组织、施工组织安排等。

(4) 施工进度计划。为实现工程设定的工期目标,对各项施工过程的施工顺序、起止时间和相互衔接关系所作的统筹策划和安排。

(5) 施工准备与资源配置计划。与施工组织总设计相比较,单位工程施工组织设计的施工准备与资源配置计划相对更具体,其劳动力配置计划宜细化到专业工种。

(6) 主要施工方案。单位工程应按照《建筑工程施工质量验收统一标准》(GB 50300—2002)中分部、分项工程的划分原则,对主要分部、分项工程制定施工方案。

(7) 施工现场平面布置。在施工范围内,对各项生产、生活设施以及其他辅助设施等进行规划和布置。

(8) 主要施工管理计划。目前多作为管理和技术措施编制在施工组织设计中,这是施工组织设计必不可少的内容。

6.1.3 施工组织设计的管理

1) 施工组织设计的编制和审批

施工组织设计应由项目负责人主持编制,可根据需要分阶段编制和审批。单位工程施工组织设计编制完成后,应由施工单位技术负责人或技术负责人授权的技术人员审批并备案,然后填写单位工程施工组织设计报审表,报送项目监理机构审核签认。单位工程施工组织设计应在工程竣工验收后归档。

2) 单位工程施工组织设计的动态管理

(1) 工程施工过程中,发生以下情况之一时,施工组织设计应及时进行修改或补充:①工程设计有重大修改;②有关法律、法规、规范和标准实施、修订和废止;③主要施工方法有重大调整;④主要施工资源配置有重大调整;⑤施工环境有重大改变。

(2) 经修改或补充的施工组织设计应重新审批后实施。

(3) 工程施工前,应进行施工组织设计逐级交底;施工过程中,应对施工组织设计的执行情况进行检查、分析并适时调整。

6.2 工程概况

工程概况是对拟建工程的主要情况、各专业设计简介和工程施工条件等所做的一个简明扼要的介绍,其内容应尽量采用图表进行说明。

1) 工程主要情况

工程主要情况应包括:工程名称、性质和地理位置;工程的建设、勘察、设计、监理和总承包等相关单位的情况;工程承包范围和分包工程范围;施工合同、招标文件或总承包单位对工程施工的重点要求;其他应说明的情况。

2）各专业设计简介

（1）建筑设计简介应根据建设单位提供的建筑设计文件进行描述，包括建筑规模、建筑功能、建筑特点、建筑耐火、防水及节能要求等，并应简单描述工程的主要装修做法。

（2）结构设计简介应根据建设单位提供的结构设计文件进行描述，包括结构形式、地基基础形式、结构安全等级、抗震设防类别、主要结构构件类型及要求等。

（3）机电及设备安装专业设计简介应根据建设单位提供的各相关专业设计文件进行描述，给水、排水及采暖系统、通风与空调系统、电气系统、智能化系统、电梯等各个专业系统的做法的要求。

3）工程施工条件

工程施工条件应包括：工程建设地点气象状况；施工区域地形和工程水文地质状况；施工区域地上、地下管线及相邻的地上、地下建（构）筑物情况；与工程施工有关的道路、河流等状况；当地建筑材料、设备供应和交通运输等服务能力状况；当地供电、供水、供热和通信能力状况；其他与施工有关的主要因素。

6.3 施工部署

6.3.1 明确工程施工目标

工程施工目标根据施工合同、招标文件以及本单位对工程管理目标的要求确定，包括进度、质量、安全、环境和成本等目标。当单位工程施工组织设计作为施工组织总设计的补充时，其各项目标的确立应同时满足施工组织总设计中确定的总体目标。

6.3.2 工程组织机构的建立

根据工程规模、复杂程度、专业特点、人员素质和地域范围，按照合理分工与协作、精干高效的原则组建项目组织机构，确定项目管理组织机构形式，并宜用框图的形式表示。如大中型项目宜设置矩阵式管理组织，远离企业管理层的大中型项目宜设置事业部式管理组织，小型项目宜设置直线职能式管理组织。同时，还应确定项目组织机构的工作岗位设置及其职责划分。

6.3.3 施工程序

施工程序体现了施工步骤上的客观规律性，是指单位工程中各施工阶段或分部工程的先后次序及其制约关系，主要解决时间衔接上的问题。

1）遵守“先地下后地上”、“先土建后设备”、“先主体后围护”、“先结构后装修”的原则

（1）“先地下后地上”是指在地上工程开始前，尽量把管线、线路等地下设施和土方及基础工程做好或基本完成，以免对地上部分施工带来干扰，提供良好的施工场地。

（2）“先土建后设备”是指不论工业建筑还是民用建筑，一般土建施工应先于水、电、暖、煤、卫等建筑设备的施工。但它们之间主要是穿插配合的关系，尤其在装修阶段，应处理好

各工种之间协作配合关系。

(3)"先主体后围护"主要是指在多层及高层现浇混凝土框架结构房屋和装配式钢筋混凝土单层工业厂房施工中,先进行主体结构施工,后完成围护工程,应注意在总的程序上有合理的搭接。

(4)"先结构后装修"是指先进行结构施工,后进行装饰施工,是针对一般情况而言的。有时为了缩短施工工期,也可以有部分合理的搭接施工。

2)合理安排土建施工与设备安装的施工程序

工业厂房的施工很复杂,除了要完成一般土建工程外,还要同时完成工艺设备和电器、管道等安装工作。为了早日竣工投产,在考虑施工方案时应合理安排土建施工与设备安装之间的施工程序。一般有以下3种施工程序:

(1)封闭式施工。土建主体结构完成之后(或装饰工程完成之后),即可进行设备安装。如精密仪器工业厂房。

(2)敞开式施工。先施工设备基础、安装工艺设备,后建厂房,如冶金、电站等某些重型工业厂房。

(3)设备安装与土建施工同时进行。土建施工可以为设备安装创造必要的条件,同时又采取防止设备被砂浆、垃圾等污染的保护措施时,设备安装与土建施工可同时进行。如建水泥厂时,经济效益最好的施工程序便是两者同时进行。

6.3.4 施工流程

施工流程是指单位工程在平面上或竖向上施工的开始部位及其展开方向,解决建筑物(构筑物)在空间的合理施工顺序的问题。一般来说,对单层建筑物,只要按其工段、节间,分区分段地确定平面上的施工流程;对于多层建筑物,除了确定出平面上的施工流程外,还要确定竖向的施工流程。

施工流程即确定施工起点流向,这除了涉及一系列施工过程的开展和进程外,还应考虑以下几个因素:

(1)施工方法是确定施工流向的关键因素。如一栋建筑物用逆作法施工地下两层结构,它的施工流程可以作如下表述:测量定位放线→进行地下连续墙施工→进行钻孔灌注桩施工→±0.000标高结构层施工→地下两层结构施工,同时进行地上一层结构施工→底板施工并做各层柱,完成地下室施工→完成上部结构。

若采用顺作法施工地下两层结构,其施工流程为:测量定位放线→底板施工→换拆第二道支撑→地下两层施工→换拆第一道支撑→±0.000顶板施工→上部结构施工。

(2)车间的生产工艺过程往往是确定施工流向的基本因素。从工艺上考虑,要先试生产的工段先施工;或生产工艺上要影响其他工段试车投产的工段应当先施工。

(3)根据建设单位的要求,生产或使用上要求急的工段或部位先施工。对于高层民用建筑,如饭店、宾馆等,在主体结构施工到一定层数后,即进行地面上若干层的设备安装与室内外装饰。

(4)单位工程各分部分项施工的繁简程度。一般来说,技术复杂、施工进度较慢、工期长的工段或部位,应先施工。如高层建筑,应先施工主楼,裙楼部分后施工。

(5) 当有高低层或高低跨并列时，柱的吊装应先从并列处开始；当柱基、设备基础有深浅时，一般应按先深后浅的施工方向。

(6) 工程现场条件和施工方案。施工场地的大小、道路布置和施工方案所采用的施工方法和机械也是确定施工流程的重要因素。如土方工程施工中，边开挖边外运余土，则施工起点应确定在远离道路的部位，由远及近地开展施工。

(7) 划分施工层、施工段的部位。如伸缩缝、沉降缝、施工缝等也是决定其施工流程应考虑的因素。

(8) 分部工程或施工阶段的特点及其相互关系。如基础工程由施工机械和方法决定其平面的施工流程；主体结构工程从平面上看，从哪一边先开始都可以，但竖向一般应自下而上施工；装饰工程竖向的流程比较复杂，室外装修一般采用自上而下的流程；室内装修可以自下而上、自上而下两种流程，如图 6-1 和图 6-2 所示。

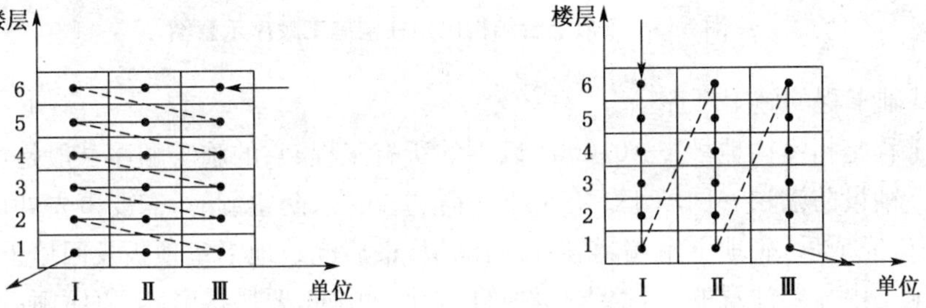

(a) 水平向下　　(b) 垂直向下

图 6-1　室内装饰工程自上而下的流程

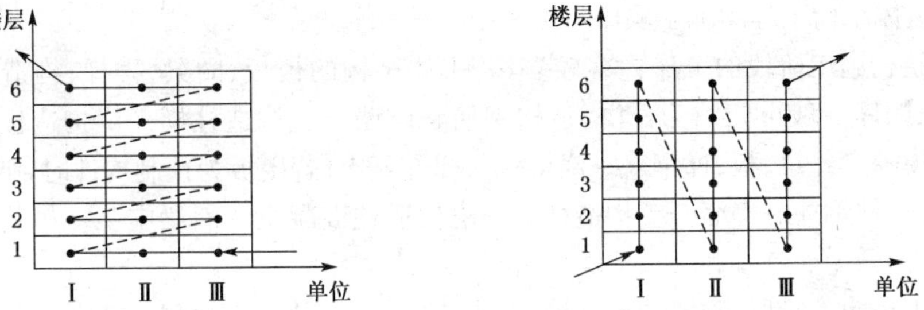

(a) 水平向上　　(b) 垂直向上

图 6-2　室内装饰工程自下而上的流程

6.3.5　施工顺序

施工顺序是指分项工程或工序之间施工的先后次序。它的确定既是为了按照客观的施工规律组织施工，也是为了解决工种之间在时间上的搭接和在空间上的利用问题。下面介绍几种常见结构的施工顺序。

1) 多层混合结构民用住宅的施工顺序

多层混合结构民用住宅的施工，一般分为基础工程、主体工程、屋面及装饰工程 3 个施工阶段，如图 6-3 所示。

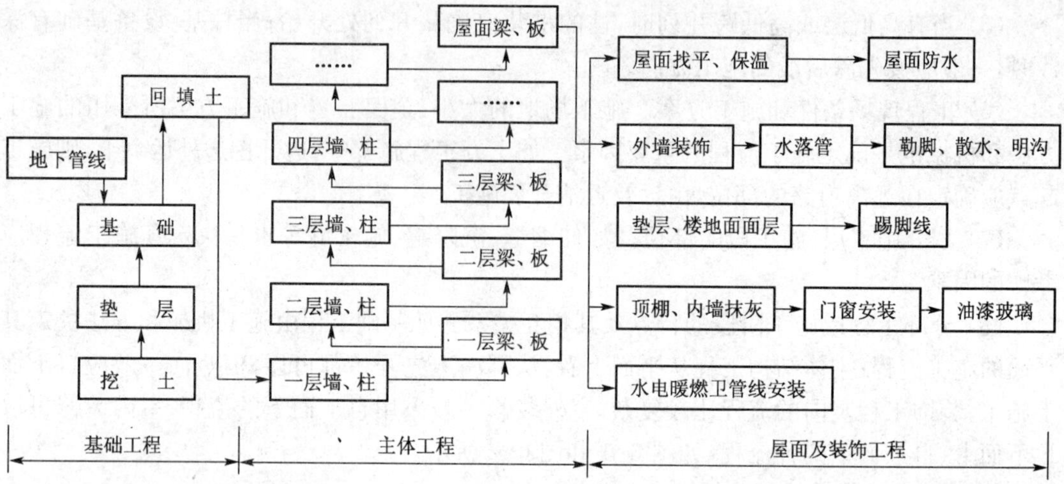

图 6-3 多层混合结构民用住宅施工顺序示意图

(1) 基础工程的施工顺序

基础工程是指室内地坪(±0.000)以下的所有工程,它的施工顺序一般是:挖土→铺垫层→基础→铺设防潮层→回填土。有地下障碍物、坟穴、防空洞时,需要事先处理;有地下室时,应在基础完成后,砌地下室墙,然后做防潮层,最后浇筑地下室顶板及回填土。

基础施工中需要注意的是,挖土与做垫层之间的施工要搭接紧凑,以防雨后积水或曝晒而影响地基的承载力。垫层施工后要留有一定的技术间歇时间,使其达到一定的强度后才能进行下一步工序的施工。对于各种管沟的施工,应尽可能与基础同时进行,平行施工。在基础工程施工时,应注意预留孔洞。

(2) 主体结构工程的施工顺序

主体结构施工阶段的工作内容较多,若主体结构的楼板、圈梁、楼梯、构造柱等为现浇时,其施工顺序一般可归纳为:立构造柱钢筋→砌墙→支构造柱模→浇构造柱混凝土→支梁、板、梯模→绑扎梁、板、梯钢筋→浇梁、板、梯混凝土;若楼板为预制构件时,则施工顺序一般为:立构造柱钢筋→砌墙→支构造柱模→浇构造柱混凝土→圈梁施工→吊装楼板→灌板缝(隔层)。

主体工程施工阶段,砌墙和现浇楼板(或铺板)是主导施工过程。两者在各楼层中交替进行,应注意使它们在施工中保持均衡、连续、有节奏地进行。并以它们为主组织流水施工,根据每个施工段的砌墙和现浇楼板(或铺板)工程确定流水节拍大小,而其他施工过程则应配合组织流水施工。

(3) 屋面及装饰工程阶段施工顺序

屋面工程的施工,应根据实际要求逐层进行。柔性屋面施工顺序一般为:找平层→隔气层→保温层→找平层→柔性防水层→保护层;刚性屋面施工顺序一般为:保温层→找平层→隔气层→刚性防水层→隔热层。为保证屋面工程施工质量,防止屋面渗漏,一般情况下不划分施工段。

装饰工程按所装饰的部位可以分为室内装饰和室外装饰。室内、外装饰施工顺序通常有先内后外、先外后内及内外同时进行 3 种,具体确定为哪种顺序应视施工条件和气候条件而定。为加快施工进度,多采用内外同时进行的施工顺序。

室外装饰施工顺序总是采用自上而下进行。每层装饰、水落管安装等分项工程全部完成后,即可拆除该层脚手架,然后进行散水及台阶的施工。

室内装饰对同一单元层来说有两种不同的施工顺序:楼地面→天棚→墙面;天棚→墙面→楼地面。前一种顺序便于清理地面,地面质量易于保证,且便于收集墙面和天棚的落地灰,节省材料,但由于地面需要留养护时间及采取保护措施,因此使墙面和天棚抹灰时间推迟,影响工期。后一种顺序在做地面前必须将天棚和墙面上的落地灰和渣子扫清洗净后再做面层,否则会影响楼地面装饰层和结构层间的粘结,引起楼面面层空鼓现象。

(4) 水、暖、电、卫等工程的施工顺序

水、暖、电、卫等工程不同于土建工程,可以分为几个明显的施工阶段,它一般与土建工程中有关的分部分项工程交叉施工,紧密配合。

在基础工程施工时,先将相应的管道沟的垫层、地沟墙做好,然后回填土。

在主体结构施工时,应在砌筑砖墙和现浇钢筋混凝土楼板的同时,预留出上下水管和暖气立管的孔洞、电线孔槽或预埋木砖和其他预埋件。

在装饰工程施工前,应安设相应的下水管道、暖气立管、电气照明用的附墙暗管、接线盒等,但电线采用明线时应在室内装修完成后安装。

2) 多、高层全现浇钢筋混凝土框架结构建筑的施工顺序

多、高层全现浇钢筋混凝土框架结构建筑的施工,一般可划分为基础工程、主体结构工程、围护工程、屋面及装饰工程4个阶段,如图6-4所示。

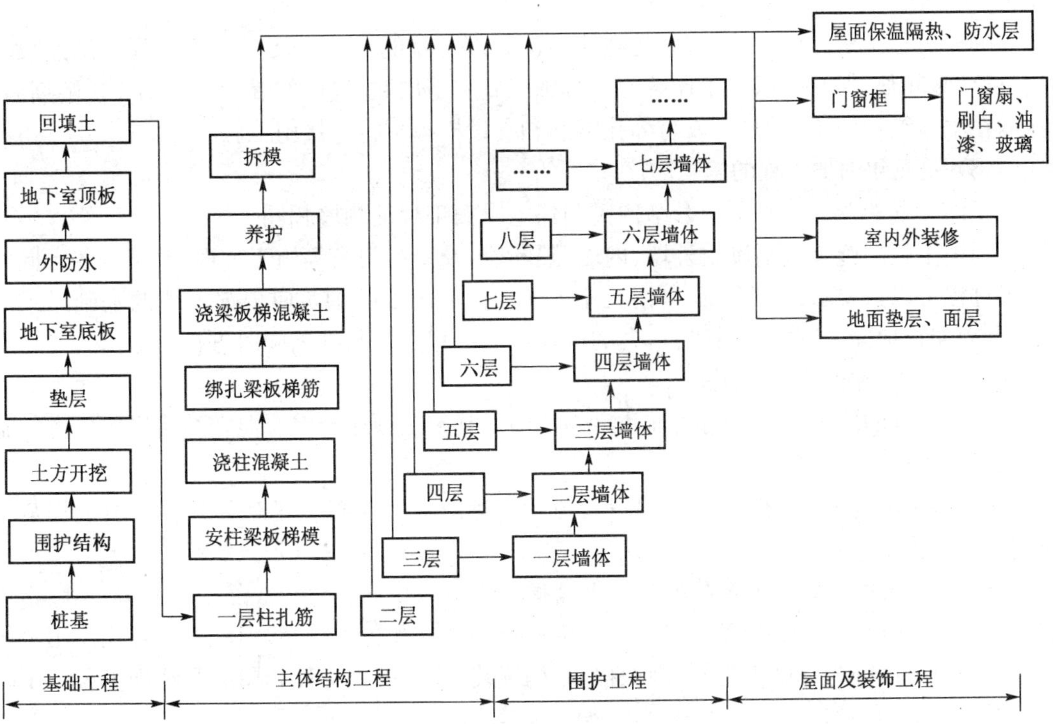

图6-4 多、高层全现浇钢筋混凝土框架结构建筑的施工顺序示意图

(1) ±0.000 以下基础工程施工顺序

多、高层全现浇钢筋混凝土框架结构建筑的基础工程，一般可以分为有地下室和无地下室两种情况。

若有一层地下室且又建在软土地基层上时，其施工顺序一般为：桩基(包括围护桩)→土方开挖→垫层→地下室底板→地下室墙、柱(防水处理)→地下室顶板→回填土。

若无地下室且建在软土地基层上时，其施工顺序一般为：桩基(包括围护桩)→土方开挖→垫层→基础(扎钢筋、支模、浇筑混凝土、养护、拆模)→回填土。

若无地下室且建筑承载力较好的地基上时，其施工顺序一般为：土方开挖→垫层→基础(扎钢筋、支模、浇筑混凝土、养护、拆模)→回填土。

与多层混合结构房屋类似，在基础工程施工前也要处理好基础下的洞穴、软弱地基等问题，然后分段进行平面流水施工。加强对垫层和基础混凝土的养护，及时进行拆模，以提早回填土，为上部结构施工创造条件。

(2) 主体结构工程的施工顺序

主体结构工程阶段主要安装模板、绑扎钢筋、浇筑混凝土三大施工过程，其工程量大，消耗材料和劳动力大，对施工质量和进度起着决定性的作用。在平面上和竖向空间上均应分施工段及施工层，以便有效地组织流水施工。根据柱与梁、楼板的混凝土是否一起浇筑，分为整体浇筑和分别浇筑两种施工方式。若采用整体浇筑，其施工顺序为：绑扎柱钢筋→支柱、梁、板模板→绑扎梁、板钢筋→浇筑柱、梁、板混凝土。若采用分别浇筑，其施工顺序为：绑扎柱钢筋→支柱模板→浇筑柱混凝土→支梁、板模板→绑扎梁、板钢筋→浇筑梁、板混凝土。

砌体工程是房屋的围护结构，是主体结构分部工程的一个重要子分部工程。虽然投入大，持续时间长，但是可以待主体结构工程施工到一定层数，底层的混凝土达到养护龄期后，穿插在主体结构施工中，并可以与绑扎钢筋和支设模板平行搭接施工。

(3) 屋面和围护工程的施工顺序

屋面工程的顺序与多层混合结构民用住宅屋面工程的顺序相同。

围护工程的施工包括砌筑外墙、内墙(隔断墙)及安装门窗等施工过程，对于这些不同的施工过程可以按要求组织平行、搭接及流水施工。但内墙的砌筑应根据内墙的基础形式而定，有的需在地面工程完工后进行，有的可在地面工程之前与外墙同时进行。

(4) 装饰工程的施工顺序

装饰工程的施工分为室内装饰和室外装饰。其施工顺序与多层混合结构民用住宅的施工顺序基本相同。

此外，房屋各种水、暖、燃、卫、电等管道及设备的安装要与土建有关分部分项工程紧密配合，交叉施工。

3) 装配式钢筋混凝土单层工业厂房的施工顺序

单层工业厂房由于生产工艺的需要，都有设备基础和各种管网，因此施工要比民用建筑复杂，一般可以分为基础工程、预制工程、结构安装工程、围护工程和屋面及装饰工程 5 个阶段，如图 6-5 所示。

有的单层工业厂房面积、规模较大，生产工艺要求复杂，厂房按生产工艺分工段划分多跨。一般先安排生产的工段先施工，以便先交付使用，尽早发挥投资的经济效益，这是施工要遵循的基本原则之一。故规模大、生产工艺复杂的工业厂房建筑施工，要分期分批地进行，分期分批交付试生产，这是确定其施工顺序的总要求。下面介绍中小型工业厂房的施工内容及施工顺序。

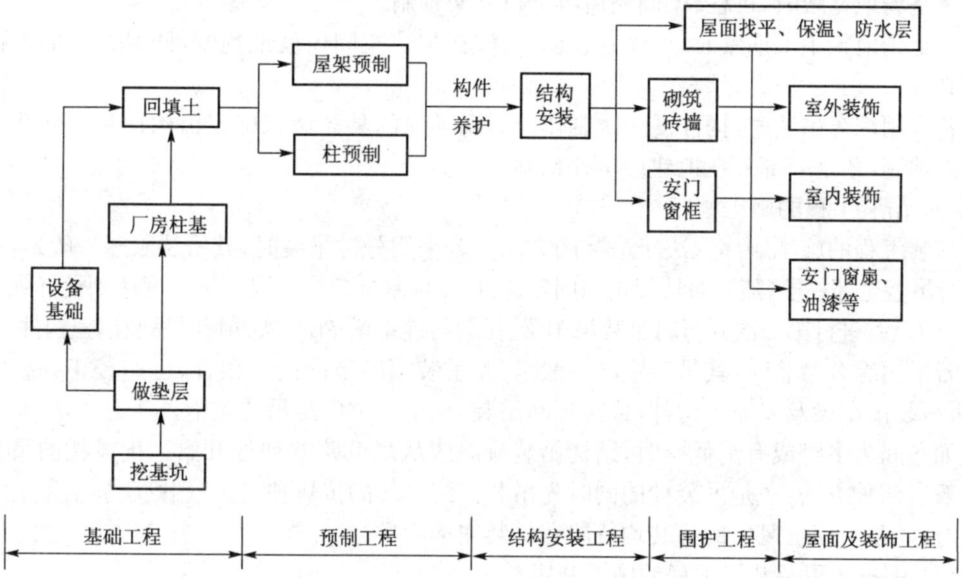

图 6-5 装配式钢筋混凝土单层工业厂房的施工顺序示意图

(1) 基础工程的施工顺序

单层工业厂房的柱基础一般是现浇钢筋混凝土杯形基础，宜采用平面流水施工，施工顺序与现浇钢筋混凝土框架结构的独立基础施工顺序相同。

单层工业厂房不但有柱基础，一般还有设备基础。如果设备基础埋置不深、柱基础的埋置深度大于设备基础的埋置深度，宜采用厂房柱基础先施工，待主体结构施工完毕后再进行设备基础施工的“封闭式”施工顺序。反之，如果基础设备埋置深度大于柱基础埋深，可采用“敞开式”施工，即先进行设备基础施工和柱基础施工，后进行厂房吊装。如基础设备和柱基础相差不大，则两者可以同时进行施工。一般这个阶段的施工顺序是：挖土→铺垫层→杯形基础和设备基础（绑扎钢筋→支模板→浇筑混凝土）→养护→拆模板→回填土。

柱基础施工从基坑开挖到柱基回填土应分段进行流水施工，与现场预制工程、结构吊装工程相结合。

(2) 预制工程的施工顺序

单层工业厂房预制构件较多，一般采用加工厂预制和现场预制相结合。对重量较大、运输不便的大型构件，可在现场拟建车间内部就地预制，如柱、托架梁、屋架以及吊车梁等。中小型构件可以在加工厂预制，如大型屋面板等标准构件。种类及规格繁多的异型构件，可在现场拟建车间外部集中预制，如门窗过梁等构件。

单层工业厂房钢筋混凝土预制构件现场预制的施工顺序为：场地平整→支模→绑扎钢筋→预留孔道→浇筑混凝土→养护→拆模→张拉预应力钢筋→锚固→灌浆。

现场内部就地预制构件，一般来说，只要基础回填土、场地平整完成一部分以后就可以开始制作。但构件在平面上的布置、制作的流向和先后次序，主要取决于构件的吊装方法、所选择起重机性能及制作方法，其中制作的流向应与基础工程的施工流向一致。

若采用分件吊装时，有以下 3 种方案。

一是场地狭小、工期又允许时，构件制作可以分别进行。先预制柱和吊车梁，同时在外部进行屋架预制。

二是场地宽敞时，可柱、梁制完后再进行屋架预制。

三是场地狭小工期紧时，可将柱、梁等构件在拟建车间内就地预制，同时在外部进行屋架预制。

若采用综合吊装时，构件需一次制作。需视场地的具体情况确定出构件是全部在拟建厂房内预制，还是一部分在拟建厂房外预制。

(3) 吊装工程的施工顺序

吊装工程的施工顺序取决于吊装的方法。若采用分件吊装时，其吊装顺序一般是：第一次开行吊装全部柱子，随后对柱校正与固定；待柱与柱基杯口接头混凝土强度达到设计强度等级的 70%后，进行第二次开行时吊装吊车梁、托架与连系梁；第三次开行时吊装屋盖构件。

若采用综合吊装时，其吊装顺序一般是：先吊装第一节间的 4 根柱，迅速校正并临时固定，再吊装吊车梁及屋盖等构件，依次逐间吊装，直至这个厂房吊装完毕。

如车间为多跨或有高低跨时，结构吊装流向应从高低跨并列处开始。抗风柱的吊装顺序一般有两种方法：一是吊装柱的同时先吊装该跨一端的抗风柱，另一端则于屋盖吊装完毕后进行；二是全部抗风柱的吊装均待屋盖吊装完毕后进行。

(4) 围护工程及装修工程的施工顺序

单层工业厂房围护工程及装修工程的施工顺序与现浇钢筋混凝土框架结构房屋围护工程及装修工程的施工顺序基本相同。

6.4 主要施工方案

单位工程应按照现行国家质量验收规范中分部、分项工程的划分原则，对主要分部分项工程制定施工方案，对脚手架工程、起重吊装工程、临时用水用电工程、季节性施工等专项工程所采用的施工方案进行必要的验算和说明。施工方案的制定是单位工程施工组织设计的重点和核心。正确选择施工方法和施工机械又是制定施工方案的关键。

6.4.1 主要施工方法的选择

选择施工方法时，应重点考虑影响整个单位工程施工的分部分项工程的施工方法。主要是选择工程量大且在单位工程中占有重要地位的分部分项工程，施工技术复杂或采用新技术、新工艺及对工程质量起关键作用的分部分项工程，不熟悉的特殊结构工程或由专业施工单位施工的特殊专业工程的施工方法，要详细而具体，有时还必须单独编制专项施工方案。对于按照常规做法和工人熟悉的分项工程则不必详细拟订，只提出注意的一些特殊问题即可。通常，施工方法选择的内容如下：

(1) 土石方工程：确定开挖或爆破方法；确定土壁开挖的边坡坡度、土壁支护形式及打桩方法；地下水、地表水的处理方法；计算土石方工程量并确定土石方调配方案。

(2) 基础工程：浅基础的垫层、混凝土基础和钢筋混凝土基础施工的技术要求及地下室施工的技术要求；桩基础施工方法。

(3) 钢筋混凝土工程:模板的类型和支模方法、拆模时间和有关要求;对复杂工程尚需进行模板设计和绘制模板放样图;钢筋加工、运输和连接方法;选择混凝土制备方案,确定搅拌、运输及浇筑顺序和方法、施工缝留设位置;预应力钢材、锚夹具、张拉设备的选用和验收,成孔材料及成孔方法,端部和梁柱节点处的处理方法,预应力张拉力、张拉程序以及灌浆方法、要求等;混凝土养护及质量评定。

(4) 结构安装工程:确定结构构件安装方法,拟定安装顺序,起重机开行路线及停机位置;构件平面布置设计,工厂预制构件的运输、装卸、堆放方法;现场预制构件的就位、堆放方法,确定吊装前的准备工作、主要工程量的吊装进度。

(5) 砌筑工程:墙体的组砌方法和质量要求,大规格砌墙的排列图;确定脚手架搭设方法及安全网的布置;砌体标高及垂直度的控制方法;砌体流水施工组织方式的选择。

(6) 屋面及装饰工程:确定屋面材料的运输方式,屋面工程各分项工程施工操作的质量要求;装饰材料运输及储存方式;各分项工程的操作及质量要求;新材料的特殊工艺及质量要求。

(7) 特殊项目:对于特殊项目,如采用新材料、新技术、新工艺、新结构的项目,以及大跨度、高耸结构、水下结构、深基础、软基础等,应单独选择施工方法,阐明施工技术关键部分,加强技术管理,进行技术交底等。

6.4.2 主要施工机械的选择

施工机械对施工工艺、施工方法有直接的影响,是确定施工方案的中心环节,应着重考虑以下几个方面:

(1) 结合工程特点和其他条件,选择最合适的主导工程施工机械。如装配式单层工业厂房结构安装起重机的选择,若吊装工程量较大且又比较集中,可选择生产率较高的塔式起重机或桅杆式起重机;若吊装工程量较小或工程量虽较大但比较分散时,则选用无轨自行式起重机较为经济。

(2) 施工机械之间的生产能力应协调一致。如在结构安装施工中,选择的运输机械的数量及每次运输量,应保持起重机连续工作。

(3) 在同一建筑工地上,选择施工机械的种类和型号要尽可能少,以利于现场施工机械的管理和维修,同时减少机械转移费用。如挖土机不仅可以用于挖土,将工作装置改装后,也可用于装卸、起重和打桩。

(4) 施工机械选择应考虑充分发挥施工单位现有施工机械的能力,并争取实现综合配套,以减少资金投入。如现有机械不能满足工程需要,再根据实际情况,采取购买或租赁。

(5) 对于高层建筑或结构复杂的建筑物(构筑物),其主体结构施工的垂直运输机械最佳方案往往是多种机械的组合,如塔式起重机和施工电梯配备使用。

6.5 施工进度计划

单位工程施工进度计划是施工部署在时间上的体现,反映了施工顺序和各个阶段工程进展情况,应按照施工部署的安排进行编制。施工进度计划可以采用网络图或横道图表示,并附必要说明;对于工程规模较大或较复杂的工程,宜采用网络图表示。

6.5.1 施工进度计划的基本概念

1）单位工程施工进度计划的作用

（1）控制单位工程的施工进度，保证在规定工期内完成符合质量要求的工程任务。

（2）确定单位工程各个施工过程的施工顺序、施工持续时间及相互衔接和合理配合关系。

（3）为编制季度、月度生产作业计划提供依据。

（4）制定各项资源需要量计划和编制施工准备工作计划的依据。

2）单位工程施工进度计划的分类

根据施工项目划分的粗细程度可分为控制性施工进度计划和指导性施工进度计划两类。

（1）控制性施工进度计划：以分部工程作为施工项目划分对象，控制各分部工程的施工时间以及它们之间相互配合、搭接关系的一种进度计划。主要适用于工程结构较复杂、规模较大、工期较长而需要跨年度施工的工程。如大型工业厂房、大型公共建筑。还适用于规模不是很大或结构不算复杂，但是由于施工各种资源不落实，或由于工程建筑、结构等可能发生变化及其他各种情况。

（2）指导性施工进度计划：以分项工程或施工过程为施工项目划分对象，具体确定各个主要施工过程施工所需要的时间及相互之间搭接、配合的关系。适用于任务具体而明确、施工条件基本落实、各种资源供应正常、施工工期不太长的工程。

3）单位工程施工进度计划的编制依据

（1）经过审批的建筑总平面图及工程全套施工图、地形图及水文、地质、气象等资料。

（2）施工组织总设计对本单位工程的有关规定。

（3）建设单位或上级规定的开竣工日期。

（4）主要分部分项工程的施工方案。

（5）施工条件，劳动力、材料、构件及机械的供应条件，分包单位的情况等。

（6）施工定额、劳动定额及机械台班定额。

（7）其他有关的要求和资料，如工程合同。

4）单位工程施工进度计划的编制程序

单位工程施工进度计划的编制程序如图 6-6 所示。

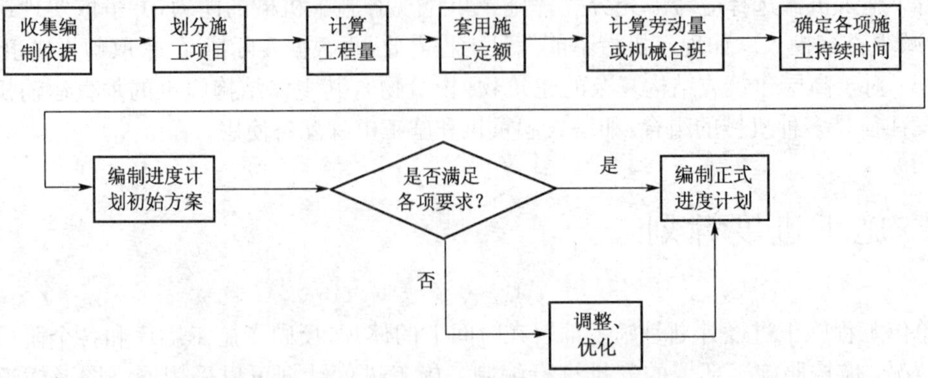

图 6-6 单位工程施工进度计划的编制程序

5）单位工程施工进度计划的表示方式

单位工程施工进度计划的表示形式有多种，最常用的为横道图和网络图两种。这里介绍横道图格式，它由两大部分组成，左侧部分是分部分项工程为主的表格，包括相应分部分项工程内容及其工程量、定额（劳动效率）、劳动量或机械量等计算数据；右侧部分是以左侧表格计划数据设计出来的指示图表，如表 6-1 所示。

表 6-1　进度计划表

<table>
<tr><th rowspan="3">序号</th><th rowspan="3">分部分项工程名称</th><th colspan="2" rowspan="2">工程量</th><th rowspan="3">定额</th><th colspan="2" rowspan="2">劳动量</th><th colspan="2" rowspan="2">需要机械</th><th rowspan="3">每天工作班次</th><th rowspan="3">每天工作人数</th><th rowspan="3">工作天数</th><th colspan="6">进度日程</th></tr>
<tr><th colspan="3">×月</th><th colspan="3">×月</th></tr>
<tr><th>单位</th><th>数量</th><th>工种</th><th>数量</th><th>机械名称</th><th>台班数</th><th></th><th></th><th></th><th></th><th></th><th></th></tr>
<tr><td></td><td></td><td></td><td></td><td></td><td></td><td></td><td></td><td></td><td></td><td></td><td></td><td></td><td></td><td></td><td></td><td></td><td></td></tr>
<tr><td></td><td></td><td></td><td></td><td></td><td></td><td></td><td></td><td></td><td></td><td></td><td></td><td></td><td></td><td></td><td></td><td></td><td></td></tr>
</table>

6.5.2　单位工程施工进度计划的编制

1）划分施工项目

编制施工进度计划时，首先应按照图纸和施工顺序将拟建单位工程的各个施工过程列出，并结合施工方法、施工条件、劳动组织等因素加以适当调整，使之成为编制施工进度计划所需的施工项目。施工项目是包括一定工作内容的施工过程，它是施工进度计划的基本组成单位。

单位工程施工进度计划的施工项目仅包括现场直接在建筑物上施工的施工过程，如砌筑、安装等，而构件制作和运输等施工过程则不包括在内，但现场就地预制钢筋混凝土构件的制作，不仅单独占有工期，而且对其他施工过程的施工有影响，需要列入施工进度计划；或构件的运输需要与其他施工过程的施工密切配合，如楼板的随运随吊，这些制作和运输过程仍需列入施工进度计划。

在确定施工项目时，应注意以下几个问题：

（1）施工项目的划分的粗细程度，应根据进度计划的需要来决定。对控制性施工进度计划，项目划分得粗一些，通常只列出分部工程；对指导性施工进度计划，项目的划分要细一些，应明确到分项工程或更具体，以满足指导施工作业的要求。

（2）施工过程的划分要结合所选择的施工方案。如结构安装工程采用综合吊装方法，则施工过程应按施工单元（节间或区段）来确定。

（3）适当简化施工进度计划的内容，避免施工项目划分过细、重点不突出。可考虑将某些穿插性分项工程合并到主要分项工程中去；而对于在同一时间内由同一施工班组施工的过程可以合并；对于次要的、零星的分项工程，可合并为“其他工程”一项列入。

（4）水、电、暖、卫和设备安装智能系统等专业工程不必细分具体内容，由各专业施工队自行编制计划并负责组织施工，而在单位工程施工进度计划中只要反映出这些工程与土建工程的配合关系即可。

（5）所有施工项目应大致按施工顺序列成表格，编排序号，避免遗漏或重复，其名称可参考现行的施工定额手册上的项目名称。

2）计算工程量

单位工程工作量的计算是一项十分繁琐的工作，但一般在工程概算、施工图预算、投标报价、施工预算等文件中已有了详细的计算，数值比较准确，在编制单位工程施工进度计划时不需要重新计算，只要将预算中的工程量总数根据施工组织要求，按施工图上工程量比例加以划分即可。施工进度中的工程量仅是作为计算劳动量、施工机械、建筑材料等各种施工资源需要的依据，而不是计算工资、进行工程结算的依据，故不必精确计算。但在工程量的计算时，应注意以下几个问题：

（1）各分部分项工程量的计算单位，应与现行定额手册中规定的单位一致，以便在计算劳动力、材料和机械台班数量时直接套用，避免换算。

（2）结合选定的施工方法和安全技术要求计算工程量。如在基坑的土方开挖中，要考虑到土的类别、开挖方法、边坡大小及地下水位等情况。

（3）结合施工组织的要求，按分区、分段、分层计算工程量，以免产生漏项。

（4）直接采用预算文件中的工程量时，应按施工过程的划分情况，将预算文件中有关项目的工程量汇总。如"砌筑砖墙"一项，要将预算中按内墙、外墙，按不同墙厚、不同砌筑砂浆及标号计算的工程量进行汇总。

（5）在编制施工预算或计算劳动力、材料、机械台班等需要量时，都要计算工程量。为了避免重复劳动，最好将它们的工程量计算同编制单位工程施工进度计划需要的工程量计算合并在一起进行，做到一次计算多次使用。

（6）根据施工方案中施工层与施工段的划分，分层分段地进行工程量的计算，以便组织流水作业。

3）套用施工定额

根据所划分的施工项目和施工方法，即可套用施工定额（当地实际采用的劳动定额及机械台班定额或当地生产工人实际劳动生产效率），以确定劳动力和机械台班量。

在套用国家或地方的定额时，必须注意结合本单位工人的技术等级、实际施工操作水平、施工机械情况和施工现场条件等因素，确定完成定额的实际水平，使计算出来的劳动量、机械台班量符合实际需要，为准确编制施工进度计划打下基础。

有些采用新技术、新材料、新工艺或特殊施工方法的项目，施工定额中尚未编入，这时可参考类似项目的定额、经验资料，或按实际情况确定。

4）劳动量与机械台班数的确定

劳动量和机械台班数量应根据各分部分项工程的工程量、施工方法和现行的施工定额，并结合当时当地的具体情况加以确定（施工单位可在现行定额的基础上，结合本单位的实际情况，制定扩大的施工定额，作为计算生产资源需要量的依据）。一般按下式计算：

$$P=\frac{Q}{S} \tag{6-1}$$

或

$$P=Q\times H \tag{6-2}$$

式中：P——所需的劳动量（工日）或机械台班量（台班）；

Q——工程量（m^3，m^2，t，…）；

S——采用的产量定额(m^3,m^2,t,…/工日或台班);

H——采用的时间定额(工日或台班/m^3,m^2,t,…)。

【例 6-1】 某砌体结构工程基槽人工挖土量为600 m^3,查劳动定额得产量定额为3.5 m^3/工日,计算完成基槽挖土所需的劳动量。

【解】

$$P=\frac{Q}{S}=\frac{600}{3.5}\approx 171(\text{工日})$$

【例 6-2】 某工程基础挖土采用 W-100 型反铲挖土机,挖方量为 2 099 m^3,经计算采用的机械台班产量为 120 m^3/台班。计算挖土机所需台班量。

【解】

$$P_{\text{机械}}=\frac{Q_{\text{机械}}}{S_{\text{机械}}}=\frac{2\ 099}{120}=17.49(\text{台班})$$

取 17.5 个台班。

定额使用中,可能遇到施工进度计划所列项目与施工定额所列项目的工作内容不一致的情况,可采用以下方法处理:

(1) 施工项目是由两个或两个以上的同一工种,但材料、做法或构造都不同的施工过程合并而成时,可用其加权平均定额来确定劳动量或机械台班量。加权平均产量定额的计算公式为:

$$\overline{S_i}=\frac{\sum_{i=1}^{n}Q_i}{\sum_{i=1}^{n}P_i} \tag{6-3}$$

式中:$\overline{S_i}$——某施工项目加权平均产量定额;

$\sum_{i=1}^{n}Q_i=Q_1+Q_2+Q_3+\cdots+Q_n$ (总工程量)

$\sum_{i=1}^{n}P_i=\frac{Q_1}{S_1}+\frac{Q_2}{S_2}+\frac{Q_3}{S_3}+\cdots+\frac{Q_n}{S_n}$ (总劳动量)

$Q_1,Q_2,Q_3,\cdots,Q_n$——同一工种但施工做法、材料或构造不同的各个施工过程的工程量;

$S_1,S_2,S_3,\cdots,S_n$——与上述施工过程相对应的产量定额。

【例 6-3】 某工程外墙面装饰分为干黏石、贴饰面砖、剁假石 3 种施工做法,其工程量分别是 684.5 m^2、428.7 m^2、208.3 m^2;所采用的产量定额分别是 4.17 m^2/工日、2.53 m^2/工日、1.53 m^2/工日,则加权平均产量定额为:

$$\bar{S}=\frac{Q_1+Q_2+Q_3}{\frac{Q_1}{S_2}+\frac{Q_2}{S_2}+\frac{Q_3}{Q_3}}=\frac{684.5+428.7+208.3}{\frac{684.5}{4.17}+\frac{428.7}{2.53}+\frac{208.3}{1.53}}=2.81(m^2/\text{工日})$$

(2) 对于有些采用新技术、新材料、新工艺或特殊施工方法的施工项目,其定额在施工定额手册中未列入,则可参考类似项目或实测确定。

(3) 对于"其他工程"项目所需劳动量,可根据其内容和数量,并结合施工现场的具体情况,以占总劳动量的百分比(一般为 10%~20%)计算。

(4) 水、暖、电、卫、设备安装等工程项目，一般不计算劳动量和机械台班需要量，仅安排与一般土建单位工程配合的进度。

5) 施工过程持续时间的计算

各分部分项工程的作用时间应根据劳动力和机械需要量、各工序每天可能出勤人数与机械数量等，并考虑工作面的大小来确定。可按下列公式计算：

$$t=\frac{P}{R\times b} \tag{6-4}$$

式中：t——某分部分项工程的施工天数；

P——某分部分项工程所需的机械台班数量(台班)或劳动量(工日)；

R——每班安排在某分部分项工程上的施工机械台班数或劳动人数；

b——每天工作班数。

在确定施工过程的持续时间时，某些主要施工过程由于工作面限制，工人人数不能太多，而一班制又影响工期时，可以采用两班制，尽量不要采用三班制；大型机械的主要施工过程，为了充分发挥机械能力，有必要时采用两班制，一般不采用三班制。

在利用上述公式计算时，应注意以下问题：

(1) 对于新工艺、新技术、新材料的项目，其产量定额和作业时间难以准确计算时，可根据过去的经验并按照实际的施工条件来进行估算。计算公式为

$$t=\frac{A+4C+B}{6} \tag{6-5}$$

式中：A——最长的估计持续时间；

B——最短的估计持续时间；

C——最大可能的估计持续时间。

(2) 在目前的市场经济条件下，施工的过程就是承包商履行合同的过程。通常是项目经理部根据合同规定的工期，先确定各分部分项工程的施工时间，再按各分部分项工程需要的劳动量或机械台班数量，确定每一分部分项工程的每个班组所需要的工人数或机械台班数。也就是可以倒排计划，将公式(6-4)变化为

$$R=\frac{P}{t\times b} \tag{6-6}$$

(3) 对人工完成的施工过程，可先根据工作面可能容纳的人数并参照现有劳动组织的情况来确定每天出勤的工人数，然后求出工作的持续时间，当工作的持续时间太长或太短时，则可增加或减少出勤人数，从而调整工作持续时间；机械施工可先凭经验假设主导机械的台数，然后从充分利用机械的生产能力出发求出工作的持续天数，再做调整。

【例 6-4】 某工程砌筑砖墙，总劳动量 110 工日，一班制，每天出勤人数为 22 人，计算施工持续时间。

【解】

$$t=\frac{P}{R\times b}=\frac{110}{22\times 1}=5(\text{天})$$

【例 6-5】 某单位工程的土方工程采用机械化施工，需要 87 个台班完成，两班制作业，当工期为 11 天时，计算所需挖土机的台数。

【解】 $$R=\frac{P}{t\times b}=\frac{87}{11\times 2}\approx 4(\text{台班})$$

6）编制施工进度计划的初始方案

编制单位工程施工进度计划时，必须考虑各分部分项工程的合理施工顺序，尽可能组织流水施工，力求主要工种的施工班组连续施工，其编制方法如下：

(1) 对主要施工阶段(分部工程)组织流水施工。先安排其中主导施工过程的施工进度，使其尽可能连续施工，其他施工过程尽可能与主导施工过程配合、穿插、搭接。现浇钢筋混凝土框架结构房屋中的主体结构工程，其主导施工过程为钢筋混凝土框架的支模、扎钢筋和浇筑混凝土。

(2) 配合主要施工阶段，安排其他施工阶段(分部工程)的施工进度。

(3) 按照工艺的合理性和施工过程相互配合、穿插、搭接的原则，将各施工阶段(分部工程)的流水作业图表搭接起来，即得到单位工程施工进度计划的初始方案。

7）施工进度计划的检查与调整

检查与调整的目的在于使施工进度计划的初始方案满足规定目标，一般从以下几个方面进行检查与调整：

(1) 各施工过程的施工工序是否正确，流水施工的组织方法应用是否正确，技术间歇是否合理。

(2) 工期方面，初始方案的总工期是否满足合同工期。

(3) 劳动力方面，主要工种工人是否连续施工，劳动力消耗是否均衡。劳动力消耗的均衡性是针对整个单位工程或各个工种而言的，应力求每天出勤的工人人数不发生过大变动。劳动力消耗的均衡性可用均衡性系数(K)来表示，即

$$K=\frac{\text{高峰出工人数}}{\text{平均出工人数}} \tag{6-7}$$

式中的平均出工人数为每天出工人数之和被总工期除所得之商。最为理想的情况是劳动力均衡系数 K 接近 1；在 2 以内为正常；超过 2 则不正常，应予修改或调整。

(4) 物资方面，主要机械、设备、材料等的利用是否均衡，施工机械是否充分利用。

主要机械通常是指混凝土搅拌机、砂浆搅拌机、自动式起重机和挖土机等。机械的利用情况是通过机械的利用程度来反映的。

初始方案经过检查，对不符合要求的部分需进行调整。调整方法一般有：增加或缩短某些施工过程的施工持续时间；在符合工艺关系的条件下，将某些施工过程的施工时间向前或向后移动。必要时，还可以改变施工方法。

应当指出，上述编制施工进度计划的步骤不是孤立的，而是相互依赖、相互联系的，有的可以同时进行。还应看到，由于建筑施工是一个复杂的生产过程，受周围客观条件影响的因素很多，在施工过程中，由于劳动力和机械、材料等物资的供应及自然条件等因素的影响，使其经常不符合原计划的要求，因而在工程进展中应随时掌握施工动态，经常检查，不断调整计划。

6.6 施工准备工作计划与各种资源需要量计划

6.6.1 施工准备工作计划

施工准备工作既是单位工程的开工条件，也是施工中的一项重要内容，开工前必须为开工创造条件，开工后必须为作业创造条件，因此，它贯穿于施工过程的始终。施工准备工作应包括技术准备、现场准备和资金准备等。

(1) 技术准备应包括施工所需技术资料的准备、施工方案编制计划、试验检验及设备调试工作计划、样板制作计划等。

① 主要分部(分项)工程和专项工程在施工前应单独编制施工方案，施工方案可根据工程进展情况，分阶段编制完成；对需要编制的主要施工方案应制定编制计划。

② 试验检验及设备调试工作计划应根据现行规范、标准中的有关要求及工程规模、进度等实际情况制定。

③ 样板制作计划应根据施工合同或招标文件的要求并结合工程特点制定。

(2) 现场准备应根据现场施工条件和工程实际需要，准备现场生产、生活等临时设施。

(3) 资金准备应根据施工进度计划编制资金使用计划。

施工准备工作应有计划地进行，为便于检查、监督施工准备工作的进展情况，使各项施工准备工作的内容有明确的分工，有专人负责，并规定期限，可在施工进度计划编制完成后进行。其表格形式参见表 6-2。

表 6-2 施工准备工作计划表

序号	准备工作项目	工作量		简要内容	负责单位或负责人	起止日期		备注
		单位	数量			日/月	日/月	

6.6.2 劳动力需要量计划

劳动力需要量计划主要根据确定的施工进度计划进行，作为其安排劳动力的平衡、调配和衡量劳动力耗用指标、安排生活福利设施的依据。其方法是将进度计划表内所列的各施工过程所需人数按工种汇总。其表格可参照表 6-3。

表 6-3 劳动力需要量计划表

序号	工程名称	工种名称	需要量（工日）	需要人数及时间			
				×月	×月	×月	……

6.6.3 施工机械需要量计划

根据单位工程分部分项施工方案及施工进度计划要求，提出各种施工机械的名称、规格、型号、数量及使用时间。其表格可参照表 6-4。

表 6-4 施工机械需要量计划表

序号	机械名称	类型型号	需要量		货源	使用起止时间	备注
			单位	数量			

6.6.4 主要材料需要量计划

主要材料需要量计划，是备料、供料和确定仓库、堆放面积及组织运输的依据，将施工进度计划表中各施工过程的工程量，按材料名称、规格、数量、使用时间计算汇总而得，其表格可参照表 6-5。

表 6-5 主要材料需要量计划表

序号	材料名称	规格	需要量		供应时间	备注
			单位	数量		

对某分部分项工程是由多种材料组成时，应按各种材料分类计算，如混凝土工程应换算成水泥、砂、石、外加剂和水的数量列入表格。

6.6.5 预制构件、半成品需要量计划

预制构件、半成品需要量计划主要是落实加工订货单位，并按所需规格、数量、时间，组

织加工、运输和确定仓库或堆场，其表格可参照表6-6。

表6-6 预制构件、半成品需要量计划表

序号	预制构件、半成品名称	规格	图号、型号	需要量		使用部位	加工单位	供应日期	备注
				单位	数量				

6.7 施工平面图

施工平面图是对拟建工程施工现场所作的平面和空间的规划。它是对施工过程所需的施工设备、原材料堆放、动力供应、场内运输、供应路线、生活设施等的合理布置，正确处理施工期间所需的各种临时工程同永久性工程和拟建工程之间的合理位置关系，以指导现场进行有组织、有计划的文明施工。

施工平面图是单位工程施工组织设计的主要组成部分，是布置施工现场的依据。一般绘制的比例是1∶200～1∶500；不同的施工阶段有不同的施工特点和要求，在整个工程的不同施工阶段，施工现场布置的内容也各有侧重且不断变化，故一般可以按地基基础、主体结构、装修装饰和机电设备安装3个阶段分别绘制单位工程施工现场平面布置图。

6.7.1 单位工程施工平面图的设计依据

单位工程施工平面图的设计依据是：建筑总平面图、施工图纸、现场地形图、施工现场的现有条件（如水源、电源、建设单位能提供的原有房屋及其他生活设施的条件）、各类材料和半成品的供应计划和运输方式、各类临时设施的布置要求、各加工车间和场地的规模与设备数量、有关建设法律法规对施工现场管理提出的要求等。

6.7.2 单位工程施工平面图的内容

（1）工程施工场地状况。

（2）拟建建（构）筑物的位置、轮廓尺寸、层数等。

（3）工程施工现场的加工设施、存储设施、办公和生活用房等的位置和面积。

（4）布置在工程施工现场的垂直运输设施、供电设施、供水供热设施、排水排污设施和临时施工道路等。

（5）施工现场必备的安全、消防、保卫和环境保护等设施。

（6）相邻的地上、地下既有建（构）筑物及相关环境。

6.7.3 单位工程施工平面图设计的基本原则

(1) 平面布置科学合理,施工现场占用面积少。

(2) 合理组织运输,减少二次搬运。

(3) 施工区域的划分和场地的临时占用应符合总体施工部署和施工流程的要求,减少相互干扰。

(4) 充分利用既有建(构)筑物和既有设施为工程施工服务,降低临时设施的建造费用。

(5) 临时设施应方便生产和生活,办公区、生活区和生产区宜分离设置。

(6) 符合节能、环保、安全和消防等要求。

(7) 遵守当地主管部门和建设单位关于施工现场安全文明施工的相关规定。

6.7.4 单位工程施工平面图的设计步骤和要点

单位工程施工平面图的设计步骤如图 6-7 所示。

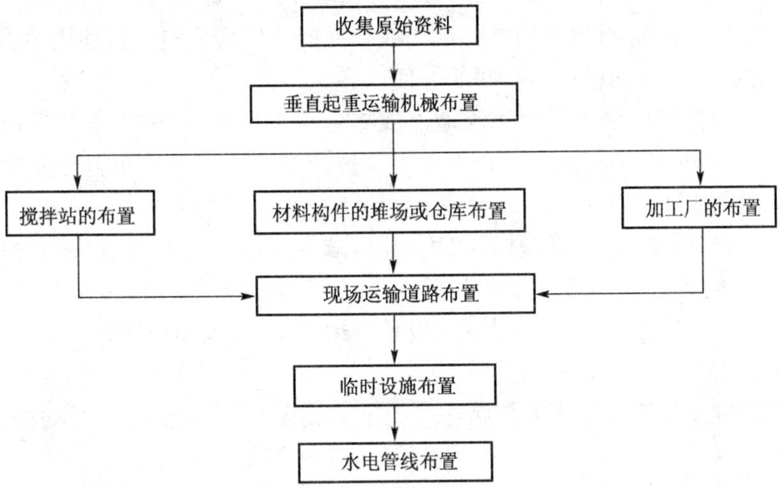

图 6-7 单位工程平面图的设计步骤

1) 确定垂直起重运输机械的位置

垂直起重运输设备的位置影响着仓库、材料堆场、砂浆、混凝土搅拌站的位置及场内道路和水电管网的布置。因此,它应首先考虑。

(1) 固定式垂直运输机械的位置

固定式垂直运输机械有施工电梯、龙门架、井架等,其布置原则是,充分发挥起重机械的能力,并使地面和楼面的水平运距最小。布置时应考虑以下几个方面:

① 当建筑物各部位的高度相同时,应布置在施工段的分界线附近;当建筑物各部位的高度不同时,应布置在高低分界线较高部位一侧,以使楼面上各施工段的水平运输互不干扰。

② 龙门架、井架的位置宜布置在窗口处,以避免砌墙留槎和减少井架拆除后的修补工作,其卷扬机的位置不应距离起重设备过近,以便司机的视线能看到整个升降过程。

③ 固定式垂直运输设备的数量要根据施工进度、垂直提升构件和材料的数量、台班工

作效率等因素计算确定。

(2) 塔式起重机的布置

塔式起重机是集起重、垂直提升、水平输送3种功能为一体的机械设备。它有行走式和固定式两种。行走式起重机由于其稳定性差已经逐渐淘汰。固定式塔式起重机应根据现场建筑物四周施工场地的条件及吊装工艺确定其位置,同时还应考虑以下几个方面:

① 考虑使用时的安全。如在高空有高压线通过时,高压线必须高出起重机,并留有安全距离;塔吊基础要有计算书等。

② 在起重服务范围内,尽可能避免“死角”。

③ 宜选择在场地较宽的一面,以便安排构件堆放及搅拌出料进入料斗后能直接挂钩起吊。

④ 主要临时道路也宜安排在塔吊服务范围内。

⑤ 施工方案中选择两个或两个以上塔吊施工,以及配备井架施工时,其塔臂回转不得相互碰撞。

2) 搅拌站、加工厂、各种材料和构件的堆场或仓库的位置

搅拌站、加工厂、各种材料和构件的堆场或仓库的位置应尽量靠近使用地点或在塔式起重机服务范围内,并考虑到运输和装卸的方便。

(1) 搅拌站的位置应尽量靠近使用地点或靠近垂直运输设备,力争熟料由搅拌站到工作地点运距最短。砂、石堆场及水泥仓库应紧靠搅拌站。搅拌站的布置还要考虑使用这些大宗材料的运输和装卸的方便。

(2) 材料、构件的堆放应尽量靠近使用地点,减少或避免二次搬运,并考虑运输及卸料方便。基础使用的各种材料可堆放在基础四周,但不宜距基坑(槽)边缘太近,以防压塌土壁;当采用固定式垂直运输设备,应尽量靠近垂直运输设备,以缩短地面水平运距;当采用塔吊时,应在塔吊有效起吊服务范围内。

(3) 构件的堆放位置应考虑安装顺序。先吊的放在上面、前面,后吊的放在下面。构件进场时间应与安装进度密切配合,力求直接就位,避免二次搬运。

(4) 加工厂的位置,宜布置在建筑物四周稍远位置,且应有一定的材料、成品的堆放场地;石灰仓库、淋灰池的位置应靠近搅拌站,并设在下风向;沥青堆放场及熬制锅的位置应远离易燃物品,也应设在下风口。

3) 运输道路的布置

现场运输道路应按照材料和构件运输的需要和消防的要求,沿着仓库和堆场进行布置。尽可能利用永久性道路,或先做好永久性道路的路基,在工程建设结束前再铺路面,以节约费用。现场的道路布置时要保证行驶畅通,有回转的可能。道路宽度不小于3.5 m,以满足消防要求;两侧还应结合地形设置排水沟。

4) 临时设施的布置

单位工程的临时设施分为生产性临时设施(如钢筋加工棚、仓库等)和生活性临时设施(如办公室、食堂、厕所等)。现场原有的房屋,在不妨碍施工的前提下,符合安全防火要求的,应加以保留利用;各种临时设施均不能布置在拟建工程(或后续开工工程)、拟建地下管沟、取土、弃土等地点;尽可能采用活动式、装拆式或就地取材;施工现场范围内应设置临时围墙、围网或围笆。

5）临时水、电管网的布置

（1）施工供水管网的布置

① 施工用临时给水管一般由建设单位的干管或施工用干管接到用水地点，布置时力求管网的总长度最短。管线应布置在拟建的建筑物或室外管沟处，以免这些项目施工时因切断水源而影响施工用水。管径的大小和水龙头的数量应根据工程规模大小和实际需要经计算确定。管道最好铺设于地下，防止机械行走时将其破坏。施工水网的布置形式有环形、枝形和混合式3种。

② 供水管网应按防火要求布置室外消火栓且管径不得小于100 mm，并设明显标志。消火栓应沿道路设置，距路边不应大于2 m，距建筑物外墙不应小于5 m，也不得大于25 m；消火栓的间距不得超过120 m，其周围2 m以内不准堆放建筑材料和其他物品。

③ 为了便于排除地面水和地下水，要及时修通永久性下水道，并结合现场地形，在建筑物四周设置排泄地面水和地下水的沟渠。

④ 高层建筑的施工用水应设置蓄水池和加压泵，以满足高空用水的需要。

（2）施工用电线网的布置

① 一般情况下，单独的单位工程施工，要计算现场施工用电和照明用电的数量，选择变压器和导线的截面及类型；如是扩建的工程，可计算出施工用电总数供建设单位解决，不另设变压器。

② 变压器应布置在现场边缘高压线接入处，四周设置铁丝网等围栏，但不宜布置在交通要道口处。

③ 临时供电一般采用三级配电两级保护。总配电箱应设置在靠近电源的地方；分配电箱则设置在用电设备或负荷相对集中的地方。配电箱等在室外时应有防水措施，严防漏电、短路及触电事故。

④ 为了维修方便，施工现场一般应采用架空配电线路。架空线必须使用绝缘铜线或绝缘铝线。架空线必须设在专用电杆上，并布置在道路一侧，严禁架设在树木、脚手架上。

⑤ 现场正式的架空线（工期超过半年的现场，须按正式线架设）与施工建筑物的水平距离不小于10 m，与地面的垂直距离不小于6 m，跨越建筑物或临时设施时，与其顶部的垂直距离不小于2.5 m，电杆间距一般为25～40 m。分支线及引入线均应由杆上横担处连接。

⑥ 架空线路应布置在起重机械的回转半径之外，否则应设置防护栏。现场机械较多时，可采用埋地电缆代替架空线，以减少相互干扰。

⑦ 各种用电设备的闸刀开关应单机单闸，不允许一闸多机使用，闸刀开关的安装位置应便于操作。

6.8 主要施工管理计划

施工管理计划在目前多作为管理和技术措施编制在施工组织设计中，这是施工组织设计必不可少的内容。施工管理计划应包括进度管理计划、质量管理计划、安全管理计划、环境管理计划、成本管理计划以及其他管理计划等内容。各项管理计划的制定，应根据项目的特点而有所侧重，可根据工程的具体情况加以取舍。在编制时，各项管理计划可单独成章，也可穿插在施工组织设计的相应章节中。

6.8.1 进度管理计划

项目施工进度管理应按照项目施工的技术规律和合理的施工顺序，保证各工序在时间上和空间上顺利衔接。其内容包括：

(1) 对项目施工进度计划进行逐级分解，通过阶段性目标的实现保证最终工期目标的完成。

(2) 建立施工进度管理的组织机构并明确职责，制定相应的管理制度。

(3) 针对不同施工阶段的特点制定进度管理的相应措施，包括施工组织措施、技术措施和合同措施等。

(4) 建立施工进度动态管理机制，及时纠正施工过程中的进度偏差，并制定特殊情况下的赶工措施。

(5) 根据项目周边环境特点，制定相应的协调措施，减少外部因素对施工进度的影响。

6.8.2 质量管理计划

施工单位应按照《质量管理体系 要求》(GB/T 19001—2008)建立本单位的质量管理体系文件。可以独立编制质量计划，也可以在施工组织设计中合并编制质量计划的内容。其内容包括：

(1) 按照项目具体要求确定质量目标并进行分解，质量指标应具有可测量性。

(2) 建立项目质量管理的组织机构并明确职责。

(3) 制定符合项目特点的技术保障和资源保障措施，通过可靠的预防控制措施，保证质量目标的实现。

(4) 建立质量过程检查制度，并对质量事故的处理作出相应规定。

6.8.3 安全管理计划

安全管理计划可以参照《职业健康安全管理体系 规范》(GB/T 28001—2009)，在施工单位安全管理体系的框架内，针对项目的实际情况编制。其内容包括：

(1) 确定项目重要危险源，制定项目职业健康安全管理目标。

(2) 建立有管理层次的项目安全管理组织机构并明确职责。

(3) 根据项目特点，进行职业健康安全方面的资源配置。

(4) 建立具有针对性的安全生产管理制度和职工安全教育培训制度。

(5) 针对项目重要危险源，制定相应的安全技术措施；对达到一定规模的危险性较大的分部(分项)工程和特殊工种的作业应制定专项安全技术措施的编制计划。

(6) 根据季节、气候的变化，制定相应的季节性安全施工措施。

(7) 建立现场安全检查制度，并对安全事故的处理作出相应规定。

(8) 现场安全管理应符合国家和地方政府部门的要求。

6.8.4 环境管理计划

对于通过了环境管理体系认证的施工单位，环境管理计划可参照《环境管理体系 要求

及使用指南》(GB/T 24001—2004),在施工单位环境管理体系的框架内,针对项目的实际情况编制。内容一般包括:

(1) 确定项目重要环境因素,制定项目环境管理目标。

(2) 建立项目环境管理的组织机构并明确职责。

(3) 根据项目特点,进行环境保护方面的资源配置。

(4) 制定现场环境保护的控制措施。

(5) 建立现场环境检查制度,并对环境事故的处理作出相应规定。

(6) 现场环境管理应符合国家和地方政府部门的要求。

6.8.5 成本管理计划

成本管理是与进度管理、质量管理、安全管理和环境管理等同时进行的,是针对整体施工目标系统所实施的管理活动的一个组成部分。在成本管理中,要协调好与进度、质量、安全和环境等的关系,不能片面强调成本节约。成本管理计划应以项目施工预算和施工进度计划为编制依据,一般包括以下内容:

(1) 根据项目施工预算,制定项目施工成本目标。

(2) 根据施工进度计划,对项目施工成本目标进行阶段分解。

(3) 建立施工成本管理的组织机构并明确职责,制定相应的管理制度。

(4) 采取合理的技术、组织和合同等措施,控制施工成本。

(5) 确定科学的成本分析方法,制定必要的纠偏措施和风险控制措施。

6.9 单位工程施工组织设计实例

×××市框架结构多层商业大厦工程施工组织设计(节选)。

6.9.1 工程概况

1) 工程主要情况

表 6-7 工程主要情况表

工程名称	×××市经济开发新区商业大厦	建设单位	××××××集团有限公司
设计单位	××××××建筑设计研究院	监理单位	×××工程建设监理有限责任公司
质量监督单位	×××市质量监督总站	施工总承包单位	××××××有限责任公司总承包部
合同范围	结构、精装修、设备安装	合同工期	按合同签订工期
合同质量目标	详见合同		
建筑用途	地下室为车库和设备层;第 1~5 层为大型商场;第 6 层为餐饮及娱乐用房		

2）建筑设计概况

表 6-8　建筑设计概况表

占地面积		××××	首层建筑面积		××××	总建筑面积	××××
层数	地上	6 层	层高	首层	5.5 m	地上面积	××××
	地下	1 层		标准层	4.8 m	地下面积	××××
				地下	5.7 m	防火等级	××××
装饰装修	外墙	首层墙体、门套及台阶、栏板等均采用花岗岩；其余外墙立面为玻璃幕墙					
	内墙	内隔墙采用轻钢龙骨防火纸面石膏板，可自由分隔空间；墙内贴石膏板，刷乳胶漆					
	楼地面	第 1～5 层地面均为大理石面层，第 6 层为细石混凝土面层					
	顶棚	吊顶采用轻钢龙骨骨架，面层为花饰石膏板					
防水	地下	防水等级	××××	防水材料	×××牌聚乙烯丙纶卷材-聚合物水泥防水层		
	屋面	防水等级	××××	防水材料	××××××××××××××××		
	卫生间	××××××××××××××××					
保温节能		外围护墙体外加设 75 mm 厚自熄性保温聚苯，容重不小于 20 kg/m³					
绿化		××××××××××××××××					
环境保护		××××××××××××××××					
其他说明事项		××××××××××××××××					

3）结构设计概况

地基基础	埋深	××××	持力层	粉质黏土层	承载力特征值	180 kPa
	桩基	类型：		桩长：	桩径：	间距：
	箱、筏	底板厚度：450 mm			顶板厚度：350 mm	
	条基	××××××				
	独立	××××××				
主 体	结构形式			现浇钢筋混凝土框架结构	主要柱网间距	××××××
	主要结构尺寸		梁：×××××	板：××××××	柱：××××××	墙：××××××
抗震等级设防		8 度设防		人防等级	×××××××××××××	
混凝土强度等级及抗渗要求		基础	C30，抗渗等级 P8		墙体	C30
		梁	C30		板	C30
		柱	C30		楼梯	C30
钢筋		类别	HPB235、HRB400			
		钢筋连接	基础底板和地梁、框架柱、框架梁、混凝土墙连接方式为搭接和机械连接			

续表 6-8

保护层厚度一般要求	基础底板(有垫层)		墙体外墙分布筋		
	下排筋	上排筋	地下室外墙外侧	地上结构外墙外侧	其他墙
	40	20	30	25	15
	柱	梁	板	地下室外墙外侧	
	30	30	15	30	
其他说明事项	×××××××××××××				

4）水、暖、空调、电气、消防及弱电系统等专业设计概况

（略）

5）工程施工条件

（略）

6.9.2 施工部署

1）项目管理组织

(1) 项目管理组织机构(如图 6-8)

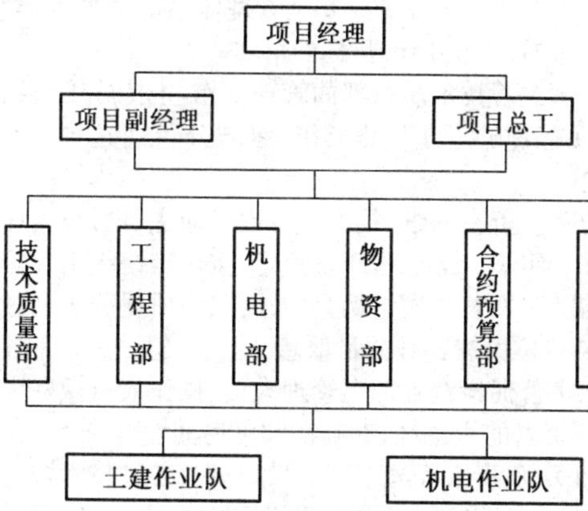

图 6-8 项目管理组织机构图

(2) 项目管理人员及职能分工、职责权限

表 6-9 项目管理人员及职能分工、职责权限

项目职位	姓名	职责
项目经理	××××	(1) 主持项目机构的日常工作,是项目实施全过程的组织者和指挥者 (2) 确定项目组织机构和人员配制及相应职责。对项目主要岗位人员提出聘任或解聘意见 (3) 在本项目内贯彻公司的质量方针,执行 GB/T 19001—2008 质量管理体系标准,主持编制本项目的质量计划 (4) 在本项目内贯彻公司的环保方针和安全规定,执行 GB/T 24001—2004 环境管理体系标准及 GB/T 28001—2009 职业健康安全管理体系标准的有关要求文件和管理制度,实现环保目标及文明施工目标 (5) 组织编制项目施工组织设计、各类施工技术方案

续表 6-9

项目职位	姓名	职　责
		(6) 组织编制项目实施的各类进度计划、预算、报表 (7) 参加项目实施的各类分包和供应商的选择工作。按合同组织施工生产，加强过程管理，确保施工全过程受控 (8) 负责与业主、监理、设计的协调和沟通的组织领导工作 (9) 处理项目实施中的重大紧急事件，并及时上报公司总部 (10) 组织和领导工程创优工作 (11) 负责工程的竣工交验工作
项目副经理	××××	略
项目总工程师	××××	(1)负责本项目技术、质量管理的全面工作，执行国家、地方的相关规范、规程及有关法规 (2) 参与部门的职责分配，对主管部门主要岗位人员提出聘任与解聘意见，负责人力资源的安排、培训和考核等管理工作 (3) 执行 GB/T 19001—2008 质量管理体系的文件和质量管理制度，主持本项目质量计划的编制和实施，完成质量目标 (4) 在工程实施中执行 GB/T 24001—2004 环境管理体系标准及 GB/T 28001—2009 职业健康安全管理体系的文件和质量管理制度，督促检查已制定的相应工作方针、目标的落实 (5) 主管技术质量部的管理工作，主持施工组织总设计和方案的编制，负责各项施工方案的审批工作；参与分包商选择，负责分包商技术方案的审核工作 (6) 负责在图纸、技术等方面与业主、设计、监理的协调工作 (7) 组织分部工程质量评定，按规定组织工程验收，参加最终检验 (8) 定期召开质量例会，及时组织质量分析会，提出纠正预防措施。及时向有关单位反馈各种质量信息 (9) 督促检查各部门管理人员、操作人员做好生产过程中的各种原始记录，保证资料的完整性、准确性和可追溯性 (10) 负责工程经理部质量记录及各种技术资料的管理工作 (11) 负责组织工程经理部新材料、新工艺、新技术的推广应用和科技成果的总结工作与人员培训工作 (12) 负责竣工资料和竣工图的编制工作
技术质量部	××××	略
工程部	××××	略
机电部	××××	略
物资部	××××	略
合约预算部	××××	略
综合办公室	××××	略
安保部	××××	略

2）项目管理目标

表 6-10 项目管理目标

项目管理目标名称	目 标 值
项目施工成本	×××××××××万元
工期	570 日历天
质量目标	合格
安全目标	实现杜绝死亡、重伤事故，控制轻伤事故在 2‰以下
文明施工目标	创“文明安全工地”
环保施工	×××××

3）总包管理和范围

（1）总包合同范围

市经济开发新区商业大厦工程的土建工程、设备安装工程、室内外精装修工程均由我公司总承包(具体项目详见合同文本)。

（2）总包组织内部分包的项目

主体结构及二次结构：两支整建制土建分包队。

(柔性)防水工程：采用防水专业分包队(届时专项招标、考察选择施工队伍)

混凝土：采用商品混凝土，届时招标、考察混凝土搅拌站供应。

水暖及设备：市经济开发新区商业大厦工程项目部机电部施工。

室内外精装修：采用专业分包队(届时专项招标、考察选择施工队伍)

4）施工流水段的划分及施工工艺流程

（1）施工流水段的划分

① 基础与地下室施工阶段：划分为 3 个流水施工段，如图 6-9 所示。

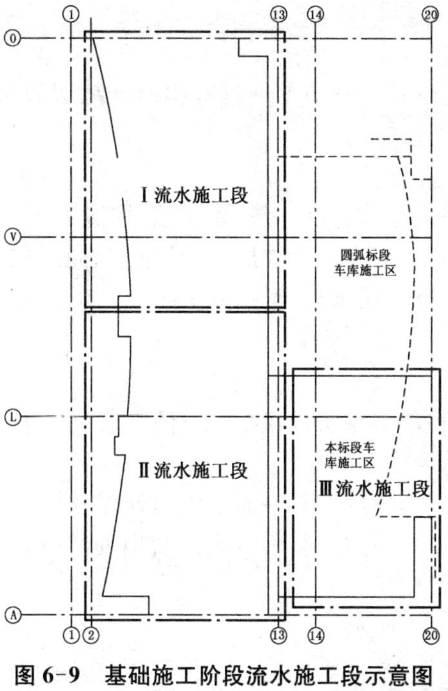

图 6-9 基础施工阶段流水施工段示意图

② 主体结构施工阶段:划分为两个流水段均衡施工法组织施工,以 2 台塔吊为核心组织流水线施工。便于材料垂直运输的组织、安排和调度,如图 6-10 所示。

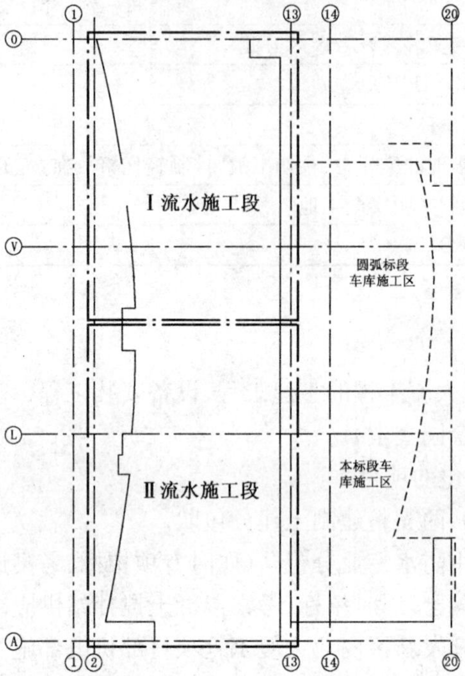

6-10　主体结构施工阶段流水施工段示意图

③ 装修施工阶段:分层进行结构验收后,室内装修随围护墙的砌筑由下向上顺序进行,结构封顶后,立即抢屋面工程,外檐装修由上而下进行,合理搭接工序。

(2) 施工工艺流程

① 地下结构施工阶段

定位、放线→土方开挖→护坡→清槽→打钎验槽→垫层混凝土→地下结构→地下防水→后浇带施工→回填土

② 地上部分结构施工阶段

首层墙、柱钢筋绑扎→首层墙、柱模板→首层墙、柱混凝土→首层顶板、梁模板→首层顶板、梁钢筋绑扎→首层顶板、梁混凝土→二层墙、柱钢筋绑扎→二层墙、柱模板→二层墙、柱混凝土→二层顶板、梁模扳→二层顶板、梁钢筋绑扎→二层顶板、梁混凝土……→顶层顶板、梁混凝土

③ 屋面工程

屋顶结构→保温层→找坡层→防水找平层→防水层→试水→隔离层→面层→闭水试验

④ 装修阶段

结构验收→二次结构→门窗框安装→墙面大角处理→外檐幕墙及镶挂花岗岩→架子拆除→水电设备安装→隔墙安装→室内装饰→内门窗扇安装→电梯门套→油漆、涂料→灯具安装

⑤ 总施工顺序如图 6-11 所示。

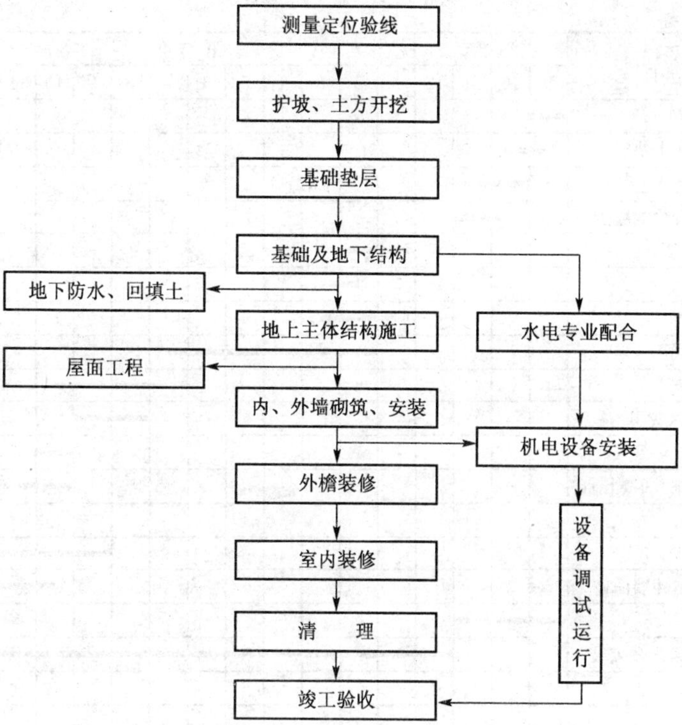

图 6-11　总施工工艺流程图

5）工程施工重点和难点分析

（1）施工安全方面

施工过程中，塔吊的大臂相互交叉，它的安全作业是本工程施工安全的一个重点，应编制专项施工方案，并向塔司、工长等相关人员进行详细的交底。塔吊设立应高低错落，低塔的塔臂不得扫高塔塔身，高塔塔臂与低塔应保持一个安全高度，设置几处监护哨，严格监控塔吊的工作范围，确保周边建筑物、构筑物、通道等的安全。

（2）施工质量方面

本工程防水分项工程量大，地下部分接茬多，地下外墙突出部位较多，后浇带等特殊节点比较普遍；防水层的设计及施工必须确保地下室、屋面的抗渗功能，所以防水工程是本工程施工中控制的重点，也是难点部分。

（3）季节性施工方面

在冬雨季施工到来之前，项目部技术部门根据生产计划，为在冬雨季施工期间安排的施工项目编制冬雨季施工方案，上报公司技术部门、监理进行审批，审批同意后，项目技术负责人对项目部的所有管理人员进行冬雨季施工方案二级技术交底。

6.9.3　施工进度计划

施工控制进度计划表，见表 6-11。

表 6-11　施工进度计划

序号	主要工程项目	第1年度				第2年度												第3年度			
		9	10	11	12	1	2	3	4	5	6	7	8	9	10	11	12	1	2	3	4
1	机挖土方、修槽	━																			
2	级配砂砾石、灰土垫层	━	━																		
3	混凝土垫层、防水层		━	━																	
4	筏板基础底板、梁混凝土		━	━																	
5	地下室柱墙混凝土					━	━														
6	地下室顶板						━	━													
7	肥槽回填土					━	━	━													
8	现浇柱、梁、板等						━	━	━	━	━	━									
9	内、外墙砖砌筑											━	━	━	━						
10	柱、梁、墙、顶抹灰、刷漆												━	━							
11	安装门窗														━						
12	楼、地面大理石、细石混凝土铺砌														━	━		━	━		
13	台阶、坡道、散水																	━			
14	屋面防水、面砖													━	━	━					
15	镶挂花岗岩、贴外墙面砖														━	━		━	━		
16	外线	━	━	━												━	━	━			
17	水、暖、电、通风设备安装				━	━	━	━	━	━	━	━	━	━	━	━	━	━			
18	综合调试																		━	━	
19	竣工验收																				━

6.9.4　施工准备与资源配置计划

1）施工准备计划

（1）技术准备

表 6-12　技术资料一览表

序号	文件名称	文件编号	配备数量	持有人
1	地下工程防水技术规范	GB 50108—2008	2	×××××
2	建筑地基基础工程施工质量验收规范	GB 50202—2002	2	×××××
3	地下防水工程质量验收规范	GB 50208—2011	2	×××××
4	混凝土结构工程施工质量验收规范	GB 50204—2011	2	×××××
5	混凝土结构施工图平面整体表示方法制图规则和构造详图	03G 101—1	4	×××××
6	……	……	……	……

（2）施工方案编制及报审计划表

表 6-13　施工方案编制及报审计划表

序号	方案名称	编制单位	完成时间
1	工程临时用水、用电方案	机电部	开工前
2	工程测量方案	测量负责人	开工前

续表 6-13

序号	方案名称	编制单位	完成时间
3	降水、护坡方案	技术质量部	开工前
4	电气、设备工程施工组织设计	机电部	机电工程施工前
5	冬期施工方案(如果有)	技术质量部	冬期前
6	工程试验计划	试验负责人	开工前
7	混凝土工程施工方案	技术质量部	结构施工前
8	钢筋工程施工方案	技术质量部	结构施工前
9	模板工程施工方案	技术质量部	结构施工前
10	防水工程施工方案	技术质量部	防水施工前
11	脚手架工程施工方案	技术质量部、工程部	脚手架搭设前
12	回填土施工方案	技术质量部	回填土施工前
13	屋面工程施工方案	技术质量部	屋面施工前
14	装饰装修工程施工方案	技术质量部	装修施工前

(3) 施工试验计划

表 6-14 施工试验计划表

取样名称		取样组数	见证取样组数	备 注
商品混凝土		×××××	×××××	×××××
钢筋	原材	×××××	×××××	×××××
	直螺纹接头	×××××	×××××	×××××
防水卷材		×××××	×××××	×××××

注:(1) 以上为计划值,如与实际发生矛盾,以现场实际为准。
(2) 按照规定,钢筋原材、钢筋连接、防水材料、混凝土需要做见证试验,见证次数不少于试验总数的 30%。

(4) 现场准备

6-15 主要临时设施一览表

序号	名称	建筑面积(m^2)	结构	序号	名称	建筑面积(m^2)	结构
1	钢筋作业棚	490	轻钢	9	办公室	600	新型彩钢板
2	搅拌机棚	3×40	轻钢	10	宿舍	2 950	新型彩钢板
3	木工作业棚	162	轻钢	11	会议室	80	新型彩钢板
4	五金杂品库	300	轻钢	12	厕所	30	新型彩钢板
5	工具库	100	轻钢	13	水、暖、电料场	500	
6	水泥白灰库	150	轻钢	14	三大工具堆料场	1 180	
7	锅炉房	60	新型彩钢板	15	门卫	30	新型彩钢板
8	危险品库房	40	砖混	16	现场试验室	30	新型彩钢板

注:(1) 办公、宿舍等用房均为新型彩钢板保温活动房屋,具有拆装迅捷、自重轻、安全可靠的优点,墙板采用复合夹芯板,

双面彩色钢板，内填聚苯乙烯泡沫塑料板，利于室内保温隔热。

(2) 水泥白灰库下设 300 mm 厚加气砖并设置防潮层。

(3) 油漆、氧气瓶、乙炔瓶等易燃易爆物品分别设置专用危险品库房，设置专用通风口。

(4) 室内仓库应根据需要设置保温、通风、防盗措施，并分类建立台账，加强领料签发手续，防止材料丢失和损坏。

(5) 各库房、料场配备足够的灭火器材，以便一旦火灾发生时，可以配合消火栓及时将火扑灭，减少损失。

(6) 料场地面必须经压路机碾压密实。

(7) 钢筋料场每间隔 4 m 设置 400 mm 高、300 mm 宽混凝土带，在材料上方设置可展开式苫布，钢筋堆放在此处可防止雨水、雪水浸湿。

(8) 现场试验室统一管理现场试验，保存试件。室内设置振动台、标养箱等必要设备。

2）各项资源配置计划

(1) 劳动力配置计划

各专业施工队伍，根据施工进度与工程状况按计划分阶段进退场，保证人员的稳定和工程的顺利展开。

基础施工阶段现场施工人员 386 人，结构施工阶段人数 772 人，装修阶段施工人员 768 人，按工种主要劳动力安排见表 6-16。

表 6-16 劳动力需要量计划

序号	工种名称	施工阶段		
		基础施工	主体施工	装修施工
1	测量工	4	6	6
2	防水工	6	0	10
3	试验工	4	6	6
4	钢筋工	60	150	20
5	结构木工	80	250	20
6	混凝土工	30	50	20
7	壮工	100	150	100
8	抹灰工	10	30	180
9	装修木工	0	0	60
10	油漆工	0	0	60
11	瓦工	30	0	60
12	水暖工	6	20	40
13	电工	6	20	30
14	电焊工	10	30	6
15	架子工	40	60	40
16	瓷砖工	0	0	90
17	石材工	0	0	40
合　计		386	772	768

(2) 施工机械、设备需要量计划

表 6-17 主要大型机械设备表

序号	机械或设备名称	型号或规格	数量	额定功率(kW)	总功率(kW)	生产能力	用于施工部位	备注
1	反铲挖土机	PC-200	2				土方开挖	
2	自卸汽车	20～30 t	4				土方开挖	
3	推土机		4				土方开挖	
4	混凝土泵	HBT60.8.112RZ	3	112(柴油)		80 m^3/h	结构	一台备用
5	砂浆搅拌机	JD350	2	7.5	15	0.35 m^3/min	结构、装修	
6	卷扬机	JJM-3	1	7.5	7.5		装修	

(3) 测量装置需用量计划

表 6-18 测量设施配备表

编号	名称	精度或规格	单位	数量	用　　途
1	全站仪	2″	台	1	角度测量、坐标测量、距离测量
2	电子经纬仪	2″	台	4	主轴线测设、坐标放样、测距、传测标高，施测面的角度测量、轴线的竖向传递，竣工测量
3	数字水准仪	S1	台	2	水准路线、竣工测量、常规水准测量、复验标高
4	激光铅直仪	10″	台	2	重要轴线的竖向传递
5	塔尺	5 m	把	4	水准测量
6	钢卷尺	50 m	把	4	距离测量

注：施工现场配备的上述各种测量仪器和塔尺、钢卷尺必须在检测合格的有效期内使用。

(4) 原材料需用量计划（略）

(5) 成品、半成品需用量计划（略）

6.9.5 主要施工方案

1) 测量放线

（略）

2) 土方施工

（略）

3) 钢筋工程

(1) 材料采购

在采购钢筋前须取得本公司材料部门对供应来源的批准，所购钢筋必须来自批准的供应来源。如更换供货来源须以书面形式得到批准。所有购买钢筋的原厂材质证明必须齐全。特别是用于纵向受力部位的钢筋，在满足有关国家标准的基础上，还应满足《混凝土结构工程施工质量验收规范》(GB 50204—2011)关于抗震结构的力学性能要求。

（2）材质检验

钢筋进场后首先进行外观检查，检查合格后按国家有关钢筋标准规定取样进行力学性能的实验，复试合格方可加工使用。钢筋在加工过程中如发生脆断、焊接性能不良或力学性能显著不正常时，应对该批钢筋进行化学成分分析和其他专项检验。

（3）钢筋加工

现场内设钢筋加工区，钢筋集中加工成型，分批分类运至现场。所有加工严格按钢筋翻样图纸执行。加工后的钢筋须经质检人员抽样检查，检查应包括：钢筋是否平直，无局部曲折，钢筋的弯钩、弯折和平直长度，以及钢筋的加工尺寸误差是否满足 GB 50204—2011 中有关钢筋加工允许偏差的规定。检查合格后方可进入施工面绑扎。

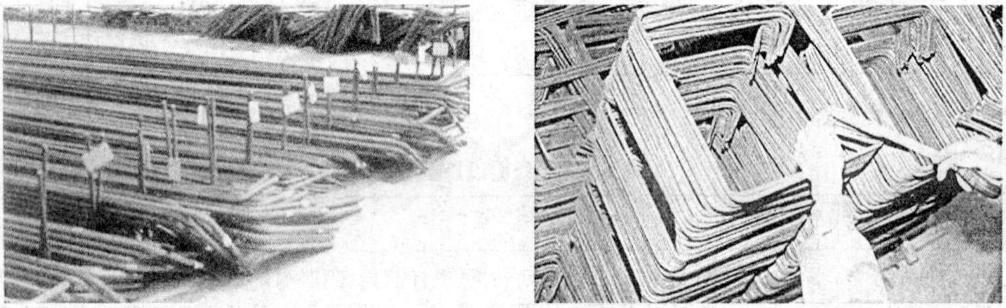

图 6-12　现场钢筋堆放实例

（4）钢筋接头

板、墙、柱以及梁中所有钢筋如采用焊接接头，应符合《钢筋焊接及验收规程》（JGJ 18—2003）的规定；采用绑扎接头，应符合 GB 50204—2011 的规定，搭接长度应满足规范规定。

受力钢筋的接头位置应设在受力较小处：一般梁、板钢筋接头上部钢筋在跨中，下部钢筋应在支座；筏基底板部位钢筋接头上部钢筋在支座，下部钢筋应在跨中。接头应相互错开，当采用非焊接的搭接接头时，从任一接头中心至 1.3 倍搭接长度的区段范围内，或当采用焊接接头时，在任一焊接接头中心至长度为钢筋直径的 35 倍且不小于 500 mm 的区段范围内，有接头的受力钢筋截面面积占受力钢筋总截面面积的百分率应符合表 6-19 中的规定。

表 6-19　有接头的受力钢筋截面面积占受力钢筋总截面面积的百分率表

接头型式		受拉区	受压区
绑扎搭接接头	柱	50%	50%
	梁、板、墙	25%	50%
焊接接头		50%	不限

（5）工艺流程

① 底板钢筋绑扎

A. 工艺流程：基础结构验线→铺设底板下部钢筋→放置钢筋马凳→铺设底板上部钢筋→确认竖向钢筋位置→插竖向钢筋。

B. 现场主要控制要点是位置的准确。底板钢筋开始绑扎之前，基础底线必须验收完毕，特别是在柱插筋位置、梁或墙边线、集水井、电梯井等位置线，应用油漆在墨线边及交角位置画出不小于 50 mm 宽、150 mm 长的标记。底板上层铁完成后，应由放线组用油漆二次确认插筋位置线。底板钢筋施工时，先铺作业面内集水坑和电梯井的底部钢筋，然后再铺上层钢筋。

② 墙、柱钢筋绑扎

A. 工艺流程：放墙柱位置线→清理修整下层插筋→墙、柱钢筋竖向连接→测放柱箍筋间距线和剪力墙水平筋间距线→绑扎墙、柱钢筋。

B. 套柱箍筋时，要注意箍筋的开口位置相互错开。箍筋绑扎前，要先在立好的柱子竖向钢筋上，用粉笔画出箍筋间距，然后将已套好的箍筋往上移动进行绑扎。根据抗震要求，柱箍筋弯钩为 135°，平直段不小于 10 d。柱钢筋绑扎主要控制要点：首先，主筋位置要准确，根据放线结果及时将位移钢筋进行调整，这样才能保证主筋和箍筋均到位；其次，禁止将箍筋掰开后往主筋上套，应将箍筋从上套入主筋。

C. 绑扎墙钢筋时，如有暗柱，先将暗柱筋绑好，再连接竖直钢筋，然后每隔 5～6 m 间距在竖直钢筋上按水平筋间距画好记号，再绑扎水平筋；墙体钢筋主要控制要点为禁止墙体钢筋的绑扎扣和搭接扣合二为一，另外应注意水平筋进入独立柱、暗柱的锚固长度是否合格；混凝土墙竖向钢筋可在施工缝标高处每隔一根错开搭接，搭接长度应不小于 30 mm。错开净距不小于 500 mm。暗柱及端柱纵向钢筋连接和锚固按相应抗震等级框架柱之要求。

③ 梁、板钢筋绑扎

A. 工艺流程：支梁底模→划主次梁钢筋间距→放主次梁箍筋→穿主梁底层纵向筋并与箍筋固定→穿次梁底层纵筋并与箍筋固定→支梁侧模和顶板模→绑板下部钢筋及铁马凳→绑板上部钢筋。

B. 板筋钢筋绑扎时，要先在模板上画线，绑完板的下部钢筋后，垫好垫块和马凳，再绑扎上部钢筋。浇筑混凝土时，随时修整因施工时被踩踏而偏移位置的板钢筋。

C. 梁筋绑扎主要控制要点：首先，由于梁主筋要在施工面上进行连接，受施工环境影响不利于操作，所以应重点检查连接后钢筋是否通直，防止出现较大折角；第二，主梁交接处钢筋皮数较多，要事先做好安排，调整各层钢筋高度，防止打灰后标高超高，给以后装修造成隐患；第三，梁钢筋和模板空间位置要准确，防止一侧露筋，另一侧保护层过厚；第四，柱边与梁边齐平时，梁外侧筋需在柱外侧筋内侧通过。

D. 板的底部钢筋伸入支座 $\geqslant 5d$，且应伸入到支座中心线；板的中间支座上部钢筋（负筋）两端设直钩。板的边支座负筋一般应伸至梁外皮留保护层厚度，锚固长度如已满足受拉钢筋的最小锚固长度，直钩长度同另一端，如不满足时，此端加垂直段应满足锚固长度，当Ⅰ级钢筋时，端部另设弯钩。当边梁较宽时，负筋不必伸至梁外皮，按受拉钢筋的最小锚固长度或图中注明尺寸施工。双向板的底部钢筋，短跨钢筋置下排，长跨钢筋置上排。当楼板底与梁底平时，板的下部钢筋伸入梁内须置于梁的下部纵向钢筋之上。

④ 后浇带中梁纵筋可贯通不断；板、墙筋可相互伸过一个搭接长度，并应按设计要求设置。

⑤ 当梁内钢筋需分层设置时，采用与主筋同规格且大于 ϕ25 mm 的钢筋做分隔钢筋，如图 6-13 所示。

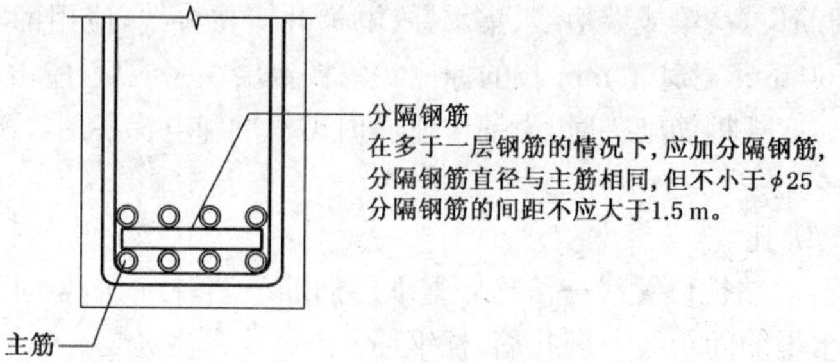

图 6-13　多层钢筋分隔示意图

（6）保护层

① 各部位钢筋保护层的厚度必须满足设计要求，受力筋的保护层厚度均不应小于钢筋直径。

② 底板钢筋由于自重较大，保护层垫块采用钢筋垫块，垫块刷防锈漆处理，其他部位的保护层采用塑料垫块。

③ 保护层垫块须放置合理，呈梅花形布置，防止过疏而造成钢筋紧贴模板，拆模后露筋。尤其是梁底垫块要在下铁放置前垫好，以免梁绑扎好后放置困难或漏放。

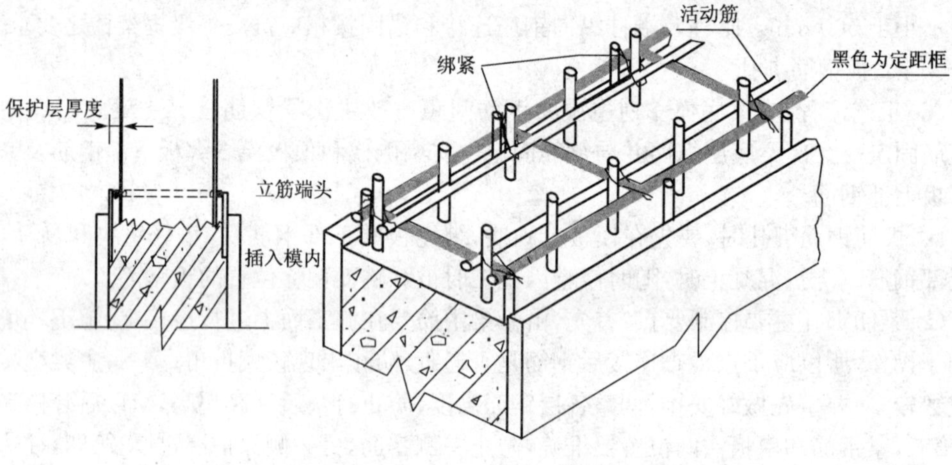

图 6-14　墙体钢筋保护层厚度控制

（7）钢筋安装绑扎允许偏差项目

表 6-20　钢筋安装绑扎允许偏差项目表

项次	项　　目		允许偏差值(mm)	检查方法
1	绑扎骨架	宽高	±5	尺量
		长度	±10	
2	受力主筋	间距	±10	尺量
		排距	±5	
3	箍筋、构造筋间距		±10	尺量连续 5 个间距
4	钢筋弯起点位移		±20	

续表 6-20

项次	项目		允许偏差值(mm)	检查方法
5	受力主筋保护层	基础	±5	尺量受力主筋外表面至模板内表面垂直距离
		梁、柱	±3	
		墙板、楼板	±3	
		锥筒外半扣	3个	

4）模板工程

(1) 模板和支撑体系及其选型

本工程的地下室墙体模板采用组合钢模板；其他墙体模板采用双面覆膜竹胶板模板体系；圆柱子采用定型钢模板；矩形柱子或其他异型柱子模板采用定型木模板；顶板、梁模板采用竹胶板。水平模板支撑采用 TLC 插卡型多功能早拆模板体系。

模板制作、安装质量必须有足够的强度、刚度，保证浇筑后混凝土的外观平整，保证结构质量。

(2) 主要模板施工工艺

① 柱模板

A. 模板底部和顶部在柱筋四角放置定位筋，以固定柱模板位置。

B. 可变截面柱楼板柱箍由 4 个直角背楞组成，背楞上按设计图反算截面尺寸打孔，用螺栓连接固定。

② 梁、楼板模板

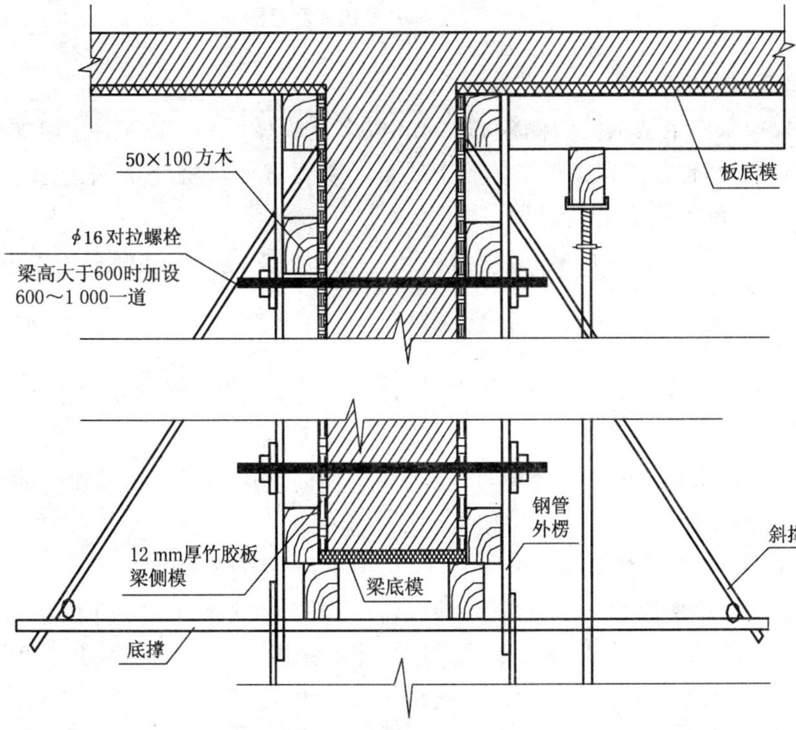

图 6-15 梁模板大样示意图

采用双面覆膜竹胶板模板，抄平、放线→搭设排架→摆放 100 mm×100 mm 主楞→放置 50 mm×100 mm 次楞→安装梁底模板→调整梁底标高→支梁帮及楼板模板→调整标高、测定平整→梁、柱接头处理→加固→分项验收。

③ 墙体模板

墙体采用竹胶板，用木枋作背楞，用木枋、可调钢管支撑及花篮螺栓作为支撑系统，整装整拆，具有模板布置灵活、混凝土表面质感好、施工简便快速等特点。

④ 特殊部分模板

A. 电梯井筒模板

电梯井筒模板采用定型钢模板：板面采用钢板，四角为铰型专为脱模用角模，每边正中间加用铰接的调节模板，模板为整体吊装，拆装模板只需调整四周螺栓。

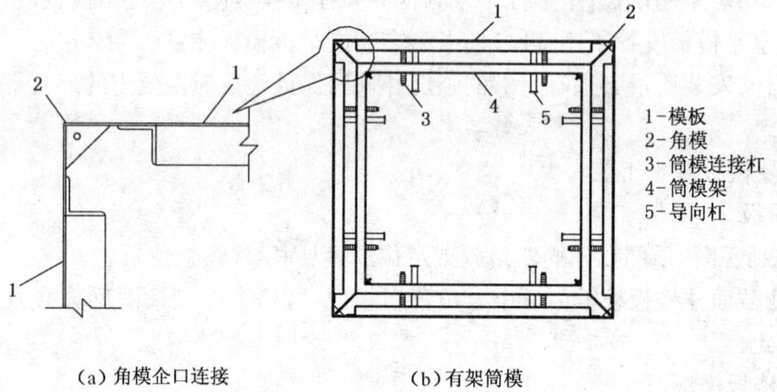

图 6-16 电梯井筒模板示意图

B. 楼梯踏步模板

楼梯模板拟采用定型钢模做侧模、12 mm 厚多层板做底模，扣件钢管架支撑。保证楼梯模板的施工质量，也是确保模板整体施工质量的重要方面，楼梯模板采用预制加工，现场放样组拼的方法，确保成型准确。

a. 工艺流程：立平台支柱→安装平台桁架→立梯板支柱→安装梯板桁架→铺模板（楼梯模板支撑系统图见图 6-17）。

b. 楼梯模板施工注意事项：

楼梯的角度及长度受平台位置的控制，所以平台的梯高及位置要绝对准确，楼梯间墙上要弹出梯梁板位置线，以便校对。

部分踏步板拟采用定型钢踏步模板，在绑完楼梯筋之后吊上。支撑加固体系为龙骨和 ϕ48 架子管搭花架，施工时要注意保护钢筋。

楼梯梁在墙上相应位置处应事先下盒子，留出梁豁，注意不能用苯板。

楼梯梁靠向上跑楼梯的一侧要在吊完踏步板后再安装侧板，便于清扫梁内杂物。

为保证楼梯的混凝土质量，楼梯踏步采用整体钢模板，楼梯下部采用竹胶板。

c. 梁柱接头模板

为保证梁柱接头及柱帽处混凝土质量，防止接头处采用拼装木模时出现模板吃进混凝土、截面尺寸不准确等现象的发生，采用梁柱接头整体定型模板。

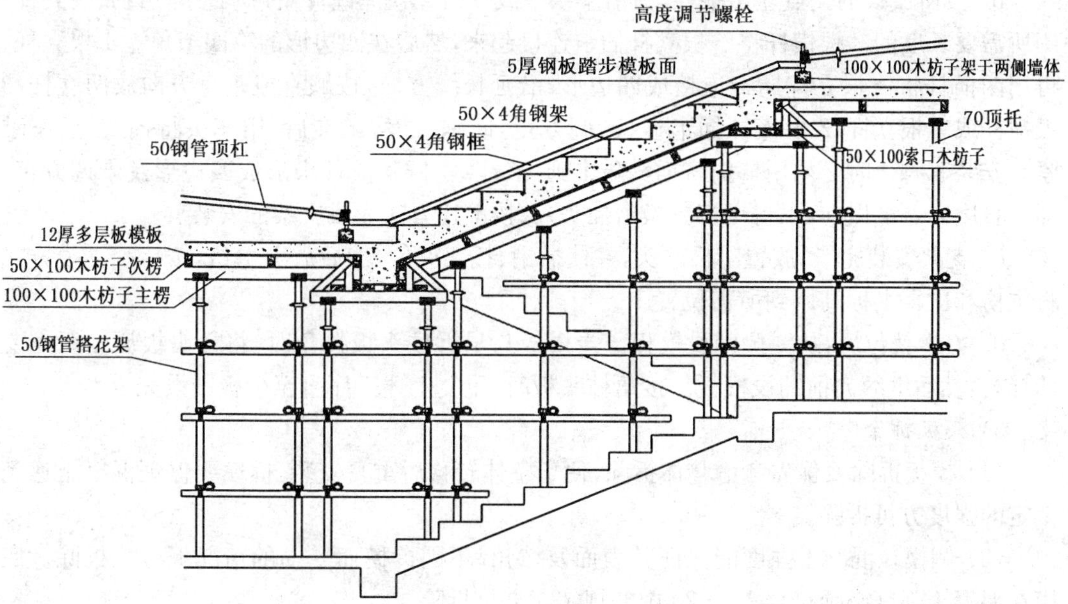

图6-17　楼梯模板支撑系统图

d. 后浇带模板

视底板厚度，后浇带采用双层钢板网卡茬，架设钢筋龙骨固定。支模时与底板上网钢筋绑扎同时进行。楼板、梁后浇带用钢板网卡茬，底模设调节钢支柱单独支顶，待二次浇筑后浇带混凝土并达到拆模强度后拆除。

⑤ 水平顶板模板支撑采用TLC插卡型多功能早拆模板系统，如图6-18所示。

A. 优点：结构合理，安全可靠，自稳定效果好，支撑结构标准，便于规范施工；能保证施工质量，装拆快捷，工效高，缩短工期；适应能力强，操作简单，使用方便，灵活，降低劳动强度；无零散配件丢失，损耗低等的工具式产品。

B. TLC插卡型多功能早拆模板系统施工工艺。

a. 按模板支撑布置图，选一个支模较方便的立杆位置处放十字线或T

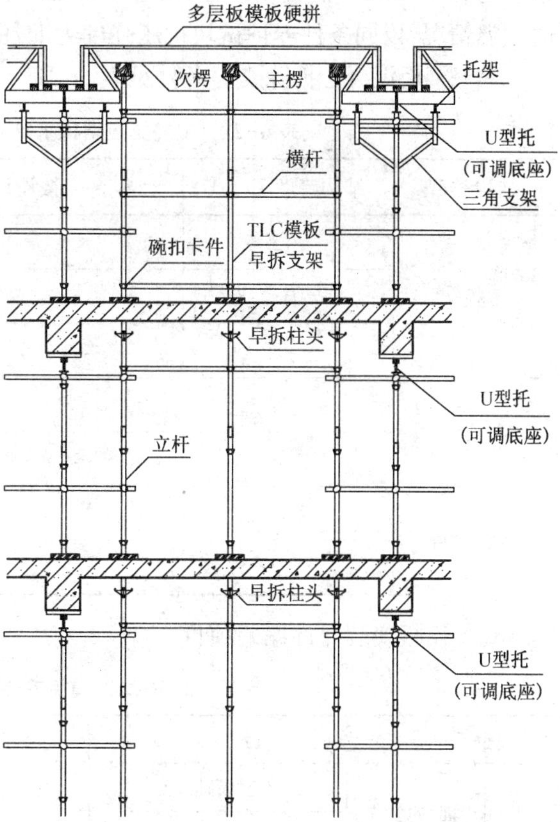

图6-18　插卡型多功能早拆模板系统

字线。

b. 按所放线的交点立 1 根杆，另沿十字线或 T 字线互相垂直的 2 个方向立 2 根立杆，用所需要长度的 2 根横杆将 3 根立杆插卡连接起来，然后在四边形的第四个角立 1 根立杆，再用两横杆将 4 根立杆插卡连接成四边形，沿延长线方向，按顺直或垂直方向放两立杆，3 根横杆或 1 根立杆、2 根横杆插卡连接，调方正，即垂直度，调准后，用榔头将插头、插座敲紧。安装三脚架时必须用榔头将插头敲击到位（注：立杆和横杆未形成四边形及未调方正，即垂直度未调准以前，不得用榔头敲击插头）。按上述方法完成支架的安装。

c. 支架安装完毕，放置早拆柱头，并使插销、托架就位，然后放上木枋，按传统支模方式将主楞和次楞上标高调到所需位置。

d. 方木就位后，从一侧铺设模板。当模板与早拆柱头板接角时，将柱头板调到所需要的标高，然后继续向前铺设模板。接角柱头板时，重复上述工序直至模板铺设完成。

5）模板拆除

（1）模板拆除要优先考虑整体拆除，便于整体转移后重复安装，拆模要保证混凝土达到一定的强度方可拆除。

（2）侧模在混凝土强度能保证其表面及棱角，不因拆模而受损的情况下方可拆除。底模在混凝土强度必须符合表 6-20 中的规定时方可拆除。

（3）在常温条件下，墙体、柱混凝土强度必须达到 1.2 MPa。冬期施工，墙体、柱混凝土强度达到 1.2 MPa 后松动螺栓，吊走模板，并继续保温，待强度达到 4.0 N/mm^2，拆模视当时气温情况，以同条件养护试块抗压强度为准，由现场技术负责人确定。

（4）梁板混凝土拆除支撑条件见表 6-21。

表 6-21　现浇梁板结构拆除支撑时所需混凝土强度表

结构类型	结构跨度 B(m)	按设计的混凝土强度标准值的百分率计(%)
板	$\leqslant 2$	50
	$2 < B \leqslant 8$	75
	> 8	100
梁	$\leqslant 8$	75
	> 8	100
悬臂物件	$\leqslant 2$	75
	> 2	100

（5）模板安装允许偏差项目

表 6-22　模板安装允许偏差项目

项次	项目		允许偏差值(mm)	检查方法
1	轴线位移	基础	5	尺量
		柱、墙、梁	±3	

续表 6-22

项次	项目		允许偏差值(mm)	检查方法
2	标高		±3	水准仪或拉线尺量
3	截面尺寸	基础	±5	尺量
		柱、墙、梁	±2	
4	每层垂直度		3	2 m 托线板
5	相邻两板表面高低差		2	直尺、尺量
6	表面平整度		2	2 m 靠尺、楔形塞尺
7	阴阳角	方正	2	方尺、楔形塞尺
		顺直	2	5 m 线尺
8	预埋铁件、预埋管、螺栓	中心线位移	2	拉线、尺量
		螺栓中心线位移	2	
		螺栓外露长度	+10,−0	
9	预留孔洞	中心线位移	5	拉线、尺量
		内孔洞尺寸	+5,−0	
10	门窗洞口	中心线位移	3	拉线、尺量
		宽、高	±5	
		对角线	6	

6）混凝土工程

为确保施工质量,按时完成工程任务,本工程全部混凝土施工采用商品混凝土。混凝土场内的水平运输主要以混凝土罐车为主,混凝土垂直运输在结构施工期间以混凝土汽车泵和地泵为主。

(1) 商品混凝土的质量控制

① 在与搅拌站签订商品混凝土供应合同时,应明确混凝土的各项技术指标。

② 商品混凝土进场必须有表明混凝土强度等级、抗渗等级、坍落度、出厂日期时间和数量的混凝土运输单。混凝土必须经过检测合格后方准使用,凡经检测不合格的混凝土必须清退。在基础底板大体积混凝土浇筑施工期间,混凝土搅拌站应指派专人在施工现场调度安排商品混凝土的供应。

③ 常温下,普通混凝土进场后,初凝时间不小于 4 h。商品混凝土进入施工现场要积极组织混凝土浇筑到位,避免由于各种原因而造成的混凝土在现场搁置时间过长,以致超过初凝期。凡已达到初凝的混凝土不得再用于正式工程。各商品混凝土供应站应根据运输距离、路况和现场施工要求确定混凝土总的初凝时间。

④ 在浇筑较重要部位混凝土前,现场技术人员应以书面形式向搅拌站进行技术交底,

交底中明确浇筑部位混凝土的强度等级和特性。

⑤ 任何人不得擅自向混凝土内加水，搅拌站应有调节混凝土坍落度和温度的有效措施。

⑥ 基础底板和地下室外墙为抗渗混凝土，混凝土中应掺加膨胀剂。在常温环境混凝土中掺加高效减水剂。用于基础底板混凝土的外加剂应为缓凝剂，各种外加剂的使用必须符合现行的规范和标准。

(2) 地下室结构工程留置施工缝

① 水平施工缝：由下至上，基础底板上第一道施工缝，内墙柱在底板上皮，外墙及墙间柱在底板表面上 300 mm 处。以上各层均留置在框架梁或楼板下皮和楼板上皮处。

② 纵向施工缝：地下室防水混凝土结构，除设计要求的后浇带外，不得擅自留置竖向施工缝。在地下室内外墙衔接处应设钢丝网片，使防水混凝土与普通混凝土分开。

(3) 竖向结构的混凝土施工

① 为了确保墙体、柱和楼层混凝土结合良好，浇筑混凝土前先浇筑一道 5 cm 厚与墙体、柱混凝土相同标号的减石砂浆。

② 分层浇筑，浇筑层的厚度不大于振捣棒作用部分长度的 1.25 倍。混凝土浇筑到墙体、柱上口预定标高时将其抹平。

③ 振捣要均匀，每层振捣时振捣棒要插入下层混凝土，振捣棒插入下层混凝土的深度不小于 50 mm。不得振捣钢筋和模板，振捣棒与模板的距离不大于其作用半径的 0.5 倍，且应避免碰撞钢筋、模板、预埋件等。遇到门窗洞口时振捣棒要距离洞口 30 cm 以上，并且从两侧同时振捣，以防洞口模板变形。

(4) 水平结构的混凝土施工

① 基础底板梁为大体积混凝土。在大体积混凝土施工中必须严格执行相关规范和工艺标准。基础底板梁大体积混凝土采用分层浇筑法。

② 楼板混凝土浇筑前在墙、柱钢筋上用水准仪作出标高控制点，用来控制浇筑混凝土的标高。楼板混凝土浇筑时要防止踩踏上层钢筋。浇筑前，沿浇筑方向铺设由矮马凳和脚手板组成的马道，混凝土工站在马道上进行操作，并且在浇筑现场设钢筋工看钢筋，及时将变形钢筋复位。洞口边要振捣密实。

对于地下抗渗混凝土、楼板混凝土浇筑时，先做外墙部位楼板抗渗混凝土浇筑，然后再做其余楼板普通混凝土浇筑。如接槎处混凝土已经初凝，则需按施工缝二次浇筑处理。

(5) 施工缝处的处理

① 已浇筑的混凝土，其抗压强度不小于 1.2 MPa；在已硬化的混凝土表面，清除水泥浆和松动石子，剔到实处，并加以充分湿润和冲洗干净，且不得积水。

② 在浇筑混凝土前，在施工缝处先铺一层水泥净浆，而后再铺 30～50 mm 厚的 1∶1 水泥砂浆，并应及时浇灌混凝土；混凝土细致捣实，使新旧混凝土紧密结合。后浇带处混凝土在浇筑前，应清除垃圾、水泥薄膜、表面松动砂石和软弱混凝土层，加以凿毛，用水冲洗干净并充分湿润(不少于 24 h)，然后用高一级强度的膨胀混凝土浇筑。在竖向钢筋插铁部位(墙、柱)，用大杠或抹子将该处混凝土刮平，为竖向模板安装创造有利条件。

③ 自然条件下浇筑后12 h内开始覆盖并浇水养护，浇水以保持混凝土表面湿润。养护不少于7天，混凝土未达1.2 MPa前不得上人和立模板支架。

（6）混凝土结构允许偏差

表6-23　混凝土结构允许偏差表

项次	项　　目		允许偏差值(mm)	检查方法
1	轴线位移	基础	10	尺量
		柱、墙、梁	5	
2	标高	层高	±5	水准仪、尺量
		全高	±30	
3	截面尺寸	基础	±5	尺量
		柱、墙、梁	±2	尺量
4	垂直度	层高	5	经纬仪、吊线、尺量
		全高	H/1 000，且≯30	
5	表面平整度		3	2 m靠尺、楔形塞尺
6	角、线顺直		3	线尺
7	预留洞口中心线位置		5	拉线、尺量
8	预埋件、管、预应力筋支撑板中心位置		3	拉线、尺量
9	预埋螺栓	中心线位置	2	尺量
		外露长度	+10，−0	
10	楼梯踏步宽、高		±3	尺量
11	电梯井筒	井筒长、宽对中心线	+20，−0	吊线、尺量
		井筒全高垂直度	H/1 000，且≯30	

6.9.6　施工现场平面布置

施工现场平面布置见图6-19～图6-21所示。

6.9.7　主要施工管理计划

1）质量管理计划

（1）质量目标

① 工程质量合格率100%；质量事故零目标，无质量隐患。

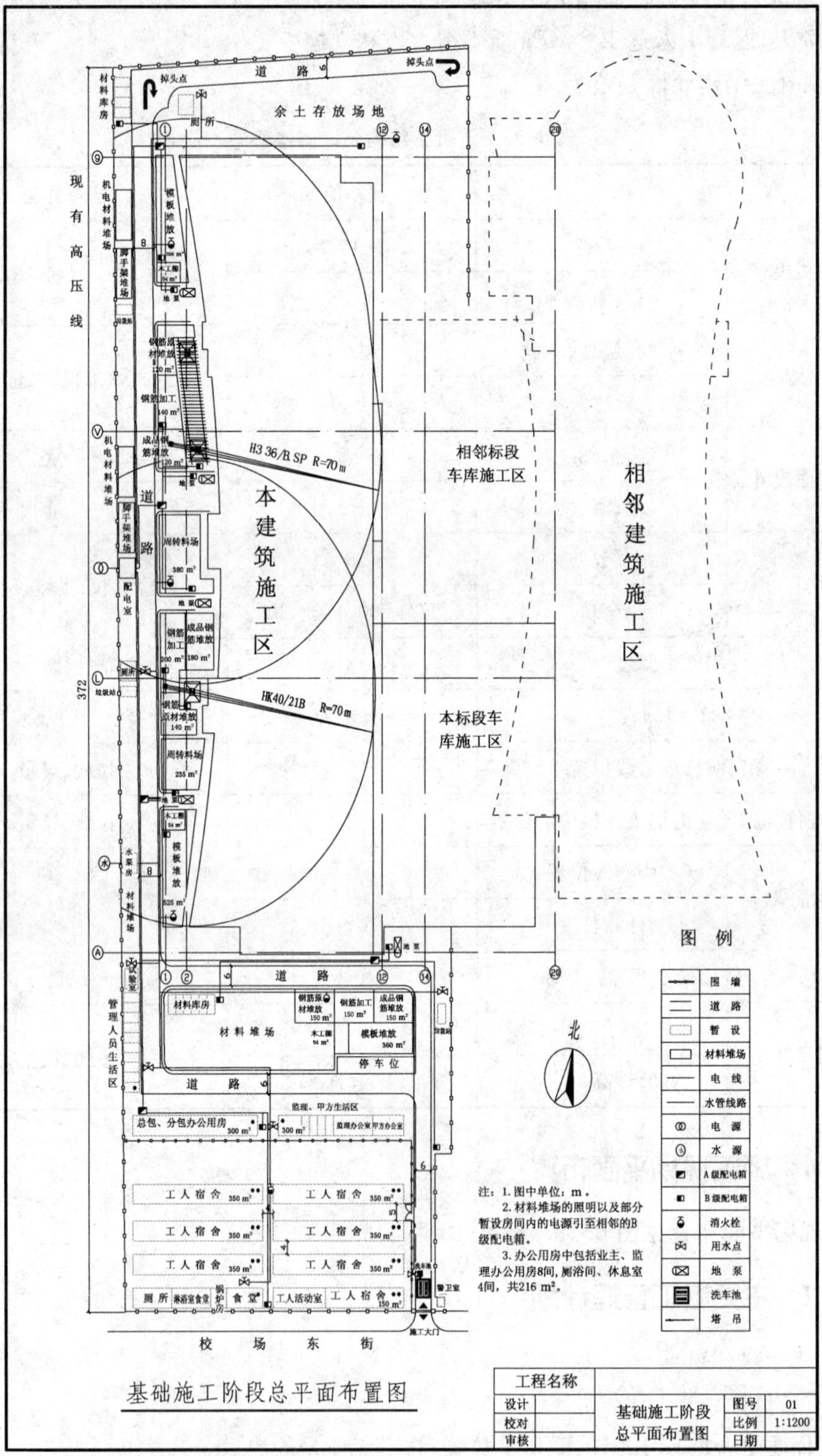

图 6-19　基础施工阶段总平面布置图

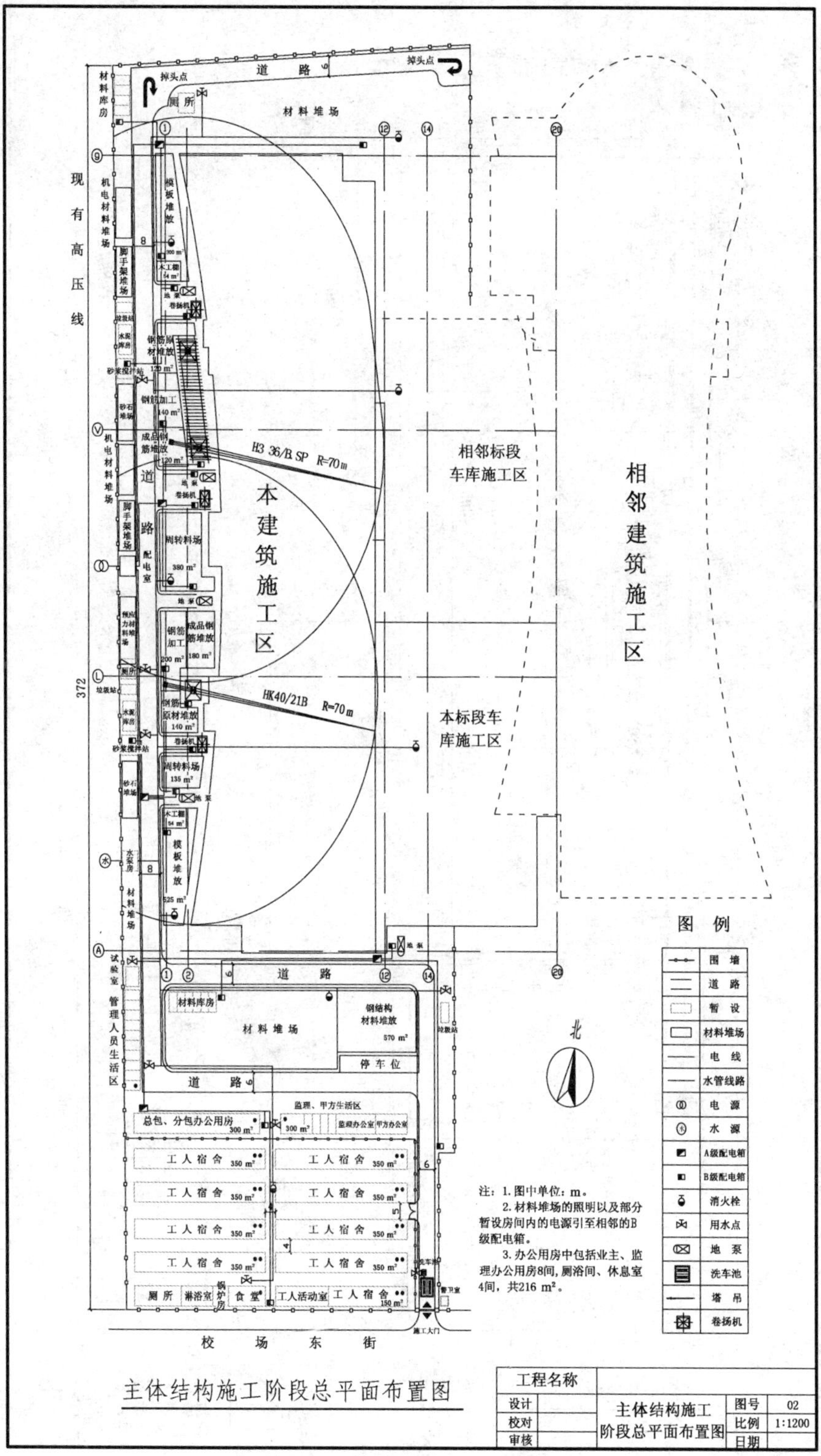

图 6-20 主体结构施工阶段总平面布置图

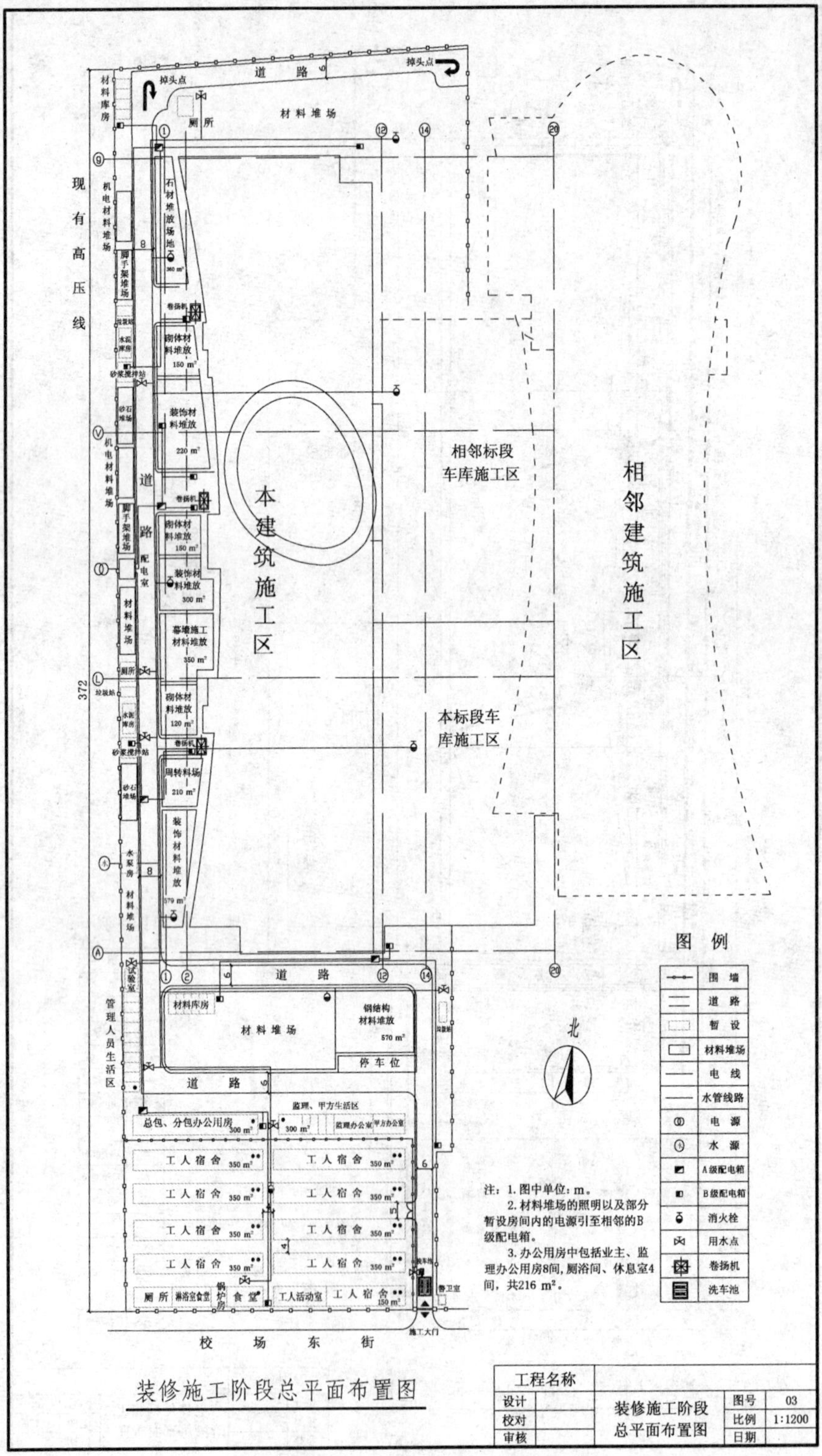

图 6-21　装修施工阶段总平面布置图

② 主要施工阶段的质量指标

表 6-24 主要施工阶段的质量指标

阶段	质量控制子目标	质量指标
准备阶段	设计交底、施工图会审	图纸资料是否齐全、是否满足施工
	材料检查	检查材料合格证、材料复试报告、材料规格型号是否符合设计
	施工人员检查	特殊工种上岗证
	施工方案审查	是否通过审查
施工阶段	基础放线	检查坐标点
	基础验槽	槽尺寸，土质
	垫层	垫层厚度，水平，标高，几何尺寸
	钢筋捆扎	钢筋规格，间距，搭接长度及牢固程度
	模板	几何尺寸，缝隙，稳定性，强度
	浇灌混凝土	配合比，预埋件，浇灌令，隐蔽验收记录，坍落度，振捣情况等
	砖墙体	轴线，标高，灰缝，拉接筋设置，预留孔位置等
	室内外装修	楼地面的平整度，墙面的平整度，墙地砖粘接强度，涂料色调均匀一致
	屋面防水	基层处理，材料搭接长度，孔洞等的处理
	地下防水工程	严格控制防水材料的质量和细部做法
	钢铝门窗工程	门窗出厂合格证，预埋件数量位置，关闭灵活，严密，牢固，填嵌饱满
交工阶段	交工资料、竣工图	交工技术文件完整，数据准确，会签齐全，质量评定资料完善，竣工图反映真实，质量目标合格

(2) 施工质量管理体系

① 施工质量管理组织机构

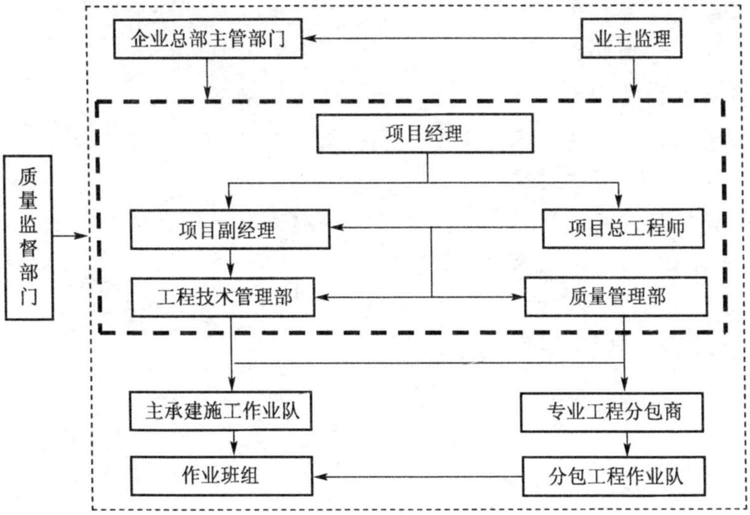

图 6-22 施工质量管理组织机构

② 质量管理职责

表 6-25 质量管理职责

项目主要管理人员名称	质量责任
项目经理	(1) 负责本项目施工过程中质量、计量、环境、职业健康安全管理体系的有效运行 (2) 代表公司履行业主合同,实现工程各项管理目标,对工程项目质量、工期、成本、环境、安全及文明施工等各项管理工作全面负责 (3) 组织建立和完善项目管理机构,明确项目管理人员职责 (4) 组织编制项目施工组织设计,确定施工组织设计中的各项方案,并编写其中组织结构、人员职责、工期控制、劳动力组织、机械设备调配等部分内容 (5) 参加技术复核,参加检验批和分项工程质量验收评定 (6) 参加分部(子分部)、单位(子单位)工程质量验收评定 (7) 审批材料计划,签订采购合同 (8) 负责组织施工现场的环境因素、危险源的识别和评价工作 (9) 负责制定并执行应急预防措施 (10) 组织处理项目施工中的不合格品 (11) 发生事故后,做好现场保护与抢救工作,及时上报,组织、配合事故的调查 (12) 协调项目内外相关方之间的关系
其他管理人员	略

(3) 保障措施(略)

(4) 检查制度(略)

思考题

1. 什么是单位工程施工组织设计?
2. 简述单位工程施工组织设计的编制依据。
3. 单位工程施工组织设计包括哪些内容?
4. 工程概况包括哪些内容?
5. 施工程序包括哪些内容?
6. 试述多层混合结构民用住宅及框架结构的施工顺序。
7. 试述装配式钢筋混凝土单层工业厂房的施工顺序。
8. 简述主要施工方案的内容。
9. 单位工程施工进度计划可以分为几类? 分别适用于什么情况?
10. 工程量计算时,应注意哪些问题?
11. 单位工程施工平面图的内容及设计的基本原则包括哪些内容?
12. 进度管理计划包括哪些内容?

7　专项施工方案实例

本章提要：本章结合施工组织设计的内容，介绍了几种专项施工方案实例，通过实例讲解，加强学生编写施工组织设计的综合能力。

方案 1

架子施工方案

1）工程概况

（1）工程建筑概况

工程名称：长沙××厂“十五”技改一期项目联合工房工程

建设地点：长沙市

建设单位：长沙××厂

设计单位：××设计研究院

监理单位：××监理公司

质监单位：长沙市质监站

（2）工程设计概况

① 建筑概况

本工程总占地面积 38 519.1 m^2，总建筑面积为 52 235 m^2，划分为 *A*、*B*、*C*、*D*、*E*、*F*、*G* 七个区段，*A*、*B*、*C*、*D* 区为单层主厂房，*E*、*F* 区为二层生产辅房，*G* 区为四层生活辅房。

本工程 ±0.000 m 相当于绝对标高 85.000 m。

② 设计结构概况

A、*C* 区为门式钢架结构，*B*、*D* 区为钢筋混凝土排架结构，*C*、*E*、*F*、*G* 区为钢筋混凝土框架结构。主厂房屋顶为网架和轻钢金属屋面板屋面。本工程建筑最大高度为 19.7 m。

（3）脚手架搭设概况

根据建筑物结构及现场实际情况，本工程外脚手架均采用双排钢管脚手架，内架采用满堂架，装饰采用工具式脚手架。施工阶段满挂竹笆一道，在施工层一段脚手架上统一设隔音板围挡，隔音板围挡上下均超出施工层 3.0 m，将施工现场与周围环境隔开，减少噪声污染，确保安全。

外架实行全封闭，有利于现场环境保护及文明施工。

因脚手架总高度不超过 20 m，承受的荷载不大，不做脚手架的安全计算。

2）材料准备

（1）钢管脚手架应用外径 48 mm、壁厚 3.5 mm 的钢管，有严重锈蚀、弯曲、压扁或裂纹的不得使用。

（2）扣件应有出厂合格证，发现有脆裂、变形、滑丝的禁止使用。

（3）竹片脚手板，板厚不得小于 5 cm，螺栓孔不得大于 1 cm，螺栓必须拧紧。

（4）脚手板的绑扎材料采用 8# 镀锌铁丝。

3）脚手架的搭拆

（1）搭设顺序

做好搭设的准备工作→按建筑的平面形状放线→铺设垫板→按立杆间距排放底座→放置纵向扫地杆→逐根树立立杆，随即与纵向扫地杆扣牢→安装横向扫地杆，并与立杆或纵向扫地杆扣牢→安装第一步大横杆（与各立杆扣牢）→安装第一步小横杆→第二步大横杆→第二步小横杆→加设临时抛撑（上端与第二步大横杆扣牢，在装设两道连墙杆后可拆除）→第三、四步大横杆和小横杆→设置连墙杆→接立杆→加设剪刀撑→铺脚手板→绑护身栏和挡脚板→立挂安全网→下一循环。

（2）拆除顺序

脚手架的拆除顺序与搭设相反，即先搭的后拆，后搭的先拆。先从钢管脚手架顶端拆起：安全网→护身栏→挡脚板→脚手板→小横杆→大横杆→立杆→ 连墙杆→纵向支撑→下一循环。

（3）构造要求

① 设计参数：步距 $h = 1.8\,\mathrm{m}$，立杆纵距 $L = 1.5\,\mathrm{m}$，立杆横距 $B = 1.2\,\mathrm{m}$，内立杆距外墙距离 $b_1 = 0.35\,\mathrm{m}$。

② 脚手架立杆接头必须采用对接连接，相邻两立杆接头应错开不小于 500 mm，且不应在同一步内。纵向水平杆接长必须采用对接扣件连接，上下相邻两根纵向水平杆接头应错开不小于 500 mm，同一步内外两根纵向水平杆的接头应错开，并不在同一跨内。

③ 大横杆设置在立杆内侧；小横杆必须贴近立杆设置，两端搭在大横杆外挑的长度不小于 100 mm。

④ 操作层脚手板的铺设应满铺，铺平，铺稳，结构施工层离开墙面 50 mm，装修施工层距墙 150 mm。脚手板对接铺设时，接头处设两根横向水平杆。

⑤ 脚手架操作层必须设 180 mm 高的挡脚板和 1.2 m 高的护身栏，用 2 道水平钢管紧贴外立杆内侧，用扣件扣牢。

⑥ 架子应边搭设边用密目式安全网封闭。

4）安全措施

（1）防雷

在结构施工阶段，可以充分利用塔吊和井架的避雷针。进入装饰阶段后，一般塔吊已拆除，由于外脚手架略高于建筑物，井架最高的 45°的锥面角不一定能全部将外脚手架覆盖。钢材的导电性能比建筑物大得多，则有可能招来雷祸。因此，为增强避雷效果，各段应接通，并注意脚手架的底座须与建筑物的避雷设施连通。

（2）防电

各种电线不得直接在钢管架上缠绕，电线和电动机具必须与脚手架接触时，应当有可靠的绝缘措施。

(3) 防火

由于采用木脚手板、尼龙安全网、楼层的破旧胶合板等易燃物,应设置足够数量的灭火器或设消防栓。电焊操作时必须有专人看守,防止星火点燃。不准在施工现场吸烟,或从吸烟室内向脚手架上扔烟头。

(4) 夜间照明

夜间施工,应设置足够数量的碘钨灯照明,且照度适中,不得有阴暗死角,以防操作人员与脚手架的某些杆件碰撞。无灯楼层的步架禁止上人。

(5) 风、雨、雪天施工

5 级风以上,不得进行高空脚手架的搭、拆作业。大雨后一定时间内不得在脚手架上进行砌筑施工,以防木脚手板浸水后超载。雪天要经常清扫脚手架,防止积雪超载或打滑。

(6) 严禁在脚手架上拉缆风、搭三脚架、堆放预制构件或其他重物

(7)无论是脚手架的搭设还是拆除,均不得上、下步架同时作业操作

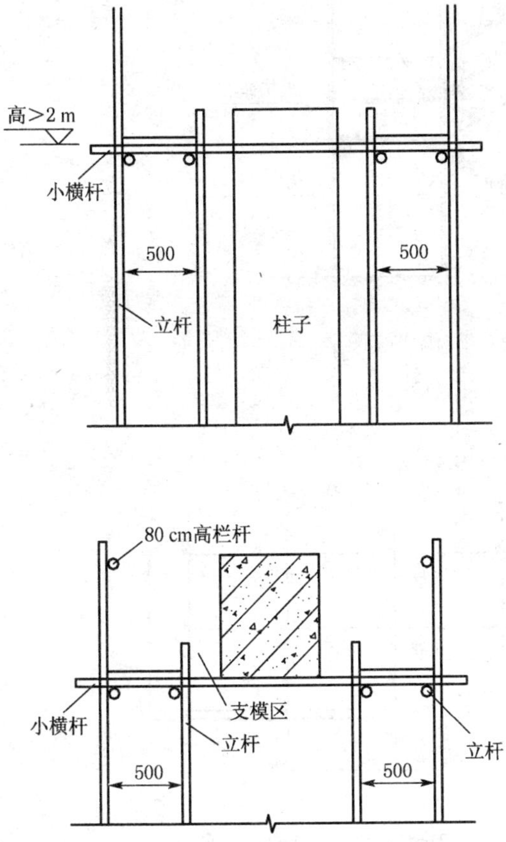

框架梁和柱施工作业层防护图

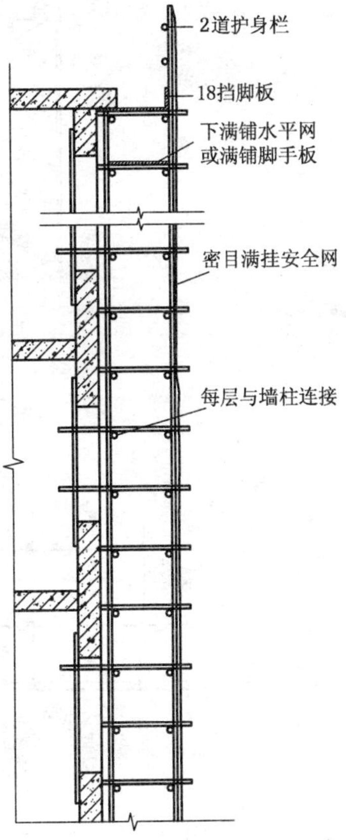

外脚手架防护图

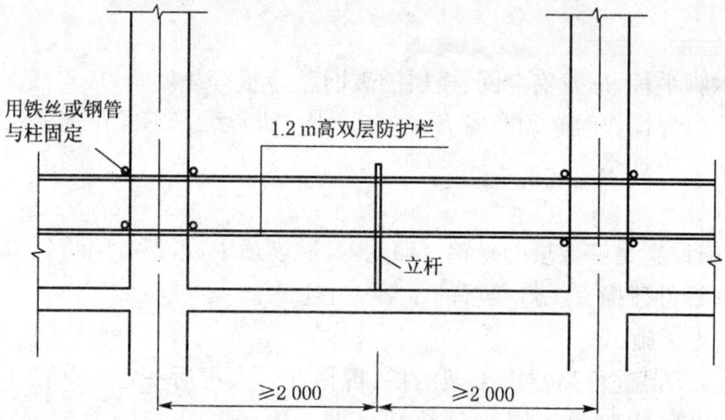

柱子边防护图

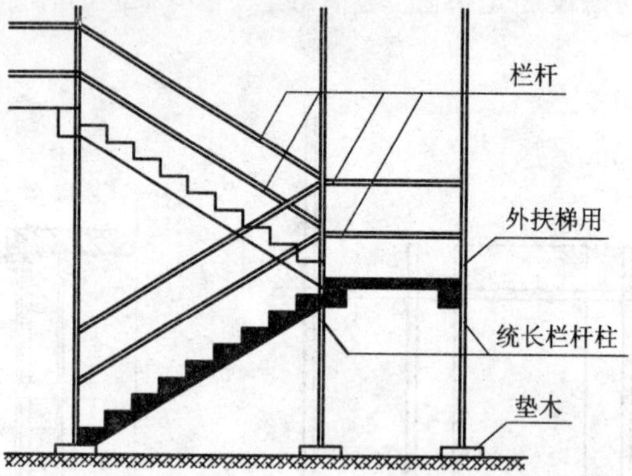

楼梯及平台防护图

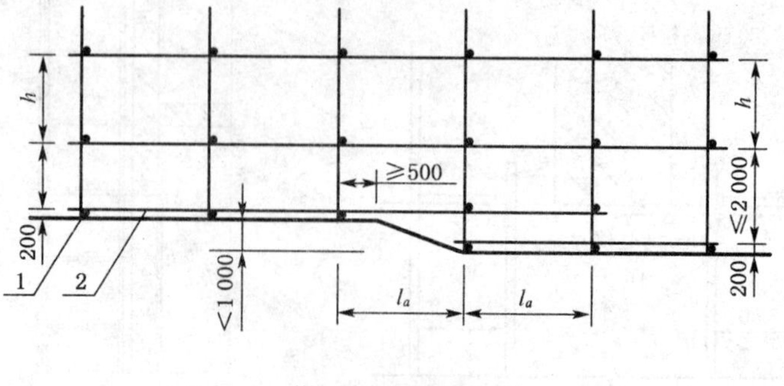

纵、横向扫地杆构造

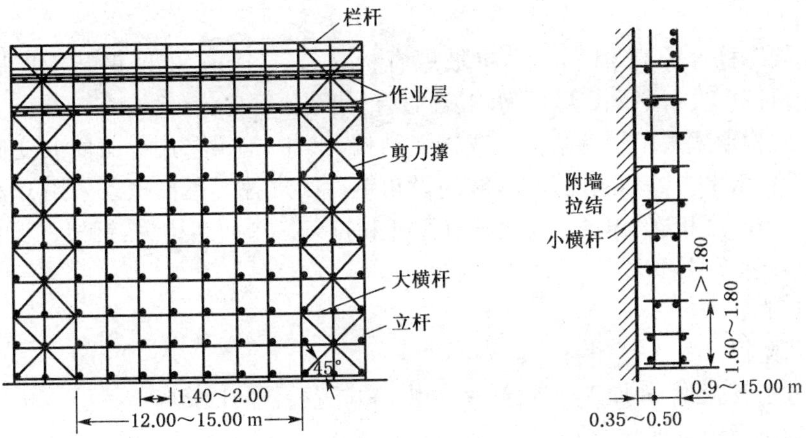

外脚手架构造示意图

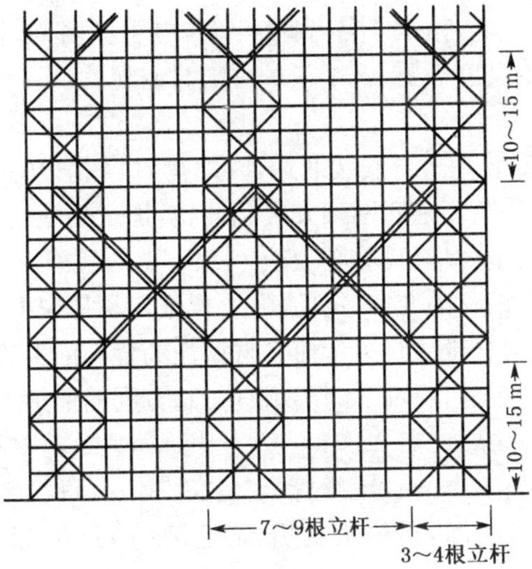

外脚手架剪刀撑搭设示意图

方案 2

钢结构工程施工方案

1）工程概况

（1）工程建设概况（同方案 1）

（2）工程设计概况（同方案 1）

（3）钢结构设计概况

A 区高架库钢结构由 21.05 m 单跨组成，建筑总长 90 m，两端山墙处柱距为 7 m，其余柱距均为 6 m。本工程建筑总面积约为 1 895 m^2。*C* 区钢结构由 17.5 m 单跨组成，建筑总长 60 m，两端山墙处柱距为 5.75～5.95 m，其余柱距均为 6 m。本工程建筑总面积约为

1 050 m^2。

A 区高架库檐口标高 21.00 m，单坡屋脊标高 22.34 m。C 区钢结构厂房檐口标高 21.2 m，屋脊标高 22 m。A、C 区厂房均属门式钢架结构厂房。

本工程结构形式采用轻钢结构门式钢架结构，钢柱、钢梁采用等截面或变截面焊接 H 型钢，屋面设置水平支撑和刚性系杆，柱间设角钢柱间支撑。屋面檩条采用 C 型冷弯薄壁型钢，设有隅撑与之相连，檩条之间设置有撑杆和拉条。屋面结构为：钢架＋檩条＋保温棉系统＋面层彩色压型钢板。

2）施工部署

（1）工艺流程

材料进场及验收 → 加工及连接 → 吊装 → 位置校核与固定

预埋地脚螺栓清理与纠偏 →（位置校核与固定）

（2）劳动力组织

为了保证工程进度的顺利完成，安排参与本工程生产、安装的管理人员和工人共 43 名，其中电焊工 6 名，气割工 6 名，钳工 4 名，铆工 4 名，电工 2 名，起重工 6 名，油漆工 6 名，其他辅助工 9 名。根据施工进度需要，施工人员可随时调配就位。

（3）场地布置

由于 B 区的网架先安装南边再安装北边，因此在 B 区北边的两头各布置一个钢结构加工场地，以免影响网架的安装。随着网架安装到北边，加工场地转移到南边。加工场地包括一个加工棚和一个露天的钢材堆放场地。

露天堆放场地要减少钢材的变形、锈蚀，还要保证钢材提取方便。场地要平整并明显高出周围地面，四周设排水沟。堆放时尽量使钢材截面的背面向上或向外，以免积水。

考虑材料堆放时便于搬运，料堆之间要留有一定宽度的通道。

（4）运输与吊装

① A 区钢柱柱顶标高为 21 m，屋脊标高为 22.33 m，每根钢柱重约 2 t，每榀梁重约 1.8 t，所以选择 25 t 汽车吊即可，最大提升高度 32 m，最大起重量 2.6 t，最小回转半径 10 m。

② C 区钢柱柱顶标高为 21.2 m，屋脊标高为 22 m，每根钢柱重约 1.8 t，每榀屋面梁重约 1.5 t，需选用 25 t 汽车吊吊装，最大提升高度 32 m，最大起重量 2.6 t，最小回转半径 10 m。

③ 另外选择一台 8 t 汽车吊，配合倒料、卸车、安装支撑工作。

3）施工准备

（1）根据工程进度，进场安装前，组织本项目工程管理人员、工程技术人员进行图纸会审及技术交底，熟悉施工图纸及设计、制作、安装等方面的各种技术文件、规范标准等

（2）熟悉施工现场，进行现场安全、文明施工及厂纪厂规教育

4）施工工艺

（1）基础处理

① 安装钢柱之前，办理土建施工工序交接手续，然后对各定位轴线尺寸、轴线位置、螺栓中心线、标高等进行复测，一旦交接手续办理完毕，在钢结构吊装时要对基础结构进行成品保护。复测内容如下：

A. 基础顶面标高实测数据是否符合设计要求。

B. 各跨度、柱距是否符合设计要求及验收规范。

C. 资料是否齐全，与现场实际所测数据是否相符。

② 测量放线

安装前，要清除混凝土表面的浮浆及松散的混凝土，标出基础定位轴线，要用红色油漆明显标示准确的"＋"字轴线，以确保与钢柱轴线吻合。用水准仪在杯口基础的四周离杯底面 300 mm 处弹出一圈水平线，以便控制钢柱的标高。

③ 找平层施工

根据杯口弹出的水平线，在杯底用 C30 细石混凝土找平。细石混凝土找平层施工时一定要注意保证其密实性和平整度，保证下一步钢板垫块能顺利施工。

④ 钢板垫块的施工

垫铁施工时，首先根据控制线垫一个角，然后另 3 个角利用水平尺来调整。但注意，每个角垫铁不超过 3 块。

(2) 钢材加工与连接

① 焊接

A. 翼板与腹板的角焊缝采用埋弧焊和气体保护焊，其他焊缝采用气体保护焊和手工焊，所有焊接材料形成的熔敷金属的机械性能必须达到 Q235 的指标。

B. 翼板与腹板在横向允许拼接，但在同一零件上的拼接不能超过 2 处，且拼接板长度不小于 610 mm，翼板的拼接缝与腹板的拼接缝的距离需大于 200 mm。

若距拼接处 38 mm 内有孔，则拼接缝需打磨平整。端板与肋板等其他零件不允许拼接。

C. 手工焊时用 E50××型焊条，其性能符合现行国家标准《低合金钢焊条》(GB/T 5118—1995)的有关要求。

D. 埋弧自动焊接或半自动焊接用的焊丝，应符合现行国家标准《熔化焊用钢丝》(GB/T 14957—1994)的规定。

E. 焊接时应选择合理的焊接顺序，以减少钢结构中产生的焊接应力和焊接变形。

F. 焊缝质量等级：两相邻件的对接焊缝位置错开距离应不小于 200 mm，焊缝质量达到《钢结构工程施工质量验收规范》(GB 50205—2005)中二级焊缝质量等级的要求，其余焊缝符合上述的三级焊缝质量等级要求。

② 制作与安装

A. 钢材的切割应用自动切割机，保证钢材切割面的整齐。

B. 高强螺栓摩擦面的处理方法为喷砂后生赤锈即可，摩擦面的抗滑移系数为 0.55。

C. 钢材制作时要注意流水施工，保证材料按一定的顺序流水制作，避免出现混乱施工、材料乱序。

(3) 涂装

① 结构用主构件(除镀锌构件)需进行喷砂后喷涂油漆处理，不得以手工进行除锈，洁度须符合 GB8923—88 Sa2.0 等级。

② 涂漆：构件经除锈处理后涂 2 道防锈底漆和 2 道调和面漆，面漆颜色待定。

③ 涂刷时应注意，凡高强螺栓连接范围内不允许涂刷油漆或有油污。

④ 钢构件应按一级防火要求涂防火涂料。

（4）吊装

① 该工程钢柱、钢梁及檩条的安装均采用分件吊装法：一是对钢柱依次进行吊装；二是对柱间支撑进行吊装；三是对屋面梁、水平支撑、连系梁依次进行吊装。

② 吊装顺序为：钢柱→柱间支撑、屋面梁、连系梁、水平支梁→檩条、拉条、角隅撑。

③ 本工程在钢柱吊装完 6 个柱距后，紧接着吊装屋面梁。以此类推，保证工期。

（5）构件的堆放及检查

① 钢构件应该根据其安装顺序，分批成套供应。

② 钢构件堆放场地应平整坚实且无积水，钢构件的堆放应在下面垫上木方，并且按照安装顺序分区存放。

③ 钢柱吊装前，应对钢构件的质量进行检查。钢构件变形，缺陷超出允许偏差时，应进行处理。

（6）钢柱吊装及固定

① 吊装方案选择

构件最长为 22.33 m，由于运输问题，故分段制作及运输，在现场拼装组焊后再吊装。

吊装方案选用地面组装法。因为此方法在地面施工，速度快，施工人员的安全有保障，施工质量好保证，又可以交叉施工，工期不会受到多大影响，只是会受场地窄小影响，不可能有很大空间来拼装钢柱。所以在这一点上，主要靠合理的安排和计划，只要安排得合理，也不会有影响。

② 钢柱吊装及固定

钢柱拼装就位后，在钢柱四边弹出中心线，然后用一点绑扎旋转提升法吊装。钢柱吊升到位后，首先将钢柱脚四边中心线与基础十字轴线对齐吻合，然后用螺母对钢柱进行初步固定，接着对钢柱利用钢丝绳及倒链进行临时固定，然后在测量人员的监控下，进行水平和垂直校正。两方向均确认无误后，及时紧固螺母，进入下道工序。

（7）屋面梁吊装

① 吊装方法选择

屋面梁分 2 段制作及运输，在现场组对后吊装。整榀屋架跨度 21.05 m 及 17.5 m，综合考虑采用四点支撑吊装法。

② 吊装及固定

将两段梁在地面上拼装好，并位于吊车半径之内，采用四点捆扎，并在梁两端拴上拉绳，控制起吊摆动及校正。然后翻身直立，及时利用木枋及钢管作支撑，然后松钩，并移正钢绳后再慢慢起钩。当升钩至柱顶 200 mm 高处时，慢慢回转就位，上紧螺栓，然后拉上风绳并进行校正。

用同样的方法吊装第二榀梁，待此榀梁吊装就位后，及时把这两榀钢架间的连系梁、水平支撑、檩条装上，并进行调整固定，使之成为一个稳定的空间体系。

然后以这两榀钢架为起点，用同样的方法和步骤依次进行吊装。

（8）檩条及拉条安装

由于檩条较轻，所以利用滑轮配合，人工升至屋面。

首先按照图纸及构件编号，依次把檩条抬至相应的地面位置，然后利用两个滑轮，一边站一人，拉至屋面。

待装完一跨檩条后，及时把此跨的拉条装上。

注意：在调整檩条时要拉钢线，保证其弯曲小于 5 mm。

(9) 高强度螺栓安装

① 高强度螺栓及附件的存放

高强度螺栓及附件均应按批号分别存放，并应在同批间配套使用，在储存、运输和施工过程中不得混放、混用，并应轻装、轻卸、防止受潮、生锈、沾污和碰伤。

② 连接板的检测及处理

A. 连接板不能有挠曲变形，否则必须矫正后方可使用。

B. 当连接板间间隙小于 1.0 mm 时，可不处理；间隙 1.0～3.0 mm 时，应将高出的一侧磨成 1∶10 的斜面，其打磨方向应与受力方向垂直；间隙大于 3.0 mm 时，应加垫板，垫板两面的处理方法应与两连接板的处理方法相同。

C. 连接板表面不能有油污、铁屑、浮锈，必须保持干净。

③ 高强度螺栓的安装

A. 安装准备

a. 安装前，要对高强度螺栓的规格、数量、质量进行核查，对不符合要求的要调换。

b. 检查螺栓孔的位置，孔位质量是否符合设计要求及有关规定。

B. 高强度螺栓的安装

a. 螺栓要自由穿入孔内，不得强行打，穿入方向应一致。

b. 安装时，若安装困难，可以利用冲钉引起，然后再穿入螺栓，待其他螺栓均穿上拧紧后，取出冲钉，再穿入螺栓。

c. 安装时，若冲钉也不能穿入时，要利用铣刀铣孔，绝不能气割扩孔。

d. 高强度螺栓配有两个垫圈，一端一个，一端不得垫两个及以上垫圈，不得采用大螺母代替垫圈。螺栓拧紧后，外露螺栓不应少于 2 个螺距。

e. 高强度螺栓应按一定顺序施拧，宜由中间向两边拧紧，并应在当天终拧完毕。

f. 高强度螺栓不得作临时安装螺栓用。

g. 高强度螺栓分 2 次拧紧，初拧和终拧，初拧扭矩值不得小于终拧扭矩值的 30%。

扭矩的计算公式：

$$M = K \times P \times D$$

式中：M——预定扭矩值；

K——系数；

P——螺栓预拉力；

D——螺栓直径。

h. 高强度大六角头螺栓施拧采用扭矩扳手，其检验方法是：在终拧 1 h 后，24 h 内检查，检查时在原位打上记号，然后将螺母退回 30°～50°，再用扭矩扳手拧至原位，测定出扭矩值，该扭矩值与检矩的偏差，应在检查矩的±10%以内。

i. 抽查扭矩值时，抽查数量为 10%，每个节点不少于 1 枚。如发现质量问题，应加大比例，并及时做返工处理。

5) 注意事项

(1) 在运输及操作过程中要防止构件变形和损坏，严禁在安装好的构件上随意设置吊挂恒载的支架或加载点，严禁施加临时荷载，以免造成构件损坏或变形过大。

(2) 必须等混凝土基础达到设计强度的100%以上方可进行上部结构的安装。

(3) 结构安装前应对构件进行全面检查，如构件的数量、长度、垂直度，安装接头处螺栓孔之间的尺寸是否符合设计要求。

(4) 结构吊装时应采取有效的措施，防止产生过大的变形。

(5) 结构吊装就位后，应及时系牢连系构件，保证结构的稳定性。

(6) 结构安装完成后，应详细检查运输、安装过程中的擦伤并补刷油漆，对所有的连接螺栓应逐一检查，以防漏拧或松动，再将螺栓连接件焊死。

6) 质量标准

(1) 钢结构制作工(安装)程

① 主控项目

A. 焊接材料的品种、规格、性能符合产品标准和设计要求。

B. 重要结构用焊接材料抽样复试结果应符合产品标准和设计要求。检查复试报告。

C. 焊条、焊丝、焊剂等焊接材料与母材的匹配应符合设计要求《建筑钢结构焊接技术规程》(JGJ 81—2002)的规定。焊接材料在使用前，应按规定进行存放。检查质量证明书和烘焙记录。

D. 焊工必须有证书。

E. 对首次使用的钢材、焊接材料、焊接方法、焊后热处理等应进行焊接工艺评定，并应根据评定报告确定焊接工艺。检查焊接工艺评定报告。

F. 设计要求全焊透的一、二级焊缝应采用超声波探伤进行内部缺陷的检验，超声波探伤不能对其缺陷作出判断时，应采用射线探伤。

G. T形接头、十字形接头、角接接头等要求熔透的对接和角接组合焊缝，其焊脚尺寸应符合结构说明的规定。

H. 焊缝表面不得有裂纹、焊瘤等缺陷。一、二级焊缝不得有表面气孔、夹渣、弧坑裂纹、电弧擦伤等缺陷，且一级焊缝不得有咬边、未焊满、根部收缩等缺陷。

焊缝可采用观察检查或使用放大镜、焊缝量规和钢尺检查。

② 一般项目

A. 焊条、药皮脱落、焊芯生锈、焊剂不受潮等外观质量。观察检查。

B. 对于需要进行焊前预热和焊后热处理的焊缝，预热区在焊道两侧，每侧宽度均应大于焊件厚度的1.5倍，且不应小于100 mm。

C. 焊成凹形的角焊缝，焊缝金属与母材间应平稳过渡；加工成凹形的角焊缝，不得在其表面留下切痕。观察检查。

(2) 高强螺栓连接

① 主控项目

A. 用普通紧固件连接。

B. 高强度大六角头螺栓连接副扭矩系数。扭剪型高强度螺栓连接副预拉力应符合规范要求。

C. 应按规定分别进行高强度螺栓连接摩擦面的抗滑移系数试验和复试。

D. 高强度大六角头螺栓连接副终拧完成1 h后，48 h内应进行终拧矩检查，检查结果应符合规范要求。

② 一般项目

A. 高强度螺栓连接副现场检查，检查包装箱上的批号、规格、数量及生产日期。核查螺栓、螺母、垫圈外观表面的涂油保护等。

B. 高强度螺栓连接副终拧后，螺栓丝扣外露应为2～3扣，其中允许有10%的螺栓丝扣外露1扣或4扣。观察检查。

C. 高强度螺栓连接摩擦面应保持干燥、整洁，不应有飞边、毛刺、焊接飞溅物等。

D. 高强度螺栓应自由穿入螺栓孔。高强度螺栓孔不应采用气割扩孔，扩孔数量应征得设计同意，扩孔后的孔径不应超过1.2d。

方案3

主地沟基坑边坡喷锚网支护工程

工程概况同方案1。

1）土方开挖和喷锚网护壁施工步骤和技术要求

为确保工程质量，工程必须严格按照本部的设计图纸要求组织施工。锚杆支护施工分地面作业和坡面作业，其网络计划的关键路线是坡面作业，其施工流程如图所示。

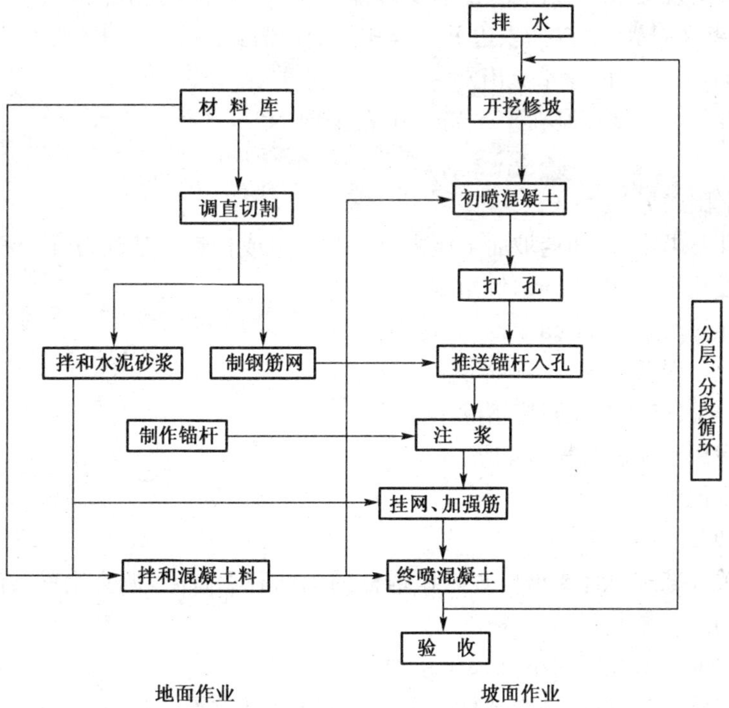

锚杆支护施工流程图

现将各施工工序的工艺要求分述如下：

(1) 土方开挖、修坡

按施工方案要求，应分层、分段开挖坡面土方，每层开挖深度为 2.0～2.5 m，根据施工速度和土质情况每段开挖长度为 20 m 左右，如遇土质较差，土体自稳时间短，可以采取跳挖或浅挖，待护壁完成后再分段支护。若超过边坡出现局部塌方或滑坡，应立即回填，并采用超前锚杆加固，后一层开挖要待前一层终喷混凝土完成 2～3 天后才能进行。采用挖掘机挖土时，留下距边坡一定厚度的土层，利用人工开挖并修坡，应清除爆破及机械施工使边坡松动部位，保持坡角(1∶0.2)大小和坡面平整度(坡面平整度的允许偏差宜在 20 mm 左右)应满足设计要求。

(2) 初喷混凝土

① 初喷混凝土前，应对机械设备风、水、电管线全面检查及试运转；清理喷面。

② 喷射混凝土强度等级为 C20，采用强度等级为 32.5 的普通硅酸盐水泥，配合比为水泥∶砂∶石子＝1∶2∶2，水灰比为 0.4～0.45，材料(水泥、砂、石)拌和均匀，随拌随用。如遇喷射面有渗水，应掺速冻剂 2%～4%(水泥的重量比)。

③ 喷射混凝土应分段分片依次进行，同一段内喷射顺序自下而上。喷射混凝土射距宜在 0.8～1.5 m 范围内。

④ 喷射混凝土时，喷头与受喷面保持垂直，喷射手应控制好水灰比，保持喷射混凝土表面平整，湿润光泽，无干斑或滑移流淌现象。

⑤ 喷射混凝土终凝 2 h 后，应喷水养护，并在 7 天内始终保持其表面湿润。

⑥ 边坡若出现渗水，喷射混凝土前要做排水孔，在用于排水孔的硬塑料管(ϕ50 mm，长 300 mm)的管壁上打孔，直接插入边壁土体中，以便排除边壁内积水(在管的外壁和管末端可适当填充卵石以使壁内渗水流出)。

⑦ 初喷混凝土厚度控制在 10～20 mm 范围内。

(3) 成孔

可采用洛阳铲成孔。

① 按设计要求定位，如遇坡面土体内有市政管道或构筑物基础，孔位可适当调整。

② 锚杆成孔直径 ϕ100 mm，倾角 0°～5°。

③ 孔深允许误差 ±10 cm。

④ 倾角允许误差 ±5°。

⑤ 孔内碎土、杂质及泥浆应清除干净。

⑥ 成孔后用水泥袋纸临时堵塞。

⑦ 编号登记。

(4) 锚杆制作

① 按有关标准和设计要求检查制作锚杆的钢筋有无缺陷，调直钢筋，除锈、除油，按设计要求截取长度。

② 锚杆每隔 2 m 设置对中支架。

③ 将注浆管捆在锚杆上，距锚杆头部 30～40 cm 处设置一浆袋。

(5) 锚杆推送

① 锚杆推送前应对钻孔进行检查，若发现有碎土、碎石、杂物及泥浆应立即清除。

② 沿钻孔轴线将锚杆推入孔内至设计位置，防止锚杆插入孔壁土体中。

(6) 注浆

锚杆注浆采用强度等级为 32.5 的普通硅酸盐水泥，纯水泥净浆注浆水灰比为 0.4～0.45(稠度为 12～14)，注浆压力为 0.4～0.6 MPa，浆体 28 天硬化强度为 M20，注浆要求饱满，注满后保持压力 3～5 min。

(7) 编制钢筋网和焊加强筋

① 钢筋网采用 ϕ6.5 钢筋，网格为 200 mm × 200 mm，竖筋和横筋先用扎丝固定，然后点焊。网片之间的搭接长度为 20 cm，搭接处须点焊。

② 钢筋网编完后用 ϕ14 加强筋与锚杆头焊接牢固。

(8) 终喷混凝土

经检查确认钢筋网敷设，加强筋焊接牢固后，立即进行终喷混凝土至设计厚度(80±20)mm，终喷混凝土的工艺要求与初喷混凝土的工艺要求相同。终喷混凝土面应尽量平整。

2) 材料与安全检测

为确保边坡安全与稳定，要求随时掌握开挖及施工整个过程中边坡的动态变化。因此，必须在施工过程中实施信息法施工，施工监测包括对环境的保护检测和对工程的安全监测，及时发现施工中出现的问题，并把信息通过修改设计反馈到施工工作中去，以指导施工。

施工监测：在锚杆支护的过程中，必须进行边坡顶部位移监测，每天 1～2 次。若坡顶出现有害裂缝，要及时修改设计，采取可靠的加固措施。

(1) 质量检验

① 施工用材料的质量检验

钢筋、水泥要有出厂合格证，到现场后抽样检验，各项力学性能均应符合有关规范、规程和设计要求，严禁不合格产品进入施工现场。

② 喷射混凝土和注浆体抗压强度试验

试验数量为 500 m^2 一组，并不少于 2 组，喷射混凝土采用 100 mm × 100 mm × 100 mm 试模，而净浆用 70.7 mm×70.7 mm×70.7 mm 的试模成型，混凝土强度应不小于 C20，注浆体硬化强度应大于 M20。

3) 施工现场布置

根据甲方指定的接水、电位置，场地边坡放线位置确定后，再决定搭建临时材料库、钢筋加工区、临时生活区的具体位置。

4) 主要施工设备

序号	机械名称	型号或规格	单位	数量
1	空压机	12 m^3	台	1
2	喷射机	HPC－V 型	台	1
3	注浆机	2SNS	台	1
4	洛阳铲	100	把	20
5	搅拌机	VJW6C	台	1
6	电焊机		台	1
7	切割机		台	1

5）施工组织与施工用水、用电计划

(1) 施工组织

① 组织设置

根据锚杆支护工程的施工特点及工艺流程要求，组建项目经理部和施工作业班组。项目经理部负责该工程的全面组织领导指挥及一些公共关系的处理；施工作业班组负责按设计要求保质按时完成任务。其组织机构如下所示：

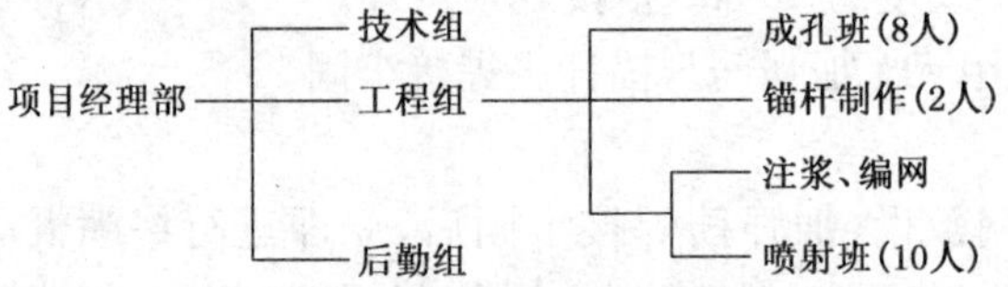

② 项目经理部

工程负责人负责项目经理部的组建，工作人员的调配、管理；对施工进行全面组织、管理及协调；对工程质量、进度进行总控制；负责协调对外关系。工程组负责各工序的组织、指挥、协调，负责对工程人员进行管理、调配及出勤考核等，执行施工规范，落实工艺要求，负责确保工程质量、安全措施的具体落实。

技术组负责施工技术指导，解决施工中的技术问题，负责技术会审、技术交底和培训，对工程质量、安全和检测进行监督、检查和验收。

后勤保障组负责施工材料、配件的采购、供应和保管及生活服务保障。

③ 施工作业班

打孔班严格执行成孔施工规程及工艺要求，按时打出合格的钻孔。

锚杆制作班负责按工艺要求制作出合格的锚杆。

注浆班保养好注浆机具，使其处于良好状态，在锚杆制作组的协助下，按规程及工艺要求将锚杆正确地推送入孔中，实施注浆并保证注浆质量。

编网喷射班负责按设计要求进行钢筋调直和编出合格的网格；严格控制喷射混凝土配合比，保证喷射混凝土质量和要求的厚度。此外，工地配有专职电工，负责大型机械维护保养，确保机械正常运转以及施工和生活用电、用水的正常使用。

(2) 施工用水、用电计划

请业主提供水、电的现场接入点，用水量为 3～5 t/日，用电负荷 25 kW。

6）施工工期

总工期为 10 个工作日。

7）质量保证措施

(1) 实行工程质量负责制。施工全过程实行责任制，工程技术人员、施工人员明确职责，保证工程质量及施工安全，奖优罚劣。

(2) 值班制度。实行工程技术人员现场值班制度，保证施工期间施工现场技术人员在岗在位。

(3) 技术培训制度。工程技术人员定期向各施工班技术交底，做好技术培训和劳动教育，使全体施工人员熟悉设计、熟悉操作。

(4) 开好碰头会。施工班、值班工程师开好施工碰头会，及时布置施工计划，解决施工难题。

(5) 严把材料进场关。所有材料应有产品合格证和出厂检验报告,水泥、钢材应进行复检,质量不合格的产品不准进入施工现场。

(6) 加强施工质检工作,由质检员对每道工序进行质量检查验收,做好施工记录。

(7) 工程技术人员负责工程进度和质量,对边坡安全情况应全面了解,密切注意边坡位移和沉降,发现问题及时处理。

8) 安全制度

(1) 施工人员服从甲方和监理的现场管理,遵守当地政策法规。

(2) 做到文明施工,施工结束时做好现场清理工作。

(3) 严格遵守施工操作程序,严禁违章施工。

(4) 施工作业时要搭好架子,防止高空作业伤人。进入现场必须配戴安全帽,高空作业配戴安全帽。

(5) 不准向基坑内抛掷工具、钢筋(锚杆)等重物。

(6) 安全用电,注意防火、防盗。

9) 应急处理措施

(1) 准备一定数量的土工织物,待位移、沉降过大而出现险情时,用编织袋装满砂或土堆压坡脚以控制变形,如险情较大且条件允许可用挖土机取土直接回填,在位移、沉降过大区域,根据产生的原因加长加密锚杆,或加大注浆量加固后,再继续开挖边坡。

(2) 成立应急抢险分队,若出现险情能及时处理。

土层锚杆施工记录样表

工程名称:长沙××厂"十五"技改一期项目主地沟基坑边坡喷锚网支护工程

施工单位:×× 日期: 年 月 日

土钉编号	地层类别	钻孔直径(cm)	设计孔深(m)	实测孔深(m)	土钉长度(m)	钻孔倾角(度)	注浆压力(MPa)	钢筋网和加强筋施工记录

附录 《建筑施工组织设计规范》（GB/T 50502—2009）

本规范主要技术内容包括：

1.总则；2.术语；3.基本规定；4.施工组织总设计；5.单位工程施工组织设计；6.施工方案；7.主要施工管理计划。

本规范经住房和城乡建设部以第305号公告批准、发布，自2009年10月1日起实施。

1 总则

1.0.1 为规范建筑施工组织设计的编制与管理，提高建筑工程施工管理水平，制定本规范。

1.0.2 本规范适用于新建、扩建和改建等建筑工程的施工组织设计的编制与管理。

1.0.3 建筑施工组织设计应结合地区条件和工程特点进行编制。

1.0.4 建筑施工组织设计的编制与管理，除应符合本规范规定外，尚应符合国家现行有关标准的规定。

2 术语

2.0.1 施工组织设计 construction organization plan

以施工项目为对象编制的，用以指导施工的技术、经济和管理的综合性文件。

2.0.2 施工组织总设计 general construction organization plan

以若干单位工程组成的群体工程或特大型项目为主要对象编制的施工组织设计，对整个项目的施工过程起统筹规划、重点控制的作用。

2.0.3 单位工程施工组织设计 construction organization plan for unit project

以单位（子单位）工程为主要对象编制的施工组织设计，对单位（子单位）工程的施工过程起指导和制约作用。

2.0.4 施工方案 construction scheme

以分部（分项）工程或专项工程为主要对象编制的施工技术与组织方案，用以具体指导其施工过程。

2.0.5 施工组织设计的动态管理 dynamic management of construction organization plan

在项目实施过程中，对施工组织设计的执行、检查和修改的适时管理活动。

2.0.6 施工部署 construction arrangement

对项目实施过程作出的统筹规划和全面安排，包括项目施工主要目标、施工顺序及空间组织、施工组织安排等。

2.0.7 项目管理组织机构 project management organization

施工单位为完成施工项目建立的项目施工管理机构。

2.0.8 施工进度计划 construction schedule

为实现项目设定的工期目标，对各项施工过程的施工顺序、起止时间和相互衔接关系所作的统筹策划和安排。

2.0.9 施工资源 construction resources

为完成施工项目所需要的人力、物资等生产要素。

2.0.10 施工现场平面布置 construction site layout plan

在施工用地范围内，对各项生产、生活设施及其他辅助设施等进行规划和布置。

2.0.11 进度管理计划 schedule management plan

保证实现项目施工进度目标的管理计划。包括对进度及其偏差进行测量、分析、采取的必要措施和计划变更等。

2.0.12 质量管理计划 quality management plan

保证实现项目施工质量目标的管理计划。包括制定、实施、评价所需的组织机构、职责、程序以及采取的措施和资源配置等。

2.0.13 安全管理计划 safety management plan

保证实现项目施工职业健康安全目标的管理计划。包括制定、实施所需的组织机构、职责、程序以及采取的措施和资源配置等。

2.0.14 环境管理计划 environment management plan

保证实现项目施工环境目标的管理计划。包括制定、实施所需的组织机构、职责、程序以及采取的措施和资源配置等。

2.0.15 成本管理计划 cost management plan

保证实现项目施工成本目标的管理计划。包括成本预测、实施、分析、采取的必要措施和计划变更等。

3 基本规定

3.0.1 施工组织设计按编制对象，可分为施工组织总设计、单位工程施工组织设计和施工方案。

3.0.2 施工组织设计的编制必须遵循工程建设程序，并应符合下列原则：

(1) 符合施工合同或招标文件中有关工程进度、质量、安全、环境保护、造价等方面的要求。

(2) 积极开发、使用新技术和新工艺，推广应用新材料和新设备。

(3) 坚持科学的施工程序和合理的施工顺序，采用流水施工和网络计划等方法，科学配置资源，合理布置现场，采取季节性施工措施，实现均衡施工，达到合理的经济技术指标。

(4) 采取技术和管理措施，推广建筑节能和绿色施工。

(5) 与质量、环境和职业健康安全三个管理体系有效结合。

3.0.3 施工组织设计应以下列内容作为编制依据：

(1) 与工程建设有关的法律、法规和文件。

(2) 国家现行有关标准和技术经济指标。

(3) 工程所在地区行政主管部门的批准文件，建设单位对施工的要求。

(4) 工程施工合同或招标投标文件。

(5) 工程设计文件。

(6) 工程施工范围内的现场条件，工程地质及水文地质、气象等自然条件。

(7) 与工程有关的资源供应情况。

(8) 施工企业的生产能力、机具设备状况、技术水平等。

3.0.4　施工组织设计应包括编制依据、工程概况、施工部署、施工进度计划、施工准备与资源配置计划、主要施工方法、施工现场平面布置及主要施工管理计划等基本内容。

3.0.5　施工组织设计的编制和审批应符合下列规定：

(1) 施工组织设计应由项目负责人主持编制，可根据需要分阶段编制和审批。

(2) 施工组织总设计应由总承包单位技术负责人审批；单位工程施工组织设计应由施工单位技术负责人或技术负责人授权的技术人员审批；施工方案应由项目技术负责人审批；重点、难点分部(分项)工程和专项工程施工方案应由施工单位技术部门组织相关专家评审，施工单位技术负责人批准。

(3) 由专业承包单位施工的分部(分项)工程或专项工程的施工方案，应由专业承包单位技术负责人或技术负责人授权的技术人员审批；有总承包单位时，应由总承包单位项目技术负责人核准备案。

(4) 规模较大的分部(分项)工程和专项工程的施工方案应按单位工程施工组织设计进行编制和审批。

3.0.6　施工组织设计应实行动态管理，并符合下列规定：

(1) 项目施工过程中，发生以下情况之一时，施工组织设计应及时进行修改或补充。

① 工程设计有重大修改。

② 有关法律、法规、规范和标准实施、修订和废止。

③ 主要施工方法有重大调整。

④ 主要施工资源配置有重大调整。

⑤ 施工环境有重大改变。

(2) 经修改或补充的施工组织设计应重新审批后实施。

(3) 项目施工前，应进行施工组织设计逐级交底；项目施工过程中，应对施工组织设计的执行情况进行检查、分析并适时调整。

3.0.7　施工组织设计应在工程竣工验收后归档。

4　施工组织总设计

4.1　工程概况

4.1.1　工程概况应包括项目主要情况和项目主要施工条件等。

4.1.2　项目主要情况应包括下列内容：

(1) 项目名称、性质、地理位置和建设规模。

(2) 项目的建设、勘察、设计和监理等相关单位的情况。

(3) 项目设计概况。

(4) 项目承包范围及主要分包工程范围。

(5) 施工合同或招标文件对项目施工的重点要求。

(6) 其他应说明的情况。

4.1.3　项目主要施工条件应包括下列内容：

(1) 项目建设地点气象状况。

(2) 项目施工区域地形和工程水文地质状况。

(3) 项目施工区域地上、地下管线及相邻的地上、地下建(构)筑物情况。

(4) 与项目施工有关的道路、河流等状况。

(5) 当地建筑材料、设备供应和交通运输等服务能力状况。

(6) 当地供电、供水、供热和通信能力状况。

(7) 其他与施工有关的主要因素。

4.2 总体施工部署

4.2.1 施工组织总设计应对项目总体施工作出下列宏观部署：

(1) 确定项目施工总目标，包括进度、质量、安全、环境和成本等目标。

(2) 根据项目施工总目标的要求，确定项目分阶段(期)交付的计划。

(3) 明确项目分阶段(期)施工的合理顺序及空间组织。

4.2.2 对于项目施工的重点和难点应进行简要分析。

4.2.3 总承包单位应明确项目管理组织机构形式，并宜采用框图的形式表示。

4.2.4 对于项目施工中开发和使用的新技术、新工艺应作出部署。

4.2.5 对主要分包项目施工单位的资质和能力应提出明确要求。

4.3 施工总进度计划

4.3.1 施工总进度计划应按照项目总体施工部署的安排进度编制。

4.3.2 施工总进度计划可采用网络图或横道图表示，并附必要说明。

4.4 总体施工准备与主要资源配置计划

4.4.1 总体施工准备应包括技术准备、现场准备和资金准备等。

4.4.2 技术准备、现场准备和资金准备应满足项目分阶段(期)施工的需要。

4.4.3 主要资源配置计划应包括劳动力配置计划和物资配置计划等。

4.4.4 劳动力配置计划应包括下列内容：

(1) 确定各施工阶段(期)的总用工量。

(2) 根据施工总进度计划确定各施工阶段(期)的劳动力配置计划。

4.4.5 物资配置计划应包括下列内容：

(1) 根据施工总进度计划确定主要工程材料和设备的配置计划。

(2) 根据总体施工部署和施工总进度计划确定主要周转材料和施工机具的配置计划。

4.5 主要施工方法

4.5.1 施工组织总设计应对项目涉及的单位(子单位)工程和主要分部(分项)工程所采用的施工方法进行简要说明。

4.5.2 对脚手架工程、起重吊装工程、临时用水用电工程、季节性施工等专项工程所采用的施工方法进行简要说明。

4.6 施工总平面布置

4.6.1 施工总平面布置应符合下列原则：

(1) 平面布置科学合理，施工场地占用面积少。

(2) 合理组织运输，减少二次搬运。

(3) 施工区域的划分和场地的临时占用应符合总体施工部署和施工流程的要求，减少相互干扰。

(4) 充分利用既有建(构)筑物和既有设施为项目施工服务，降低临时设施的建造费用。

(5) 临时设施应方便生产和生活，办公区、生活区和生产区宜分离设置。

(6) 符合节能、环保、安全和消防等要求。

(7) 遵守当地主管部门和建设单位关于施工现场安全文明施工的相关规定。

4.6.2 施工总平面布置应符合下列要求:

(1) 根据项目总体施工部署,绘制现场不同阶段(期)的总平面布置图。

(2) 施工总平面布置图的绘制应符合国家相关标准要求并附必要说明。

4.6.3 施工总平面布置应包括下列内容:

(1) 项目施工用地范围内的地形状况。

(2) 全部拟建的建(构)筑物和其他设施的位置。

(3) 项目施工用地范围内的加工设施,运输设施,存储设施,供电设施,供水供热设施,排水排污设施,临时施工道路和办公、生活用房等。

(4) 施工现场必备的安全、消防、保卫和环境保护等设施。

(5) 相邻的地上、地下既有建(构)筑物及相关环境。

5 单位工程施工组织设计

5.1 工程概况

5.1.1 工程概况应包括工程主要情况、各专业设计简介和工程施工条件等。

5.1.2 工程主要情况应包括下列内容:

(1) 工程名称、性质和地理位置。

(2) 工程的建设、勘察、设计、监理和总承包等相关单位的情况。

(3) 工程承包范围和分包工程范围。

(4) 施工合同、招标文件或总承包单位对工程施工的重点要求。

(5) 其他应说明的情况。

5.1.3 各专业设计简介应包括下列内容:

(1) 建筑设计简介应依据建设单位提供的建筑设计文件进行描述,包括建筑规模、建筑功能、建筑特点、建筑耐火、防水及节能要求等,并应简单描述工程的主要装修做法。

(2) 结构设计简介应依据建设单位提供的结构设计文件进行描述,包括结构形式、地基基础形式、结构安全等级、抗震设防类别、主要结构构件类型及要求等。

(3) 机电及设备安装专业设计简介应依据建设单位提供的各相关专业设计文件进行描述,包括给水、排水及采暖系统,通风与空调系统,电气系统,智能化系统,电梯等各个专业系统的做法要求。

5.1.4 工程施工条件应参照本规范第 4.1.3 条所列主要内容进行说明。

5.2 施工部署

5.2.1 工程施工目标应根据施工合同、招标文件以及本单位对工程管理目标的要求确定,包括进度、质量、安全、环境和成本等目标。各项目标应满足施工组织总设计中确定的总体目标。

5.2.2 施工部署中的进度安排和空间组织应符合下列规定:

(1) 工程主要施工内容及其进度安排应明确说明,施工顺序应符合工序逻辑关系。

(2) 施工流水段应结合工程具体情况分阶段进行划分;单位工程施工阶段的划分一般包括地基基础、主体结构、装修装饰和机电设备安装 3 个阶段。

5.2.3 对于工程施工的重点和难点应进行分析,包括组织管理和施工技术两个方面。

5.2.4 工程管理的组织机构形式应按照本规范第 4.2.3 条的规定执行,并确定项目经理部的工作岗位设置及其职责划分。

5.2.5 对于工程施工中开发和使用的新技术、新工艺应作出部署，对新材料和新设备的使用应提出技术及管理要求。

5.2.6 对主要分包工程施工单位的选择要求及管理方式应进行简要说明。

5.3 施工进度计划

5.3.1 单位工程施工进度计划应按照施工部署的安排进行编制。

5.3.2 施工进度计划可采用网络图或横道图表示，并附必要说明；对于工程规模较大或较复杂的工程，宜采用网络图表示。

5.4 施工准备与资源配置计划

5.4.1 施工准备应包括技术准备、现场准备和资金准备等。

(1) 技术准备应包括施工所需技术资料的准备、施工方案编制计划、试验检验及设备调试工作计划、样板制作计划等。

① 主要分部(分项)工程和专项工程在施工前应单独编制施工方案，施工方案可根据工程进展情况，分阶段编制完成；对需要编制的主要施工方案应制定编制计划。

② 试验检验及设备调试工作计划应根据现行规范、标准中的有关要求及工程规模、进度等实际情况制定。

③ 样板制作计划应根据施工合同或招标文件的要求并结合工程特点制定。

(2) 现场准备应根据现场施工条件和工程实际需要，准备现场生产、生活等临时设施。资金准备应根据施工进度计划编制资金使用计划。

5.4.2 资源配置计划应包括劳动力配置计划和物资配置计划等。

(1) 劳动力配置计划应包括下列内容：

① 确定各施工阶段用工量。

② 根据施工进度计划确定各施工阶段劳动力配置计划。

(2) 物资配置计划应包括下列内容：

① 主要工程材料和设备的配置计划应根据施工进度计划确定，包括各施工阶段所需主要工程材料、设备的种类和数量。

② 工程施工主要周转材料和施工机具的配置计划应根据施工部署和施工进度计划确定，包括各施工阶段所需主要周转材料、施工机具的种类和数量。

5.5 主要施工方案

5.5.1 单位工程应按照《建筑工程施工质量验收统一标准》(GB 50300) 中分部、分项工程的划分原则，对主要分部、分项工程制定施工方案。

5.5.2 对脚手架工程、起重吊装工程、临时用水用电工程、季节性施工等专项工程所采用的施工方案应进行必要的验算和说明。

5.6 施工现场平面布置

5.6.1 施工现场平面布置图应参照本规范第 4.6.1 条和第 4.6.2 条的规定并结合施工组织总设计，按不同施工阶段分别绘制。

5.6.2 施工现场平面布置图应包括下列内容：

(1) 工程施工场地状况。

(2) 拟建建(构)筑物的位置、轮廓尺寸、层数等。

(3) 工程施工现场的加工设施、存储设施、办公和生活用房等的位置和面积。

(4) 布置在工程施工现场的垂直运输设施、供电设施、供水供热设施、排水排污设施和临时施工道路等。

(5) 施工现场必备的安全、消防、保卫和环境保护等设施。

(6) 相邻的地上、地下既有建(构)筑物及相关环境。

6 施工方案

6.1 工程概况

6.1.1 工程概况应包括工程主要情况、设计简介和工程施工条件等。

6.1.2 工程主要情况应包括:分部(分项)工程或专项工程名称,工程参建单位的相关情况,工程的施工范围,施工合同、招标文件或总承包单位对工程施工的重点要求等。

6.1.3 设计简介应主要介绍施工范围内的工程设计内容和相关要求。

6.1.4 工程施工条件应重点说明与分部(分项)工程或专项工程相关的内容。

6.2 施工安排

6.2.1 工程施工目标包括进度、质量、安全、环境和成本等目标,各项目标应满足施工合同、招标文件和总承包单位对工程施工的要求。

6.2.2 工程施工顺序及施工流水段应在施工安排中确定。

6.2.3 针对工程的重点和难点,进行施工安排并简述主要管理和技术措施。

6.2.4 工程管理的组织机构及岗位职责应在施工安排中确定,并应符合总承包单位的要求。

6.3 施工进度计划

6.3.1 分部(分项)工程或专项工程施工进度计划应按照施工安排,并结合总承包单位的施工进度计划进行编制。

6.3.2 施工进度计划可采用网络图或横道图表示,并附必要说明。

6.4 施工准备与资源配置计划

6.4.1 施工准备应包括下列内容:

(1) 技术准备。包括施工所需技术资料的准备、图纸深化和技术交底的要求、试验检验及测试工作计划、样板制作计划以及相关单位的技术交接计划等。

(2) 现场准备。包括生产、生活等临时设施的准备以及与相关单位进行现场交接的计划等。

(3) 资金准备。编制资金使用计划等。

6.4.2 资源配置计划应包括下列内容:

(1) 劳动力配置计划。确定工程用工量并编制专业工种劳动力计划表。

(2) 物资配置计划。包括工程材料和设备配置计划、周转材料和施工机具配置计划以及计量、测量和检验仪器配置计划等。

6.5 施工方法及工艺要求

6.5.1 明确分部(分项)工程或专项工程施工方法并进行必要的技术核算,对主要分项工程(工序)明确施工工艺要求。

6.5.2 对易发生质量通病、易出现安全问题、施工难度大、技术含量高的分项工程(工序)等应作出重点说明。

6.5.3 对开发和使用的新技术、新工艺以及采用的新材料、新设备应通过必要的试验或论证并制定计划。

6.5.4 对季节性施工应提出具体要求。

7 主要施工管理计划

7.1 一般规定

7.1.1 施工管理计划应包括进度管理计划、质量管理计划、安全管理计划、环境管理计划、成本管理计划以及其他管理计划等内容。

7.1.2 各项管理计划的制定,应根据项目的特点而有所侧重。

7.2 进度管理计划

7.2.1 项目施工进度管理应按照项目施工的技术规律和合理的施工顺序,保证各工序在时间和空间顺利衔接。

7.2.2 进度管理计划应包括下列内容:

(1) 对项目施工进度计划进行逐级分解,通过阶段性目标的实现保证最终工期目标的完成。

(2) 建立施工进度管理的组织机构并明确职责,制定相应的管理制度。

(3) 针对不同施工阶段的特点,制定进度管理的相应措施,包括施工组织措施、技术措施和合同措施等。

(4) 建立施工进度动态管理机制,及时纠正施工过程中的进度偏差,并制定特殊情况下的赶工措施。

(5) 根据项目周边环境特点制定相应的协调措施,减少外部因素对施工进度的影响。

7.3 质量管理计划

7.3.1 质量管理计划可参照《质量管理体系要求》(GB/T 19001),在施工单位质量管理体系的框架内编制。

7.3.2 质量管理计划应包括下列内容:

(1) 按照项目具体要求确定质量目标并进行目标分解,质量指标应具有可测量性。

(2) 建立项目质量管理的组织机构并明确职责。

(3) 制定符合项目特点的技术保障和资源保障措施,通过可靠的预防控制措施,保证质量目标的实现。

(4) 建立质量过程检查制度,并对质量事故的处理作出相应的规定。

7.4 安全管理计划

7.4.1 安全管理计划可参照《职业健康安全管理体系规范》(GB/T 28001),在施工单位安全管理体系的框架内编制。

7.4.2 安全管理计划应包括下列内容:

(1) 确定项目重要危险源,制定项目职业健康安全管理目标。

(2) 建立有管理层次的项目安全管理组织机构并明确职责。

(3) 根据项目特点,进行职业健康安全方面的资源配置。

(4) 建立具有针对性的安全生产管理制度和职工安全教育培训制度。

(5) 针对项目重要危险源,制定相应的安全技术措施;对达到一定规模的危险性较大的分部(分项)工程和特殊工种的作业应制定专项安全技术措施的编制计划。

(6) 根据季节、气候的变化,制定相应的季节性安全施工措施。

(7) 建立现场安全检查制度，并对安全事故的处理作出相应规定。

7.4.3　现场安全管理应符合国家和地方政府部门的要求。

7.5　环境管理计划

7.5.1　环境管理计划可参照《环境管理体系要求及使用指南》(GB/T 24001)，在施工单位环境管理体系的框架内编制。

7.5.2　环境管理计划应包括下列内容：

(1) 确定项目重要环境因素，制定项目环境管理目标。

(2) 建立项目环境管理的组织机构并明确职责。

(3) 根据项目特点，进行环境保护方面的资源配置。

(4) 制定现场环境保护的控制措施。

(5) 建立现场环境检查制度，并对环境事故的处理作出相应规定。

7.5.3　现场环境管理应符合国家和地方政府部门的要求。

7.6　成本管理计划

7.6.1　成本管理计划应以项目施工预算和施工进度计划为依据编制。

7.6.2　成本管理计划应包括下列内容：

(1) 根据项目施工预算，制定项目施工成本目标。

(2) 根据施工进度计划，对项目施工成本目标进行阶段分解。

(3) 建立施工成本管理的组织机构并明确职责，制定相应管理制度。

(4) 采取合理的技术、组织和合同等措施，控制施工成本。

(5) 确定科学的成本分析方法，制定必要的纠偏措施和风险控制措施。

7.6.3　必须正确处理成本与进度、质量、安全和环境等之间的关系。

7.7　其他管理计划

7.7.1　其他管理计划宜包括绿色施工管理计划、防火保安管理计划、合同管理计划、组织协调管理计划、创优质工程管理计划、质量保修管理计划以及对施工现场人力资源、施工机具、材料设备等生产要素的管理计划等。

7.7.2　其他管理计划可根据项目的特点和复杂程度加以取舍。

7.7.3　各项管理计划的内容应有目标，有组织机构，有资源配置，有管理制度和技术、组织措施等。

条文说明摘要

施工组织设计在投标阶段通常被称为技术标，但它不是仅包含技术方面的内容，同时也涵盖了施工管理和造价控制方面的内容，是一个综合性的文件。

对于已经编制了施工组织总设计的项目，单位工程施工组织设计应是施工组织总设计的进一步具体化，直接指导单位工程的施工管理和技术经济活动。

2.0.4　施工方案在某些时候也被称为分部(分项)工程或专项工程施工组织设计，但考虑到通常情况下施工方案是施工组织设计的进一步细化，是施工组织设计的补充，施工组织设计的某些内容在施工方案中不需赘述，因而本规范将其定义为施工方案。

2.0.5　建筑工程具有产品的单一性，同时作为一种产品，又具有漫长的生产周期。施工组织设计是工程技术人员运用以往的知识和经验，对建筑工程的施工预先设计的一套运作程序和实施方法。但由于人们知识经验的差异以及客观条件的变化，施工组织设计在实际执行中，难免会遇到不适用的部分，这就需要针对新情况进行修改或补充。同时，作为施工指导书，又必须将其意图贯彻到具体操作人员，使操作人员按指导书进行作业，这是一个动态的管理过程。

2.0.6　施工部署是施工组织设计的纲领性内容，施工进度计划、施工准备与资源配置计划、施工方法、施工现场平面布置和主要施工管理计划等施工组织设计的组成内容都应该围绕施工部署的原则编制。

2.0.7　项目管理组织机构是施工单位内部的管理组织机构，是为某一具体施工项目而设立的，其岗位设置应和项目规模匹配，人员组成应具备相应的上岗资格。

2.0.8　施工进度计划要保证拟建工程在规定的期限内完成，保证施工的连续性和均衡性，节约施工费用。编制施工进度计划需依据建筑工程施工的客观规律和施工条件，参考工期定额，综合考虑资金、材料、设备、劳动力等资源的投入。

2.0.9　施工资源是工程施工过程中所必须投入的各类资源，包括劳动力、建筑材料和设备、周转材料、施工机具等。施工资源具有有用性和可选择性等特征。

2.0.10　施工现场就是建筑产品的组装厂，由于建筑工程和施工场地的千差万别，使得施工现场平面布置因人、因地而异。合理布置施工现场，对保证工程施工顺利进行具有重要意义。施工现场平面布置应遵循方便、经济、高效、安全、环保、节能的原则。

2.0.11　施工进度计划的实现离不开管理上和技术上的具体措施。另外，在工程施工进度计划执行过程中，由于各方面条件的变化，经常使实际进度脱离原计划，这就需要施工管理者随时掌握工程施工进度，检查和分析进度计划的实施情况，及时进行必要的调整，保证施工进度总目标的完成。

2.0.12　工程质量目标的实现需要具体的管理和技术措施，根据工程质量形成的时间阶段，工程质量管理可分为事前管理、事中管理和事后管理，质量管理的重点应放在事前管理。

2.0.13　建筑工程施工安全管理应贯彻“安全第一、预防为主”的方针。施工现场的大部分伤亡事故是由于没有安全技术措施、缺乏安全技术知识、不做安全技术交底、安全生产责任制不落实、违章指挥、违章作业造成的。因此，必须建立完善的施工现场安全生产保证体系，才能确保职工的安全和健康。

2.0.14　建筑工程施工过程中不可避免地会产生施工垃圾、粉尘、污水以及噪声等环境污染，制定环境管理计划就是要通过可行的管理和技术措施，使环境污染降到最低。

2.0.15　由于建筑产品生产周期长，造成了施工成本控制的难度。成本管理的基本原理就是把计划成本作为施工成本的目标值，在施工过程中定期地进行实际值与目标值的比较，通过比较找出实际支出额与计划成本之间的差距，分析产生偏差的原因，并采取有效的措施加以控制，以保证目标值的实现或减小差距。

3.0.1　建筑施工组织设计还可以按照编制阶段的不同，分为投标阶段施工组织设计和实施阶段施工组织设计。本规范在施工组织设计的编制与管理上，对这两个阶段的施工组织设计没有分别规定，但在实际操作中，编制投标阶段施工组织设计，强调的是符合招标文件要求，以中标为目的；编制实施阶段施工组织设计，强调的是可操作性，同时鼓励企业技术创新。

3.0.2　我国工程建设程序可归纳为以下4个阶段：投资决策阶段、勘察设计阶段、项目施工阶段、竣工验收和交付使用阶段。本条规定了编制施工组织设计应遵循的原则。

(1) 在目前市场经济条件下，企业应当积极利用工程特点，组织开发、创新施工技术和施工工艺。

(2) 为保证持续满足过程能力和质量保证的要求，国家鼓励企业进行质量、环境和职业健康安全管理体系的认证制度，且目前该3个管理体系的认证在我国建筑行业中已较普及，并且建立了企业内部管理体系文件，编制施工组织设计时，不应违背上述管理体系文件的要求。

3.0.3 本条规定了施工组织设计的编制依据，其中技术经济指标主要指各地方的建筑工程概预算定额和相关规定。虽然建筑行业目前使用了清单计价的方法，但各地方制定的概预算定额在造价控制、材料和劳动力消耗等方面仍起一定的指导作用。

在《建设工程安全生产管理条例》(国务院第393号令)中规定：对下列达到一定规模的危险性较大的分部(分项)工程编制专项施工方案，并附具安全验算结果，经施工单位技术负责人、总监理工程师签字后实施：

(1) 基坑支护与降水工程。

(2) 土方开挖工程。

(3) 模板工程。

(4) 起重吊装工程。

(5) 脚手架工程。

(6) 拆除、爆破工程。

(7) 国务院建设行政主管部门或者其他有关部门规定的其他危险性较大的工程。

对前款所列工程中涉及深基坑、地下暗挖工程、高大模板工程的专项施工方案，施工单位还应当组织专家进行论证、审查。

除上述《建设工程安全生产管理条例》中规定的分部(分项)工程外，施工单位还应根据项目特点和地方政府部门有关规定，对具有一定规模的重点、难点分部(分项)工程进行相关论证。

有些分部(分项)工程或专项工程，如主体结构为钢结构的大型建筑工程，其钢结构分部规模很大且在整个工程中占有重要的地位，需另行分包，遇有这种情况的分部(分项)工程或专项工程，其施工方案应按施工组织设计进行编制和审批。

3.0.6 本条规定了施工组织设计动态管理的内容。

(1) 施工组织设计动态管理的内容之一，就是对施工组织设计的修改或补充。

① 当工程设计图纸发生重大修改时，如地基基础或主体结构的形式发生变化、装修材料或做法发生重大变化、机电设备系统发生大的调整等，需要对施工组织设计进行修改；对工程设计图纸的一般性修改，视变化情况对施工组织设计进行补充；对工程设计图纸的细微修改或更正，施工组织设计则不需调整。

② 当有关法律、法规、规范和标准开始实施或发生变更，并涉及工程的实施、检查或验收时，施工组织设计需要进行修改或补充。

③由于主客观条件的变化，施工方法有重大变更，原来的施工组织设计已不能正确地指导施工，需对施工组织设计进行修改或补充。

④ 当施工资源的配置有重大变更，并且影响到施工方法的变化或对施工进度、质量、安全、环境、造价等造成潜在的重大影响，需对施工组织设计进行修改或补充。

⑤ 当施工环境发生重大改变，如施工延期造成季节性施工方法变化，施工场地变化造成现场布置和施工方式改变等，致使原来的施工组织设计已不能正确地指导施工，需对施工组织设计进行修改或补充。

(2) 经过修改或补充的施工组织设计原则上需经原审批级别重新审批。

4.2.1 施工组织总设计应对项目总体施工作出下列宏观部署：

建设项目通常是由若干个相对独立的投产或交付使用的子系统组成，如大型工业项目有主体生产系统、辅助生产系统和附属生产系统之分，住宅小区有居住建筑、服务性建筑和附属性建筑之分；可以根据项目施工总目标的要求，将建设项目划分为分期(分批)投产或交付使用的独立交工系统；在保证工期的前提下，实行分期分批建设，既可使各具体项目迅速建成，尽早投入使用，又可在全局上实现施工的连续性和均衡性，减少暂设工程数量，降低工程成本。

根据上款确定的项目分阶段(期)交付计划，合理地确定每个单位工程的开竣工时间，划分各参与施工单位的工作任务，明确各单位之间分工与协作的关系，确定综合的和专业化的施工组织，保证先后投产或交付使用的系统都能够正常运行。

4.2.3 项目管理组织机构形式应根据施工项目的规模、复杂程度、专业特点、人员素质和地域范围确定，大中型项目宜设置矩阵式项目管理组织，远离企业管理层的大中型项目宜设置事业部式项目管理组织，小型项目宜设置直线职能式项目管理组织。

4.2.4 根据现有的施工技术水平和管理水平，对项目施工中开发和使用的新技术、新工艺应作出规划，并采取可行的技术、管理措施来满足工期和质量等要求。

4.4.2 技术准备包括施工过程所需技术资料的准备、施工方案编制计划、试验检验及设备调试工作计划等；现场准备包括现场生产、生活等临时设施，如临时生产、生活用房，临时道路、材料堆放场，临时用水、用电和供热、供气等的计划；资金准备应根据施工总进度计划编制资金使用计划。

4.4.4 劳动力配置计划应按照各工程项目工程量，并根据总进度计划，参照概(预)算定额或者有关资料确定。目前施工企业在管理体制上已普遍实行管理层和劳务作业层的两层分离，合理的劳动力配置计划可减少劳务作业人员不必要的进、退场或避免窝工状态，进而节约施工成本。

4.4.5 物资配置计划应根据总体施工部署和施工总进度计划确定主要物资的计划总量及进、退场时间。物资配置计划是组织建筑工程施工所需各种物资进、退场的依据，科学合理的物资配置计划既可保证工程建设的顺利进行，又可降低工程成本。

4.5 主要施工方法

施工组织总设计要制定一些单位(子单位)工程和主要分部(分项)工程所采用的施工方法，这些工程通常是建筑工程中工程量大、施工难度大、工期长，对整个项目的完成起关键作用的建(构)筑物以及影响全局的主要分部(分项)工程。

制定主要工程项目施工方法的目的是为了进行技术和资源的准备工作，同时也为了施工进程的顺利开展和现场的合理布置，对施工方法的确定要兼顾技术工艺的先进性和可操作性以及经济上的合理性。

5.2 施工部署

5.2.1 当单位工程施工组织设计作为施工组织总设计的补充时，其各项目标的确立应同时满足施工组织总设计中确立的施工目标。

5.2.2 施工部署中的进度安排和空间组织应符合下列规定：

(1) 施工部署应对本单位工程的主要分部(分项)工程和专项工程的施工作出统筹安排，对施工过程的里程碑节点进行说明。

(2) 施工流水段划分应根据工程特点及工程量进行合理划分，并应说明划分依据及流水方向，确保均衡流水施工。

5.2.3 工程的重点和难点对于不同工程和不同企业具有一定的相对性，某些重点、难点工程的施工方法可能已通过有关专家论证，成为企业工法或企业施工工艺标准，此时企业可直接引用。重点、难点工程的施工方法选择应着重考虑影响整个单位工程的分部(分项)工程，如工程量大、施工技术复杂或对工程质量起关键作用的分部(分项)工程。

5.5 主要施工方案

应结合工程的具体情况和施工工艺、工法等按照施工顺序进行描述，施工方案的确定要遵循先进性、可行性和经济性兼顾的原则。

5.6 施工现场平面布置

5.6.1 单位工程施工现场平面布置图一般按地基基础、主体结构、装饰装修和机电设备安装几个阶段分别绘制。

6.3 施工进度计划

6.3.1 施工进度计划的编制应内容全面、安排合理、科学实用，在进度计划中应反映出各施工区段或各工序之间的搭接关系、施工期限和开始、结束时间。同时，施工进度计划应能体现和落实总体进度计划的目标控制要求；通过编制分部(分项)工程或专项工程进度计划进而体现总进度计划的合理性。

6.5 施工方法及工艺要求

6.5.1 施工方法是工程施工期间所采用的技术方案、工艺流程、组织措施、检验手段等。它直接影响施工进度、质量、安全以及工程成本。本条所规定的内容应比施工组织总设计和单位工程施工组织设计的相关内容更细化。

6.5.3 对于工程中推广应用的新技术、新工艺、新材料和新设备，可以采用目前国家和地方推广的，也可以根据工程具体情况由企业创新；对于企业创新的技术和工艺，要制定理论和试验研究实施方案，并组织鉴定评价。

6.5.4 根据施工地点的实际气候特点，提出具有针对性的施工措施。在施工过程中，还应根据气象部门的预报资料，对具体措施进行细化。

7.3 质量管理计划

7.3.1 施工单位应按照《质量管理体系要求》(GB/T 19001)建立本单位的质量管理体系文件。可以独立编制质量计划，也可以在施工组织设计中合并编制质量计划的内容。质量管理应按照 PDCA 循环模式，加强过程控制，通过持续改进提高工程质量。

7.3.2 本条规定了质量管理计划的一般内容。

(1) 应制定具体的项目质量目标，质量目标应不低于工程合同明示的要求；质量目标应尽可能地量化和层层分解到最基层，建立阶段性目标。

(2) 应明确质量管理组织机构中各重要岗位的职责，与质量有关的各岗位人员应具备与职责要求匹配的相应知识、能力和经验。

(3) 应采取各种有效措施，确保项目质量目标的实现。这些措施包含但不局限于：原材料、构配件、机具的要求和检验，主要的施工工艺、主要的质量标准和检验方法，夏期、冬期和雨期施工的技术措施，关键过程、特殊过程、重点工序的质量保证措施，成品、半成品的保护措施，工作场所环境以及劳动力和资金保障措施等。

(4) 按质量管理 8 项原则中的过程方法要求，将各项活动和相关资源作为过程进行管理，建立质量过程检查、验收以及质量责任制等相关制定，对质量检查和验收标准作出规定，采取有效的纠正和预防措施，保障各工序和过程的质量。

7.4 安全管理计划

7.4.1 安全管理计划应在施工单位安全管理体系的框架内，针对项目的实际情况编制。

7.4.2 建筑施工安全事故（危害）通常分为七大类：高处坠落、机械伤害、物体打击、坍塌倒塌、火灾爆炸、触电、窒息中毒。安全管理计划应针对项目具体情况，建立安全管理组织，制定相应的管理目标、管理制度、管理控制措施和应急预案等。

参考文献

1 蔡雪峰.建筑施工组织.武汉:武汉理工大学出版社,2006
2 丛培经.工程项目管理.北京:中国建筑工业出版社,2006
3 李子新,汪全信,李建中,孙亮.施工组织设计编制指南与实例.北京:中国建筑工业出版社,2006
4 魏鸿汉.建筑施工组织设计.北京:中国建筑工业出版社,2005
5 吕宣照.建筑施工组织.北京:化学工业出版社,2005
6 建筑施工手册编写组编.建筑施工手册(第四版).北京:中国建筑工业出版社,2003
7 郭正兴,李金根.建筑施工.南京:东南大学出版社,1996
8 全国建筑业企业项目经理培训教材编写委员会编著.施工组织设计与进度管理.北京:中国建筑工业出版社,2001
9 危道军.建筑施工组织.北京:中国建筑工业出版社,2007
10 程鸿群,姬晓辉,陆菊春.工程造价管理.武汉:武汉大学出版社,2004
11 汪绯,张云英.建筑施工组织.北京:化学工业出版社,2009
12 建筑地基基础工程施工质量验收规范(GB 50202—2002)
13 砌体结构工程施工质量验收规范(GB 50203—2011)
14 混凝土结构工程施工质量验收规范(GB 50204—2011)
15 屋面工程质量验收规范(GB 50207—2002)
16 地下防水工程质量验收规范(GB 50208—2011)
17 建筑地面工程施工质量验收规范(GB 50209—2010)